水工混凝土建筑物检测、评估与修补加固

第十届全国水工混凝土建筑物修补加固技术交流会论文集

鲁一晖　孙志恒　主　编

付颖千　王国秉　副主编

海洋出版社

2009年·北京

图书在版编目(CIP)数据

水工混凝土建筑物检测、评估与修补加固：第十届全国水工混凝土建筑物修补加固技术交流会论文集/ 鲁一晖,孙志恒主编 . —北京：海洋出版社,2009.10

ISBN 978 - 7 - 5027 - 7587 - 2

Ⅰ. 水…　Ⅱ. ①鲁… ②孙…　Ⅲ. 水工建筑物 – 混凝土结构 – 学术会议 – 文集　Ⅳ. TV698 – 53

中国版本图书馆 CIP 数据核字(2009)第 187613 号

责任编辑：张晓蕾　张　荣
责任印制：刘志恒

海洋出版社　出版发行

http://www. oceanpress. com. cn

北京市海淀区大慧寺路 8 号　邮编：100081
北京海洋印刷厂印刷　新华书店发行所经销
2009 年 10 月第 1 版　2009 年 10 月北京第 1 次印刷
开本：787mm × 1092mm　1/16　印张：23.75
字数：550 千字　定价：58.00 元
发行部：62147016　邮购部：68038093　总编室：62114335
海洋版图书印、装错误可随时退换

序

2009 年金秋时节，我们迎来了新中国成立 60 周年的华诞。60 年的时光如水，60 年的岁月如歌。60 年来，我国兴建了大量的水利水电工程，它们在水力发电、防洪减灾、工农业用水、航运、水产和环保旅游等方面，产生了巨大的社会效益和经济效益。但是，水工混凝土建筑物和其他建筑物一样，建成投入运行后，也会逐渐步入"中老年"，各种老化、病害问题逐渐显露出来，有些将严重影响工程安全运行。水工混凝土建筑物检测、评估与修补加固工作已成为当前我国水工界十分突出的问题和难题，需要长期重视和研究。

为保障国民经济的可持续发展，随着国家对病险库加固工作的大量投入，西部大开发与南水北调工程的实施和国电系统水电站大坝安全定期检查工作的开展，对水工建筑物的耐久性问题，已经成为 21 世纪重要关注焦点之一。时代向我们从事这方面工作的科技人员提出了更高的要求，促使我们调动全行业的技术力量，相互协作、攻克难关。在水工混凝土建筑物的病害检测、评估和修补加固的新材料、新技术、新工艺和新理论等方面，我们要与时俱进，实现跨越。

本论文集征集了 60 余篇文章，对近几年的水工建筑物维修技术做了重要的总结和展望，其中涉及了老坝的检测与安全评价、水工混凝土抗冲磨和防渗技术新进展，水库的除险加固技术，修补加固的新材料与新技术研究和应用等。这些论文都是理论联系实际，具有实际工程背景和较大的应用价值。论文作者都是长期从事水利水电工程现场检测、安全评价和修补加固工作的科研、设计、施工、高校与运行管理领域的专家和专业工程技术人员，具有丰富的工程实践经验和基础理论知识。

本论文集是中国水利学会水工结构专业委员会，混凝土建筑物修补和加固技术分委会组织编写的第十本论文集，它凝聚着作者的心血，标志着混凝土建筑物修补和加固技术分委会走过的 20 多年的发展历程，它的出版无疑会对我国在该领域的技术发展与进步起到了推动作用。同时，对从事现有水工建筑物检测、评估与修补加固工作的工程技术人员、修补新材料和修补新技术的研究开发人员而言，也是一本有价值的参考文献。

目 录

三、修补材料及修补工程实例

四、其他

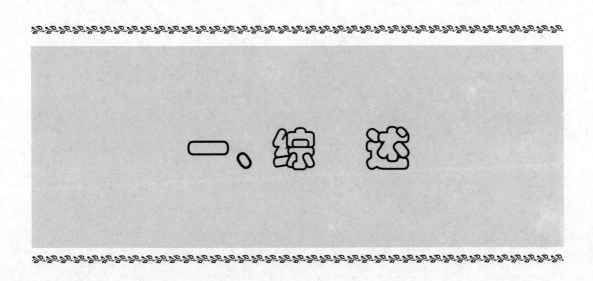

一、综　述

渠道建筑物混凝土防护新材料
及渡槽伸缩缝快速修补技术

孙志恒

（中国水利水电科学研究院结构材料所，北京中水科海利工程技术有限公司）

摘　要：水工混凝土渠道建筑物常常出现裂缝、渗漏、冻融剥蚀、冻胀、冲磨空蚀以及渡槽伸缩缝漏水等病害。为了及时消除病害，采用有效的修补材料及修补技术，乃是水工界研究的重要课题。文中介绍了渠道建筑物混凝土表面防护的一些新材料及渡槽伸缩缝漏水快速修补技术，通过大量工程实践，取得了较显著的效果，可供类似工程借鉴。

关键词：渠道建筑物；防护材料；渡槽伸缩缝；修补技术

1　前　言

　　建国以来，我国兴建了大量水工建筑物，它们对国民经济的发展发挥了重要作用。由于建筑物本身存在的问题，规范不完善、设计欠妥、施工材料选择不当、施工质量不佳、运行条件变化、运行年限增加，运行管理存在问题以及地震等不利因素，致使为数不少的水工混凝土建筑物存在不同程度的病害，有些已严重影响工程安全运行。作为水工混凝土建筑物重要建筑物之一，渠道建筑物是引水系统中的主体结构，但是，渠道建筑物混凝土常常出现裂缝、渗漏、冻融剥蚀、冻胀、冲磨空蚀及渡槽伸缩缝漏水等病害。为此，对渠道建筑物进行诊断、开发经济适用、防渗防冻胀性能好、成本低的新型渠道防渗材料、保温防冻材料、伸缩缝快速修复材料是必要的，也是非常迫切的。

2　渠道建筑物病害修复的工作程序

　　渠道建筑物混凝土病害修复采用治标与治本相结合、维修与保护相结合的原则。通过检测对建筑物进行全面了解、对病害进行诊断，制定修补方案，选择合适的材料，组织专业化队伍进行施工。

2.1　病害诊断

　　对混凝土输水渠道建筑物的病害进行诊断是一切维修工程的基点，只有对病害的表现形式、严重程度、形成原因做出科学、正确的判断，才能确保维修工程的顺利进行。渠道及渡槽混凝土病害表现为：裂缝、渗漏溶蚀、变形、冲磨空蚀、冻融冻胀、混凝土碳化钢筋锈蚀、破碎、沉降、瓦解、剥落、分层、伸缩缝止水失效等。可以采用现场普查及专项检测的方法对存有缺陷的渠道及渡槽进行检测。通过检测和必要的复核计算，了解建筑物的现状，对建筑物进行诊断。

2.2　修补方案的制定

　　对于任何一个结构病害，业主往往有多种选择，这些选择对制定维修方案有着很大的影响。这些选择可能包括：

    1）不采取任何措施，放任自流；

    2）降低对建筑物使用要求；

    3）采取尽可能简单的方法防止或减缓病害的进一步发展；

    4）彻底维修恢复或增强原有建筑物的功能。

在制定方案时，一定要弄清楚业主的需要。同时，还要从技术角度进行分析：

    1）用户需要：对外观的要求、对技术性能的要求、维修预算、维修的紧迫性和使用寿命；

    2）技术分析：安全影响、环境影响、维修结果对结构功能影响等。

经过全面的调查分析后，制定出科学的维修方案，同时选择合适的维修材料。对于渠道混凝土表面的防护材料一般要满足以下基本要求：

（a）与基层面的黏结强度大于 1.5 MPa；（b）收缩率低；（c）密实度高；（d）满足抗冲磨要求；（e）稳定性好；（f）耐老化；（g）施工性好；（h）成本低。

对于渡槽伸缩缝漏水的修补材料一般要满足以下基本要求：

（a）与基层面的黏结强度大于 2.0 MPa；（b）柔性好，断裂伸长率高（大于 350%）；（c）拉伸强度大（大于 16 MPa）；（d）防渗性好；（e）稳定性好；（f）耐老化；（g）施工性好；（h）成本低。

2.3　专业化施工

修复工作是一项专业性很强的工作，要有一支经过专门培训、具有资质的专业化队伍施工，遵循科学的施工程序，严格保证施工质量是工程取得良好维修结果的基础。

3　混凝土表面防护及伸缩缝修复新材料

3.1　渠道建筑物混凝土表面防护新材料

3.1.1　聚合物水泥砂浆类材料

自 20 世纪 80 年代初在国内首先推出新型防渗、防腐、防冻材料丙乳砂浆后，我国相继研制成功并在工程中推广氯丁、氯偏、丁苯、偏氯乙烯、水溶性环氧等各种聚合物水泥砂浆。聚合物水泥砂浆是通过向水泥砂浆掺加聚合物乳胶改性而制成的一类有机无机复合材料。这类砂浆的硬化过程是：伴随着水泥水化形成水化产物刚性空间结构的同时，由于水化和水分散失使得胶乳脱水，胶粒凝聚堆积并借助毛细管力成膜，填充结晶相之间的空隙，形成聚合物相空间网状结构。聚合物相的引入提高了水泥石的密实性、黏结性，又降低了水泥石的脆性。与普通水泥砂浆相比，聚合物水泥砂浆的弹模低、抗拉强度高、极限拉伸率高、与老混凝土的黏结强度高，因此聚合物水泥砂浆层能承受较大振动、反复冻融循环、温湿度强烈变化等作用，耐久性优良，适用于恶劣环境条件下水工混凝土结构的薄层表面修补。施工方法有人工涂刷，喷涂及灰浆机湿喷，大大提高了施工速度及施工质量。该材料主要用于修补混凝土的剥蚀。

3.1.2　SK 通用型水泥基渗透型防水涂料

SK 通用型水泥基渗透型防水涂料可以通过渗透和表面成膜双重作用起到防水的效果。

该材料由普通硅酸盐水泥＋特种水泥、石英砂、多种添加剂等原材料组成,可直接应用于混凝土表面,其生成物能渗入混凝土的微孔和缝隙中,堵塞这些过水通道并与混凝土结合为一体,同时在混凝土表面形成附着力极强的密实、坚硬涂层,进一步起到防水作用;该材料具有较强的防腐蚀功能,能够抵抗硫酸盐、氯盐、碱类、盐类、弱酸类、微生物等介质的侵蚀。施工方便,易于涂刷,不流挂,立面和顶面施工性能好。该材料属刚性材料,可用于水下、水位变化区和水上。其主要指标见表1。

表1 SK 通用型水泥基渗透型防水涂料性能指标

项目	测定值	项目	测定值
初凝时间(min)	320	7d 抗压强度（MPa）	23.4
终凝时间(h)	6.5	28d 抗折强度（MPa）	6.4
7d 抗折强度(MPa)	5.5	28d 抗压强度（MPa）	31.5
湿基面黏结强度 MPa)	1.5		

注:液粉比:0.25~0.27;液料:S88 混合液。

3.1.3 PCS 柔性防护涂料

SK–PCS 复合防水材料是由有机材料和无机材料复合而成的双组分的环保型防水材料,它既具有有机材料弹性变形性能好又具有无机材料耐久性好等优点,涂层可形成高强坚韧的防水涂膜,在水压力 2.0 MPa 时,稳定 24 h 不渗水;涂层材料与基层混凝土的黏结强度大于 1.0 MPa;材料的断裂伸长率(%)大于 100,拉断强度大于 1.5 MPa。

PCS 柔性防护涂料厚度涂刷 1 mm,可以全面提高混凝土的抗渗能力,延缓混凝土的碳化,提高混凝土的耐久性。该材料施工简单方便,可喷涂或涂刷,并可直接在潮湿面上施工。

3.1.4 喷涂聚脲弹性体材料

喷涂聚脲弹性体技术是国外近十年来为适应环保需求而研制、开发的一种新型无溶剂、无污染的绿色施工技术。聚脲弹性体材料的主要特性有:①无毒性:100% 固含量,不含有机挥发物,符合环保要求;②优异的综合力学性能:拉伸强度最高可达 25.0MPa,伸长率最高可达 600%,撕裂强度为 50kN/m;③较高的抗冲耐磨性,其抗冲磨能力是 C60 混凝土的十倍以上;④良好的防渗效果,在 2.0MPa 水头作用下 24h 不渗漏;⑤低温柔性好:在 -30℃下对折不产生裂纹,其拉伸强度、撕裂强度和剪切强度在低温下均有一定程度的提高,而伸长率则稍有下降;⑥耐腐蚀性:由于不含催化剂,分子结构稳定,所以聚脲表现出优异的耐水、耐化学腐蚀及耐老化等性能,在水、酸、碱、油等介质中长期浸泡,性能不降低;⑦快速固化:反应速度极快,5 s 凝胶,1 min 即可达到步行强度。由于快速固化,解决了以往喷涂工艺中易产生的流挂现象,可在任意曲面、斜面及垂直面上喷涂成型,涂层表面平整、光滑,对基材形成良好的保护和装饰作用。

聚脲喷涂设备是由专用的主机和专用的喷枪组成。专用设备的基本要求是:平稳的物料输送系统、精确的物料计量系统、均匀的物料混合系统、良好的物料雾化系统和方便的物料清洗系统。

3.1.5 SK–优龙混凝土表面防碳化涂料

SK–优龙混凝土表面防护涂料是一种可以使用在水工建筑物、港工、公路桥梁及桥墩上混凝土表面防护的组合涂料,分别由底涂 BE14、中间层 ES302 和表层 PU16 组成。

BE 14 是一种 100% 固体环氧底漆,可允许在饱和或表干混凝土表面施工。它是采用特种高性能环氧树脂,含有排湿基团,能够在潮湿表面涂装和水下固化的高性能产品。BE 14 与老混凝土基底黏结强度大于 4 MPa,具有超常的防蚀和保护特性。ES 302 是一种优异的、含固量 100% 的环氧厚浆涂料,含有耐候性、抗老化性及排湿特性基团的高性能产品。可直接涂于 BE14 表面,具有优秀的抗腐蚀和防碳化性能。PU16 是一种优异的聚氨酯柔性涂料,有良好的装饰性能,可以涂装在 ES 302 上,达到极其坚韧和耐久。PU16 采用特种高性能改性聚氨酯树脂,含有酯键等强极性基团,漆膜强度高,耐热及耐候性好,具备超常的防蚀和保护特性。

3.1.6 水泥基渗透结晶型防水材料

水泥基渗透结晶防水材料是由波特兰水泥、硅砂和多种特殊的活性化学物质组成的灰色粉末状无机材料。这种材料具有特有的活性化学物质,涂刷在混凝土表面,利用水泥混凝土本身固有的化学特性和多孔性,以水为载体,借助于渗透作用,在混凝土微孔及毛细管中传输,再次发生水化作用,形成不溶性的枝蔓状结晶并与混凝土结合成为一整体。由于结晶体填塞了微孔及毛细管孔道,从而使混凝土致密,达到永久性防水、防潮和保护钢筋、增强混凝土结构强度的效果,用于水下部位效果较好。

3.1.7 混凝土有机硅透气型透明保护涂料

混凝土有机硅透气型透明保护涂料,采用纯有机硅树脂为原料,经过先进工艺制成的清水混凝土专用透明保护涂料,哑光效果,质感细腻,兼具有机涂料和无机矿物质涂料的优点。有机硅树脂是高分子、三维交联化合物,它们在建筑材料表面形成稳定、高耐久、三维空间的网络结构,抗拒来自于外界液态水的吸收,但允许水蒸气自由通过。纯有机硅树脂外墙如同自然界中的树叶一样,雨水不能渗进叶子,但树叶上的水分仍可蒸发,从而保证混凝土内部的干燥,解决普通不透气涂料由于混凝土内部水分往外蒸发时导致的起皮脱落现象。

有机硅树脂涂料在涂刷到混凝土结构后与混凝土内 KOH 交联反应,形成辛基长碳链锚固在混凝土上,其化学键稳定,所以具有优异的耐候性能。

3.1.8 SK－2 环氧涂料

SK－2 防渗涂料它是一种改性环氧类材料,该种材料具有良好的防渗性和力学性能,在潮湿环境中能很好的固化,并且与基底混凝土有较好的黏结性能。该材料本体的抗拉强度大于 8 MPa,抗压强度大于 50 MPa。在干燥情况下,与混凝土的黏结强度大于 3.0 MPa,在潮湿情况下,与混凝土的黏结强度大于 2.0 MPa,涂刷厚度不小于 1.5 mm。

SK－2 防渗涂料施工简单,操作方便,可直接在潮湿的混凝土基面上涂刷,施工后形成完整无接缝的、具有较高强度和弹性的防水涂层。SK－2 涂层材料性能见表2。

表2　SK－2 涂层材料性能

材料性能	数值	备注
涂层材料抗压强度(MPa)	≥60	7d 龄期
涂层材料抗拉强度(MPa)	≥10	7d 龄期

材料性能	数值	备注
涂层材料黏结强度（MPa）	≥3	干面黏结,养护,7d龄期
涂层材料黏结强度（MPa）	≥2.0	潮湿界面黏结
材料断裂伸长率（%）	≥2.5	
材料适用期	40min	

3.2 渡槽伸缩缝漏水快速修复材料

3.2.1 SK手刮聚脲

SK手刮聚脲由含多异氰酸酯——NCO的高分子预聚体与经封端的多元胺（包括氨基聚醚）混合,并加入其他功能性助剂所组成。在无水状态下,体系稳定,一旦开桶施工,在空气中水分的作用下,迅速产生多元胺,多元胺迅速与异氰酸酯——NCO反应,形成SK手刮聚脲。根据用途,SK手刮聚脲可分为自流平聚脲和触变型聚脲,对坡度小于3°度的混凝土平面,使用自流平聚脲施工方便、速度快;对坡度大于3°的混凝土平面、立面和顶面,使用触变型聚脲,每次刮涂厚度小于1 mm,可以保证不发生流淌。SK手刮聚脲的主要物理力学性能见表3。

表3 SK手刮聚脲物理力学性能

检测项目	固含量	拉拉强度	扯断伸长率	撕裂强度	表干时间
检测结果	100%	大于16MPa	>400%	>22 kN/m	5 h

SK手刮聚脲具有抗紫外线性能和抗太阳暴晒性能,在阳光照射下,SK手刮聚脲本身有20年以上的使用寿命,并且SK手刮聚脲具有-40℃的低温柔性,能适应高寒地区的低温环境,尤其是能抵抗低温时混凝土开裂引起的形变而不渗漏,并且施工方便、快速,对快速修补伸缩缝、裂缝漏水效果很好。

3.2.2 BE14潮湿面界面剂及潮湿面腻子

为保证SK手刮聚脲与混凝土之间有足够的黏结强度,聚脲涂层与底材的黏结面采用SK-BE14专用潮湿面界面剂,这是一种100%固含量的环氧底漆,该底漆可在饱和水或干表面施工。底面处理后,在混凝土表面涂刷BE14界面剂,涂刷厚度要求薄而均匀,无漏涂现象。保证聚脲与混凝土之间的黏结强度大于2.5MPa。

3.2.3 伸缩缝内嵌填柔性材料

伸缩缝内嵌填的GB柔性止水材料性能见表4。

表4 GB柔性止水材料性能指标

性能	测试项目		控制指标	测试指标
抗拉	常温	断裂伸长率（%）	≥800	1 278
性能	-30℃	断裂伸长率（%）	≥800	1 040

性能	测试项目	控制指标	测试指标
	密度（g/cm³）	≥1.15	1.22
环境保护	属橡胶类产品	无毒、无污染	

4 渠道建筑物混凝土表面防护及渡槽伸缩缝修复工艺

4.1 渠道混凝土表面防护工艺

渠道建筑物包括渠道混凝土衬砌、闸墩、渡槽、倒虹吸、涵洞、山洪桥等,对这些建筑物混凝土表面防护一般按如下工艺进行:

（1）表面清理:要用适当工具对施工表面进行彻底清理,清除所有灰尘、浮浆、松动破损的混凝土、油污、污染物等,以获得清洁坚固的维修基层;

（2）钢筋除锈:清除钢筋表面的锈迹;

（3）钢筋阻锈:用水泥基阻锈剂对钢筋进行阻锈。同时防止发生强阳极现象,并为下一道工序提供良好的施工表面;

（4）修复受损混凝土:用符合要求的修补材料(如聚合物水泥砂浆)进行修复,恢复结构的原有轮廓;

（5）表面防护:用符合要求的防护材料对修复表面进行保护,提高结构的耐久性。

（6）养护。

4.2 渡槽伸缩缝漏水快速修复工艺

（1）修复伸缩缝两侧混凝土,对流速高的情况,伸缩缝两侧混凝土内要设置插筋(见图1)。混凝土固化后将表面打磨、清洗干净;

（2）在伸缩缝内部充填柔性填料或密封膏;在原伸缩缝内部有填料的情况,如果材料未老化,可以直接使用,如果材料已经老化,剔除后重新充填柔性填料或密封膏;

（3）混凝土表面涂刷 BE14 界面剂;

（4）界面剂固化后涂刷 SK 手刮聚脲,一般渡槽伸缩缝部位处 SK 手刮聚脲厚 4 mm、宽大于 60 cm,中间增设胎基布加强。

（5）聚脲表面养护。

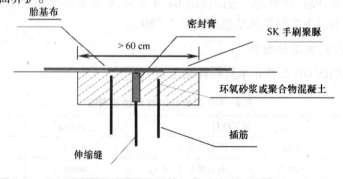

图1 伸缩缝表面止水处理示意图

由于止水采用涂刷 SK 手刮聚脲,代替了以往安装止水带的传统施工工艺,大大提高了施工速度,止水效果更好。

5 结 语

水工混凝土渠道建筑物常常出现裂缝、渗漏、冻融剥蚀、冻胀、冲磨空蚀以及伸缩缝漏水等病害。对这些病害的修复,首先要对病害进行诊断,制定合理的施工方案,选用有效的修补材料及先进的修补技术。同时,修复工作还要由一支经过专门培训、具有资质的专业化施工队伍来完成。遵循科学的施工程序,严格保证施工质量。只有这样才可以及时消除病害,做到事半功倍。

文中介绍的渠道建筑物混凝土表面防护新型材料及渡槽伸缩缝漏水修补技术已在许多水利水电工程中得到应用,通过我们大量工程实践,取得了较显著效果,可供类似工程借鉴。这些新型的混凝土防护材料可以大大提高混凝土的使用年限,渡槽伸缩缝漏水快速修补技术具有施工速度快、止水效果好的优点,将具有广阔的应用前景。

参考文献

[1] 孙志恒、岳跃真,喷涂聚脲弹性体技术及其在水利工程中的应用[J]. 大坝与安全,2005,(1)
[2] 孙志恒,夏世法,等. 单组分聚脲在水利工程中的应用[J]. 水利水电技术,2009,(1)
[3] 孙志恒,鲁一晖,岳跃真. 水工混凝土建筑物的检测、评估与缺陷修补工程应用[M]. 北京:中国水利水电出版社,2004.1

BP 神经网络技术在碾压混凝土配合比设计中的应用

李 蓉 鲁一晖

（中国水利水电科学研究院结构材料所）

摘 要：本文研究了 BP 神经网络模型及其学习算法在预测碾压混凝土性能中的应用，并通过实例预测结果证明，BP 网络学习方法具有较高的预测精度，对于碾压混凝土配合比的设计是可行的。

关键词：碾压混凝土；配合比设计；BP 神经网络

1 引 言

碾压混凝土在我国水利水电工程中有着广泛的应用，它是一种没有坍落度的干硬性混凝土，由于其用水量少，水泥用量小，因此温控措施简单，且有利于降低成本。现行的碾压混凝土配合比设计主要采用的是经验与试验相结合的方法，即先根据给定的设计指标和要求，确定若干设计参数，然后用配合比设计正交试验法进行试拌研究，最终确定配合比方案。显然，这种设计方法比较复杂，试验量较大，很难用定量的方式进行配合比优化。

近年来，人工神经网络技术异军突起。由于其非线性处理能力强，不需要明确的函数关系式等优点，在各个领域得到了广泛的应用。研究表明，一个常用的三层 BP 神经网络便可以任意精度逼近任何连续函数。将人工神经网络技术应用到碾压混凝土配合比设计，适应性强、准确度高，可以大大提高设计工作的效率。本文将深入探讨利用 BP 神经网络模型进行碾压混凝土配合比优化设计的可行性。

2 研究思想

1）首先，建立碾压混凝土配合比试验样本数据库和 BP 神经网络模型；

2）根据混凝土的设计要求检索数据库并建立训练样本集，以混凝土原材料和制作工艺作为输入向量，以混凝土的最终性能指标作为输出单元，训练、测试网络模型，并验证其稳定性和可靠性；

3）通过调整，提高网络的泛化能力。

3 BP 神经网络模型

3.1 BP 神经网络模型概述

BP 神经网络采用误差反向传播（back propagation，BP）算法训练网络模型，其权值和阈值的修正是沿着误差性能函数梯度的反方向进行的。在人工神经网络的实际应用中，BP 神经网络广泛应用于函数逼近、模式识别、分类、数据压缩等,它是前馈网络的核心部分,体现了人工神经网络最精华的部分。

衡量一个网络模型性能的好坏,主要在于其预测结果的准确性和稳定性以及计算收敛的速度。三层 BP 神经网络模型的建立主要取决于输入、输出向量、隐层节点数的选择和传输函数的确定,而权值和学习率的设定将影响网络模型的精度和收敛速度。由于混凝土的原材料较多,性能参数复杂,必须予以适当简化,使网络结构和规模最为合理。下面对神经网络模型的设计参数分别进行讨论。

(1)输入向量

输入向量须反映出影响混凝土最终性能的各因素的变化情况。这些影响因素主要包括各种原材料的用量、性能及制作工艺。具体影响因素列入表1。若将所有影响因素都设为输入向量,则构建的网络比较大,实际应用中,没有必要维持如此大的网络,一般应根据实际要求选取部分关键性因素作为输入向量。

表1 影响混凝土性能的主要因素

原材料	水泥	品种、用量
		抗压强度
		初凝、终凝时间
	水	用水量
	砂	砂的细度模数
		砂的用量
	石	石子的用量
		骨料级配
		最大、最小粒径
	掺和料	品种、用量
	外加剂	主要考虑减水剂用量及其减水率
制作工艺		人工拌合、自落式搅拌机拌合等

本文中建立的网络模型输入向量为:用水量、水泥用量、砂用量、石用量、掺和料用量和减水剂掺量。

(2)输出向量

输出向量包括碾压混凝土的各项性能指标,包括:混凝土抗压强度(一般考虑7 d 和28 d 龄期抗压强度)、VC 值、含气量、弹性模量和渗透系数等。仍需要根据实际要求进行取舍。本文中建立的网络模型输出向量为:VC 值、7 d 抗压强度和28 d 抗压强度。

(3)网络结构

网络隐层节点数的选择较为复杂,至今尚未找到很好的解析式,通常根据前人设计所得的经验和试验来确定。一般认为,隐层节点数与求解问题的要求、输入输出单元数多少都有直接的关系。若隐层节点数太多,会导致学习时间过长,造成资源浪费;而隐层节点数太少,会使网络的学习能力降低,容错性差。因此,必须综合多方面的因素进行设计。

在本文的研究中，验证了前人提出的一个观点，即：一般当隐层节点数靠近输入节点的个数时，网络的收敛速度较快，而且泛化能力好。因此，隐层节点数可以等于输入节点数。在实际应用中，可先选取一个较大的隐层节点数进行训练，然后根据实际的情况进行调整，最后确定出最合理的网络结构。在本文的研究中，最终确定网络隐层数为5层。

（4）BP网络学习算法

较为常用的BP网络学习算法有：最速下降BP算法、动量BP算法、弹性BP算法、变梯度算法、拟牛顿算法和LM算法等。

对于一个给定的问题，到底采用哪种训练方法，其训练速度最快，这是很难预知的，因为这取决于许多因素，包括给定问题的复杂性、训练样本集的数量、网络权值和阈值的数量、误差目标、网络用途等。

通过前人的实验，得出了各种算法上的一些通常结论：LM算法的收敛速度最快，适用于处理精度要求较高的问题；弹性BP算法用于模式识别时，其速度是最快的；变梯度算法适用于更广泛的问题中，尤其在网络规模较大的场合表现出很好的性能，并且对存储空间的要求相对较低。

在本文的研究中，选用变梯度算法中的SCG（scaled conjugate gradient）算法。该算法采用了模型信任区间逼近原理的基本思想，避免了每次迭代中的线性搜索过程，从而解决了耗时问题。

在MATLAB神经网络工具箱中，采用SCG算法的训练函数为trainscg。

（5）初始权值

网络训练开始时，必须给网络赋予合理的权值。如果权值选择的不合理，将会影响学习的精度和速度。初始权值应是不完全相等的一组随机数值，因此我们选择（-1.0，+1.0）之间的随机数值作为网络的初始权值。

（6）学习率

一般地，学习率是由经验确定的。学习率越大，权值变化就越大，收敛速度就越快，但这样有时会引起系统的振荡增大，降低计算的稳定性，造成最优解的偏离；反之，如果学习率太小，又会使学习时间过长。一般的做法是，在学习刚开始时，在不导致振荡的前提下，学习率尽可能取的相对大一点，随着迭代的进行逐步减小学习率。在本文的研究中，最终确定学习率为0.01。

（7）迭代次数

神经网络计算并不能保证在各种参数配置下迭代收敛，因此需要设定当迭代结构不收敛时允许的最大迭代次数。本文选取迭代次数为50 000。

3.2 建立BP网络模型

根据以上原则，结合碾压混凝土性能预测的实际情况，建立BP网络模型如图1所示。

3.3 BP神经网络泛化能力的提高

（1）归一化法

本论文所建立的网络采用贝叶斯归一化法来提高网络泛化能力，避免过适配现象。在MATLAB神经网络工具箱中，贝叶斯归一化法的实现函数是trainbr。当网络的输入向量和

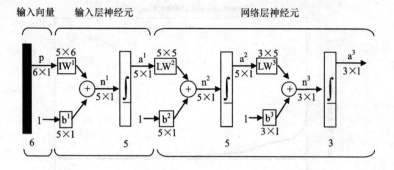

图 1　碾压混凝土性能预测 BP 网络模型

输出向量的取值范围不在[-1,1]区间时,先通过函数 premnmx 或 prestd 进行预处理,即:

[inn,minin,maxin,outn,minout,maxout] = premnmx(in,out);

注意:网络训练完成后,应对训练样本的数据进行后处理,使得经过预处理的归一化数据重新转化为非归一化的数据,其处理函数为 postmnmx,即:

a = postmnmx(A,minout,maxout);

(2)多次预测求均值

由于网络的初始权值是随机选取的,因此预测的结果是不可重复性的,都在接近实测值的一个误差范围内。通过多次预测求均值的方法,可以适当避免误差,提高预测的精度。

4　利用 BP 神经网络模型预测碾压混凝土的性能

具体实现过程如下:搜集以往碾压混凝土配合比的成功案例构建学习样本库。本文中,只考虑三级配混凝土。利用这些成功的数据组合,训练 BP 神经网络模型,训练性能曲线如图 2 所示。

选取五组现有试验数据作为测试样本。试验数据均来自于龙滩水电站大坝 RⅢ部位碾压混凝土配合比试验。

(1)龙滩水电站工程简介

龙滩水电站是中国在建的仅次于三峡电站、溪洛渡电站的第三大水电站。龙滩电站规划总装机容量 630 万 kW,年均发电量 187 亿 kW 时,除发电外,还兼有防洪、航运等综合效益。龙滩水电站碾压混凝土大坝坝高 216.5 m,是目前世界上同类坝型中最高的大坝。坝顶长 849.44 m,坝体混凝土方量 660 万 m³,其中碾压混凝土工程量占坝体混凝土总量的 69%,均大大高于国际已有的筑坝水平。

(2)试验原材料介绍

混凝土为三级配碾压混凝土(大石∶中石∶小石 =3∶4∶3)。试验采用柳州 42.5 中热硅酸盐水泥,采用人工砂,化学外加剂采用 ZB - 1A 缓凝高效减水剂和 ZB - G 引气剂,掺和料依次为凯里Ⅱ级粉煤灰、宜宾Ⅱ级粉煤灰、宣威Ⅱ级粉煤灰、盘县Ⅱ级粉煤灰和珞璜Ⅱ级粉煤灰。测试样本原始数据见表 2,性能预测模型误差分析见表 3。

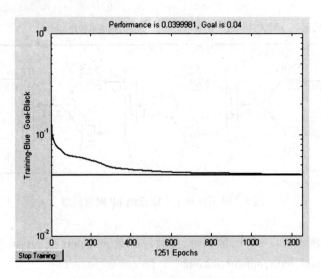

图 2　碾压混凝土性能预测网络训练性能曲线

表 2　碾压混凝土性能预测测试样本数据

| 组号 | 各原材料用量(kg) | | | | | | 混凝土性能 | | |
	水	水泥	砂	石	掺和料	减水剂%	VC 值	7 d 抗压强度(MPa)	28 d 抗压强度(MPa)
1	77	56	760	1481	104	0.6	4.7	9.9	16.9
2	79	60	759	1480	100	0.6	5.1	9.9	17.2
3	76	70	764	1488	90	0.6	3.4	12.8	19.8
4	78	56	760	1480	104	0.6	5.6	8.5	17.1
5	78	56	762	1485	104	0.6	4.1	9.1	17.3

表 3　碾压混凝土性能预测模型误差分析

| 组号 | VC 值 | | | 7 d 抗压强度(MPa) | | | 28 d 抗压强度(MPa) | | |
	预测值	实测值	相对误差%	预测值	实测值	相对误差%	预测值	实测值	相对误差%
1	4.752 0	4.7	1.106	9.929 8	9.9	0.301 5	17.073 1	16.9	1.024
2	5.130 5	5.1	0.599	9.542 5	9.9	3.610 9	17.060 2	17.2	0.813
3	3.481 4	3.4	2.394	12.769 6	12.8	0.237 7	19.860 8	19.8	0.307
4	5.560 2	5.6	0.711	8.588 0	8.5	1.035 1	17.445 9	17.1	2.023
5	4.184 0	4.1	2.049	9.197 0	9.1	1.066 0	17.208 5	17.3	0.529

由此可见,碾压混凝土性能预测值和实测值的误差基本控制在比较小的范围内(5%以

内）。因此,利用神经网络模型预测碾压混凝土性能的结果是可行和有效的。

5 结 语

通过 BP 网络可以较好地解决碾压混凝土性能预测的问题,其在解决非线性问题上的优势得到很好的体现。然而,由于原材料种类繁多,试验资料有限,训练样本数据库的资料信息还不够完善,分析汇编整理工作有待进一步加强。随着资料的不断丰富,神经网络模型的学习能力将会逐步提高,系统预测结果将会更加符合工程实际。另外,神经网络模型的映射能力和泛化能力还有待提高。要解决学习率与稳定性的矛盾,还需进行大量研究工作,找到最优化方案,使网络功能更加可靠、有效。

参考文献

[1] 王继宗,倪宏光,何锦云,等,混凝土强度预测和模拟的智能方法[J]. 土木工程学报,2003(10):24—29.

[2] 胡明玉,唐明述. 神经网络在高强粉煤灰混凝土强度预测及优化设计中的应用[J]. 混凝土,2001,(1):13 – 17.

[3] 陆海标,郑建壮,徐旭岭. 基于 MATLAB 遗传工具箱的高强混凝土配合比优化[J]. 浙江水利水电专科学校学报,2007,19(3):47 – 50.

[4] 季韬,林挺伟,林旭健,基于人工神经网络的混凝土抗压强度预测方法[J]. 建筑材料学报,2005. 8(6):677 – 681.

[5] 刘婷婷,章克凌. 人工神经网络在混凝土强度预测中的应用[J]. 粉煤灰综合利用,2005(4):9 – 11.

安哥拉 Gandjelas 混凝土重力坝除险加固设计与施工

屠清奎[1]　孙春雷[1]　柯敏勇[2]

(1. 中国水利水电第十三工程局有限公司；　2. 南京水利科学研究院)

摘　要: 安哥拉 Gandjelas 重力坝经检测和安全评估表明,大坝存在大量水平施工缝,原混凝土的水平施工缝张开,层间施工质量难以保证;大坝整体稳定略显不足。为综合解决大坝整体稳定不足、渗漏和外观缺陷影响正常运行等问题,建议在大坝上游面采用预应力岩锚加固,上游面裂缝采用灌浆和嵌缝、水泥结晶防渗材料等综合处理,廊道内裂缝进行 EA 改性环氧灌浆材料灌浆处理。经现场实施和运行,除险加固处理取得了预期效果。

关键词: 除险加固;设计与施工;混凝土重力坝

Gandjelas 重力坝位于安哥拉 HUILA 省 Chibia 市,水库库容 3.5×10^6 m³,设计最大坝高 30 m,坝顶长度 113 m,坝顶高程 154 m,溢流堰段顶高程 1 545 m。大坝上游面为折面,1 534.5 m 以上为直线段,1 534.5 m 以下为 1:0.15 边坡,下游坝坡为 1:0.7。大坝顶部设 3 孔溢流堰,每孔净宽 10 m,最大下泄流量 274 m³/s。大坝始建于 20 世纪 60 年代,期间因战乱等原因经过多次建设,仅完成大坝部分施工。2005 年中国水利水电集团公司续建该大坝,在施工过程中发现,原施工的混凝土大坝存在严重问题,主要表现为水平施工缝处理不到位、坝体出现大量水平裂缝和竖向裂缝,存在影响大坝安全运行的结构性病害。为此开展混凝土重力坝除险加固设计和施工。

1　工程病害概况

1.1　裂缝

大坝混凝土裂缝分两大类,一类是水平施工缝,是大坝混凝土的主要裂缝;另一类是垂直施工缝和廊道顶的混凝土收缩裂缝。其中大坝施工缝又分两类:一类为开度较大,裂缝宽度在 1~5 mm 之间,间隔在 1 500 mm 左右的施工缝,是大坝浇筑过程中形成的主施工缝;另一类开度相对较小,裂缝宽度在 0.3~1 mm 之间,间隔在 500 mm 左右的施工缝;一般情况下,在大施工缝之间均有 2 条开度较小的施工缝。形成原因是原承包商在施工时,为简化大体积施工温度控制,按照 500 mm 分一小层、1 500 mm 一大层浇筑,由此形成了500 mm间距的开度相对较小的施工缝,而且由于施工间隔短,形成的施工缝也相对较小;而1 500 mm分层需要重新立模,施工间隔较长,形成的施工冷缝处理不到位,所以形成的裂缝宽度也较宽。钻孔取芯表明,在取芯深度 300~400 mm 范围内,大施工缝的表面宽度和内部基本一致,且混凝土结合性能差,表面有黄色的附着物。检测中发现,施工缝之间虽然经过凿毛处理,但处理不到位,施工缝两侧混凝土相对较为平整,骨料之间咬合作用小。主施工缝的开展深度一般在 600 mm 左右尖灭,小施工缝一般在 200 mm 左右尖灭。

廊道顶混凝土裂缝和重力坝施工工艺有关。在分层浇筑过程中,施工缝和斜廊道顶交叉,形成环向裂缝;而纵向裂缝是由于施工过程中,廊道顶的混凝土浇筑厚度小于两侧浇筑厚度,在收缩过程中受到了两侧混凝土约束而形成纵向裂缝。

1.2 混凝土麻面

大坝混凝土大部分区域表面平整,但在少数部位仍有麻面。产生原因和施工质量控制有关。主要发生部位在施工缝附近,该部位混凝土不容易振捣密实;另外,在混凝土下料过程中,粗骨料也易在结构边缘部位集中。上游麻面对于混凝土坝的防渗体系影响较大,使该部位成为了渗透通道,形成点渗漏,易和水平施工缝形成大的渗漏通道。

1.3 混凝土内部缺陷

采用工程钻机和超声波探测相结合的方法,在左岸第四结构段大坝靠近上游面 860 mm 处钻取间距为 1 500 mm 的 75 mm 孔两个,每个孔深入基岩 1 500 mm,钻孔过程中取混凝土芯样,作为评判混凝土内部质量的依据之一。混凝土芯样非常破碎,甚至在长达 2 000 mm 的钻孔过程中仅取到少量的粗骨料,混凝土离析或空洞明显;在坝体和基岩结合部位,混凝土和岩石芯样破碎,结合面以下的基岩亦成破碎状。超声检测表明,内部缺陷明显。

1.4 混凝土强度

原浇筑混凝土强度平均值为 38.8 MPa,最大强度值为 48.8 MPa,最小强度值为 27 MPa。根据 DL5108 – 1999《混凝土重力坝设计规范》规定,高速水流区的混凝土应采用具有抗冲耐磨性的低流态高强度混凝土或高强硅粉混凝土,DL/T5057 – 1996《水工混凝土结构设计规范》规定有抗冲耐磨要求的溢流坝面混凝土等级不宜低于 C25。但由于老混凝土龄期最长的已经达到 50 多年,最短也接近 30 年,加之混凝土出现麻面,表面平整度差和大量施工缝等施工质量缺陷,混凝土质量无法满足安全运行的需要。

1.5 整体稳定性

分别按承载能力极限状态和正常使用极限状态进行计算和验算。承载能力极限状态坝体断面结构及坝基岩体进行强度和抗滑稳定计算;正常使用极限状态按材料力学方法进行坝体上下游面混凝土拉应力验算。计算表明,整体稳定性不能满足设计和安全运行要求。坝体上游面出现少量拉应力。

1.6 工程安全综合评价

大坝上游面和廊道的施工缝深度均超过 500 mm,达到了廊道上游面混凝土厚度的 2/3 以上,大坝结构有效截面大大削弱,经计算分析表明,大坝的整体稳定性不能满足 DL5108 – 1999《混凝土重力坝设计规范》的要求,从安全性角度判断大坝上游面裂缝为危害性裂缝;因上游混凝土防渗体系因施工缝存在而失效,加之混凝土麻面等因素,导致廊道漏水严重,严重影响大坝正常运行功能发挥,属危害性裂缝;从耐久性能看,在大坝上游面、廊道和下游面的水平施工缝均出现游离碳酸钙析出,极易出现溶蚀破坏,耐久性存在严重问题。因此,从结构安全、运行功能和耐久性能等角度考虑,水平施工缝属危害性裂缝,应对原浇筑混凝土坝体进行处理。

2 除险加固设计

为综合解决大坝渗漏和层面施工冷缝造成大坝稳定不足等问题,对大坝上游面采用预应力岩锚加固,上游面裂缝采用灌浆和嵌缝和水泥结晶防渗材料等综合处理,廊道内裂缝进行 EA 改性环氧灌浆材料灌浆处理。

2.1 预应力锚索加固

结合现场调查和分析,可在距离上游面 900 mm 处施加 500 kN/m 预应力。预应力锚索加固采用拉力型锚索,锚索设计见图 1。

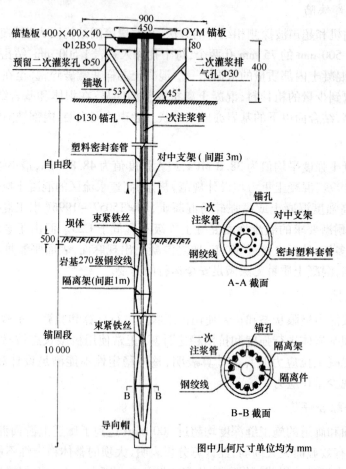

图 1 预应力锚索加固方案图

2.2 上游水平施工缝处理

上游面水平施工缝处理的目的是重新建立大坝防渗体系,确保大坝不发生渗漏,影响运行功能和耐久性能;对于主要水平施工缝,采用 EA 改性环氧灌浆材料、PUI 弹性密封膏、丙乳砂浆和 XYPEX 防渗材料相结合办法。对于次要水平施工缝或者裂缝宽度小于 0.4 mm 的裂缝,采用混凝土表面涂抹 XYPEX 防渗材料和丙乳砂浆防渗,水平施工缝处理方案见图 2。

18

灌浆材料采用 EA 改性环氧灌浆材料,具有良好的可灌性和固结性能,并具有良好的耐候性,耐化学侵蚀性,同基材黏结力强,可随混凝土变形而变形。PUI 弹性密封膏具有弹性佳、强度高、耐磨、耐化学腐蚀、耐低温、耐候耐老化,黏结好等优点。丙乳砂浆与基底黏结性能优异,抗渗性能好,耐久性优良,对水质无害。XYPEX 无机水泥结晶防渗材料是一种以硅酸盐水泥为基料配以硅砂和多种特殊活性的化学物质组成的灰色粉末状的无机防水材料,它的作用机理主要是利用混凝土的多孔性和混凝土中的水泥没有水化或没有完全水化的成分,借助水渗透到混凝土微孔和毛细管中去,催化水泥再次水化,生成不溶于水的结晶体堵塞混凝土的微孔和裂缝,能充分提高混凝土的密实度,达到整体性的防水补强及抗各种侵蚀和病害的效果。

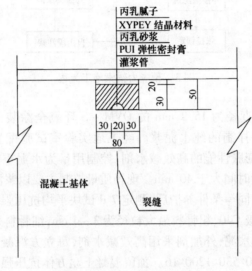

图 2　水平施工缝施工方案

2.3　廊道裂缝处理

下游面溢流面处理目的是解决下游混凝土表面平整度、裂缝、疏松和剥落,防止溢流面混凝土在水流作用下出现空蚀;为防止在雨季溢流面向廊道渗漏,采用弹性嵌缝材料填补施工缝。对廊道内裂缝进行灌浆处理,采用 EA 改性环氧灌浆材料,以恢复层间混凝土的黏结性能,提高廊道范围内大坝混凝土的整体性。

3　除险加固施工

3.1　预应力锚固施工

预应力锚索加固施工主要有以下几个步骤:钻孔、锚索安装、注浆、预应力张拉、封锚。钻孔工作包括放样定位、压风设备及送风管路安装、钻孔及清孔;锚索安装包括锚索下料、编索、锚索安装;注浆包括锚固段注浆、自由段注浆;预应力张拉包括第一次分级张拉、第二次分级张拉。施工流程见图 3。

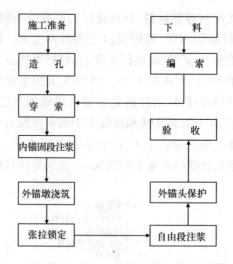

图 3　预应力锚索施工流程

预应力钢绞线采用直径为 15.2 mm 的 OVM – S 环氧全涂装 PC 钢绞线,锚固端采用 52.5 级普通硅酸盐水泥拌制的纯水泥浆。经工地实验室试验配置确定水泥浆水灰比为 0.4,外加剂采用具有微膨胀性能的高效减水剂,控制用量为水泥重量的 2%,控制浆材比重为 1.95 ~ 2 kg/cm³,初凝时间大于 40 min。现场质量控制主要以浆液均匀及比重控制,并进行同步水泥浆试块成型,同等条件养护后,测定 7 d 试块平均抗压强度为 36.1 MPa。

锚墩设计混凝土等级 C40,粗骨料最大粒径为 3 ~ 4 cm,细骨料采用当地产中粗砂,水泥采用 52.5 级普通硅酸盐水泥,外加剂采用高效减水剂,每立方混凝土按重量比为,水: 水泥: 砂: 石: 减水剂 = 185: 530: 530: 1200: 16。预留混凝土立方体抗压强度试块,测定 7 d 试块平均抗压强度为 52.7 MPa。

锚索的张拉及锁定分级进行,在完成设计张拉 10 d 后再进行一次补偿张拉,再加以锁定。锚下采用 MSJ – 201 型振弦式锚索测力计,用于预应力张拉的应力控制和预应力长期监测。预应力张拉时,先加载至设计应力的 20 %,作为初始应力值的起点,以调直钢绞线,在此荷载下,拉伸率读数设为零。然后进行分级循环张拉。分级张拉力控制过程为:0→6 初→ 0.26 初 → 0.56K→ 6K→ 1.0 46K(持荷 2 min 锚固),张拉过程中采用张拉应力和钢绞线伸长值双控,且以伸长值控制为主。

二次灌浆采用强度等级为 52.5 级硅酸盐水泥拌制纯水泥浆灌注时,水灰比为 0.3 ~ 0.4,采用高速搅拌机制浆,提高浆液流动性,增加其均匀性和可灌性。锚索锚头的保护运用干硬性丙乳砂浆将锚索测力计、锚具、钢绞线头封闭处理,确保不发生锈蚀,保证耐久性。

3.2　上游水平施工缝处理

大坝水平施工缝分布密集,每隔 0.5 m 或 1.0 m 一道,不同类型的裂缝采用不同的方法处理;2007 年雨季蓄水表明,大坝竖直结构分缝出现漏水,表明大坝分缝止水存在渗漏通道。因此在施工过程中,须处理好以下几个关键问题,一是结构分缝止水渗漏问题,因结构分缝之间是活缝,可采用 PUI 弹性密封膏处理。由于大坝部分区域淤积严重,难以彻底清淤,因此,在结构分缝处骑缝钻孔,孔深超过大坝止水深度,以切断上游水库水流绕渗通道。二是彻底清除上游坝踵部位的覆盖层,因大坝上游面斜坡被杂物和淤积掩盖,且覆盖厚度较厚,若不彻底清淤,水库蓄水后该处水头较高,渗透压力较大,将成为防渗的薄弱环节,不仅会影响该高程施工缝的防渗效果,而且也会影响该高程以上的防渗效果。

施工缝表面开槽是防渗处理的重要环节,开槽采用切割、电锤及钻子相结合的方法。主施工缝要求开槽深 5 ~ 7 cm,底部宽 2 ~ 3 cm,表面宽 4 ~ 5 cm。密封膏施工前,要求对主施工缝槽内进行清洁与保护,除去被粘表面的油污、附着物、灰尘等杂物,保证被粘表面干燥、平整,以防止黏结不良。由于槽子表层 2 cm 需要丙乳砂浆封闭,需要对该范围内混凝土面进行保护,防止密封膏粘在其上,影响丙乳砂浆与混凝土黏结。使用底涂液涂刷在被粘表面上,干燥成膜,保证密封膏与混凝土面黏结可靠。密封膏要求 按给定的配合比,将两个组分混合均匀,无色差。混合时应防止气泡混入,涂胶时应防止气泡混入。压实,填平密封处。密封膏填压过程中,同时形成灌浆通道,在槽底放置一根半圆形管子,密封膏拌和均匀后,将其捏成长条状,将管子埋设于槽子底部形成灌浆通道,灌浆嘴每 1 ~ 2 m 埋设 1 个。密封膏固化后,需采用薄膜对密封膏表面进行保护,将密封膏表面与表层的丙乳砂浆层分隔开来,保证密封膏自由伸缩。对于非主要施工缝,开槽深度和宽度都较主施工缝小,开槽后直接采用丙乳砂浆充填。

施工缝填充完毕后,整个坝面防渗采用 XYPEX 水泥结晶材料和丙乳砂浆相结合的方法处理。施工前,清除混凝土表面附着物,要求混凝土基面粗糙、干净,提供充分开放的毛细管系统以利于渗透。然后涂刷 XYPEX 浓缩剂,刷涂采用半硬的尼龙刷,涂层要求均匀,各处都要涂到,涂刷时应注意用力,来回纵横涂刷以保证凹凸处都能涂上并达到均匀。总用量一般控制在 0.8 ~ 1.5 kg/m²。涂刷遍数为 3 遍。涂刷完成后,保水养护 3 d,然后进行表层丙乳砂浆防渗处理。

丙乳砂浆具体的配比根据现场试验确定。根据工程抗渗耐磨要求,用于上游封缝处理的丙乳砂浆强度为 M25,施工重量配比按灰:砂:水:丙乳 = 1:1:0.35:0.3。每次拌制的砂浆,要求能在 30 ~ 45 min 内使用完,不宜一次拌和过多数量。在涂抹砂浆时,修补面上需先用丙乳净浆打底,净浆配比为 1 kg 丙乳加 2 kg 水泥搅拌成浆,在净浆未硬化前即施工丙乳砂浆 10 mm。丙乳砂浆养护从砂浆表面略干后开始,采用喷雾养护,一昼夜后,再洒水养护 7 d 即可自然干燥。

4 结论与建议

安哥拉 Gandjelas 重力坝采用预应力锚索加固后,溢流坝段的基本组合 1 的结构荷载效应为 5 057 kN,抗力效应为 5 243 kN;非溢流坝段基本组合 1 的结构荷载效应为 5 057 kN,抗力效应为 5 147 kN,非溢流坝段在基本组合 2(即上游水位 1 547.6 m,下游水位 1 521.5 m)为短暂组合,结构荷载效应为 5 059 kN,抗力效应为 5 129 kN,两者的结构抗力均大于荷载效应,整体稳定性满足设计和安全运行要求。

大坝从 2008 年 10 月 31 日起开始蓄水,现已经蓄水到 1 536 m 高程,防渗处理前的大坝底层廊道漏水严重,经过修补后,底层廊道上游面干燥,至今未发现漏水现象。大坝水平施工缝、伸缩缝等漏水等问题也都得到了解决,说明防渗综合处理效果显著。

参考文献

[1] 柯敏勇,叶小强,刘海祥,安哥拉 Gandjelas 混凝土重力坝安全检测与评价分析[R],南京水利科学研究院,2007

[2] 柯敏勇,蔡跃波,病险水库水工混凝土建筑物病害技术库开发[R],南京水利科学研究院,2001

[3] 洪晓林,柯敏勇,金初阳,等,水闸安全检测与评估分析[M],北京:中国水利水电出版社,2007.1

[4] 邢林生,混凝土坝坝体渗漏危害性分析及其处理[J],水力发电学报,2001(3),p108-117

[5] 于骁中,混凝土坝裂缝危害性分析[J],岩石混凝土断裂与强度,1990(1,2)

[6] 罗建群,罗金好,水工混凝土建筑物老化病害及防治[C],北京农业出版社,1995.

[7] 丁宝瑛,王国秉,黄淑萍,等,国内混凝土坝裂缝成因综述与防止措施[J],水利水电技术,1994(4):12-18

混凝土结构碳纤维复合材料加固技术

王国秉 孙志恒 李守辉 夏世法

（中国水利水电科学研究院结构材料所,北京中水科海利工程技术有限公司）

摘 要:碳纤维复合材料补强加固技术是一种新型的混凝土结构加固技术,它利用高强度的碳纤维和专用环氧树脂胶黏贴在结构外表面受拉或有裂缝部位,可以提高混凝土构件的承载力及耐久性,从而使结构得到补强加固。本文简要介绍了该技术的一些特点和方法及水利水电工程应用经验,可供类似加固工程借鉴。

关键词:混凝土结构;碳纤维;补强加固;工程应用

1 概 述

随着国民经济的飞速发展,兴建了大量的土木工程。近年来,不少工程由于运行年限较长,或由于设计、施工、材料、运行管理等问题,以及地震影响等,致使不少混凝土建筑物存在不同程度的老化与病害,有些已严重影响工程的安全运行。据不完全统计,"5·12"汶川特大地震造成四川省 1 997 座水库受损,占全省水库总数的30%[1]。灾区土建工程震损更为严重,灾后恢复与重建任务十分艰巨。混凝土建筑物的修补加固已成为我国当前一个十分突出的问题,需要长期重视和研究。

混凝土结构的补强加固技术是一个相当广泛的技术领域,传统的加固方法,如加大截面加固法、外包钢加固法、预应力加固法等,已为工程界所熟知,但都存在一些缺点和应用限制。随着国内外新材料和新工艺的不断技术进步,出现了一些新型的混凝土结构的加固方法,其中碳纤维复合材料补强加固技术已广泛受到国内外工程界重视。

碳纤维复合材料补强加固技术即是利用高强度或高弹性模量的连续碳纤维,单向排列成束,用环氧树脂浸渍形成碳纤维增强复合材料片材,将片材用专用环氧树脂胶黏贴在结构外表面受拉或有裂缝部位,固化后与原结构形成一整体,碳纤维即可与原材料共同受力。由于碳纤维分担了部分荷载,降低了钢筋混凝土结构的应力,从而使结构得到补强加固。

碳纤维片的抗拉强度可达 3 500 MPa,比钢材高 7 ~ 10 倍,弹性模量(2.35 ~ 4.3) × 10^5 MPa,由于采用了性能优良的黏结材料,不仅树脂渗入混凝土中,将碳纤维片材紧密黏贴在结构外表面,而且树脂有较高的黏结强度,能有效地传递碳纤维与混凝土之间的应力,确保不产生界面黏结剥离现象。

碳纤维复合材料加固技术因耐久性好,施工简便,不增大截面,不增加重量,不改变外形等优点,已开始广泛应用于混凝土结构抗震、抗弯和抗剪加固,成为混凝土结构补强加固的新趋向。

20 世纪 90 年代初日本已成功地将这门技术用于上千个加固工程项目。90 年代中期日本阪神大地震灾后重建,碳纤维加固技术得到了迅速推广与发展。此外,美国、欧洲等西方发达国家也大力开展研究与应用该技术,并获得长足进步。

碳纤维复合材料用于混凝土结构的补强加固在我国起步较晚,1997 年从日本引进该技术,近年来主要用于钢筋混凝土建筑物的梁、板、柱等构件的补强加固,在水工混凝土建筑物的补强加固中应用尚不多。本文通过我们对若干水利水电加固工程的实践,简要介绍了碳纤维加固技术的一些特点和方法及工程应用经验,可供类似加固工程借鉴。

2 碳纤维材料

用于混凝土结构补强加固的碳纤维主要有片材、棒材、型材和特殊构造等材料,国内较多使用的为片材,常用的碳纤维片的规格及性能要求见表 1。黏贴碳纤维黏结剂的基本性能要求见表 2。

表 1 碳纤维片的规格及性能要求

碳纤维面积重量 (g/m²)	弯曲强度 (MPa)	抗拉强度标准值 (MPa)	拉伸模量 (MPa)	延伸率 (%)
200 ~ 300	≥770	≥3000	≥2.1 × 10⁵	≥1.4

注:表中抗拉强度标准应按置信度 C = 0.99、可靠度单侧置信下限为 0.95 确定。

表 2 碳纤维黏结剂的基本性能要求

项目			指标	试验方法
固化后性能	抗压强度(MPa)		≥70	GB/T 2569 – 1995
	抗拉强度(MPa)		≥30	GB/T 2568 – 1995
	抗弯强度(MPa)		≥40	GB/T 2570 – 1995
	弹性模量(MPa)		≥1.5 × 10⁴	GB/T 2568 – 1995
黏结能力	拉伸黏结强度 (MPa)	金属/金属	≥30	暂按 ASTM D638 执行
		金属/混凝土 室内	≥2.5,混凝土拉断	
		现场	≥1.2 倍混凝土抗拉强度,且混凝土拉断	
	剪切黏结强度(MPa)		≥18(金属/金属)	GB 7214 – 1986
施工性能	不垂流度(40℃)(mm)		<3	暂按 ASTM D2471 执行
	可操作时间(20℃)(min)		>60	
	适用温度(℃)		5 ~ 40	
	混合后初黏度(CP)		<5000	暂按 ASTM D2293 执行

目前国内外常用碳纤维预成型板或织物的主要品牌有:中国航天锦达 CJ 型、上海安固 AFC 型、南京 CFW 型、中国台湾 CYMX 型和 UCP 型等。国外主要有日本国车丽 TORAY、新日铁 NCK、前田 FFCR、瑞士 SIKA、美国和法国赫氏 HEX – 3R、德国 UDOC 和 FTS 以及韩国 SK 型碳纤维布等。以上碳纤维材料型号及主要性能可参见文献[2],可供工程加固时选用。

3 碳纤维补强加固施工方法

3.1 施工方法简介

碳纤维补强加固工程施工应按下列工序进行:混凝土基底处理、涂刷底层涂料、表面整平、黏贴碳纤维片、养护、质量验收。

(1)混凝土基底处理。将混凝土构件表面的残缺、破损部分清除干净至结构密实部位。对经过剔凿、清理和露筋的构件残缺部分进行修补、复原。表面凸出部分打磨平整,修复后应尽量平顺。

(2)涂刷底层涂料。把底层涂料的主剂和固化剂按规定比例称量准确后放入容器内,用搅拌器搅拌均匀。一次调和量应以在可使用时间内用完为准。

(3)表面整平。用环氧腻子对构件表面存在的凹凸糙纹进行修补,再用砂纸打磨平整。

(4)黏贴碳纤维片。确认黏贴表面干燥后可以贴碳纤维片。贴片前在构件表面用滚筒刷均匀地涂刷黏结树脂。贴片时,碳纤维片和树脂之间要求尽量没有空气,可用专用工具沿着纤维方向在碳纤维片上滚压多次,使树脂渗入碳纤维中。碳纤维片黏贴30 min后,用滚筒刷均匀涂刷树脂。

(5)养护。黏贴碳纤维片后,需自然养护24 h达到初期固化,并保证固化期间不受干扰。

(6)质量验收。碳纤维片的黏贴基面必须干燥清洁,光滑平顺。碳纤维片黏贴密实,目测检查不许有剥落、松弛、翘起、褶皱等缺陷以及超过允许范围的空鼓。固化后的贴片与层之间的黏着状态和树脂的固化状况良好。

3.2 加固方法的适用性

(1)黏贴碳纤维板材或织物加固的混凝土承重结构构件,其混凝土强度等级不应低于C15,其黏贴部位的表层含水率不应大于4%。

(2)碳纤维材料加固不适合用于混凝土结构刚度不足、变形过大、混凝土开裂严重的加固。试验研究表明,碳纤维对结构刚度的提高作用小于10%,或基本没有提高。

(3)采用碳纤维加固钢筋混凝土结构时,一般构件裂缝已经形成,由于碳纤维和普通钢筋的极限应变值相差好几倍,当混凝土裂缝扩展很宽时,结构已接近破坏,此时碳纤维的应力还很低,因此并不能充分发挥碳纤维的强度作用。

(4)碳纤维用于混凝土抗扭加固时,可以约束扭转斜裂缝的发展,但效果不显著,也不经济。

4 碳纤维补强加固设计简介

4.1 设计流程

计算作用在构件上的荷载设计值 S_0 →计算构件的承载力设计值 R_0 →比较构件的荷载设计值 S_0 和承载力设计值 R_0,若 $R_0 \leqslant S_0$,则需补强加固→根据构件不同的受力状况,确定构件加固用碳纤维的规格、层数、形式→比较构件的荷载设计值 S_0 和加固后构件的承载力设计值 R_1,若 $R_1 \geqslant S_0$,则制定施工方案进行施工。

一般在梁、柱、板等承重构件上黏贴碳纤维来提高构件的抗震承载力、抗剪承载力、抗弯承载力和抗压承载力。下面简要介绍碳纤维用于构件的抗震加固设计和抗剪加固设计方法。至于抗弯和抗压加固设计方法,可参照类似抗震、抗剪加固设计方法进行。

4.2 抗震加固设计

试验研究表明,用碳纤维材料对钢筋混凝土柱进行包裹,使纤维方向与柱轴线相垂直,可以显著提高框架柱的抗剪承载力和延性。由于碳纤维的包裹对柱混凝土产生环箍作用,提高了混凝土的轴心抗压强度,加之碳纤维对柱的横向约束作用还可显著提高柱在水平荷载下的延性,满足轴压比的延性要求,增加了抗震耗能能力。因此,碳纤维材料可以有效地用于钢筋混凝土结构的抗震加固。柱的抗震加固应采用封闭式黏贴碳纤维片材的方法。

抗震加固设计时,柱端箍筋加密区的总折算体积配箍率可按下列公式计算:

$$\rho_v = P_{sv} + \frac{2n_{cf}w_{cf}t_{cf}(b + h)f_{cf}}{(s_{cf} + w_{cf})bhf_{yv}} \tag{1}$$

式中:ρ_v——总折算体积配箍率;

ρ_{sv}——按箍筋范围内核心截面计算的体积配箍率;

b,h——构件截面尺寸;

f_{cf}——碳纤维抗拉强度设计值,取$f_{cfk}/1.1$,f_{cfk}为碳纤维抗拉强度标准值;

f_{yv}——箍筋的抗拉强度设计值;

S_{cf}——碳纤维织物或板材的净间距;

W_{cf}——碳纤维织物或板材的宽度;

n_{cf}——碳纤维织物或板材的层数;

t_{cf}——单层碳纤维织物或板材的厚度。

加固后柱的抗剪承载力的提高可按下式计算[3]:

$$V_{CFS} = 2vt f_{cfs}h_0 \tag{2}$$

式中:t——包裹的碳纤维厚度;

f_{cfs}——碳纤维的极限抗拉强度;

h_0——混凝土截面有效高度;

v——碳纤维布受剪系数,按下式计算:

$$v = \frac{1.60(0.4 - 0.6n + 0.15\lambda)}{\sqrt{\lambda_{sv} + \lambda_{cfs}} + 1.2} \tag{3}$$

式中:n——轴压比;

λ——剪跨比;

$\lambda_{sv} + \lambda_{cfs}$——总配箍特征值。

根据有关试验结果,当轴压比确定时,碳纤维加固柱延性系数 μ 随强剪弱弯系数 V_s/V_m 基本呈线性增长。当轴压比为0.48时,有如下拟合公式:

$$\mu = -1.278 + 5.233V_s/V_m \tag{4}$$

由公式可见,碳纤维抗剪加固量越大,V_s/V_m 就越大,延性系数就越大。

当轴压比增大时,为保持延性系数不变,应适当增加配箍率。

26

4.3 抗剪加固设计

(1)确定构件斜截面承载力设计值 V_0

根据《混凝土结构设计规范》(GB50010 – 2002)中7.5条及构件截面受力情况和抗剪钢筋配置情况,可确定斜截面承载力设计值 V_0。

(2)确定作用在构件截面上的剪力设计值 V_d 与斜截面承载力设计值 V_0 的差值 ΔV

$$\Delta V = V_d - V_0 \tag{5}$$

当 $\Delta V \geqslant 0$ 时,需要进行抗剪补强。根据构件受力状况的不同,确定碳纤维材料用量。

(3)确定补强所需的碳纤维截面厚度 t

由 $\Delta V \leqslant V_{bcf}$

$$V_{bcf} = \varphi \frac{2n_{cf}w_{cf}t_{cf}}{(S_{cf} + w_{cf})}(\sin\alpha + \cos\alpha)\varepsilon_{cfv}E_{cf}h_{cf} \tag{6}$$

$$\varepsilon_{cfv} = \frac{2}{3}(0.2 - 0.3n + 0.12\lambda)\varepsilon_{cfu} \tag{7}$$

得

$$t = n_{cf}t_{cf} \geqslant \frac{\Delta V}{2\varphi(\sin\alpha + \cos\alpha)\varepsilon_{cfv}E_{cf}h_{cf}} \times \frac{s_{cf} + w_{cf}}{w_{cf}} \tag{8}$$

式中:

V_{bcf}——对截面进行抗剪加固时,碳纤维抗剪贡献值;

ε_{cfv}——碳纤维抗剪设计应变值;

φ——黏贴形式折减系数。封闭黏贴时取1.0,U型黏贴时取0.85,侧面黏贴时取0.7;

n——构件的轴压比,取 N/f_cA,N 为构件轴向压力设计值,f_c 为混凝土轴心抗压强度设计值,A 为构件截面面积。一般加固梁时,$n = 0$;

λ——构件的剪跨比,当加固对象为梁时:

1)对集中荷载的情况取 a/h_0,a 为集中荷载作用点到支座边缘的距离,且满足 $1.5 \leqslant \lambda \leqslant 3$;

2)对均布荷载,取 $b = 3$。

当加固对象为柱时:取 $= H_n/2h$,且 $1 \leqslant \lambda \leqslant 3$,$H_n$ 为柱净高,h_0 为柱的截面有效高度;

h_{cf}——碳纤维织物或板材黏贴高度;

E_{cf}——碳纤维织物或板材的弹性模量;

α——碳纤维材料的纤维方向与构件水平向夹角。

其他公式中符号意义同前。

综合考虑抗剪加固的效果和施工的便利,建议在设计时黏贴碳纤维材料的纤维方向与构件轴向垂直,即 $\alpha = 90°$;剪力补强一般需沿截面外侧进行缠绕,优先采用封闭黏贴形式,也可 U 形黏贴、侧面黏贴;U 形黏贴和侧面黏贴的黏贴高度上宜设置碳纤维织物压条、对侧面黏贴形式,宜在上、下端黏贴纵向碳纤维织物压条。

5 工程应用实例——北京秦屯泄洪闸的修补加固

5.1 工程概况

秦屯泄洪闸位于北京市京密引水渠的上游段,为三孔泄洪闸,该闸建于20世纪60年代,至今已运行40余年,结构出现了严重的老化,主要是闸墩的贯穿性裂缝、冻融剥蚀、混凝土碳化和剥落,严重地影响了结构的安全。为了解闸结构目前的性状,2005年受业主委托,我所对该闸的老化病害状况进行了检测,根据检测的结果,对闸的安全状况进行了评估。为恢复秦屯闸的整体性和承载能力,又应用碳纤维复合材料加固技术对其进行了修复加固。

5.2 闸墩裂缝及安全性评估分析

秦屯泄洪闸的混凝土裂缝严重。现场检测表明,在每个闸墩均存在沿弧门支臂方向的裂缝,裂缝的长度为2.5~4 m不等,裂缝宽度为0.5~1 mm,均为贯穿性裂缝。闸墩前水平向裂缝一般长3 m左右,从牛腿前部延伸至弧形闸门轨道处,裂缝宽度为7~10 mm,均为贯穿性裂缝。竖向裂缝一般发生在牛腿的前后,从牛腿高程处基本裂至底部,缝长超过3 m,缝宽约5 mm,也均为贯穿性裂缝。其他细微裂缝较多,为混凝土胀裂所引起。根据裂缝的分布规律,基本上可以确定裂缝属于荷载裂缝及钢筋锈蚀所引起。钢筋锈蚀及由此产生的裂缝可能是由混凝土氯离子含量及混凝土碳化综合作用的结果。

针对裂缝比较严重的秦屯泄洪闸的中墩进行了三维有限元分析,对裂缝开展前后的应力进行了比较;此外,又对该闸沿各贯穿性裂缝的稳定情况分别进行校核。计算结果表明:秦屯泄洪闸中墩在裂缝开展前,除闸墩牛腿局部区域出现拉应力外,闸墩大部分区域为0.3MPa左右的压应力区;裂缝发生后,闸墩的拉应力区在裂缝附近扩展,且有较大区域的拉应力值达1.2 MPa,闸墩的应力状态恶化。

裂缝稳定性校核表明:秦屯泄洪闸中墩沿竖向裂缝的抗滑稳定满足要求,当钢筋锈蚀深度为1.25 mm时,沿水平裂缝的抗滑稳定处在失稳边缘,即使不考虑钢筋的锈蚀,其稳定安全系数也不满足规范的要求。

秦屯泄洪闸的老化病害严重,综合应力和稳定计算的结果,该闸的安全状况已不能满足要求,已经明显出现了安全隐患的征兆,需立即采取相应措施进行修补加固。

5.3 修补加固处理

秦屯泄洪闸闸墩的裂缝分为两类。一类是贯穿性裂缝,属于荷载裂缝,主要发生在两个中墩的上部。另一类是未贯穿性裂缝、浅层裂缝,主要发生在中墩及边墩牛腿下方,沿弧门主支架方向上。

对于贯穿性裂缝的修补,首先对裂缝内部进行化学灌浆。灌浆材料为改性环氧树脂浆材。这种材料黏度低,可灌性好,可灌入开度0.2 mm及细微的混凝土裂缝内。其具体性能指标如表3。

表3 SK－E改性环氧浆材性能

浆材	浆液黏度（cP）	浆液比重（g/cm³）	屈服抗压强度（MPa）	抗拉强度（MPa）		抗压弹模（MPa）
				纯浆体	潮湿面黏结	
SK－E改性环氧	14	1.06	42.8	8.25	>4	1.9×10^3

1 cP = 10^{-3}Pa·S。

化灌前沿裂缝打造灌浆孔，孔距30 cm，孔深40 cm。灌浆时从底孔开灌，灌浆结束后，在裂缝表面，垂直于裂缝方向黏贴双层的碳纤维布进行补强加固。黏贴碳纤维材料的性能指标见表4。

表4 碳纤维的规格及性能指标

碳纤维种类	单位面积重量（g/m²）	设计厚度（mm）	抗拉强度（MPa）	拉伸模量（MPa）
XEC－300（高强度）	300	0.167	>3500	$>2.3 \times 10^5$

裂缝表面黏贴碳纤维时，对于水平方向的裂缝，先垂直于混凝土裂缝方向连续黏贴一层碳纤维，再在其上面沿裂缝45°C方向（指向弧门推力方向）黏贴一层碳纤维。对于垂直方向的裂缝，则垂直于混凝土裂缝连续黏贴两层碳纤维。

对于沿弧门支架方向由钢筋锈蚀产生的裂缝，先对锈蚀的钢筋进行除锈处理，除锈后在钢筋表面涂一层防锈漆。采用立模浇筑聚合物混凝土回填处理钢筋时开的槽，3 d后拆除模板，将混凝土表面打磨平整，然后在修复后的裂缝表面上，沿弧门推力方向黏贴双层碳纤维布，进行补强加固处理。

完成碳纤维补强加固后，对闸墩表面进行防护处理。闸墩的防护涂层为PCS新型柔性、环保型防护材料。PCS与基层混凝土间的黏结强度大于1.2 MPa，断裂伸长率150%，拉断强度2 MPa。对混凝土具有抗渗及防碳化双层作用，特别适用于水下混凝土部位的防护。

本工程加固竣工后，取得了良好修补加固效果，泄洪闸已投入正常运行。近年来，中国水科院结构材料所、北京中水科海利工程技术公司曾先后对桓仁大坝混凝土支墩裂缝、岗南水库闸墩裂缝、天津海河闸裂缝、北京三家店拦河闸闸墩裂缝及北京半城子水库公路桥等工程，采用碳纤维复合材料进行修补加固，取得了较显著效果。工程实践表明，黏贴碳纤维补强加固水工混凝土结构是一项值得大力推广与应用的新技术。

参考文献

［1］ 王华，张新华．震损水库情况和灾后恢复重建对策［J］．水利水电技术，2009，（1）：16－21．

［2］ 黄国兴，纪国晋．混凝土建筑物修补材料及应用［M］．北京：中国电力出版社，2009：148－152．

［3］ 张轲，岳清瑞等．碳纤维布加固钢筋混凝土柱抗震性能分析及目标延性系数确定．中国首届纤维增强塑料（FRP）混凝土结构学术交流论文集［C］．2000：50－53．

高寒地区水工混凝土建筑物施工质量缺陷原因分析及处理

詹登民　邓　婷

（武警水电第三总队）

摘要： 混凝土质量缺陷是混凝土施工过程中存在的质量通病，尤其是高寒地区施工外围环境复杂、施工条件受限、施工工艺不精，质量缺陷比较普遍，造成工程安全隐患。如果对混凝土缺陷处理不当不但不能消除隐患，并且会形成二次缺陷。本文通过高寒地区水工建筑物混凝土施工质量通病的分析，提出相应的处理措施，可供参考。

关键词： 高寒地区；混凝土；质量缺陷；麻面；蜂窝；露筋；空洞；凸凹错台；外形走样；裂缝

1　高寒地区水工建筑物施工中常见的混凝土质量缺陷

高寒地区施工外围环境复杂、施工条件受限、施工工艺不精，混凝土质量缺陷是水工建筑物施工过程中存在的通病，通过对高寒地区多个水电站水工建筑物混凝土施工质量缺陷的调查、记录、分析、统计，归结起来，高寒地区水工建筑物存在的主要质量缺陷有：麻面、蜂窝、露筋、空洞、凸凹错台、外形走样、裂缝等。

2　高寒地区水工建筑物施工质量缺陷产生的原因分析

2.1　麻面

所谓麻面是指混凝土构件表面局部缺浆粗糙，出现无数的小凹坑，但无露筋现象。麻面产生的原因主要有：①木模板在浇筑混凝土前没有充分浇水湿润或湿润不够；②模板的重复使用，表面清理不干净，粘有干硬的砂浆或混凝土；③模板上的隔离剂涂刷不均匀或漏刷；④模板拼缝不严密，混凝土浇筑时缝隙漏浆，构件表面沿模板缝隙出现麻面；⑤混凝土振捣不密实，混凝土中气泡未排出，部分气泡停留在模板表面，拆模后出现麻面。

2.2　露筋

露筋是指构件中的主筋、副筋或箍筋等部分或局部未被混凝土包裹而外露。它产生的原因主要有：①混凝土浇捣时，钢筋保护层垫块移位或垫块间距过大甚至漏垫，钢筋紧贴模板，拆模后钢筋密集处产生露筋；②构件尺寸较小，钢筋过密，如遇到个别骨料粒径过大，水泥浆无法包裹钢筋和充满模板，拆模后钢筋密集处产生露筋；③混凝土配合比不当，浇灌方法不正确，使混凝土产生离析，部分浇筑部位缺浆，造成露筋；④模板拼缝不严，缝隙过大，混凝土漏浆严重，尤其是角边，拆模时又带掉边角出现露筋；⑤振捣手振捣不当，振钢筋或碰击钢筋，造成钢筋移位或振捣不密实有钢筋处混凝土被挡住包不了钢筋；⑥钢筋绑扎不牢，保护层厚度不够，脱位突出。

2.3　蜂窝

蜂窝是指拆模后构件有局部混凝土松酥，石多浆少，石子间出现空隙，形成蜂窝状的窟窿。它形成的主要原因有：①混凝土的拌制投料不准，石多，水泥和砂少，或浇筑时浆流向单边；②混凝土搅拌时间过短，拌和不均匀，振捣时造成砂浆与石子分离，石子集中处往往会形成蜂窝；③下料时不当，使混凝土产生离析；④浇筑时未分层分段进行；⑤模板支撑不牢固，致使大面积漏浆。

2.4 空洞

空洞是指构件是有空腔、孔洞，可将手或杆棒等伸入或可通过物件者的现象。一般产生空洞的原因为：①混凝土振捣时漏振，分层浇捣时，振捣棒未伸到下一层混凝土中，致使上下层脱空；②竖向构件一次下料太多，坍落度相对过小，混凝土被钢筋等架住，下部成拱顶住上部混凝土，并且下部漏振，拆模后出现混凝土脱空，下部成为孔洞；③混凝土中混入了杂物、木块等，拆模后抠掉杂物等而形成的明显空洞；④钢筋密集处，预留孔或预埋件周边，由于混凝土浇筑时不通畅，不能充满模板而形成孔洞。

2.5 凸凹错台

凸凹错台是指模板拆除后，混凝土表面模板接缝处出现超过规范要求的错台现象。一般凸凹错台产生的原因为：①模板接缝不好，平整度要求不高而形成的错台；②模板外支撑不稳固，混凝土浇筑过程中出现局部跑模、模板变形等原因形成的错台；③模板接缝不好，浇筑过程中出现露浆等形成错台。

2.6 外形走样

外形走样是指混凝土浇注完成后，混凝土外形与设计轮廓线不相吻合。一般外形走样产生的原因为：①模板外支撑不牢固，混凝土浇筑过程中出现局部模板变形引起的外形走样；②模板支撑基础不牢固，混凝土浇筑过程中模板整体移位而造成外形走样；③混凝土浇筑过程中振捣器靠模板太近，造成过振致使模板变形。

2.7 裂缝

裂缝是指混凝土浇筑过程中，由于混凝土施工和本身变形、约束等一系列问题，硬化成型的混凝土中存在着众多的微孔隙、气穴和微裂缝，正是由于这些初始缺陷的存在才使混凝土呈现出一些非均质的特性。微裂缝通常是一种无害裂缝，对混凝土的承重、防渗及其他一些使用功能不产生危害。但是在混凝土受到荷载、温差等作用之后，微裂缝就会不断的扩展和连通，最终形成我们肉眼可见的宏观裂缝，也就是混凝土工程中常说的裂缝。混凝土裂缝产生的原因很多，有变形引起的裂缝：如温度变化、收缩、膨胀、不均匀沉陷等原因引起的裂缝；有外载作用引起的裂缝；有养护环境不当和化学作用引起的裂缝等等。

3 水工建筑物施工质量缺陷处理方案

3.1 处理要求

1) 针对不同部位、不同使用要求的建筑物采用不同的处理措施；

2) 选用的修补材料，除了满足建筑物运行的各项要求外，其本身的强度、耐久性、与老混凝土的黏结强度等，均不得低于老混凝土的标准；

3) 当修补区位于有观瞻要求的部位，修补材料应有与老混凝土相一致的外观；

4)修补时应将不符要求的混凝土彻底凿除,清除松动碎块、残渣,凿成陡坡,再用高压风水冲洗干净;

5)对渗水、漏水的部位,应采用速凝材料堵漏(如快凝水泥、丙凝、水泥—水玻璃、快燥精等)和将外漏部位埋管集中引出再快速封堵。漏水堵住后,即进行修补;

6)对错台、局部不平整等缺陷处理遵循"宁磨不补、多磨少补"的处理原则。

3.2 处理措施

3.2.1 麻面缺陷处理

1)过水表面出现的麻面,先将麻面部位用钢丝刷加清水刷洗,并使麻面部位充分湿润,然后用水泥素浆或1:2~1:2.5的水泥砂浆抹平;水泥浆或砂浆达到龄期强度后再用环氧基液涂刷两遍,以保证修补部位有足够的耐磨度,并防止高速水流对缺陷处产生空蚀现象;待环氧基液基本凝固时用水泥素浆涂刷两遍,并在水泥素浆凝固后用砂纸适度打磨其表面,以确保修补部位与原混凝土色泽相近,以保证外观和防止冻融破坏。

2)非过水表面出现的麻面,用钢丝刷加清水刷洗麻面处,并使麻面部位充分湿润,然后用水泥素浆或1:2~1:2.5的水泥砂浆抹平,待水泥素浆水泥砂浆抹凝固后用砂纸或手砂轮适度打磨,使其平顺并且色泽与原混凝土相近。

3.2.2 蜂窝、露筋、空洞缺陷处理

蜂窝、露筋、空洞缺陷等质量缺陷,采用凿除缺陷,用一级配混凝土、预缩砂浆或环氧砂浆填补,环氧基液涂面。

1)对于非过水面的蜂窝、露筋、空洞质量缺陷,凿除缺陷,用一级配细石混凝土或预缩砂浆填补,待填补料凝固后用手砂轮进行适度打磨,以保证表面平整和色泽相近;

2)对于过水面的蜂窝、露筋、空洞质量缺陷,凿除缺陷,用环氧砂浆填补,并确保填补平顺,并用环氧基液涂面,防止冻融。

3.2.3 凸凹错台、外形走样缺陷处理

对于凸凹错台、外形走样质量缺陷尽可能采用凿除、打磨等方法进行处理;如果凹陷较严重,凿除、打磨方法不能满足要求,则对凹陷部位表面进行凿毛,并用一级配细石混凝土或预缩砂浆填补,对于过水表面并用环氧基液涂面。

3.2.4 裂缝处理

(1)表面处理法

包括表面涂抹和表面贴补法,表面涂抹适用范围是浆材难以灌入的细而浅的裂缝,深度未达到钢筋表面的发丝裂缝,不漏水的裂缝,不伸缩的裂缝以及不再活动的裂缝。表面贴补(土工膜或其他防水片)法适用于大面积漏水(蜂窝麻面等或不易确定具体漏水位置、变形缝)的防渗堵漏。

(2)填充法

用修补材料直接填充裂缝,一般用来修补较宽的裂缝(大于 0.3 mm)。宽度小于0.3 mm,深度较浅的裂缝、或是裂缝中有充填物,但用灌浆法很难达到效果的裂缝以及小规模裂缝的简易处理可采取开 V 型槽,采用环氧砂浆或环氧胶泥作填充处理,如果表面过水,

并用环氧基液涂面。

（3）灌浆法

根据裂缝形式不同,采取不同的修复方式和注浆方式,修复主要区别于工艺选择,灌浆主要采取上行式注浆以及混合式注浆方法。

高压化学灌浆:裂缝宽度大于 2 mm,裂缝长度大于 1 m 的 X 裂缝、L 裂缝,裂缝有大量水渗出时,采用高压化学灌浆工艺修补裂缝;静置灌缝:对裂缝大小在 1 mm 左右,表面没有渗水的裂缝采用静置灌浆处理;黏贴碳纤维:对于裂缝宽度大于 2 mm 的裂缝,长度大于1 m 的裂缝,待灌浆完毕后,在与裂缝垂直表面黏贴碳纤维布,碳纤维布修补裂缝可增加裂缝抗张拉 20%,以达到加固结构的效果。

4 主要材料及工艺控制

4.1 预缩砂浆

原材料性能控制指标:水泥应采用 42.5 MPa 中热硅酸盐水泥。水泥质量应满足国标GB200 - 89 的各项指标要求,且新鲜无结块;砂采用无杂质、坚硬河砂,并经 1.6 mm(或2.5 mm)孔经筛,细度模数 1.8 ~ 2 mm;预缩砂浆力学控制指标:抗压强度≥40 MPa,过流面≥45 MPa;抗拉强度≥2 MPa;与混凝土黏结强度≥1 MPa。

拌制出预缩砂浆应以手握成团,手上湿痕而无水膜为宜,拌制好的砂浆应用塑料布遮盖存放0.5 ~ 1 h 后使用,使其体积预缩一部分以减少修补后的体积收缩与基材脱开,夏天应在2 h 内使用完毕,冬天应在 4h 内使用完毕。

填补工艺流程:基面凿毛—清污—冲洗—湿润(处于饱和面干状态)—刷一遍浓水泥浆(水灰比为 0.4 ~ 0.45)—分层填补预缩砂浆(每层厚 4 ~ 5 cm)—用木锤锤平(直至泛浆)。对修补厚度大于 8 cm 的,除表层 4 cm 外,内部应填补预缩砂浆混凝土,即砂浆中加入直径0.5 ~ 2 cm 的小石,填补完成后,保湿养护 7 d,期满后,对修补部位进行磨光处理,涂刷一道环氧基液。

4.2 环氧砂浆

环氧砂浆材料性能控制指标:应选用 NE - Ⅱ双组分、KSF 双组分、E44 三种,其修补厚度控制在 5 ~ 25 mm 范围;环氧砂浆应选用 1438#胶材与水泥或粉煤灰拌和配制。环氧砂浆力学控制指标:抗压强度大于等于 60 MPa;与混凝土黏结强度大于等于 2.5 MPa。环氧胶泥力学控制指标:抗压强度大于等于 45 MPa;与混凝面黏结强度大于等于 2.5 MPa。

环氧砂浆、环氧胶泥修补工艺流程:首先凿除松裂混凝土残体,用高压水(150 ~ 300 kg/cm²)冲洗洁净,并保持干燥,将修补基面涂刷一层环氧基液,待基液用手触摸时不粘手并能拔丝时(约 30 min)再填补环氧砂浆,修补立面时,要特别注意混凝土结合面的结合质量,防止脱空下坠。当修补面厚度超过 20 mm 时,应分层嵌补,每层控制在10 ~ 15 mm,一次修补面积控制不大于 1.5 × 3 m²。修补完后,夏天采用遮阳防晒,冬天采用保温,养护温度控制在 20℃ ±5℃,养护期 5 ~ 7 d,修补部位在养护的前 3 d 内,确保不受水渗泡或其他冲击。

环氧胶泥修补时基面必须清理洁净,保持干燥,修补分多次进行,来回刮和挤压,将修补气泡孔内的气体排出,以保证孔内填充密实和胶泥与混凝土面黏接牢靠。待胶泥材料完成收缩后,再进行一次涂刷处理,最后进行局部填补和表面收光。

4.3 化学灌浆

化学灌浆材料性能控制指标:化灌材料应采取亲水性环氧系列,灌浆浆液与缝面黏结强度应大于等于1.0 MPa。化灌工艺流程施工标准:化灌应控制在低温季节采用骑缝钻孔方法进行,孔深控制在0.15~0.4 m、孔径10~20 mm、孔距在0.2~0.4 m范围。灌前对裂缝面用环氧玻璃丝布贴嵌(三液二布),然后进行灌浆,灌完2d后剥掉嵌缝材料,进行表面处理;灌浆时由低向高,由一侧向另一侧逐孔依次灌注。压力采用0.8~1.0 MPa,当缝面吸浆率趋近于零,继续灌30 min且压力不下降时,结束该孔灌浆。

5 参考配合比

缺陷处理材料配合比参照下列配比进行施工,并根据现场实际情况进行调整。

5.1 细石混凝土配合比

表1 1m³细骨料混凝土配合比

水泥品种及标号	水灰比	外加剂		材料用量(kg)				膨胀剂(kg)
		品种	掺量(%)	水泥	砂	小石	减水剂	
硅酸盐 525#	0.27	减水剂 NF	0.75	500	625	1 244	3.75	
硅酸盐 525#	0.294	减水剂 FDN	1	500	600	1 300	5	

5.2 干硬性水泥预缩砂浆配合比

表2 1m³干硬性水泥预缩砂浆配合比参考表

序号	水灰比	灰砂比	水泥(kg)	水(kg)	砂(kg)	木钙(%)	备 注
1	0.4	1:2.6	550	220	1 430		采用525#普通硅酸盐水泥
2	0.36	1:2.5	575	207	1 440	0.2	采用425#普通硅酸盐水泥

5.3 环氧砂浆配方

表3 不同部位要求的环氧材料配方

材料名称		配方编号						备 注
		1	2	3	4	5	6	
		适用干燥部位	适用潮湿部位			适用水下部位		
主 剂	618 环氧树脂 6 101	100	100	100	100	100	100	

34

材料名称		配方编号						备注
		1	2	3	4	5	6	
		适用干燥部位	适用潮湿部位			适用水下部位		
固化剂	590#(改性间苯二胺) 593(改性乙二胺) 酮亚胺 苯二甲胺 810# MA	18	16	5	25	32~35	10	590#液体可直接掺用,无须加温溶解,是间苯二胺的改性剂,毒性减小
增塑剂	聚硫橡胶 650# 304# 二丁醋 煤焦油	15	50~100	10	80 40 10	40	20	650#或651#系聚酰胺树脂 304#系不饱和聚醋树脂,活性增塑剂 二丁醇系邻苯二甲酸二丁醇,非活性增塑剂
偶联剂	KH-560 南大—42	2.5				2		KH-560系Y-缩水甘油氧化丙基三甲氧基硅烷 南大-42系苯胺甲基三乙氧基硅烷
促进剂	DMP—30						1~3	
填料	水泥 石英粉 砂子 生石灰 铸石粉 石棉绒或玻璃纤维	488 212	150 700	适量 200	70 75 10	140~20C 420~600 20~30	500~700	

5.4 化学灌浆配方

表1 环氧浆材配方

名 称	作 用	不同配方用量(g)		名 称	作 用	不同配方用量(g)	
		I	I			I	II
环氧树脂	主剂	100	100	乙二胺	固化剂		15
糠醛	稀释剂	30~50	50~80	703#	固化剂	15~18	20
丙酮	稀释剂	30~50	50~80	K54	促进剂		3~5
苯酚	促凝剂	10~15		KH—560	偶联剂		0~6

6 结 语

通过对已建和在建高寒地区水电站工程的缺陷处理,不仅能够消除混凝土外观质量缺陷,美化混凝土外表,并且消除混凝土内部质量隐患,尤其对过水表面质量缺陷处理,防止因缺陷处理而形成二次缺陷,避免因高速水流而形成空蚀、冻融破坏等现象,杜绝安全事故发生。

高拱坝上游面增设柔性防渗层方案现场试验

马　宇　李守辉　孙志恒

（中国水利水电科学研究院，北京中水科海利工程技术有限公司）

摘　要：为了防止高拱坝运行期上游面坝体及坝踵局部开裂漏水，避免高压水进入坝体裂缝或坝踵裂缝导致水力劈裂，需要在高拱坝上游面坝踵附近及高应力区设置辅助防渗体系。本文介绍了采用喷涂聚脲及黏贴 GB 柔性板综合防渗方案的现场试验情况，通过现场试验，确定了防渗方案及现场大规模施工工艺。试验证明，在高拱坝上游坝面采用这种综合防渗方案是可行的，该方案施工干扰小、速度快，可以大大提高坝体安全性。

关键词：高拱坝；上游坝面防渗；喷涂聚脲弹性体；GB 柔性板

1　前　言

高拱坝具有坝高库大，蓄水后很难放空库水进行维修的特点，其安全性和耐久性极为重要。为了防止因上游坝面出现裂缝导致水力劈裂，有必要在高拱坝上游面应力比较复杂及拉应力区较大部位的混凝土表面增设辅助防渗。国内外已有多座混凝土坝采取了上游面增设防渗的实例，如哥伦比亚 MielⅠ坝为 RCC 坝，坝高 188 m，选用 Carpi 公司的 PVC 土工膜和专利技术对该坝上游面进行防渗；哥伦比亚另两座碾压混凝土坝 PorceⅡ（145 m）与 PorceⅢ（146 m）也采用 PVC 土工膜进行防渗。国内的紧水滩双曲拱坝坝高 102 m，施工中坝体上游面发生裂缝，1985 年采用多元丁基橡胶膜修补，黏合剂为合成橡胶类，防渗薄膜的周边用螺钉和压块压紧锚固在坝体上；东江双曲拱坝坝高 157 m，底宽 35 m，厚高比 0.223，坝顶高程 294 m，在高程 160 m 以下的浇筑仓面中，施工时发生了一些较为严重的裂缝，其中有些裂缝延伸到上游坝面，对坝体裂缝除采用结构措施处理外，还在拱坝上游面黏贴合成橡胶膜作防渗处理，黏贴面积达 2 239.5 m²；岩滩重力坝上游面使用了聚合物砂浆防渗层；温泉堡 RCC 拱坝为防止渗漏，在上游坝面铺设了 4 000 m² 的 PVC 复合土工膜；130 m 高的沙牌 RCC 拱坝在死水位以下部位，使用了二布六涂弹性防水涂料防渗。

喷涂聚脲弹性体技术是国外近十年来，为适应环保需求而研制、开发的一种新型无溶剂、无污染的绿色施工技术。其耐磨性、延伸率、抗渗性、黏结性、抗拉强度等性能优越，且为喷涂作业，施工简便，封闭效果好，受环境影响小，施工质量易于保证，已开始在水利水电工程中推广应用。

2　现场防渗试验方案

由于聚脲材料的延伸率大、抗拉强度高、抗渗性好，可直接喷涂在混凝土表面防渗，但由于聚脲与混凝土黏结强度高，当混凝土基面开裂后，裂缝张开时会导致裂缝处的聚脲厚度变薄，因此，在裂缝张开的条件下保证聚脲防渗层能承担高水头压力，需要增大聚脲的喷涂厚度。为了满足在混凝土开裂后裂缝处的聚脲不变薄,设计提出了聚脲 + GB 柔性板(3 mm 厚)复合防渗以及聚脲 + GB 胶(1 mm 厚)的方案。GB 柔性板的作用是当混凝土开裂时,在外水压力作用下 GB 能流入裂缝内,表层的聚脲随 GB 柔性板的流动发生剪切错动,保证了裂缝部位的聚脲厚度不随着混凝土裂缝的张开而变化,同时,由于 GB 柔性板还可以起到充填裂缝的作用。同理,GB 胶的作用也是保证裂缝部位的聚脲厚度不随着裂缝的张开而变化。

现场试验采用了三种方案。方案一是在混凝土表面黏贴一层 3 mm 厚的 GB 柔性板,并喷涂 4 mm 厚的聚脲;方案二是在混凝土表面涂刷一层 1 mm 厚的 GB 胶,并喷涂 5 mm 厚的聚脲;方案三是在混凝土表面涂刷 BE14 界面剂,直接喷涂 7 mm 厚的聚脲。

3 现场工艺性试验

为了验证上述方案的可施工性及大面积喷涂聚脲弹性体的工艺参数和喷涂后的防渗效果,在现场进行了生产性工艺试验。

3.1 现场试验位置

现场试验位置选在某高拱坝 13 号坝段上游贴角以上,共布置两个试验区,试区 A 为:黏贴 3 mm 厚 GB 板 + 4 mm 厚聚脲;试区 B 为:涂刷 1 mm 厚 GB 胶 + 5 mm 厚聚脲。每个试验区范围为 28 m²,试验区包括贴角部位及其细部处理。

3.2 试验要求

1)在喷涂过程中要观察聚脲和 GB 柔性板(胶)、GB 柔性板(胶)和混凝土之间是否有脱落;

2)在试验喷涂完成后 20 d 内连续观察聚脲和 GB 柔性板(胶),GB 柔性板(胶)和混凝土之间是否有变形、脱落。

3)对喷涂聚脲取样进行拉伸强度、扯断伸长率、撕裂强度试验、每个试验区取 5 块试样,在室内实验室进行检测。

4)对每个试验区进行复合防渗层与混凝土面的黏结强度检测,每个试验区检测不少于 10 处。

5)对直接喷涂在混凝土面上的聚脲,抽样检测聚脲与混凝土面之间的黏结强度,每个试验区检测 5 处。

3.3 试验施工工艺

1)清除坝面保温板、黏结胶,露出坚固混凝土面;

2)将混凝土表面打磨平整,除去表面粉尘、油污等杂质,用修补腻子将混凝土表面缺陷修补平整,用高压水清洗表面,混凝土表面保持干燥。

3)方案一:涂刷 GB 板专用胶,表干后黏贴 3 mm 厚的 GB 柔性板,然后喷涂 4 mm 厚聚脲弹性体。

方案二:直接分层涂刷 GB 胶,涂刷三遍厚可以保证 GB 胶的厚度达到 1 mm,待表干后喷涂 5 mm 厚聚脲弹性体。

方案三:混凝土基面处理验收合格后,涂刷 BE14 界面剂(尽量薄),8 ~ 24 h 之内喷涂

7 mm厚聚脲弹性体。

4)在喷涂聚脲过程中,如果间隔超过24 h,在喷涂聚脲前一天应重新刷一道界面剂,然后再喷涂聚脲弹性体材料。喷涂厚度要均匀,聚脲弹性层的喷涂间隔应不小于3 h,如果超过3 h应刷一道活化剂,30 min后(不宜超过2 h)再喷涂聚脲。喷涂时应随时观察压力、温度等参数。环境温度应大于5℃,A、R两组分的动态压力差应小于200 psi(1Pa = 1.450 38 × 10^{-4} psi),雾化要均匀。

5)周边采用单组分聚脲进行封边处理。

4 现场试验结果

对A、B试验区和混凝土表面直接喷涂聚脲进行黏结强度试验,检测仪器采用TJ-10型黏结强度检测仪(见图1)。检测结果表明,8 d时直接喷涂在混凝土表面的聚脲试样断开面均在标准块与聚脲黏结剂处,平均拉断强度为2.3 MPa,说明聚脲与混凝土直接的黏结强度大于2.3 MPa。15d时黏贴3 mm厚GB柔性板 + 喷涂4 mm厚聚脲方案(试区A)的检测结果表明,聚脲与GB柔性板黏结很好,GB柔性板与混凝土之间的黏结强度大于0.25 MPa,从图2可以看到破坏面发生在GB柔性板内。15d时涂刷1 mm厚GB胶 + 喷涂5 mm厚聚脲方案(试区B)的检测结果表明,聚脲与GB胶黏结很好,GB胶与混凝土之间的平均黏结强度为0.34 MPa,破坏面发生在GB胶内。

在聚脲喷涂过程及聚脲喷涂完成后20 d中,对两个试验区进行观察及仪器检测,未发现有聚脲和GB柔性板(胶)、GB柔性板(胶)和混凝土之间变形、脱落的现象,上述三个方案满足施工要求。

图1 现场检测黏结强度

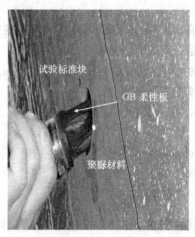
图2 GB柔性板与聚脲黏结良好

从施工工艺及施工进度上考虑,比较两种方案,黏贴3 mm厚GB柔性板后喷涂聚脲施工简便、快捷,质量容易控制。涂刷1 mm厚GB胶的方案,涂刷时厚度不易控制,部分有流挂现象,喷涂聚脲后表面不平整。黏贴3 mm厚GB柔性板后喷涂聚脲能够很好地弥补、遮盖混凝土缺陷。由于GB柔性板具有优异的耐老化、耐水性能,具有柔性高,水密性及耐久性好的特点,可以适应坝体变形,更好地起到防渗效果,并且喷涂聚脲后外观平整,适合大面积施工作业。

在施工期间拱坝上游坝面坝前边坡陡峭，上下同时施工干扰大、条件艰难，因此柔性防渗体系的施工是否方便快捷成为选择施工方案的重要影响因素。通过现场试验比较和论证，设计确定将黏贴 3 mm 厚 GB 柔性板 + 喷涂 4 mm 厚聚脲和直接喷涂 7 mm 厚聚脲方案定为正式施工方案，并在随后进行了大面积的施工。

5 结　语

通过在高拱坝上游坝面现场试验证明，喷涂聚脲弹性体技术可以满足大面积、快速施工的要求。聚脲与 GB 板（胶）的配合使用，避免了混凝土开裂聚脲变薄，增加了聚脲的防渗效果。从整个试验过程和效果来看，试验采用的施工方案和施工工艺是可行的，为今后高混凝土坝迎水面防渗施工提供了很好的工程参考实例，积累了宝贵经验。

三峡水利枢纽工程泄洪深孔过流面的运行情况及检修效果分析

范进勇　谭大文　李　轲

（三峡水力发电厂）

摘　要： 三峡水利枢纽工程泄洪深孔是最重要的永久泄洪设施之一,泄水流速大,运行方式复杂且运行时间长。本文简要介绍了泄洪深孔的运行情况、过流面检查和修补情况,并通过结合泄洪深孔历年来的过流运行水头和时间的统计,分析了过流面修补效果,并提出了在修补材料的选择、修补工艺控制以及修补材料耐磨时间等方面需要探讨和研究的问题。

关键词： 三峡水利枢纽；泄洪深孔；运行；检修；效果分析

1　泄洪深孔简介

三峡水利枢纽工程(以下简称"三峡枢纽")泄洪深孔布置在泄洪坝段内部,共 23 个,采用有压短管接明流泄槽跌坎掺气型式,鼻坎挑流消能。泄洪深孔为矩形孔口,顺流向分别为进口段、有压段、明流段,其中进口段长约 8 m,有压段长约 18 m,水平布置,底板高程 90 m,出口宽 7 m;明流段长约 85 m,出口宽 7 m。依次在进口设置有反钩叠梁检修闸门、在进口段末端设置有事故检修闸门以及在有压段出口设置有弧形工作闸门。

弧形工作闸门出口后的水平段末端设有掺气跌坎,跌坎高 1.5 m,其下游两侧布置 2 个直径为 1.4 m 的通气孔,为高速出射水舌下的空腔内补气。跌坎下游侧的明流泄槽底板采用 1:4 的斜直段再接半径为 40 m 的反弧段,反弧鼻坎高程 79.922 m,挑角为 27°。部分明流泄槽在坝体内,坝体外的明流泄槽两侧设厚度为 4 m 的边墙,边墙顶高程 94 m。

为提高过流面的抗冲磨能力,有压段至弧形工作闸门出口全部采用钢板衬砌,弧形工作闸门出口水平明流段底板和侧墙三面设钢衬防护。跌坎下游明流泄槽底板及侧墙下部高度 2 m 厚度 1 m 范围内采用 R_{28}450 号抗冲耐磨混凝土,孔顶及孔侧其他过流部位采用 R_{28}400 号抗冲耐磨混凝土。

泄洪深孔是最重要的永久泄洪设施之一,具有数量多、流速大、泄洪量大、运用水头高、水位变幅大,运行方式复杂、启闭操作频繁且运行时间长等特点。

2　泄洪深孔过流面的运行

1.1　泄洪深孔的过流能力

泄洪深孔是三峡枢纽的主要泄流通道。此外,在三期导流和围堰挡水发电期,泄洪深孔还承担度汛泄洪的任务。

在正常运用库水位 145 ~ 180.4 m 时,泄洪深孔相应的运行水头为 55 ~ 90.4 m。水库水位在 135 ~ 180 m 时,对应的 23 个泄洪深孔的总泄流能力约为 33 500 ~ 50 300 m^3/s,有压短管出口最大流速约为 34.8 m/s,明流泄槽最大流速接近 40 m/s。

1.2 泄洪深孔的运行方式

三峡枢纽在泄洪时优先使用泄洪深孔,在泄洪深孔泄量不足时才应用其他泄洪设施,因此,在汛期泄洪深孔调度运用最频繁。泄洪深孔原则上由中间向两侧均匀间隔对称开启运用,关闭次序与开启次序相反。

为避免各个孔"忙闲不均",其运用调度次序为:在开启时应满足均匀、间隔、对称的原则,关闭时则按相反的顺序,从而使出流在泄流区均匀分布。不得无间隔地集中开启某一区域孔口泄流。在此基础上,存在多种组合方案,可以先开启单号孔然后再开启双号孔,也可以先开启双号孔然后再开启单号孔。

运用泄洪深孔泄流时,宜在不同洪水涨落过程中轮流使用各个孔,使每孔的运行时间较均匀,不宜过分集中使用某些孔。此外,各个孔均采用单孔全开或全关的运用方式,不应采用单孔局部开启方式调节下泄流量。

1.3 泄洪深孔过流面的运行情况

从泄洪深孔投入运行到现在,大致可以划分为两个时期。从 2003 年汛期泄洪深孔正式投入泄洪运行至 2006 年汛末,为三峡枢纽围堰发电期,泄洪运行水位在 135m 上下。2006 年 10 月,三峡水库蓄水至 156 m 高程,三峡枢纽进入初期运行期,泄洪运行水位在 144～145 m 上下。其间,在 2008 年 11 月,长江迎来了同期近 600 年一遇的来水,三峡枢纽开启泄洪深孔泄洪,这是泄洪深孔首次在 172 m 高水位下运行。

截至 2008 年 12 月,泄洪深孔累计泄洪运行约 116 000 h。其中,在 135 m 水位下泄洪运行约 96 000 h,在 144～145 m 水位下泄洪运行约 19 000 h,在 172 m 高水位下泄洪运行约 400 h。

在 23 个泄洪深孔中,泄洪累计运行时间最多的孔超过了 8 000 h,最少的孔也将近 2 000 h,大多数孔累计泄洪运行时间都在 4 000～6 000 h 之间。泄洪深孔运行情况统计见表 1。

表 1　泄洪深孔运行水位、水头、过流时间

运行时期	运行水位（m）	运行水头（m）	过流时间(h)
围堰发电期 （2003 年～2006 年）	135	45	97 000
初期运行期 （2007 年至今）	144～145	54～55	19 000
	172	82	40

3　泄洪深孔过流面的检修效果分析

虽然每年长江来水情况不同,泄洪深孔过流时间不同,但自 2004 年以来,每年汛后均对泄洪深孔过流面进行全面的检查,对发现的缺陷进行修补处理,并尽可能对冲刷较严重的部位采取防护措施。

3.1 泄洪深孔过流面的检修

（1）泄洪深孔过流面的检查情况

泄洪深孔历年来的检查情况表明,各孔整体完好,没有发现比较严重的结构破损。对检查结果进行总结分析,主要存在下列问题:

1）泄洪深孔过流面两侧侧墙的混凝土经冲刷后，表面逐步显露出大小不一的气泡，且局部暴露的气泡较密集，已形成麻面。

2）混凝土局部有破损，破损部位一般分布在结构分缝处、过流道下游挑坎部位底板与侧墙结合处、原修补部位、层间缝、底板凝固的施工残留混凝土部位等；

3）有些孔的流道下游侧侧墙和底板有明显的砂石冲磨痕迹；

4）侧墙和底板存在裂缝，一些裂缝有渗水现象；

5）导流底孔封堵和溢流表孔于完建时遗漏到泄洪深孔底板和侧墙面的混凝土浆和残渣。

（2）泄洪深孔过流面的修补

参照工程建设期混凝土缺陷处理的标准、方法、材料和施工工艺，根据泄洪深孔过流面的普查情况，对发现的缺陷进行了以下处理。

1）根据气泡的大小和密集程度以及混凝土表面的冲刷情况，采取对气泡进行点刮或者对混凝土面打磨后局部满刮环氧胶泥的措施进行处理。

2）对于混凝土局部破损部位，一般采取沿破损面边缘切成规则形状，凿除破损混凝土后，分层嵌填环氧砂浆，表面再刮环氧胶泥防护处理。

3）过流面裂缝一般为宽度小于0.1 mm的细缝。对于有渗水湿痕且析钙的裂缝，一般骑缝贴嘴灌注化学浆材补强后，表面刮环氧胶泥处理；对于浅表层干缝，一般沿缝两侧各10 cm以及缝两端各50 cm刮环氧胶泥处理。

4）对于残留在过流面表面的混凝土浆和残渣，将其进行打磨或凿除处理。若将混凝土浆打磨掉后，表面气泡密集，则采取表面满刮环氧胶泥处理。

5）随着泄洪深孔过流运行时间的增加，侧墙过流部位的冲刷磨损也逐渐加大，特别是存在的修补环氧砂浆的部位与周边混凝土面之间的不平整度加大经常被冲坏、混凝土气泡逐渐暴露等问题会越来越突出，因此，为及早确定可靠的处理方法，首先对运行时间相对较长的4个孔侧墙面试验性地进行了满刮环氧胶泥防护处理。

3.2　泄洪深孔过流面检修后的效果分析

对比历年的检查情况表明，对泄洪深孔过流面的缺陷进行处理以及所采取的防护措施取得了较明显的效果。下面以修补时主要采用的环氧胶泥为例，分析其检修效果。

（1）环氧胶泥修补方法

由于环氧胶泥主要适用于在修补面干燥、通风、环境温度不小于5℃的条件使用，而泄洪深孔的条件较适合，因此该部位满足采用环氧胶泥修补的条件。为了改善环氧胶泥的操作性能，便于规模施工，经试验后，调整配合比，优选水泥作为环氧胶泥基材的填料。最终确定的重量配合比为环氧胶泥基材：水泥＝1:0.5～0.8。

在修补前，先清除混凝土基面松动颗粒，用高压水冲洗基面，然后自然风干。修补时，先用环氧胶泥将基面上的小孔洞（气泡等）填补密实，固化后进行环氧胶泥涂刮，要求来回刮挤，以排尽气泡内的气体，保证孔内充填密实以及环氧胶泥与混凝土面黏结牢靠。修补后，环氧胶泥面应光洁平整，不能有刮痕。

在环氧胶泥修补完成后，采取保温养护5～7 d，在养护期内修补面不得受水浸泡和外力冲击。对修补效果检查主要以外观检查为主，修补面不出现环氧胶泥起泡为合格，同时辅以黏结强度试验。

（2）局部满刮环氧胶泥的部位运行效果

在已局部满刮环氧胶泥的部位，虽然其表面有冲磨但磨损很均匀，部分环氧胶泥起皮部位也仅限于表层，即环氧胶泥修补时最后一层涂刮面。与未进行环氧胶泥防护的部位相比，修补面有效地保护了混凝土，修补效果明显。

（3）满刮环氧胶泥的孔运行效果

侧墙面满刮环氧胶泥的 4 孔泄洪深孔运行情况为：在 144～145 m 水位下泄洪运行约 2 500 h，在 172 m 高水位下泄洪运行约 150 h。

运行后的检查表明，虽然经过较长时间的泄流运行且经过 172 m 高水位下泄流运行的考验，除局部结构分缝部位外，4 孔侧墙面混凝土均保护完好。虽然局部的环氧胶泥有起皮现象，但均为外层环氧胶泥起皮，里层的环氧胶泥仍能很好地防护混凝土面。这表明只要严格按照施工工艺修补，环氧胶泥修补面能够有效地改善过流条件，并且能够很好地起到保护混凝土面的作用。

（4）环氧胶泥耐冲磨时间分析

根据对修补环氧胶泥的过流面现场检查对比，一般在过流约 800～1 000 h 后，局部满刮环氧胶泥的表层由于层间结合不牢会开始脱落；在过流约 2 500～3 000 h 后，一些部位满刮的环氧胶泥面基本被冲刷，明显露出被防护的混凝土面。

4　相关问题探讨

1）任何材料都有其优缺点，例如环氧胶泥固化后，与混凝土面的黏结较好，具有较高的抗冲磨强度，但适应变形的能力不强，在结构缝和裂缝等部位修补的环氧胶泥，容易被水流冲开。因此，对于这些部位，除在施工工艺上进一步细化处理外，还应该试验一些适应变形能力强且施工方便的新材料。

2）环氧胶泥的修补质量受原材料拌合、修补部位基面处理、修补工艺及施工人员作业熟练程度、责任心等多种因素的影响，泄洪深孔过流面局部满刮环氧胶泥以及 4 孔侧墙面满刮环氧胶泥后的运行结果表明，只要选择合适的修补材料，严格按照施工工艺进行施工，严格过程控制，就能够保证修补效果。因此，修补材料的选择，特别是修补工艺过程控制是达到修补效果的关键。

3）过流面采用环氧胶泥修补后，修补面经过长时间的过流，必然会存在磨损。因此，应该观察不同部位的冲磨程度，确定实际的耐磨时间，以便研究后续的处理措施和修补周期。

5　结　语

经过对三峡枢纽泄洪深孔过流面泄洪运行情况统计，结合每年汛后对过流面检查情况表明，所采取的修补措施效果明显，但对于结构缝、裂缝等部位仍须探索可靠的修补方法。此外，环氧胶泥经受水流冲刷磨损的时间也有待进一步验证。

几种水工建筑物表面缺陷修补新技术简介

王龙华　薛　龙

（安徽省水利水电勘测设计院）

摘　要：本文通过近几年来治淮重点工程加固的实践，就建筑物表面碳化、老化、裂缝、腐蚀等影响结构耐久性和工程安全的缺陷修补技术进行了多方案的论证，从各种技术的原理、使用条件、处理效果等方面进行了分析与总结，不仅对今后类似加固工程具有一定的指导作用，也为推动解决建筑物表面缺陷新技术的发展提供了有益的经验。

关键词：建筑物；耐久性；修复；新技术；应用

1　建筑物表面缺陷的类型与病害现状

1.1　工程病害现状

众多建筑物根据其使用环境、使用条件、建筑质量、设计标准等不同，运行过程中混凝土表面可能出现诸如：碳化、老化、侵蚀、裂缝、冲刷、气蚀等破坏形式。上述缺陷直接影响到混凝土结构使用的耐久性，具体包括：混凝土标号、混凝土保护层厚度、抗渗性、抗侵蚀性、抗裂等。安徽省面临长江、淮河两大水系，20世纪五六十年代沿江和沿淮地区修建的多座防洪控制工程，至今已运行50年左右，20世纪70年代建设的"三边"工程，至今也已运行30多年。随着建筑物使用标准的提高、环境变化，其混凝土结构耐久性，尤其是其碳化、老化、侵蚀性破坏现象突出，成为工程除险加固的关键所在。

1.2　一般处理方法

建筑物混凝土病害中的裂缝、碳化等，加固处理措施一般根据其病害程度而定。病害较轻的结构，一般采取水泥砂浆修补、高压灌浆填缝，并用环氧树脂类材料表层封闭。对因混凝土严重碳化、化学腐蚀、锈裂、磨损等病害较重情况，需采取清除碳化、锈蚀结构，补浇细石混凝土、或喷射砂浆，表层涂料封闭。水泥砂浆一般为丙乳、环氧类聚合物材料，修复时受操作经验和施工工艺影响较大，往往造成密实性不好，黏结力不高，结构物表面产生龟裂、脱壳，凹凸不平现象，特别是环氧砂浆的变形性能与基体混凝土不一致，日久会在结合面产生裂缝，甚至脱层，长期效果不理想。

2　几种新技术

经过近20年的工程实践以及科技的发展，针对不同建筑物病害分别研究出多种修补技术和新材料，以下就安徽省病害治理的工程实践，分别做以下介绍。

2.1　水下工程植筋加固技术

水闸底板长时间受高速水流冲刷，表层混凝土易形成冲蚀破坏。破坏面钢筋保护层减薄,必须重浇保护层。目前,可选用植筋混凝土修补技术处理上述问题。混凝土植筋技术,要求的钻孔孔径、植筋深度较传统施工法大为减小,而且钻孔施工振动小,周边老结构影响范围小,避免结构产生渗水通道。采用新型植筋锚固胶材,不仅缩短固化时间,加快锚筋安装速度,且胶材抗老化、冻融等耐久性显著增强,对水下工程施工具有优选性。

植筋混凝土技术施工工艺要求原混凝土底板表面凿毛,沿混凝土结合面置钢筋网,并植锚固钢筋连接新老结构体。浇筑新混凝土时,应适当提高植筋混凝土的设计标号,并尽量使用加盖模板和泵送挤压等施工工艺,达到植筋混凝土浇筑连续,提高强度的目的。

该技术已成功应用于安徽上桥节制闸、茨河铺闸、蚌埠节制闸等工程的闸室加固,成功解决了混凝土反拱底板、砌体闸墩结构加固补强等问题。

2.2 混凝土表面缺陷 CT203 修补技术

CT203 聚合物水泥砂浆,是一种有机、无机复合的新颖聚合物水泥砂浆,具有黏结强度高,补偿收缩、耐久性好和水下不扩散等特点,适用于混凝土结构表面破损和砖石结构的薄层护面、结构裂缝和缺陷的修补。该砂浆还兼具快凝特点,特别适用于混凝土结构的快速修补和水中修补。该技术处理结构面结晶快、耐久性好、规整美观,施工方便,环境影响小。

CT203 聚合物水泥砂浆技术参数要求:标号 M25,黏结抗折强度:5 MPa,限制膨胀率高于 0.02%,抗渗标号高于 S15、抗冻标号高于 D100。

具体施工工艺:混凝土表面缺陷处凿毛,CT203 聚合物砂浆局部补平,涂抹净浆一层,分层压抹 CT203 砂浆至设计要求,喷雾养护、保潮 14 d。

CT203 聚合物水泥砂浆修补技术采用于上桥节制闸、蚌埠闸、颍上闸等大型水闸加固处理,以及淮北大堤焦岗闸、新西淝河闸、永幸河闸、架河闸等中型水闸加固,取得良好效果。

2.3 HZ 环氧厚浆涂料防腐(锈)蚀技术

钢结构防腐设计,既需重视防腐材料的选择,又要兼顾涂层的配套,还要考虑施工方法及所处环境,尤其需关注防腐材料环保性。20 世纪 70 年代,钢结构主要防腐方式是喷锌层上覆一般涂料复合防腐,保护周期较短,工艺复杂,毒性大,效果不理想。近年来,随着 HZ 环氧厚浆涂料技术的推广,改变了传统的防腐方法,且具有黏结力高(黏结抗拉强度大于 3 MPa)、密封性好(不透水、不透气)、防腐性强(防二氧化碳、氯离子入侵、防钢筋腐蚀)的环保性能,使钢结构表面防腐及混凝土结构防护周期显著提高。

施工工艺要求,一般先用涂料加腻子料填补表面气孔,刮平后涂刷涂料。大面积快速施工可采用高压无气喷涂。施工简单,造价较低、保护周期长(大于 20 年)。

HZ 环氧厚浆涂料技术曾应用于淮北大堤西城河防洪闸门抗腐蚀处理、沙颍河耿楼船闸导航墩钢板护面防腐(防锈),以及长江池口防洪墙面结构耐久性修补等,目前运行良好。

2.4 XYPEX 防碳化、防腐技术

这项技术基于 XYPEX 防水材料中络合物从含有钙离子和铝离子的集团中选择出来的离子形成不溶性结晶体。当应用在一个完全潮湿的混凝土表面上时,其活性成分与各种混凝土矿物质反应,生成结晶体将所有的裂缝、漏洞和宽度在 500 μm 以上的空隙全部填满。这种结晶体不断增长,最后将渗入混凝土的内部,使建筑物本身拥有不透水的特性,具备永久彻底抑止渗漏的效果。

施工工艺要求:基层平整,不松脱、起砂、脱层、渗漏水,提前24 h用水淋湿施工面,饱和面干后喷涂搅拌均匀的XYPEX,涂面均匀一致,分二遍或三遍以上喷涂效果佳。涂层覆盖,喷雾养护。施工应避开雨雪天,气温不低于5℃。

20年来的实验结果表明,即使在建筑物的结合处,在200 mm或者更厚的钢筋混凝土中也能防渗水并能承受3 MPa以上的压力。该技术已应用于治淮工程沙颍河耿楼船闸、沙颍河阜阳节制闸、涡河大寺闸等混凝土结构防碳化(防腐)处理。其中,沙颍河阜阳节制闸工程已完工运用5年,多次经历了河道重污染期运用,抗腐蚀性能较好。

2.5 WHDF抗裂防水技术

WHDF是一种对混凝土具有增强、密实和抗裂功能的外加剂。它通过促进水泥水化程度,优化水化产物和协同激发混凝土中活性混合材料与$Ca(OH)_2$进行二次水化等作用,以达到提高混凝土中凝胶量,降低孔隙率,改善水泥石及骨料界面的结构,增强凝胶黏结力,同时,降低早期水化热和干缩值,使混凝土具有良好的抗裂、抗渗及耐久性能。

施工特性:WHDF混凝土具有良好的保水和保坍性能;自身在−20℃条件下不结冰,具有抗冻性能,适应于高寒地区冬季施工;液态剂施工时不需溶解,易分散均匀,施工方便;对环境均无污染,无害无毒,具环保性。

该技术目前大量应用堤坝、公路、铁路、桥梁、码头以及地下建筑等混凝土,民用建筑防渗防水工程等。如新洲阳逻防洪墙、湖北下荆江河防洪工程;恩施小溪口等水电工程。我省蒙洼蓄洪区中岗大桥、响洪甸大坝等水电工程等,所用WHDF混凝土及其水泥砂浆表面光滑,且大大减少了过去因混凝土表面收缩产生的大量裂缝现象。

WHDF技术特性:泌水率比≤95%,含气量:≤2.0%,抗压强度比:≥100%～110%,极限拉伸值比:≥125%,收缩率比:≤125%,渗透高度比:≤30%,相对耐久性指标(冻融200次):≥80%,对钢筋无锈蚀作用。

3 实施效果评价

针对闸室底板和闸墩底部采用植筋技术加固,经复核分析:可有效提高结构抗震能力,特别是对于大跨径超薄反拱底板及闸墩的水下工程,加固工期快、效率高,并可显著减小截面拉应力,达到规范要求。而采用的植筋结构体较薄,闸室过流面积影响有限,施工时对原结构体基本无不利影响,安全性高。该技术现已主要应用于早期建设的拱形结构抗震加固,加固效果和经济性明显。

CT203聚合物水泥砂浆具有结晶快、规整美观、施工方便的特点,特别适用于混凝土结构的快速修补和水中修补。该技术因改变了过去的聚合物水泥砂浆处理表面易开裂的缺点,施工过程中环境影响小,有一定的抗污染能力。经调查发现,位于重污染河段的CT203聚合物水泥砂浆处理建筑物表面稳定,未见异常。

XYPEX、WHDF等混凝土增强密实剂均具有明显的提高混凝土强度、降低干缩值性能,因而达到抗裂、防碳化的目的。提高结构耐久性方面,还表现在有抗冻、防腐蚀性,有较强的抗污染能力。同时,改善混凝土施工和易性,结构外表平滑、规整,外观质量提高,对环境均无污染,具环保性。

总之,上述材料使用,各有其适应性和优点,目前,可根据结构表面缺陷类型,因材选用,发挥其最佳工程效果。

4 几点体会

4.1 安徽省沿江、沿淮大中型水工建筑物混凝土使用状态分析

安徽省沿江和沿淮地区,20世纪五六十年代修建了多座防洪控制工程,至今已运行40~50多年,期间经历了多次超标准特大洪水的考验,又伴随着社会经济高速发展期带来的环境条件巨变,使建筑物工作状态不断发生变化,结构体承受了复杂的重复超载动力、环境侵蚀影响,加之早期建筑物建设标准过低,这些因素成为隐患萌发的外在、内在动因。通过上述分析可以看出,进一步深入了解建筑物的使用状态,针对性提出其加固方案具有重要的现实意义。

4.2 重视和提高混凝土结构耐久性设计的必要性

混凝土结构耐久性设计是任何一个工程设计中必须优先考虑的内容之一,它不仅事关建筑物使用过程中的外在观感质量,甚至关系到其结构安全运用以及能否顺利实现其设计指标和功能要求。在使用过程中,及时发现结构物存在的缺陷,并分析其产生的原因、机理,评价其危害程度,才能使采取的修复方案,做到针对性和有效性。

4.3 几种新技术应用的展望

目前,安徽省新一轮大规模治淮和长江治理工程的前期工作已经启动,对现有建筑物的除险加固成为其中重点内容之一。而大量的水工建筑物因承担的功能、使用环境不同,或者受施工条件、外观等因素影响,需分别采用不同的加固处理方案。经过近几年的加固工程实践,本文提及的缺陷修补方法已得到的大量应用,伴随着防治污染重大举措的推进,具有抗腐蚀、抗渗防裂等性能的新材料将获得更大的应用前景。

4.4 研究新型缺陷修补技术的建议

新型混凝土缺陷修补技术应立足环保、适用、经济、方便施工。

新技术、新材料的环保特性某种程度上决定了其生命力,在如今逐渐关注环保的时代,人们普遍关注工程对环境的影响是时代的要求,是进步的表现,是现代文明的基本体现。材料的环保性、使用寿命等往往决定其生命力和发展应用前景。

新技术的适用性,为扩大其应用范围创造了条件,一旦受限条件越少,其应用的市场就越大。

新技术的经济性,材料性价比越高,就越有竞争力和生命力。

新技术的可操作性,取决于施工技术要求的复杂程度,一种技术容易掌握,就越易推广,其市场化程度就越高。

另外,随着建筑技术的发展,可研发两种或多种性能的新材料,一举多得,效果将更理想。

参考文献

[1] 张严明，全国病险水库与水闸除险加固专业技术论文集[M]．北京：中国水利水电出版社,2001：369—401.

[2] 冠绍,31—64.我国沿海水工建筑物混凝土结构钢筋锈蚀病害调查及防治研究[R]．水利部技改研究项目；

[3] 顾强生．混凝土建筑物水下补强加固技术研究(内部资料):1—4.

[4] 顾强生．混凝土建筑物水下补强加固技术研究(内部资料):1—10.

浅析低弹模纤维提高混凝土耐久性机理及补强加固工程中应用

胡志远

（天津市水利勘测设计院）

摘　要：本文对影响混凝土耐久性因素、低弹模纤维改善耐久性能机理作了浅析，通过在一些加固工程的应用实践，该种材料应推广使用 。

关键词：混凝土耐久性；低弹模纤维；工程应用；推广使用

1　影响混凝土耐久性因素分析

混凝土是被广泛使用的建筑材料，其质量好坏直接影响建筑物安全性和经久耐用性。不断出现过早损坏的工程实例，说明一些结构使用年限远低于设计寿命，重建或补强加固需投入过多的费用，应引起对混凝土耐久性的重视。

影响混凝土耐久性的因素很多，主要有混凝土的碳化、钢筋锈蚀、碱骨料反应、侵蚀性介质的侵蚀及冻融破坏等。

1.1　混凝土碳化、钢筋锈蚀

钢筋避免锈蚀需受到混凝土保护，当混凝土保护层受大气中二氧化碳或其他酸性气体侵蚀，使混凝土中的碱性物质发生中性化的反应，混凝土的碱度降低，称为混凝土的碳化。混凝土碳化，钢筋周围混凝土碱度降低，当有氯化物介入，不能对钢筋形成有效保护时，混凝土周围氯离子含量升高，引起钢筋表面氧化膜破坏。钢筋中铁离子与入侵的氧气与水分发生锈蚀反应，其锈蚀物氢氧化铁的体积比原来增大 $2 \sim 4$ 倍，对周围混凝土产生膨胀力，导致混凝土开裂剥离。同时钢筋锈蚀后受力有效面积减小，导致结构承载力下降。

1.2　侵蚀性介质的侵蚀

侵蚀性介质主要有硫酸盐、酸、海水等。环境水或空气中侵蚀性介质的侵入，会造成混凝土中的一些成分溶解或流失，形成混凝土内部的孔隙和裂缝，更进一步加剧这种侵蚀性介质的进入。有的侵蚀性介质的侵入，与混凝土内部一些成分发生化学反应，使体积膨胀，产生内应力，当超过混凝土抗拉强度时，混凝土遭到破坏。

1.3　混凝土冻融

混凝土冻融是混凝土受到物理力作用遭受到破坏。吸水饱和的混凝土内部空隙水和毛细水，受冻由水转为冰，产生冻胀力，体积膨胀 9% ，在孔周围产生拉应力。这种应力会损坏混凝土内部微观结构，经反复冻融循环后，损伤逐步积累扩大，由毛细水变成缝隙水，冻胀使混凝土发展成联通的裂缝，最终导致混凝土疏松和剥蚀破坏。

1.4 混凝土碱集料反应

混凝土碱集料反应,有碱－硅酸反应和碱－碳酸盐反应两种形式。碱－硅酸反应是混凝土集料中有非晶质的活性二氧化硅;碱－碳酸盐反应是混凝土集料中有白云石。它们在潮湿或水环境中与水泥的碱性氧化物水解后发生反应,体积膨胀使混凝土开裂。

2 保证混凝土耐久性措施

保证混凝土耐久性应从三个方面入手,设计、施工、和建筑材料。设计方面应按规范规定,正确选取混凝土抗渗、抗冻等级,采取控制裂缝措施、有足够的保护层厚度等。施工方面应提高混凝土密实性、控制好温度、降低水灰比、加强养护等。建筑材料方面目前更多在水泥选取上采取一些措施,针对不同情况选用不同品种水泥,如环境有硅酸盐侵蚀,选抗硅酸盐水泥,一些添加剂的掺入对耐久性起到很好作用。添加其他材料,如低弹模纤维对改善混凝土耐久性方面作用有待进一步认知,有必要对其机理进行分析。

3 低弹模纤维提高混凝土耐久性机理

到目前为止,建筑工程采用低弹模纤维经历了三个发展时期。古代劳动人民发明了添加植物纤维可改善材料性能的方法,在民间,加入稻草的土坯盖房可以经久耐用,在黏土里加入剪碎的麻绳衬砌炉膛而不会开裂,采用了对基材添加纤维提高使用寿命的方法,这属于第一代纤维。随着科学技术的发展,新的材料不断现出现,使用化学合成纤维掺入混凝土,是20世纪80年代初期美国军方为解决炮火攻击时增加抗冲击性,由美国军工师团韦博特工程师协会(webster engineering associater),首先将纤维混凝土应用到军事工程中。以后随着纤维材料不断改进,生产出各类合成化学纤维,广泛地应用在工业与民用混凝土结构中,这就是目前第二代工程用纤维,是以化学原料合成的纤维。第三代工程用纤维是纤维素纤维,是第二代化学合成纤维更新换代产品,使用从特殊树种中提纯出来的纤维素纤维,该产品由美国引入我国并已开始使用。

低弹模纤维在混凝土最主要是阻裂作用,也起到密实及降低混凝土空隙作用。这些作用的发挥,与混凝土抗冻性、防止有害介质渗透与侵蚀密切相关,而这些性能提高正是混凝土耐久性的重要指标。

3.1 纤维在混凝土中的阻裂作用

在混凝土中纤维发挥的最主要作用是阻止裂缝的发生,从而提高混凝土的整体性能。可以说其他方面的性能如防渗、抗冻等性能的提高都与阻裂作用效果有关。

混凝土裂缝的产生分两种情况,一种是受力变形等发生的结构裂缝,另一种是在浇筑混凝土初期干缩产生的非结构裂缝,纤维阻裂作用主要针对后者。控制混凝土非结构裂缝,人们进行了多项的试验,较有效的方法,一种采用膨胀剂来补偿混凝土收缩的化学方法和以掺入纤维材料为主的复合化的物理方法。采用化学方法难点在于很难控制生成的膨胀性结晶水化物数量,少则不能达到预期效果,多则降低混凝土强度,而采用物理的方法,利用内部传递消除应力的方法抑制早期裂缝发生,效果明显。混凝土在浇注30 d,干缩量可达到总干缩量的50%,在这阶段混凝土处于热或风环境中使表面水分急剧蒸发,产生塑性干缩裂缝。这是控制非结构性裂缝的关键时期,在这个阶段有相当密集度的三维乱向分布纤维在弹性模量很低的塑性状态混凝土中进行应力传递,使混凝土中干缩应力下降。均布于混凝土中细小纤维还有一种作用,可以阻截混凝土中析水通道,减少塑性混凝土表面析水量及集料的沉降。认识纤维在防止塑性干缩裂缝作用,对混凝土整体性能提高有重要意义。

3.2 增强混凝土抗渗性能

纤维在混凝土中阻裂作用的直接效果就是混凝土的防渗性能提高。混凝土的渗透性由两种因素所决定,物体中毛细现象产生的微渗水和物体孔隙及裂缝产生的宏渗水。由干缩形成的非结构性裂缝形成透水通道,产生宏渗水是抗渗性能降低的主要因素,纤维在混凝土硬化过程中产生的约束力增加了物体密实度和阻裂效果,使物体由表至内不能形成渗水通路,提高了混凝土的抗渗性能。

3.3 增强混凝土抗冻融性能

纤维混凝土抗渗性能提高改善了物体受冻融条件,物体的冻融需同时具备三个条件,材料冻融性、温度和水,改变其中一个条件可改变物体冻融的情况,针对某一混凝土结构,可改变的只有减少混凝土内部含水量。防渗及密实度的提高可使混凝土内部含水量减少,减少混凝土冻融,不产生冻胀力,增加混凝土的抗冻融性。

4 工程应用

4.1 耳闸除险加固工程

耳闸除险加固工程位于天津市区。耳闸枢纽工程始建于1919年,由于建设年代久远,闸室沉降严重,已无法满足各项功能要求,但对其不予拆除,按历史文物保留。对耳闸有使用功能的交通桥进行维修。交通桥面混凝土损坏情况严重,保护层碳化、钢筋锈蚀、混凝土开裂。工程采取在清理后的桥表面铺钢筋,浇纤维混凝土,纤维采用改性聚丙烯纤维,掺入量2 kg/m³,经多年使用效果良好。

4.2 隧洞补强加固工程

天津市引滦入津隧洞全长12.39 km,是引滦入津控制性工程。经多年运用,混凝土衬砌结构出现病害,共有两项补强加固工程使用了纤维混凝土。

1)隧洞有1.68 km洞段衬砌结构在拱部采用喷锚结构,工程运用20多年后,在接近洞口喷混凝土表面出现大量不规则裂缝,伴有白色钙质析出和隐渗现象,分析原因系混凝土受冻时产生冻胀力。目前国内尚无治理喷锚开裂工程实例。在调研中了解到利用复喷方式处理隧洞喷锚衬砌开裂实例,予以借鉴。复喷材料采用了改性聚丙烯纤维混凝土,以上充分发挥其抗裂、抗渗、抗冻等特点,纤维掺入量为体积率0.15%。工程实施已有两年,观察效果良好,未见裂缝出现等现象。

2)隧洞衬砌工程在隧洞施工期间,受工期影响,部分洞段存在施工缺陷,衬砌结构出现密集贯穿裂缝。经检测裂缝区混凝土强度不均,差距很大,存在低强混凝土,需局部拆除重砌。为防止再次出现裂缝,混凝土中掺加改性聚丙烯纤维,纤维掺入量2 kg/m³,工程2007年实施至今新砌部分未出现裂缝。

5　结　语

目前我国使用纤维混凝土不普遍,与世界上发达国家还有差距,如美国纤维混凝土使用量约占混凝土总量10%左右,相对而言我国纤维混凝土使用在起步阶段,主要是对其作用认识不足,随着人们对其认识的深入,使用率会不断提高,特别在治理混凝土病害及对使用功能有特殊要求时应推广使用。

参考文献

[1]　李传才.水工混凝土结构[M].武汉大学出版社,2001:219—223.

滑坡治理方法的现状及展望

李炳奇　夏新利

（1. 中国水利水电科学研究院；2. 新疆克孜尔水库管理局）

摘　要： 各国科技工作者在治理滑坡灾害的过程中不断总结经验教训，开展科技攻关，总结出了一整套高边坡工程的勘测、设计、施工新技术。通过抗滑桩、预应力锚索、锚杆、以及减载、排水等加固、治理边坡的方式和措施的应用，成功地建成了各种复杂的高边坡工程。本文对滑坡治理方法的现状进行了论述。

关键词： 高边坡；抗滑桩；预应力锚索；减载；排水；治理

1　滑坡治理方法的特征

治理边坡滑坡的方法有挖土减载、填土压坡、排水等代表的抑制方法以及从力学的角度上阻止下滑力的抗滑桩、预应力锚索等抑止方法两种。

一般地可以说，抑制方法是经济首选的方法。不过，从工期、用地情况以及环境问题等因素考虑，具有快速性等特点的抑止方法被越来越多地被采用。

在使用越来越多的抑止方法中，对抗滑桩方法和预应力锚索方法的经济性，使用图 1 的模型断面进行了简单的比较，其结果如图 2 所示。

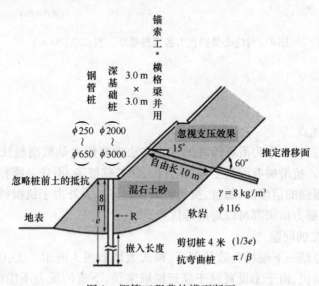

图 1　概算工程费的模型断面

图 2 中，施工长度为 50 米的情况，对应各个必要阻止力算出的概算费用。对应必要的

阻止力 200 kN/m² 的钢管阻止桩(STK41 单管,抗剪切桩)的费用假设为 100。

图 2 只是模型断面的比较,图中从每个工种的倾向来看,抗滑桩情况下,是按照剪切桩设计还是按照抗弯桩设计,费用有着相当大的不同。而锚索则与剪切弯曲没有关系,位于两者之间。

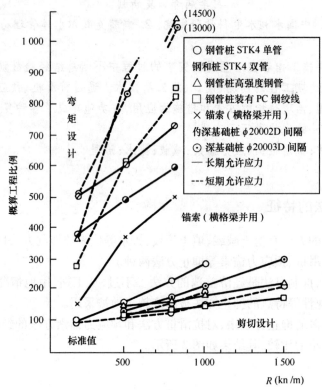

图 2　对应必要抑止力各工种概算工程比率(50 m)

2　抗滑桩工法

(1)抗滑桩的优点

到 1965 年左右,日本作为滑坡治理的抑止方法主要代表是抗滑桩法,是下述的预应力锚索普及以前的事。抗滑桩有混凝土桩,钢管桩,深基础桩等,不管是哪种,都有实际的业绩和长久的历史,有很强的信赖性,而且,抗滑桩耐久性好。另外由于抗滑桩多为圆柱形桩,具有滑坡运动不管从哪方面来都可以对应等优点。

(2)抗滑桩存在的问题

到现在为止,总结一下现场失败的例子,模式大体如图 3 所示。①,②是抗滑桩的设置位置的问题,也就是说,由于①设置过于靠近滑坡末段,下流的反力不能得到期望。②的情况是由于过于靠近上流,抗滑桩下流单独滑掉的例子。不管①,②哪种,抗滑桩就成了突出桩(悬臂桩),受到大的弯矩后就会折断。抗滑桩位置选定是比较困难的,须对现场进行充分的地质调查,把握滑移面的断面形状,在主动领域和被动领域的边界领域设置抗滑桩。

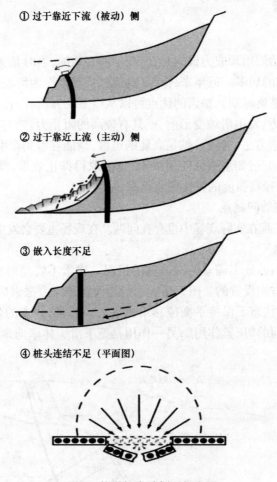

① 过于靠近下流（被动）侧

② 过于靠近上流（主动）侧

③ 嵌入长度不足

④ 桩头连结不足（平面图）

图3 抗滑桩失败例子概念图

　　图3的③的情况是嵌入深度不足，桩的尖端以下存在着新的滑移面。不管是抗滑桩还是预应力锚索，都是一样的，地质调查的深度没有达到基岩，才会出现上述的情况。上图④的情况，是由于抗滑桩桩头连接梁有接缝，产生中央部位破损的例子。而滑坡现象是由于地基构造产生了不均等移动，其中大多数滑坡领域的中央部位位移及应力都比较集中。因此，抗滑桩中央部位产生比设计应力大的外力较多。因此，抗滑桩头应该用梁进行连接，而不应该预留接缝。

　　除了以上的情况，在日本抗滑桩设计手法中被区分为(a)剪切桩，(b)楔庄，(c)抗弯曲桩。如图1所示(a)是最经济的，但是从现场桩被破断的例子来看，大多数是由于抗弯曲不够而折断的。因此，抗滑桩的设计必须在充分调查滑动面的形状，确定地质强度的基础上选定相应的计算方法。

3 预应力锚索方法

（1）锚索的优点

日本建筑行业开始使用预应力锚索是在 60 年前开始的，当时是为了把结构物与地基相连结，作为临时的结构的居多。近年来，作为边坡稳定，其中作为滑坡抑止方法使用的较多，可以说是锚索发展的鼎盛时期。锚索的优点可以从以下几方面看出。

1）事先给予张拉力，发生滑坡变形前，就具有较高的阻止力。

2）作为预应力锚索方法的特点，越是高陡的边坡，越能够得到牵引效果。

3）图 3 中的②的情况，如果全面使用锚索，也能取得抑止效果，没有必要像抗滑桩那样考虑弯矩，造价比大口径高强度的桩要便宜得多。

（2）锚索方法存在的问题点

广泛普及的锚索工程在实际现场中也存在问题。在现场主要会发生以下问题：

1）锚索的施工角度

图 4 是某一挖土斜面施工锚索的滑坡前的情况。锚索不管是对坡面也好，还是对滑移面也好几乎是成直角方向设置的。图 5 所表示的是设置预应力锚索后滑动锚索的变形形状图，最终在这种变形的状态下保持平衡位移不再增大。通常，锚索的效果有两种，一是把要下滑的土体推向滑移面的"压紧作用"，另一作用是把下滑土体牵向地基的"牵引作用"。一般用下式来表示。

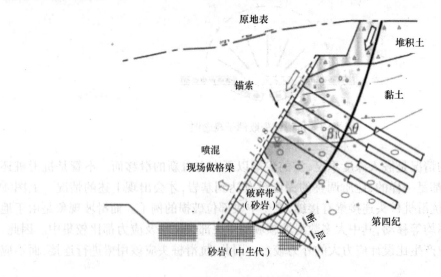

图 4　破坏前锚索设置情况

$$P = \sum T * \sin\beta * \tan\varphi + \sum T * \cos\beta \tag{1}$$

式中：P—— 预应力锚索的抑止力；

T—— 设计锚索力；

φ——滑移面的内摩擦角；

β——滑移面和锚索的夹角。

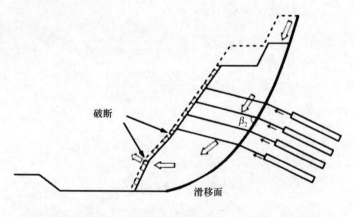

图5 变形状况

式(1)右边的第1项是表示"压紧作用",第2项则表示"牵引作用"。图4的 $\beta = 90$ 时，第2项则为0，"牵引作用"将不存在。当 $\beta = \varphi$ 时，P 取得最大值，因此，图5的变形图可以认为是当 β 接近 φ 时变形停止。

其次，锚索即使沿平面方向设置也存在问题，也就是说，锚索多沿与斜面成直角方向设置。在滑坡沿倾斜方向下滑时，有可能使锚索受到回转作用，从而使锚索作用下降。总之，由于锚索具有方向性，设置角度需在充分调查滑移面方向的基础上来进行判断。

2) 耐久性

最近，工地现场施工后的锚索发生如下现象。

①完成后10年不到的锚索锚具因锈蚀而落下。

②锚索钢绞线因锈蚀而折断。钢绞线中间折断后能够向前飞出，所以很危险。

③内锚固段的承载力由于没有保持设计要求的承载力，作张拉试验时简单地被拔出。

上述①，②最近由于采用二重防腐的进步，有了很大的改善，以前施工的锚索还保持着原来状态。上述③的情况虽说固定岩层有松弛效果，但是，最初的固定不充分，也就是说，锚固岩层的调查不充分，地下水压对策不充分，打孔的孔内清渣不足等原因也是存在的。所以说锚索这样高度隐蔽工程，施工现场的质量管理是非常重要的。

4 结 论

本文的前半部分讲述了抗滑桩设置位置，设置深度的问题以及锚索施工角度的问题。这些都与滑坡的形态，特别是与正确把握滑移面的位置及形状有关。因此，地质调查的量与质是不可欠缺的。

本文的后半部分讲述了引起锚索质量问题的原因，施工中的质量管理体制的强化是很有必要的，而且完成后的质量维持管理体制的强化显得更加重要。

滑坡的抑止方法是使滑动停滞的最快最有效的方法。但是，也不能说这就是一种廉价的方法。现场施工如果没有达到设计要求，是不允许的。用接力比赛来打比喻的话，锚索则相当于最后一棒。

二、检测技术与安全评估

黏贴钢板加固钢筋混凝土梁的有限元分析

刘海祥　屠庆奎　柯敏勇

（南京水利科学研究院）

摘　要：水工混凝土构件由于种种原因，承载能力不能满足运行或规范要求。因此，有必要通过补强加固的手段来恢复或提高构件承载能力。粘钢加固是常用的加固技术，当钢筋混凝土构件的承载力不足或因变形、裂缝影响结构正常使用时，就可通过结构胶将钢板黏贴到钢筋混凝土构件外部恰当位置来满足其承载力或正常使用要求。它具有施工简单、快捷，加固后结构尺寸改变较小等特点。作者建立了黏贴钢板加固钢筋混凝土梁的有限元分析模型，得到了黏贴钢板加固梁的荷载挠度曲线、钢板应力分布和胶结层应力分布规律，对黏贴钢板的工程应用具有参考作用。

关键词：粘钢加固；有限元；界面应力

1　前　言

　　水工混凝土构件由于种种原因，承载能力不能满足运行或规范要求。因此，有必要通过补强加固的手段来恢复或提高构件承载能力。粘钢加固是常用的加固技术，当钢筋混凝土构件的承载力不足或因变形、裂缝影响结构正常使用时，就可通过结构胶将钢板黏贴到钢筋混凝土构件外部恰当位置来满足其承载力或正常使用要求。采用试验方法由于存在费时费力等缺点，而采用有限元数值分析和试验相结合的办法，既简便又能获得多种试验参数条件下的成果，因此得到了广泛应用。

　　笔者建立了黏贴钢板加固钢筋混凝土梁的有限元分析模型，即将加固后的钢筋混凝土梁简化为由钢筋、钢板、混凝土及钢板与混凝土间的胶结层组成。钢筋混凝土分析采用整体式模型进行有限元分析，可以很好地反映外荷载作用下结构物的宏观性能；加固用钢板采用一维杆单元，不仅可以减小单元、节点的个数，而且也可以很好地反映钢板的整体受力情况；胶结层采用有限宽度的四结点线性节理单元，用以分析胶结层的应力、变形。三种单元之间采用位移协调原理，四边形等参单元与四结点线性节理单元，在单元边界上均满足线性位移分布。一维杆单元两端点间的位移也满足线性分布。在此基础上，得到了黏贴钢板加固梁的荷载挠度曲线、钢板应力分布和胶结层应力分布规律，分析了混凝土强度和胶结层厚度和刚度的影响，研究成果对黏贴钢板的工程应用具有参考作用。

2　试验概况

2.1　试验原材料及制作

　　（1）钢筋混凝土梁

　　参照《水工混凝土结构设计规范》SL/T191 – 96、《混凝土结构试验方法标准》

GB50152-92,共制作了钢筋混凝土梁28根,混凝土设计等级C30,其配合比见表1。梁长为1 850 mm,截面尺寸为120 mm×200 mm,支撑宽度为50 mm,实际净跨为1 750 mm。梁配筋图见图1。成型养护到28 d后,测得混凝土平均强度为47.8 MPa,达到了设计要求。

表1 混凝土配合比设计

水泥标号	水泥用量 (kg/m³)	水灰比 (kg/m³)	用水量 (kg/m³)	细骨料 (kg/m³)	粗骨料 (kg/m³)	塌落度 (cm⁵)
525	415	0.48	199	539	1 257	3 ~ 5

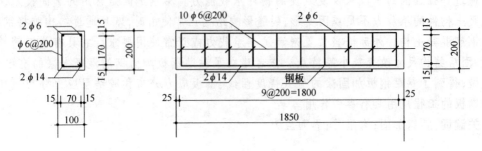

图1 钢筋混凝土梁配筋图

(2)结构胶

结构胶的物理力学性能指标见表2。结构胶系列与混凝土的黏贴强度均在4 MPa以上,室内钢板与混凝土黏结试验破坏面均在混凝土侧,结构胶系列的高抗剪强度可防止沿修补面发生剪切破坏。

表2 结构胶物理力学性能指标

	胶固化物	灌浆固化物	树脂砂浆	钢钢黏贴	钢混凝土黏结
抗压强度(MPa)	>100	>80	>100		
抗拉强度(MPa)	> 20	>20	>15		
黏结抗拉强度(MPa)	>5	>4	>5	>30	破坏面在混凝土
黏结抗拉剪强度(MPa)				>15	

(3)试件制作

将钢筋混凝土梁和标准抗压试件在同等条件下养护至结构试验龄期。黏贴钢板前,首先对混凝土基层及钢板表面进行打磨和干燥处理。最后用丙酮清洗钢板和混凝土表面。在黏结时,已处理好的混凝土表面及钢板上涂抹已配制的结构胶1~3 mm,使中间厚边缘薄,在设计指定位置就位后用手锤轻击钢板,以保证粘附密实,无空洞,并固定均匀加压至结构胶完全硬化,3~5 d后进行结构静载试验。

2.2 试验装置及试验方法

(1)试验装置

钢筋混凝土梁的静载试验装置见图2。荷载由经过率定的80 kN和200 kN的油压千斤顶通过分配梁施加,实现两点对称同步加载。荷载由打印机输出。

（2）测点布置

变形测点布置见图2,构件变形由百分表测读;钢板和钢筋混凝土梁的应变由 HP3852A 测读,裂缝测读采用20倍读数显微镜,并用钢卷尺测量裂缝长度及间距,并将其按比例描绘到展开图上。

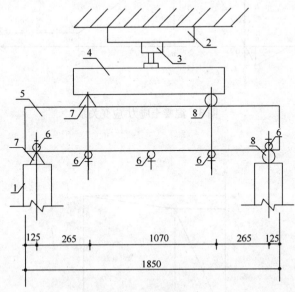

图2　钢筋混凝土梁试验装置图

1－混凝土预制支座;2－反力架;3－千斤顶;4－分配梁

5－试验梁;6－百分表;7－固定支座;8－滚动支座

3　有限元模型

钢板加固后的钢筋混凝土梁由钢筋、钢板、混凝土及钢板与混凝土间的胶结层组成。

3.1　钢筋混凝土模型

钢筋混凝土分析采用对钢筋混凝土结构的有限元分析,通常可采用分离式模型、整体式模型、组合式模型。采用整体式模型进行有限元分析,可以很好地反映外荷载作用下结构物的宏观性能。在整体式有限元分析模型中,将钢筋弥散于整个单元中,并把单元视为连续均匀的材料。

混凝土单向受力本构关系采用图3曲线关系,上升段曲线 oabc 采用 Saenz 提出的应力应变关系公式。混凝土双向受力下应力－应变关系采用正交异性本构模型中的 Darwin 和 Pecknold 模型。反复加载下混凝土的应力－应变关系曲线用分段直线来描述。钢筋应力－应变采用简单的线性强化弹塑性模型,如图4,f_y 为屈服强度,f_u 为极限强度,ε_y、ε_u 分别为 f_y、f_u 所对应的应变。钢筋屈服后,材料进入塑性状态,考虑应变强化,弹性模量 $E = 0.01E_0$,E_0 为初始弹性模量。

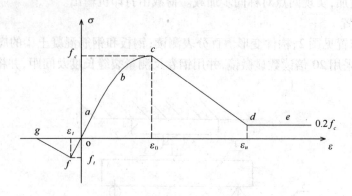

图3 混凝土应力-应变关系

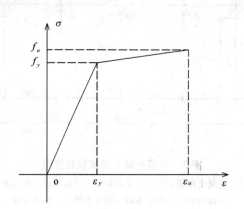

图4 钢筋、钢板应力-应变关系

3.2 胶结层力学模型

作者提出采用有厚度四结点线性节理单元模拟胶结层,为一种退化了的四边形单元,该单位的优点是可以清楚地反映胶结层黏结应力状态,方便地分析胶结层厚度、劲度系数对结构的影响。

胶结层的劲度系数与胶结层应力水平有关。当胶结层应力水平较高时,切向应力与切向劲度系数之间的关系具有明显的非线性。胶结层切向应力与切向劲度系数参考岩石力学中关于节理劲度系数的选取办法,选用双曲线关系。

$$\lambda_s = \lambda_0 \left(1 - \frac{\tau}{\tau_m}\right)^2 \tag{1}$$

$$\lambda_0 = G/e \tag{2}$$

式中:λ_s——切向劲度系数;

λ_0——节理单元初始切向劲度系数;

τ——切向应力;

τ_m——抗剪强度;

64

λ_n——法向劲度系数取为常数；

G——黏结剂初始剪切模量；

e——胶结层厚度。

当 τ 逐渐增大，λ_s 逐渐减小，当剪应力达到 τ_m 时，λ_s 为 0，见图5。

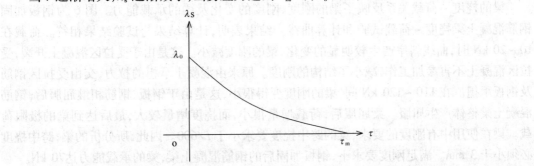

图5　胶结层剪应力-剪切刚度双曲关系

3.3　钢板力学模型

外贴用钢板较薄，且梁弯曲引起的胶结层正应力较小，故胶结层所受力主要为剪应力，钢板所受的应力主要为拉应力。作者提出运用一维杆单元模拟钢板力学行为。该单元为两力杆，只能承受轴力，不能受弯受剪。与钢筋相同，钢板应力－应变采用线性强化弹塑性模型。

3.4　钢筋混凝土梁有限元模型

所分析的钢筋混凝土梁为对称结构，并且对称加载，所以可以取梁的左半截数值进行计算。有限元网格划分，将左半截钢筋混凝土梁剖分为：等参四边形单元162个，四节点节理单元24个，一维杆单元24个，共有节点221个，支座9个。带有竖向虚线的四结点等参单元，表示该单元有竖向配筋。带有横向虚线的四结点等参单元，表示该单元有横向配筋。

胶结层采用有限宽度的四结点线性节理单元。节理单元多用于分析岩体中断层和节理，反映岩体的应力、变形。这里，运用节理单元分析钢板与混凝土间的胶结层，同样可以很好地分析胶结层的应力、变形。

三种单元间相互协调。四边形等参单元与四结点线性节理单元，在单元边界上均满足线性位移分布。一维桁架单元两端点间的位移也满足线性分布。所以由以上三种单元之间的位移是协调的。位移的导数是常数，所以位移的导数也是协调的。

3.5　计算参数

对黏贴 2 mm 厚钢板的钢筋混凝土梁分析，材料力学性能见表3。

表3　钢筋混凝土梁有限元分析参数表

混凝土				钢筋		钢板		结构胶	
f_c'/ MPa	E_0/ GPa	ε_c	f_t'/ MPa	f_y/ MPa	E_s/ GPa	f_y/ MPa	E_s/ GPa	G_j/ GPa	τ_j/ MPa
35.	40.	0.002	3.5	400	210	300	210	1.75	3.5

4 结果分析

4.1 挠度-荷载关系分析

梁的挠度-荷载关系反映了梁的刚度、刚度的变化及梁的承载能力。图6为钢板加固钢筋混凝土梁挠度-荷载试验和计算曲线。结果表明,计算结果与试验结果相符。荷载在10~20 kN时,曲线斜率产生较明显的变化,梁的刚度减小。这是由于受拉区混凝土开裂,受拉区混凝土不再参加工作,减小了结构的刚度。原来由混凝土承担的拉力,交由受拉区钢筋及钢板承担。在110~120 kN间,梁的刚度变得很小,这是由于钢板、钢筋相继屈服后,钢筋混凝土梁整体产生屈服。梁屈服后,荷载增量很小,而挠度增量较大,最后达到梁的极限荷载。梁在使用中有刚度的要求,梁的跨中挠度要求小于$L/600$。因此,所分析的梁,跨中挠度必须小于3 mm。满足刚度要求下,钢板加固后的钢筋混凝土梁,梁的承载能力达70 kN。

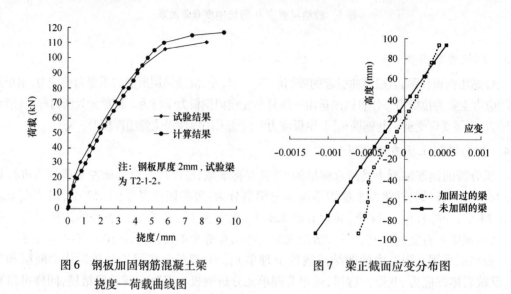

图6 钢板加固钢筋混凝土梁
挠度—荷载曲线图

图7 梁正截面应变分布图

钢板加固钢筋混凝土梁后,正截面的应变分布将产生变化,梁的中性轴位置也产生变化。梁的受压区高度增加,梁的受拉区高度减小。这样可以充分地发挥混凝土的抗压强度,达到提高钢筋混凝土梁承载能力的目的。图7为梁在40 kN荷载作用下,正截面应变分布图,加固梁所用的钢板厚度为2 mm。横坐标为梁的正截面应变,压应变为正,拉应变为负;纵坐标为梁的高度,梁的中轴坐标为0。未加固梁应变为0的高度约为35 mm,加固过的梁应变为0的高度约为20 mm。经过加固,梁的中性轴下降了约15 mm。

另外从图7中还可以看出,正截面上的应变在40 kN荷载作用下,沿着梁的高度并不完全呈线性分布。这是由于受拉区混凝土产生裂缝的原因。具有裂缝的单元,计算结果表现为该单元的应变值较大。由于单元产生裂缝,该单元将释放应力。由力的相互作用原理,沿着梁的纵向与之相邻的单元也将释放应力,则相邻单元表现出较小的应变值。受拉钢筋附近的混凝土由于受到钢筋、钢板的约束作用,整个受拉区混凝土应变分布较均匀。对受压混凝土及受拉区钢筋附近进行考察,梁的正截面仍可以认为符合平截面假定。

4.2 钢板沿着梁纵向应力分布

钢板沿着梁纵向应力分布情况,反映了钢板的工作情况。图8为钢板沿着梁纵向的应力分布。图8中所示梁的荷载为40 kN,加固梁所用钢板的厚度为2 mm。试验时所测得的是钢板的应变值。应变值乘以钢板的弹性模量,就得到了钢板的应力值。钢板的测量值与实测值不尽相同。测量值在剪跨间出现了最大值,而计算值在跨中得出现了最大值。但两者相比,钢板达到的极值较接近。试验梁在跨中的试验值比计算值小,这是由于梁跨中测点处混凝土未开裂,能承受一定的拉应力。而计算模型采用的是弥散式裂缝模型,跨中钢板测点附近的混凝土不能承受拉应力,拉应力均由钢板及受拉区钢筋承担。所以计算值比测量值偏大。

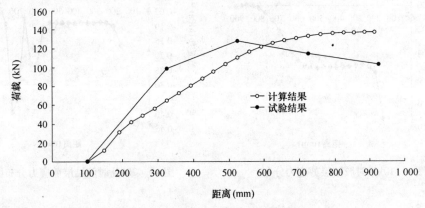

图8 40 kN时钢板沿梁纵向应力分布图

4.3 胶结面应力

胶结面是钢板加固钢筋混凝土梁最受关心的问题之一。运用所选的模型计算得到胶结层的应力情况是正应力接近为0,也就是胶结层可认为纯剪状态。图9至图11,分别反映了荷载10 kN、20 kN、40 kN时胶结层剪应力沿梁纵向分布性情况。

图9为荷载10 kN时梁的胶结面应力分布。此时钢筋混凝土梁处于弹性阶段,受拉区混凝土未出现受拉裂缝,整个胶结层的剪应力水平较低,应力分布规律性明显,反映了剪应力分布情况。对称荷载间(560～925 mm),胶结层剪应力呈线性分布;剪跨间(250～560 mm),胶结层剪应力接近常数,在钢板端部(125～250 mm)剪应力值较大,而且变化较快。

图11为荷载20 kN时梁跨中受拉区混凝土出现了拉裂缝。为了阻止拉裂缝的继续扩展,钢板与胶结层共同作用,对受拉区混凝土产生约束作用。因此,混凝土开裂处,胶结层剪应力增大。图中600 mm、700 mm处产生了剪应力极值。剪跨间,剪应力分布仍与弹性阶段类似。

图11为40 kN、70 kN、90 kN、110 kN时的剪应力分布情况,有着非常类似的特征。靠近钢板端部的胶结层剪应力水平高;靠近跨中,胶结层的剪应力水平较低。胶结层为环氧树脂材料,胶结层与钢板间的抗剪强度较高,而胶结层与混凝土间的抗剪强度较低。胶结层与混凝土间的抗剪强度由混凝土控制。要保证钢板端部的安全,改善该处的受力情况,需要采用

一些锚固措施。

采用一些锚固措施,可改善该处的受力情况。运用应力圆(莫尔圆)可以清楚地来解释。图 12 所示的是从胶结层中取出的一单元体,对之进行受力分析。单元体 A 反映的是未采取锚固措施的胶结层。单元体 B 反映的是采取锚固措施的胶结层。设 A 与 B 所受的剪应力相等,而 B 由于锚固作用,承受了正向压应力。图 13 用莫尔圆反映的是单元体 A 与 B 的受力情况。莫尔圆 O1、O2 与横轴交点 A、B 点的坐标值代表两种情况下的受拉主应力值。结果表明经过锚固后,胶结层及胶结层附近的混凝土的拉应力减小,受力状态得到了改善。试验也证实了采用 U 型锚固措施,对加固结构的安全具有可靠的保障。

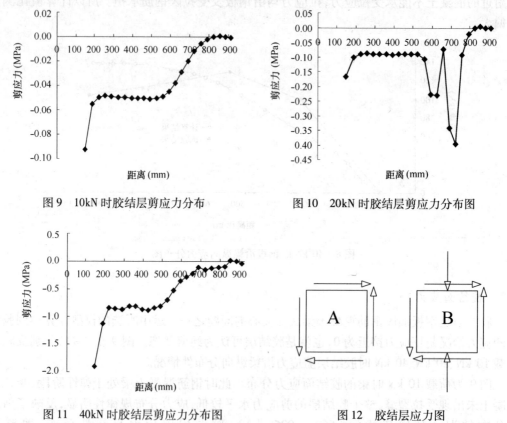

图 9   10kN 时胶结层剪应力分布

图 10   20kN 时胶结层剪应力分布图

图 11   40kN 时胶结层剪应力分布图

图 12   胶结层应力图

4.4   胶结层力学性能及厚度

加固用黏结剂的力学性能及黏结剂厚度等钢筋混凝土梁加固效果是外贴法值得关心的问题之一。

典型环氧黏结剂的剪切模量 G 为 1 750 MPa。分别取初始剪切模量为 13 500 MPa(与混凝土接近)、1 750 MPa,加固钢板为 2 mm,胶结层为 3 mm。结果表明,剪切模量对钢筋混凝土梁的抗弯加固整体性能影响极小。

胶结层在中间较大的区间内,上、下仅存在微小的位移差。该段钢板加固后,钢板—胶结层—钢筋混凝土梁能同步协调工作;在钢板的端部约在 30 cm 的范围内,有剪切位移差,该段起到了锚固作用。因此,胶结层剪切模量对锚固长度影响微小,对加固后的整体性能影响不大。

68

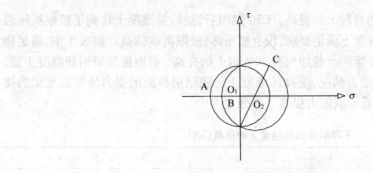

图 13　胶结层应力圆解释图

分别对胶结层为 2 mm 和 4 mm 的加固梁分析,剪应力分布见图 14。厚度不同对胶结层剪应力大小有一定的影响,当厚度较小时钢板端部剪应力较大,当厚度较大时剪应力相对较小。但总体上钢板端部的剪应力较大,因此钢板端部都要采取一定的锚固措施,避免突发性的剥离破坏。

事实上,由式(1)、式(2)知,节理单元劲度系数与胶结层剪切模量成正比,与厚度成反比。减小胶结层剪切模量与增加胶结层的厚度相当。因此,胶结层剪切模量、厚度对外贴钢板加固梁的整体性能影响均较小,对胶结层本身有一定的影响。

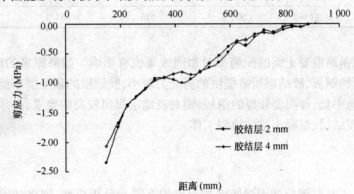

图 14　不同厚度胶结层下胶结层剪应力分布

4.5　混凝土强度对加固效果的影响分析

混凝土的强度对加固有很大的影响。混凝土的强度低则相应的抗拉、抗压强较低,同时其压缩模量较小。抗拉强度较低,混凝土与胶结层的界面容易破坏;抗压强度低,受压区可以发挥的压应力潜力小,加固的效果不明显;压缩模量低,对梁的刚度具有相当大的影响,进而影响梁的正常使用。对不同标号混凝土的钢筋混凝土梁,进行钢板加固分析,钢板厚度同样为 2 mm。混凝土力学性能数据由规范中的弹性模量的基本公式确定。

表 3　不同混凝土强度的计算参数取值

	C20	C35	C50
初始压缩模量(GPa)	25.5	31.5	34.5
压缩强度(MPa)	15	26	35
抗拉强度(MPa)	1.5	2.25	2.75

各梁加固后，承载能力均有较大的提高。C20 梁固后，最后是混凝土达到了极限抗压强度导致梁的破坏；C35、C50 混凝土满足要求，没有被压坏，极限荷载较高。如表 3 中，满足挠度要求 $L/600$，即 3 mm 时，各梁的承载加均有 40% 以上的提高。但钢板加固钢筋混凝土梁，需要综合考虑受压区混凝土受力情况，受拉区混凝土与胶结层界面的受力情况以及梁的挠度发展情况。不能单方面地看承载能力提高了百分之多少。

表 4   不同标号相同挠度下的荷载(kN)

挠度(mm)		1	2	3	4
C20	加固前	15	26	36	46
	加固后	22	39	53	66
	提高(%)	46.7	50	47	43.4
C35	加固前	17	29	42	52
	加固后	25	44	61	77
	提高(%)	47	51.7	45.2	48
C50	加固前	18	31	43	55
	加固后	27	47	65	83
	提高(%)	50	516	51.1	50.9

另外未加固钢筋混凝土梁的配筋率对加固效果也有影响。如果原来的配筋率较高，加固时仅需要较薄的钢板，胶结层所需提供的剪应力较小，胶结层的强度要求能够较好地被满足；如果原来配筋率低，加固要较厚的钢板，则对胶结层提出较高的要求，必须采取必要的措施以保证钢板、胶结层、混凝土梁的协调工作。

5　结　论

1) 作者建立了黏贴钢板加固钢筋混凝土梁的有限元分析模型，即将加固后的钢筋混凝土梁简化为由钢筋、钢板、混凝土及钢板与混凝土间的胶结层组成。钢筋混凝土分析采用整体式模型进行有限元分析，加固用钢板采用一维杆单元，胶结层采用有限宽度的四结点线性节理单元，三种单元之间采用位移协调模型，经试验结果和计算分析相近，表明计算模型正确合理。

2) 外贴钢板加固钢筋混凝土梁的加固钢板端部存在剪应力集中。靠近钢板端部的胶结层剪应力水平高，靠近跨中胶结层的剪应力水平较低。由于胶结层为环氧树脂材料，胶结层与钢板间之间的抗剪强度较高，而胶结层与混凝土之间抗剪强度较低，因此胶结层与混凝土之间的抗剪强度通常取决于混凝土本体。建议钢板端部要采取可靠的锚固措施，避免突发性的剥离破坏。

3) 胶结层的剪切模量及厚度对梁的整体性能没有显著影响，但对胶结层应力分布有一定的影响，当厚度较小时钢板端部剪应力较大，而厚度较大时剪应力相对较小。

4) 混凝土强度对黏贴钢板加固梁的破坏形式等影响较大，结构加固需综合考虑受压区混凝土、受拉区混凝土与胶结层界面的受力、梁的挠度发展情况等因素统筹考虑，不宜仅仅以追求承载能力增加为指标。

参考文献

[1] 张继文,吕志涛,滕锦光,S. T. S mith. 外部黏贴碳纤维或钢板加固梁中黏结界面应力分析[J]. 工业建筑,2001,31(6)

[2] 刘海祥,外贴钢板及碳纤维布加固钢筋混凝土梁正截面试验及数值分析[硕士学位论文]. 南京:南京水利科学研究院. 2002

[3] 吕西林,金国芳,吴晓涵,钢筋混凝土结构非线性有限元理论与应用[M]. 上海:同济大学出版社,1997. 5

[4] A. Kabaila,Luis P. Saenz,Leonard G. Tulin and Kurt H. Gerstle,and authors by A. Kabaila,Equation for the stress – strain curve concrete (discussion of the paper by Desayi and Krishnan). Journal of ACI. 1964,61(9)

[5] D. Darwin, and D. A. Pecknold, Nonlinear Biaxial Stress Strain Law for Concrete, ASCE, Engineering Mechanics Division ,ASCE 103(2),1977

[6] 朱伯芳. 有限元单元法原理与应用[M]. 北京:水利电力出版社,1979

[7] 柯敏勇,金初阳,洪晓林等. 黏贴钢板加固钢筋混凝土梁的试验研究[J]. 水利水运工程学报,2001(3):27~32

隧洞低强混凝土检测方法初探

赵明志　王　戎　张　韦　董海霞

（天津市引滦工程隧洞管理处）

摘　要： 通过对引滦入津输水隧洞工程边墙、顶拱低强混凝土的不同检测方法及检测结果比较，得出与大型输水隧洞低强混凝土检测最有效且破坏最小的检测方法，为类似工程的检测提供科学依据。

关键词： 隧洞；低强混凝土；检测

1　引滦入津隧洞工程概况

引滦入津隧洞位于滦河大黑汀水库与黎河接官厅村之间的分水岭地带。主体工程包括分水枢纽、引水明渠、明挖隧洞、洞挖隧洞、出口防洪闸及消能工。全长 12.39 km，统称输水隧洞。其中洞挖隧洞 9.666 km，明挖隧洞 1.724 km。隧洞全年输水时间 130~150 d，设计流量 60 m³/s，校核流量 75 m³/s，为无压隧洞，隧洞断面形式以城门洞型为主，高 6.25 m，宽 5.7 m。隧洞埋深大部分为 40~60 m，最小埋深 10 m 左右，最大埋深 100 m 以上。该工程于 1982 年 5 月开工，1983 年 9 月通水，工期为一年零四个月。

2　隧洞工程存在的主要问题

在隧洞工程的运行管理过程中，发现隧洞顶拱、边墙不断出现裂缝、钙质析出、墙体潮湿、渗水等现象，具体表现如下：

1）隧洞边墙、拱顶出现大量裂缝并且不断延伸、扩展，形成或交叉或联通的网状裂缝群。

2）隧洞边墙、拱顶出现大量钙质析出区域，这些区域内最初的一些钙质析出点速度连成一片，其混凝土强度较低，甚至没有强度。

3）在隧洞工程的不同洞段，主要是边墙上出现了大面积的潮湿现象，表面上有细微水滴或水流。

通过对以上现象的分析，我们将裂缝密集区域、钙质析出区域、洞壁渗水区域定义为隧洞低强混凝土区域。这些低强区的存在，大大降低了混凝土的强度，减少了隧洞工程的使用寿命，成为了该工程的重大隐患。由于隧洞工程较长，只从表面上直观看很难判断隧洞低强混凝土的强度到底有多大，里面钢筋锈蚀情况有多严重，混凝土内部是否存在着裂缝、空洞等。

3　隧洞工程低强区的检测方法及对比

为了全面掌握隧洞工程低强区的范围、特征，为今后隧洞工程的治理提供可靠的基础数据，2000—2007 年我们先后采取了以下几种检测方法：

3.1 钻孔取芯法

通过将隧洞工程划分成 15 个断面,在每个断面上分别钻取 6 个混凝土芯样,再对芯样进行抗压等强度分析,得出结论:混凝土的衬砌厚度达到设计要求的占 57%;衬砌与围岩的黏结较差或很差的占 50% 以上;裂缝多为贯穿性裂缝;混凝土强度有的很低,有的强度较高,混凝土强度的离散性较大;隧洞顶拱普遍存在脱空问题等。

钻孔取芯法虽然能直观的反映出混凝土的强度、密实性,但芯样只能代表点上的情况,不能充分反映出隧洞低强混凝土的确切范围,整体内部状况,并且对隧洞的破坏性较大。

3.2 面波检测法

(1)检测方法及原理:

用铁锤敲击结构的表面时,结构内部的介质就会发生振动,振动以波的形式沿介质向远处传播,在这些波动中常见的有体波即纵波和横波和面波,面波只沿介质的表面传播,最常见的有瑞利面波和勒夫面波。面波勘探就是利用的瑞利面波,而且通过使用垂直检波器接收瑞利面波的垂直成分而避开勒夫面波。通过改进接收装置,将普通弹性波映像法改进成阵列弹性波映像法(如图 1),当沿混凝土的表面按一定间隔敲击并接收反射回来的波,当混凝土内部有缺陷时,反射回来的波,在波形和频谱上都产生变化,通过采用多个接收器,不仅可以得到不同的震源偏移距下的反射波映像和频谱映像,还可以通过提取接受到的波中的瑞利面波,通过频散分析计算出代表混凝土强度的横波速度,进而直接定量把握混凝土的劣化情况。

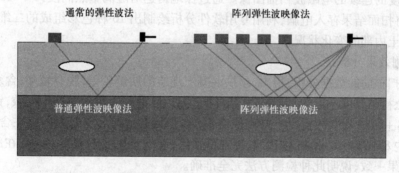

图 1 普通弹性波映像法与阵列弹性波映像法的原理图

(2)检测效果分析:

通过对隧洞部分重点洞段 7 + 560 ~ 580 两侧边墙的检测分析得出,混凝土的强度呈现出左右边墙呈对称分布,混凝土的强度在边墙中部较底,混凝土的内部存在着空洞或蜂窝,这与取芯检测的结果相同,同时还基本上能够确定出隧洞边墙低强混凝土的范围。说明此种方法对确定隧洞低强混凝土的范围比较准确,但并不能更加准确地给出隧洞混凝土的准确强度,同时由于检测时需对隧洞洞壁进行铁锤打击,破坏了混凝土的表面,给隧洞造成了一定的破坏。

3.3 探地雷达检测

(1)检测方法及原理:

利用美国 GSSI 生产的 SIR – 200 型探地雷达,频率为 400 MHz, 900 MHz, 1 500 MHz测量天线,探测深度分别为 3 m,15 cm,0. 9 m,5 cm,0. 4 m,1 cm,测量方式为连续测量。工作原理为:利用高频电磁脉冲波反射原理来实现探测目的,其反射强度不仅与传播介质的波吸收程度有关,而且还与被穿透介质界面的波反射系数有关系,垂直界面入射的反射系数 R 的模值和幅角,可以用下式表示:

$$| R | = \{ (a^2 - b^2) + (2ab\sin\psi) \}^{1/2} / (a^2 + b^2 + 2ab\cos\psi) \tag{1}$$

$$ArgR = \psi = \tan^{-1} (\delta2 / \omega\varepsilon_2) - \tan^{-1} (- \delta_1 / \omega\varepsilon_1) \tag{2}$$

式中:

$$a = \mu_1 / \mu_2 \tag{3}$$

$$b = \{ \mu_2\varepsilon_2 [(1 + (\delta_2 / \omega\varepsilon_2))^2]^{1/2} / \{ \mu_1\varepsilon_1 [(1 + (\delta_1 / \omega\varepsilon_1))^2]^{1/2} \tag{4}$$

μ 和 ε 、δ 分别为介质的导磁系数、相对介电常数和电导率。角标 1 和 2 分别代表入射介质和透射介质。

从上式可看出,反射系数与界面两边介质的电磁性质和频率 $\omega = 2\pi f$ 有关,两边介质的电磁参数差别大者,反射系数也大,同样反射波的能量亦大。

探地雷达在扫描测试对象时,实际过程是不断激发启动天线发出电磁信号,同时回收采集反射信号,因此在扫描运动过程中,需要根据扫描对象和现场条件确定天线为滚轮激发方式,也就是将天线的运动信息作为天线的激发信息,这样可以得到横坐标为运动距离、纵坐标是探测深度的连续的电磁波扫描图像。通过探地雷达对隧洞重点洞段(8 + 600 ~ 8 + 650)的扫面,并将扫面结果存入电脑,利用专用软件分析绘制出 16 种色彩组成的二维透视图,从而标出混凝土内部的变化状况。

(2)检测效果分析:

通过对扫描面的数据分析,得出,顶拱混凝土浇筑的质量较差,脱空较多,含水现象比较明显,混凝土衬砌厚度不均匀,钢筋保护层不均匀;边墙混凝土衬砌厚度不一致,钢筋保护层不均匀,在 8 + 648 ~ 650 段混凝土衬砌没有钢筋,混凝土衬砌与围岩之间存在含水现象,强度较低,其中 8 + 630 ~ 8 + 648 左边墙,存在低强区,混凝土松散不密实。这与在此处的取芯试验相比结果一致,说明此种检测方法完全准确。

4 结 论

为了能够全面掌握隧洞衬砌混凝土的内部缺陷,及强度情况,我们通过三种检测方法的试验得出:既不对隧洞边墙和顶拱产生破坏的,又能准确、全面地分析显现出隧洞整体内部结构缺陷的方法是探地雷达检测法,此种方法有助于全面查明隧洞工程隐患,为治理隧洞混凝土病害提供科学依据,从而确保引滦输水隧洞正常安全运行和延长使用寿命。

某进水闸钢筋混凝土胸墙裂缝
修补失效分析

柯敏勇　刘海祥　叶小强

（南京水利科学研究院）

摘　要：某进水闸钢筋混凝土胸墙在 1999 年施工期间出现了裂缝,2000 年 5 月,在胸墙下游面采用改性环氧灌浆材料进行灌浆,裂缝表面采用堵漏砂浆和丙乳砂浆相结合修补。2003 年,修补过的钢筋混凝土胸墙重新开裂。作者从结构设计和运行环境条件等角度分析裂缝修补失效的原因。分析表明,闸室混凝土材料力学性能满足规范要求,闸室未进行温度控制设计,未充分考虑运行环境温度变化剧烈对钢筋混凝土结构影响及年环境温度变化幅度大是导致胸墙钢筋混凝土结构部分裂缝修补失效的根本原因。针对此问题,提出了相应修补措施。经重新修补后,工程运行近 6 年未出现漏水。

关键词：钢筋混凝土;胸墙;修补;失效

1　工程概况

　　某水利枢纽工程是一项重要的水源工程,其任务以工业、城镇供水为主,结合农牧业灌溉,兼顾发电和环境用水。该枢纽的进水闸中心线位于左副坝段桩号 0 + 350 处,为平底板带胸墙式结构。进水闸由引渠段、闸室、下游明渠及消力塘四部分组成。建筑物级别为 2 级,按 100 年一遇洪水设计,2000 年一遇洪水校核。最终规模为设计流量 120 m³/s,加大流量 140 m³/s,近期设计流量 75 m³/s,加大流量 85 m³/s,并要求在 632 m 水位时可引最小流量 30 m³/s。进水闸段位于左岸Ⅲ级阶地冲沟内,开挖深度约 7m,建基面岩性为绿帘石化凝灰质砂岩,弱风化,岩石坚硬,地层产状 285°~295°NE∠70°~75°。NE 向及 NW 向节理较发育,延伸长度小于 10 m,进水闸中部揭露出 1 条小断层,产状 320°~330°NE∠70°~80°,长约 10 m,宽 30 cm,破坏带以角砾岩为主。建基面岩体结构面较发育,块度 0.3~0.8m³。岩体纵波波速 3 000~3 500 m/s,岩石坚硬,岩石质量为 AⅡ类,满足建闸要求。

　　闸室为三孔一联带胸墙整体式结构。闸室中墩厚 2 m,边墩采用重力式锲形体结构,墩顶最小厚度 2 m,背水面采用 1∶0.3 坡度与副坝相接;闸室置于弱风化下亚带基岩上,闸底板厚度 2 m,底板上、下游各设 1 m 深齿墙,3 排帷幕灌浆与副坝帷幕相接,并对闸基进行全面固结灌浆。2000 年裂缝普查发现,总干进水闸胸墙混凝土发现裂缝有 36 条,总长 117.2 m。其中:胸墙裂缝 8 条,总长 30.8 m;上、下游左右边墙裂缝 28 条,均为由墙底内侧根部开始,向上延伸至一定高度而消失。2003 年巡视检查发现,2000 年修补加固的裂缝部分失效。

2 修补措施分析

2.1 裂缝修补方案

2000年,在下游侧对总干进水闸胸墙钢筋混凝土裂缝处理方案见图1。根据裂缝宽度不同,分三种情况进行了处理:

1)对宽度大于或等于0.1 mm的裂缝内部采用改性环氧灌浆加固处理;

2)对宽度小于0.1 mm的裂缝采用表面丙乳砂浆覆盖法处理。

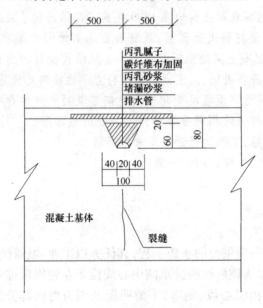

图1 裂缝修补加固示意图

2.2 修补加固材料性能

裂缝修补加固采用了改性环氧灌浆材料、PUI弹性密封膏和丙乳砂浆等。EA改性环氧灌浆材料性能见表1,既有良好的可灌性,又有良好的固结性能,并具有良好的耐候性,耐化学侵蚀性,同基材黏结力强,可随混凝土变形而变形。PUI弹性密封膏材料性能见表2,具有弹性佳、强度高、耐磨、耐化学腐蚀、耐低温、耐候耐老化性能优越,黏结好等优点。丙乳砂浆与基底黏结性能优异,抗渗性能优异,耐久性优良,对水质无害。碳纤维材料(CFRP)加固修补混凝土结构所用材料主要为碳纤维材料与黏贴用树脂。碳纤维布性能指标见表3,黏贴CFRP用结构胶采用LZ型结构胶,力学性能指标见表4。

表1 改性环氧灌浆材料主要性能表

比重 (g/cm³)	抗压强度 (MPa)	抗拉强度 (MPa)	黏结强度 (MPa)	黏度 (MPa.s)
1.07	15~40	3~7	5~15	20~100

表2 PUI 弹性密封膏材料主要性能表

比重（g/cm³）	断裂延伸率(%)	耐水性能	不透水性
1.35	300～500	浸泡6个月抗拉强度为0.16 MPa，伸长率不变	1 MPa 压力恒压88 h 不透水

抗冻融	力学性能	
	黏结强度	抗拉强度
25～-45℃循环100次性能不变	>0.2 MPa 黏结面不断开	>0.2 MPa

表3 碳纤维材料(CFRP)主要性能指标

抗拉强度（MPa）	弹性模量（MPa）	延伸率（%）	密度（g/cm³）	耐腐蚀性	浸透性	均匀度
3 000	2.3×10^5	2.1	1.8	优	良好	良好

表4 黏贴 CFRP 用树脂结构胶的力学性能指标(MPa)

	胶固化物	灌浆固化物	树脂砂浆	钢钢黏贴	钢混凝土黏结
抗压强度	>100	>80	>100		
抗拉强度	>20	>20	>15		
黏结抗拉强度	>5	>4	>5	>30	破坏面在混凝土
黏结抗拉剪强度				>15	

3 裂缝成因分析

混凝土裂缝成因是十分复杂的，既有结构形状、材料性质等的原因，也有气温变化、外荷作用等外界因素的原因。温度作用、集中荷载、应力集中、地基不均匀沉降、施工缝、混凝土干缩和材料等均可能造成混凝土开裂。2000 年调查的胸墙裂缝见图2，裂缝可分两种类型。一种是垂直裂缝，另一种是水平裂缝。

3.1 钢筋混凝土材料分析

根据施工记录，采用新疆屯河水泥厂和富蕴县水泥厂生产的325#、425#普通硅酸盐水泥，施工单位、监理单位和质量监督单位均对水泥、砂石料、外加剂和钢筋进行了检测。结果表明，各项指标均满足规范要求。闸室混凝土强度等级为 C25、F200、W6，采用三级配，水灰比 0.35，每方混凝土材料用量见表5。经施工单位检测，混凝土平均抗压强度 29.6 MPa，最大 41.3 MPa，最小 24.9 MPa，离差系数 0.11，强度保证率为93%。监理单位抽查的混凝土平均强度 34.8 MPa，最大 43.8 MPa，最小 27.4 MPa。表明混凝土力学性能满足设计要求。

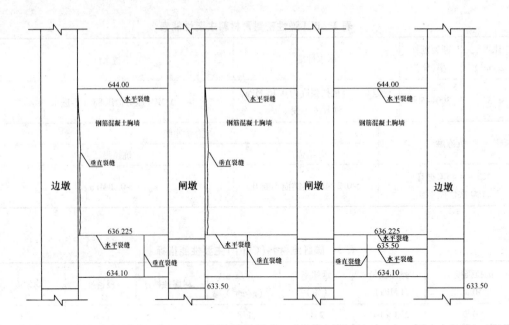

图2　裂缝分布示意图

表5　每立方米混凝土材料用量(kg)

水泥	水	砂	小石	中石	大石	木钙	PC-2
311	109	400	526	451	526	0.25	0.6/万

但根据《水工混凝土结构设计规范》SL191-96[1],对防止温度裂缝有较高要求的大体积混凝土结构,设计时应对混凝土提出高延伸率和低热要求,宜选用低热水泥或掺加合适的掺和料外加剂。可见,混凝土配合比设计未考虑温度影响是钢筋混凝土胸墙开裂的主要原因之一。

3.2　垂直裂缝

垂直裂缝分两种,一种在高程 633.5~636.225 m 之间,裂缝靠近跨中;另一种裂缝在闸墩和胸墙交界面,根据施工记录,曾在各孔上、下胸墙底部中间部位发生了贯穿性裂缝,以后在 636 mm 高程以上布置了骑缝钢筋,防止了裂缝的进一步发展。但经 2000 年 5 月检查发现,在 1#墩(1 跨胸墙裂缝)和 2#墩(2 跨胸墙裂缝),高程 636.225~643 m 处又出现贯穿性裂缝。这说明,骑缝钢筋的设置提高了截面局部的抗裂性能,并没有从根本上提高胸墙的整体抗裂性能。

(1)结构整体分析

根据《水工混凝土结构设计规范》SL191-96 规定,位于露天岩基上的水闸底板,混凝土结构伸缩缝最大间距为 20 m。而该闸闸室为平板带胸墙闸,为三孔一联整体式结构。闸室总宽度为 23 m。因此,从构造角度,闸室总宽度超过了规范允许值。

(2)结构抗裂复核

对于不允许出现裂缝的钢筋混凝土结构,应进行抗裂验算[1]。在施工期混凝土的干缩影响折算为温降 10~15℃,取 10℃,取应力松弛系数 0.6,则有

$$\sigma_c = E_C \alpha \Delta t = 2.80 \times 10^4 \times 10 \times 10^{-6} \times 10 = 2.80 \text{ MPa}$$

$$\sigma = K_{r0} \sigma_c = 0.6 \times 2.80 = 1.68 \text{ MPa}$$

C25 混凝土在正常使用极限状态下的抗力为:

$$S = a_{ct} f_{tk} = 0.85 \times 1.75 = 1.49 \text{ MPa}$$

可见,结构无法满足抗裂要求。

(3)胸墙限裂分析

根据竣工图,胸墙设计横向配筋有三种:底部为 φ25@200、中部采用 φ20@200、顶部采用 φ16@200,根据《水工混凝土结构设计规范》SL191-96,两端中受大体积混凝土约束的墙体,每一侧墙体水平钢筋配筋率宜为 0.2%,且每米配筋不多于 5 根直径为 20 mm 的钢筋,构造要求不多于 1 200 mm²,而实际配筋分别为 2 454 mm²、1 570 mm²、1 005 mm²,前两者均比规范要求多,顶部满足规范裂缝控制要求。竖向设计配筋为 φ12@200,实际配筋为构造钢筋,AS = 565 mm²。而规范为实现裂缝控制要求,要求在离约束边 1/4 H 长度范围内,每侧竖向钢筋配筋率为 0.2%,即要求钢筋截面积为 1 200 mm²,但每米不多于 5 根直径为 20 mm 的钢筋(钢筋截面积 1 570 mm²);而且温度配筋要求钢筋细、竖、密,而胸墙构造钢筋配置很稀疏,不符合控制温度裂缝的构造配筋要求。

(4)钢筋应力校核

根据《水工混凝土结构设计规范》SL/T191-96,温度变化引起混凝土干缩开裂后,由于温度变化而引起的应力变化全部由钢筋承担,此时应力为:

$$\sigma_s = E_s \alpha \Delta t = 200 \times 10^3 \times 10 \times 10^{-6} \times 100 = 200 \text{MPa}$$

考虑钢筋弹性变化和应力松弛,钢筋应力在 100 MPa 左右,远小于设计强度值310 MPa。因此,横向钢筋应力满足要求。

3.3 水平裂缝

根据施工记录,闸墩混凝土浇筑先浇底板。闸墩一次浇至门楣以下,门楣以上高程 633.5 ~ 636.2 m,按照设计要求分两层浇筑,每层 1.3 ~ 1.4 m。但浇完后发现胸墙处出现水平裂缝。为防止裂缝产生,后采用分开、分层浇筑,并在裂缝出现的部位布设长 2 m,间距 200 mm,每层 2 排直径为 16 的骑缝钢筋,浇至 650.00 m 高程。

4 失效成因和修补措施

4.1 失效成因

修补失效可从进水闸设计、修补设计和进水闸施工等角度进行分析。从进水闸结构的设计和施工角度分析,对大幅度年温差变化考虑不足,如对于竖向裂缝,闸墩的整体刚度和强度要远远大于钢筋混凝土胸墙,相当于胸墙两端为刚性连接。由于收缩和年温差变化造成的混凝土收缩应变和应力大于混凝土开裂荷载,开裂不可避免。从施工纪录和浇注成型后的混凝土可见,由于混凝土浇筑能力限制,不可能一次浇筑到顶,分次分批浇筑成为必然。虽然在施工过程中对水平施工缝进行了细致处理,但从混凝土力学性能角度看,含层面混凝土的抗拉强度和劈裂抗拉强度通常要比混凝土本体强度低得多,而在外界高温差效应作用下,施工缝是混凝土受力的薄弱环节,必然沿施工缝开裂。

2000 年修补失效的根本原因在于未考虑年度外界高温差效应的作用和影响,而水平施工缝实际上是受温度影响的活缝,采用刚性修补措施无法克服高温差效应产生的附加荷载和应力。修补失效难以避免。

4.2　修补措施

修补方案在 2000 年修补方案基础上,改刚性修补措施为刚性和弹性修补相结合,即在进水闸上游面增加弹性密封膏封闭处理,修补示意见图 3,下游面仍采用刚性修补。增加上游面修补措施后,取得了显著效果,工程运行近 6 年未出现漏水。

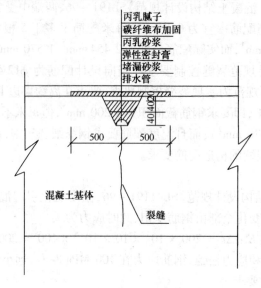

图 3　进水闸上游面修补措施

5　结论与建议

通过分析,可以得到以下几点结论:

1)进水闸胸墙开裂原因有设计和施工等方面因素,设计未考虑年度外界高温差效应对混凝土变形和应力的影响;而施工时混凝土配合比设计同样未考虑温度影响。

2)在胸墙下游面采用刚性修补措施,于未考虑年度外界高温差效应作用和影响,而水平施工缝实际上是受温度影响的活缝,采用刚性修补措施无法克服高温差效应产生的附加荷载和应力。修补失效难以避免。

3)在胸墙上游面采用弹性修补措施,充分考虑度外界高温差效应作用和影响,取得了显著效果,工程运行近 6 年未出现漏水。

4)水工建筑物修补需要结合工程结构受力特点综合分析确定修补方案。

参考文献

[1]　中华人民共和国水利部,《水工混凝土结构设计规范》SL191 – 96
[2]　柯敏勇,蔡跃波,病险水库水工混凝土建筑物病害技术库开发[R],南京水利科学研究院,2001.
[3]　洪晓林,柯敏勇,金初阳等,水闸安全检测与评估分析[M],北京:中国水利水电出版社,2007.

安哥拉 NEVES 大坝工程病害、安全评价和除险加固设计

刘富凯[1]　屠清奎[1]　孙春雷[1]　柯敏勇[2]

（1. 中国水利水电第十三工程局有限公司；2. 南京水利科学研究院）

摘　要：2008 年中国水利水电建设集团拟采取 BOT 形式开展对安哥拉 NEVES 大坝的工程病害检测、安全评估分析和除险加固设计。经检测和安全评估表明，水库存在淤积严重，大坝外观缺陷严重和渗透问题；复核计算表明，考虑截面削弱后的大坝整体稳定略显不足，坝体应力分布不符合有关设计规范规定；经安全评估裂缝为危害性裂缝，渗漏严重影响大坝安全，建议除险加固。为彻底解决水库和大坝存在的问题，开展了综合除险加固设计，以恢复 NEVES 水库和大坝整体性能。

关键词：除险加固；工程病害；安全评价；浆砌石重力坝

1　工程概况

安哥拉 NEVES 灌区于 1967 年 6 月动工兴建，1968 年基本建成并投入运行。水库灌区设计灌溉面积 1 300 ~ 1 600 ha，有效灌溉面积约 1 000 ha。浆砌石重力坝设计最大坝高 15 m，坝顶长度 450 m，水库库容 6.7×10^6 m³。工程运行近 40 年来，NEVES 水库为下游农业生产、城市供水提供了充足的水源。

NEVES 水库大坝坝址位于 NEVES 河上游，灌区渠系和建筑物于 1967 年动工兴建，1968 年基本建成并投入运用。除建有总库容 640 万 m³ 小型水库以外，还在主干渠和二级渠上建有蓄水池 3 座，分水闸 3 座，河系交叉建筑物 1 座，穿路涵洞 3 个等渠系建筑物，基本上形成了以 NEVES 水库为水源，主干渠、4 条二级渠道以及 8 条三级渠道为骨干的灌溉系统。

2008 年中国水利水电建设集团拟采取 BOT 形式开展水库大坝除险加固，开展了水库和大坝施工前的工程病害检测、安全评估分析和除险加固设计。

2　工程病害

NEVES 水库存在的主要问题有水库淤积严重、大坝工程外观缺陷普遍、大坝坝体应力分布不合理和渗漏严重等四个问题。

2.1　水库淤积严重

由于水库上游植被覆盖差，水土流失严重，而修坝建库后水位抬高，库区形成壅水，水面比降和水流速度大大减小，使水流挟带泥沙能力降低，泥沙便大量沉积下来，导致水库淤积尤为严重。

NEVES 无实测泥沙资料,泥沙淤积计算是根据流域现场查勘初步确定,设定水库多年平均悬移质输沙量取 250 t/km²,并考虑加入 20% 推移质,则输沙模数取 300 t/km²,泥沙容量 1.3 t/m³,计算中考虑了水库淤积现状。经计算表明,水库多年平均年来沙量 4.4 万 t。40 多年运行,水库中淤积的泥沙约 100 万 m³ 以上,淤积区域包括水库尾水区、上游左岸距离大坝上游 300 m 处、坝前等区域,库区淤积直接导致了工程灌溉效益降低,水库的防洪能力也相应降低。

2.2 大坝工程外观缺陷普遍

NEVES 浆砌石坝体外观缺陷普遍,砌石用混凝土表面剥落、露砂、露石现象普遍,且上游面多次出现裂缝,下游面在地面以下砂浆填充不密实,甚至部分区域未见填充混凝土。在溢流坝段人行桥多处断裂,多数下表面出现横向和纵向裂缝;经回弹法检测强度表明,混凝土平均强度仅为 14 MPa,推定强度为 12 MPa,而根据规范,混凝土强度最低不得低于 20 MPa;在主溢流坝段,浆砌石外表面填充混凝土受水流冲刷作用,使下游侧成为块石堆砌结构,浆砌石整体稳定显著降低,严重影响其安全性能。低混凝土强度和渗漏问题若长期不予以解决,任其发展,则会导致渗漏加剧,最后导致溃坝。

2.3 大坝和坝基渗漏严重

坝体裂缝是导致浆砌石坝坝体渗漏的主要原因,在 NEVES 浆砌石坝的上游面,裂缝宽度虽然较窄,但经过多年的延伸和扩展,裂缝已经扩展到下游面,使下游坝面发生渗水润湿。由于渗流作用,冲走裂缝附近的砂浆,灰缝脱落,使缝口显著扩宽,在下游面已经形成面渗漏特征,部分裂缝已经贯通上、下游,导致在下游面形成射流。尤其主溢流坝段,在水流冲刷和裂缝共同作用下,裂缝已经从坝顶延至坝底,直接严重危及坝身安全。

由于浆砌石坝建在裂隙发育的砂岩上,上游蓄水形成水位差,水在渗透压力作用下沿裂隙往下游流动,导致大坝下游侧场地积水较多。

3 复核计算

浆砌石重力坝设计结构设计采用概率极限状态设计原则,以分项系数极限状态设计表达式替代定值法的计算原则和方法,以分项系数极限状态设计表达式进行结构计算。混凝土重力坝应分别按承载能力极限状态和正常使用极限状态进行计算和验算。承载能力极限状态坝体断面结构及坝基岩体进行强度和抗滑稳定计算;正常使用极限状态按材料力学方法进行坝体上下游面混凝土拉应力验算。对基本组合采用式(1)极限状态设计表达式:

$$\gamma_0 \psi \cdot S(\gamma_G G_K, \gamma_Q Q_K, \alpha_K) \leqslant \frac{1}{\gamma_{d1}} R\left(\frac{f_K}{\gamma_m}, \alpha_K\right) \qquad (1)$$

对偶然组合采用式(2)极限状态设计表达式:

$$\gamma_0 \psi \cdot S(\gamma_G G_K, \gamma_Q Q_K, A_K, \alpha_K) \leqslant \frac{1}{\gamma_{d2}} R\left(\frac{f_K}{\gamma_m}, \alpha_K\right) \qquad (2)$$

3.1 特征水位

1)设计水深:15.45 m(超过该水位大坝自动溢流)。

2)泥沙淤积高度:3.5m(实测高度)。

3.2 水位组合

根据水库特征水位,水位组合见表1。因大坝坝基渗漏比较严重,然后分别考虑大坝在距上游面设有防渗帷幕和未设防渗帷幕的两种工况。

表1 重力坝工况组合表

工况	上游水位(m)	泥沙淤积高度(m)	防渗帷幕
组合1	15.45	3.5	有效
组合2	15.45	3.5	无效

3.3 抗剪断参数

参考中华人民共和国SL253-2000《溢洪道设计规范》和DL5108-1999《混凝土重力坝设计规范》,取基岩和混凝土抗剪断强度参数为:$f' = 0.8$、$C' = 0.5$ MPa。

3.4 稳定分析结果

整体稳定计算基于刚体平衡理论,坝体-岩基具有全断面相同的抗剪断强度参数,且假设大坝基础实施过帷幕灌浆并有效发挥作用,计算结果见表2,则溢流坝段整体稳定性的结构荷载效应为1 360 kN,抗力效应为2 362 kN。结构荷载效应远小于抗力效应,表明重力坝整体稳定性满足规范和安全运行要求。假设在大坝基础帷幕灌浆失效,则溢流坝段整体稳定性的结构荷载效应为1 360 kN,抗力效应为2 027 kN。结构荷载效应远小于抗力效应,表明重力坝整体稳定性满足规范和安全运行要求。

但上述计算未考虑裂缝和渗漏对浆砌石整体性的影响,在渗漏造成主溢流坝段浆砌石形成单独的块状结构情况下,在计算分析中须考虑截面削弱对整体稳定性的影响。分别考虑大坝截面削弱1 m、2 m和3 m,有效截面面积对大坝整体稳定的影响见表2。结果表明,截面削弱对大坝整体稳定影响基本呈线性降低。计算结果主要受大坝截面削弱程度的影响,可做深入检测以确认大坝截面削弱程度。

表2 不同有效截面对大坝整体稳定的影响

工况		截面削弱(m)			
		0	1	2	3
荷载效应(kN)		1 360			
帷幕有效	抗力效应(kN)	2 362	2 223	2 084	1 945
帷幕失效	抗力效应(kN)	2 027	1 888	1 750	1 611

3.5 坝体应力分析

采用弹性力学方法分析坝体应力分布,分别考虑坝基帷幕灌浆有效和失效两种工况,并分别考虑大坝截面削弱1 m、2 m和3 m,有效截面面积对坝体应力分布的影响见表3。分析结果表明,截面削弱对大坝坝体应力分布影响很大,上游坝踵处的拉应力从-4.3 kPa迅速增加,而规范是不允许重力坝上游面出现拉应力;另外,帷幕灌浆对坝体应力分布有显著影响,应通过地质钻孔和注水试验分析帷幕灌浆的有效性。

表3 截面削弱对坝体应力分布的影响

工况		截面削弱（m）			
		0	1	2	3
帷幕有效 （kPa）	最大应力	370.8	391.3	416.9	449.6
	最小应力	-4.3	-24.9	-50.4	-83.1
帷幕失效 （kPa）	最大应力	354.8	380.6	412.7	453.8
	最小应力	-116.9	-142.7	-174.8	-215.9

4 安全评估

4.1 安全评价

4.1.1 对大坝安全的影响

浆砌石坝裂缝和渗漏对大坝结构安全的影响程度不同,可将裂缝和渗漏分为三个等级:

1)危害性:使大坝强度和稳定安全系数降到临界值,或临界值以下;

2)重要性:使大坝强度和稳定安全系数有所降低,但未到临界值;

3)一般性:对大坝的强度和稳定安全系数降低甚微。

4.1.2 对大坝运行功能的影响

裂缝和渗漏对大坝运行功能的影响不同,可分成两个等级:

1)危害性:使拦蓄洪水、调节泄量、放水发电和工农业引水等大坝主要功能不能正常发挥,可引起较大经济损失或灾害;

2)一般性:对正常运行功能影响不大的裂缝。

4.1.3 大坝耐久性的危害

裂缝和渗漏对大坝的耐久性有较大影响。如贯穿上下游的竖向裂缝,在其渗水处由于溶蚀作用,缝壁混凝土疏松崩落;由于裂缝或上游面附近混凝土质量差、渗漏严重,游离碳酸钙大量析出等。

4.2 综合评价

NEVES浆砌石重力坝工程检测表明,由于裂缝和渗漏存在,大坝结构有效截面大大削弱,经计算分析表明,大坝的整体稳定性虽然满足规范要求,但在坝体应力分布上,上游面出现了拉应力,因此,从安全性角度判断该裂缝为危害性裂缝;因上游防渗体系失效,导致坝体漏水严重,严重影响大坝正常运行功能发挥,属危害性裂缝;从耐久性能看,在大坝下游面不同部位均出现游离碳酸钙析出,极易出现溶蚀破坏,耐久性存在严重问题。因此,从结构安全、运行功能和耐久性能等角度考虑裂缝和渗漏均属危害性等级,故应对浆砌石坝体进行加固处理。建议可在上游增设防渗面板,隔断渗漏通道,同时起到加固大坝作用。

5 除险加固设计

除险加固设计主要通过设计大坝防渗面板等工程措施,以提高浆砌石坝耐久性和运行适用性。通过增加坝体尺寸来提高大坝可靠性(结构安全性);以透水堆石坝为泥石流控制建筑物,减少入库泥沙,减少淤积,从而提高水库使用年限和运行寿命;通过建立水库水情和大坝安全监测系统监控水库和大坝运行状态。

5.1 设置大坝防渗面板

在坝上游面增设厚度为 0.5 ~ 0.2 m 防渗面板。浆砌石拱坝也常采用此方法处理坝体严重裂缝和渗漏病害问题。顶部面板厚度为 20 cm,底部面板厚度为 0.5 m,混凝土强度等级为C20,为使混凝土面板适应温度变化和坝体变形,每 20 m 设伸缩缝,分块浇注。伸缩缝间应设止水。面板配 10@200 钢筋防止产生温度收缩裂缝。为延长渗径,改善坝体受力条件,在防渗面板基础上设置防渗铺盖,铺盖设计总长度为 7.5 m,厚度为 0.5 m,在防渗铺盖前设置深度为 1 m 的齿墙。

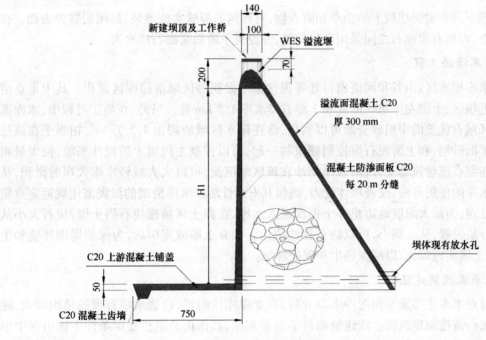

图 1 大坝防渗面板

5.2 拓宽溢洪道和新浇溢流面混凝土

溢流坝段采用 C20 混凝土结构,并将溢流坝段从 20 m 拓宽到 80 m,以保持现有下泄流量总体不变。溢流坝拓宽前后的泄洪流量见表 4,计算表明在行进水头小于 0.8 m 情况下,溢洪道溢流能力有所增强;而在行进水头大于 0.8 m 情况下,溢流能力略小于原溢流能力。在紧急情况下,尚可启动冲砂闸和灌溉闸门辅助泄洪。总体分析表明,溢流坝扩建后的溢流能力和原设计能力基本相同,不影响泄洪能力,大坝溢洪道加宽可行。

由于非溢流坝段主体为浆砌石结构,溢流坝段在清理主溢流坝段松散浆砌石基础上,恢复浆砌石坝原有断面,在其表面浇筑30 cm厚混凝土溢流面,混凝土设计强度等级C20,为增强表面混凝土和浆砌石之间的连接和整体性,布置插筋9根/m²;为防止产生温度和收缩裂缝,混凝土内配置10@200钢筋。为确保溢流坝水流平顺,在溢流坝段两侧浇筑50 cm高的混凝土导流墙。

表4　溢洪道溢流能力分析

堰上行进水头	原溢洪道(m³/s)		现溢洪道(m³/s)
	副溢洪道	主溢洪道	
0.7	40.98	11.93	77.38
0.8	75.29	24.14	94.54
0.9	115.92	28.80	112.81

5.3　下游非溢流坝段勾缝和表面清理

清理下游非溢流坝段上的杂草和附着物,对外露的裂缝实施灌浆,封闭裂缝外表面。在此基础上,对所有浆砌石之间采用砂浆勾缝,并设置下游面浆砌石排水沟。

5.4　水库清淤工程

在水库尾水区、山谷和河道出口处等泥沙集中淤积等区域清除库区淤积。其中重点清除水库近坝区、上游左岸400 m处和上游右岸水库1.5 km处。另外,在施工过程中,水库部分尾水区域有优质的中粗砂资源可以利用,将在尾水区域清理出1.5万 m³,相当于在该位置设置了沉砂池,和上游泥石流控制建筑物一起,可以控制主河道上的泥沙来源,使大量粗砂停留在泥石流建筑物上方,而悬浮细沙在该区域沉淀,可以大大减轻水库大坝前淤积,从而提高水库的使用寿命,改善坝体受力,确保其安全性能。水库清淤的淤泥采用就近定点集中堆放处理,为最大限度地防止弃土再次进入水库,在弃土区域建块石挡土墙,块石大小从外至内分层设置,从大到小,可以防止泥沙流出。在弃土堆放完毕后,为保护周围环境和生态,对弃土区实施绿化,以减少扬尘和保护环境。

5.5　泥石流控制建筑物

通过对水库主要来水和泥沙来源分析,在水库库区附近,以透水堆石坝的结构形式,建设1座泥石流控制建筑物。该建筑物位于上游左岸,其作用是阻拦暴雨条件下该山谷中形成的泥石流进入库区。在大坝附近,在浆砌石建基面附近建冲砂洞和灌溉洞各一个。在水库修复期间,冲砂洞兼做导流洞,在重新蓄水后,水库内的导流渠在水库蓄水后,可作为岸侧截砂沟继续使用;同时导流洞改为冲砂洞继续使用,配合水库调度,导流渠和导流洞作为输砂通道可减轻水库中的泥沙淤积。

5.6　水库水情监测和安全运行系统

在大坝上安装大坝安全监测系统,在水库上游主要来水区域安装水情监测系统,两者配合使用,前者监测浆砌石坝的变形、应力、渗漏等,为大坝安全运行提供分析数据;后者实时测量水库降雨、来水等情况,两者数据均可实时传送到灌区管理中心,以确保大坝安全运行。

结合 NEVES 大坝具体情况，选定大坝表面沉降及位移、渗流量、上下游水位监测等项目。在坝体表面布设位移沉降测点，测点位于最大断面、特殊地质条件等处，同时在大坝两岸设置工作基点以及校核基点，以对大坝表面的位移标点进行监测。在大坝下游的坡脚建截水墙，将渗漏水全部集中至量水堰中进行观测。在大坝的上游面设水位标尺，观测水库水位，并与其他观测项目结合进行。

参考文献

[1]　洪晓林,柯敏勇,金初阳,等,水闸安全检测与评估分析[M],北京:中国水利水电出版社,2007.
[2]　邢林生,混凝土坝坝体渗漏危害性分析及其处理[J],水力发电学报,2001(3):p108 - 117.
[3]　黄志良,混凝土大坝老化测试与耐久性评估[J],大坝与安全,2001(5):p35 - 38.
[4]　于骁中,混凝土坝裂缝危害性分析[J],岩石混凝土断裂与强度,1990(1,2).
[5]　罗建群,罗金好,水工混凝土建筑物老化病害及防治[C],北京:中国农业出版社,北京:1995.
[6]　丁宝瑛,王国秉,黄淑萍,等,国内混凝土坝裂缝成因综述与防止措施[J],水利水电技术,1994(4):12 - 18.

青岛港某板桩码头现场检测与安全评估

王立军　李　浩　王立强　马津渤

（海军工程大学天津校区）

摘　要：青岛港某板桩码头运行至今,码头西侧翼墙出现了严重的不均匀沉降与水平变形。为科学评估该码头目前的健康状况,开展此次现场检测及安全复核工作。通过现场采集的码头各类构件混凝土基本性能指标,结合后期的实验室测定结果,以及结构安全性验算,表明该码头的健康状况良好。但是,码头西侧翼墙由于建造时未对基础进行处理,致使其发生了影响正常使用的沉降与前倾,需对该处抛石基床进行加固、填补措施。

关键词：板桩码头;现场检测;稳定性;安全评估

1　工程概况

某钢板桩码头位于青岛大港内,建设年代、建设单位不详。由于原板桩码头前沿线水平变形过大,码头面不均匀沉降严重,于 1986 年完成了对该码头的改扩建。扩建方案为将原钢板桩码头前沿线向前伸出 2.5 m,采用的结构型式为在原码头板桩前打入 85 根灌注桩作为抗水平力构件。灌注桩打入持力层,截面为圆形,直径 1.6 m,混凝土设计强度为 R300。在灌注桩之间打入钢筋混凝土板桩作为挡土结构,板桩顶浇筑混凝土胸墙。码头扩建后长390 m,宽 23 m。码头面标高为 +6 m,设计高水位 +5 m,设计低水位 +0 m。

该码头西侧采用重力式实心素混凝土块结构作翼墙,基础为抛石基床。扩建时考虑到基床夯实产生的振动可能会导致原钢板桩的倒塌,故没有对翼墙的基床进行夯实,而是采用了静力压载方案,在基床上放置方块,待沉降结束后再进行上部结构施工。

为了确保该码头的安全运行,参照《港口水工建筑物检测与技术评估规范》(JTJ302 – 2006)的有关规定,于 2008 年 4 月对码头进行全面检测和评估。

2　码头现场检测

现场检测工作主要包括：码头的变位与变形检测、混凝土外观检查、混凝土强度、保护层厚度和氯离子含量等指标的检测。

1)混凝土强度检测。采用取芯法测定混凝土强度。

2)变形检测。采用 LEICA TC802 型全站仪测量码头面变形观测点的沉降与水平变位。

3)混凝土保护层厚度检测:采用 KON – RBL(D)型钢筋位置及保护层测定仪进行测量。

4)钢筋锈蚀检测。采用 SW –3C 型钢筋锈蚀测定仪测量腐蚀电位。

5)破损调查。采用目测法和丈量法对各类构件混凝土表面剥蚀进行检测和分析;采用读数显微镜调查裂缝的形式、宽度、长度及裂缝发生的部位和分布情况,并对裂缝成因和危害进行分析。

6）混凝土中氯离子含量检测：现场取样后，在实验室用滴定法测定混凝土中的氯离子含量。

7）混凝土碳化深度检测：采用钻孔法检测混凝土的碳化深度。

2.1 混凝土外观质量检查

经现场检测，该码头混凝土的破损主要为面层混凝土的开裂及露石。面层混凝土共有大面积露石 6 处，面积约 70 m²。码头前沿线共有帽石 375 块，完好 71 块，轻度破损 88 块，中度破损 62 块，严重破损 154 块。胸墙下沿棱角普遍破损。码头面层破损示意图见图 1。

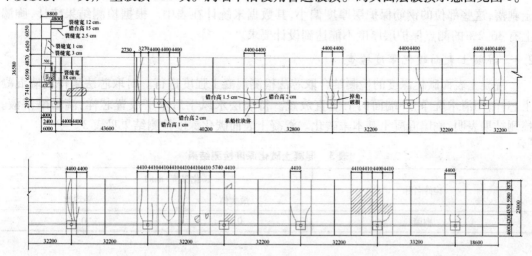

（图中阴影区域为码头表面积水和麻面区域，曲线表示裂缝）

图 1　码头面层破损示意图

2.2 混凝土强度检查

本码头已建成使用多年，不宜使用回弹法检测其抗压强度。而取芯法结果直观、可靠，故混凝土强度检测采用取芯法。在码头胸墙上现场钻取了 10 个直径为 100 mm 的混凝土芯样。经实验室测定，混凝土芯样试件的抗压强度平均值为 39.6 MPa，最大值为 41.2 MPa，最小值为 38.3 MPa。检测结果表明，混凝土抗压强度能达到 C30 混凝土的设计要求。混凝土抗压强度检测结果见表 1。

表 1　胸墙的混凝土抗压强度检测结果（MPa）

试件编号	#1	#2	#3	#4	#5	#6	#7	#8	#9	#10
检测结果	40.3	39.7	38.5	41.2	39.6	38.3	41.0	39.1	38.7	39.8

2.3 钢筋保护层厚度检查

钢筋保护层厚度检测采用 KON – RBL（D）型钢筋位置及保护层测定仪，依据 JTJ 302 – 2006《港口水工建筑物检测与技术评估规范》进行测量。钢筋保护层厚度检测结果见表 2。

表 2　钢筋保护层厚度检测结果

构件名称	钢筋保护层厚度（mm）		
	实测值		设计值
	最小值	平均值	
胸墙	53	57.6	60

表 2 中钢筋保护层厚度实测数据是在混凝土完好部位测得到的。胸墙上存在多处混凝土剥落，这些部位的钢筋保护层厚度偏小，其数据未统计在表中。根据检测结果统计，胸墙上有 36.2% 的测点保护层厚度不能达到设计要求。

2.4　混凝土表面碳化深度检查

混凝土表面碳化深度的检测结合取芯法检测混凝土强度进行。对取芯法采得胸墙混凝土芯样，用清水洗净，外端面向上竖直放置。待表层水风干后水平放置芯样，滴酚酞溶液。检测结果表明，胸墙混凝土基本未碳化。混凝土表面碳化深度检测结果见表 3。

表 3　混凝土碳化深度检测结果

构件名称	碳化深度（mm）	
	最大值	平均值
胸墙	0.2	0.1

2.5　氯离子含量检测

氯离子含量检测采用滴定法测定。在现场取回的混凝土芯样上分层取混凝土 20 g（精确至 0.001 g），溶于 200 mL 蒸馏水中，震荡浸泡 24 h，过滤后取 25 mL，以铬酸钾为指示剂，用 0.02 mol/L 硝酸银溶液滴定至砖红色出现，根据硝酸银的量计算氯离子含量。

根据实验室测定，胸墙混凝土表层 1 ~ 2 cm 深度处，可溶性氯离子含量为 0.379%；2 ~ 3 cm 深度处，可溶性氯离子含量为 0.302%；6 ~ 7 cm 处，可溶性氯离子含量为 0.022%。检测结果表明，胸墙表层混凝土内部的氯离子相对较多，内层相对较少，胸墙已遭到了严重的氯离子侵蚀。

2.6　钢筋锈蚀检测

混凝土中钢筋的锈蚀检测常采用半电池电位法。该检测方法利用"$Cu + CuSO_4$ 饱和溶液"形成的半电池与"钢筋 + 混凝土"形成的半电池构成一个全电池系统。由于"$Cu + CuSO_4$ 饱和溶液"的电位值相对恒定，而混凝土中钢筋因锈蚀产生的化学反应将引起全电池的变化。因此，可利用测得的电位值来评估钢筋锈蚀状态。

检测前，首先配制 $Cu + CuSO_4$ 饱和溶液。半电池电位法的原理要求混凝土成为电解质，因此必须对钢筋混凝土结构的表面进行预先润湿。用 95 ml 家用液体清洁剂加上 19 l 饮用水充分混合后的液体润湿混凝土结构表面。检测时，务必保持混凝土湿润，但表面不存有自由水。此外，还需利用钢筋定位仪的无损检测方法确定一根钢筋的位置，然后凿除钢筋保护层部分的混凝土，使钢筋外露，再进行连接。连接时要求打磨钢筋表面，除去锈斑。根据半电池电位法的测试原理，为了保证电路闭合以及钢筋的电阻足够小，测试前应该使用电压表检查测试区内任意两根钢筋之间的电阻小于 1 M。

检测时,根据胸墙的钢筋分布确定测区,沿码头前沿共取 6 个测区。每个测区布置 300 mm×300 mm 的测试网格。将 SW–3C 型钢筋锈蚀测定仪的一端与钢筋相连,探头与混凝土表面接触,逐次记录各测点的电位值。每个测点需观察 5 min,当电位读数保持稳定时,可以记录测点电位。钢筋锈蚀检测结果见表 4。

表 4   钢筋锈蚀检测结果

测区	#1	#2	#3	#4	#5	#6	#7	#8	#9	#10
电位（mV）	−102	−96	−132	−154	−112	−167	−128	−174	−171	−131

检测结果表明,该码头胸墙混凝土中钢筋腐蚀电位正向大于 −200 mV,锈蚀的概率小于 10%。

3   码头西侧翼墙稳定性验算

根据现场检测的情况看,该码头西侧翼墙的沉降量较大,翼墙与码头间形成了错台。翼墙的面层开裂,水平位移明显。变形测量结果显示,相对于码头面选取的测量基点,翼墙最大沉降量达 38.5 cm。翼墙顶面水平位移达 7 cm。翼墙面层有两条裂缝,最大裂缝宽度达 5 cm。翼墙与板桩码头间形成大裂缝,最大裂缝宽度约 10 cm。

选取翼墙的典型断面进行稳定性验算。墙底与抛石基床顶面的摩擦系数取 0.60,混凝土与混凝土的摩擦系数取 0.55。碎石重度水上部分取 17 kN/m³,水下部分取 11 kN/m³。混凝土重度水上部分取 23 kN/m³,水下部分取 13 kN/m³。墙背倾角为 21.8°,第二破裂角为 25°,主动土压力系数 Ka 为 0.238。翼墙 2–2 断面的稳定性验算结果见表 5。

表 5   翼墙 2–2 断面稳定性验算结果

	抗滑稳定性				抗倾稳定性			
	基床顶面		第一层方块顶面		方块前趾		第一层方块顶点	
	滑动力（kN）	稳定力（kN）	滑动力（kN）	稳定力（kN）	倾覆力矩（kN·m）	稳定力矩（kN·m）	倾覆力矩（kN·m）	稳定力矩（kN·m）
设计高水位	39.16	124.4	15.36	35.53	73.73	300.78	16.74	45.68
设计低水位	50.58	189.72	18.21	53.13	84.29	455.22	18.21	71.76

计算结果表明,翼墙 2–2 断面的抗滑、抗倾稳定性都合格。由于码头的稳定性合格,翼墙的破损原因判别为基床未夯实造成。

4   检测结论

该板桩码头在使用多年后,出现了一定程度的老化,根据现场检测和结构复核的计算结果,得出以下结论:

1)码头的主要结构构件管柱桩、板桩完好。

2)胸墙混凝土强度合格、未碳化。

3)胸墙构件钢筋锈蚀的概率小于10%。

4)码头西侧翼墙破损严重,翼墙最大沉降达到385 mm,最大水平变位达到70 mm。

5)按照《港口水工建筑物检测与评估技术规范》的使用性评估分级标准,西侧翼墙的使用性等级为 D 级,应立即进行修复处理。由于西侧翼墙建造时未对基础进行处理,致使翼墙发生了不均匀沉降、前倾变形。建议对该处抛石基床进行加固、填补;对上部结构进行修理,重新补填石料和浇筑面层。

参考文献

[1] JTJ 302 - 2006 港口水工建筑物检测与评估技术规范[S]. 北京:人民交通出版社,2007.

[2] CECS03:2007 钻芯法检测混凝土强度技术规程[S]. 北京:中国计划出版社,2008.

[3] JTJ 270 - 98 水运工程混凝土试验规程[S]. 北京:人民交通出版社,2004.

[4] JTJ/T 272 - 99,港口工程混凝土非破损检测技术规程[S]. 北京:人民交通出版社,2000.

汕头某高桩码头现场检测及安全评估

李　浩[1]　蔡忠田[2]　蔡惊涛[1]　王立强[1]

（1.海军工程大学天津校区　2.海军92303部队施工处）

摘　要：汕头某高桩框架式码头建于20世纪70年代，随着运行时间的增长，老化病害情况日渐突出。为科学评估该码头目前的健康状况，急需开展现场检测及安全复核工作。此次现场检测获取的码头各类构件混凝土基本性能指标，结合后期的实验室测定结果，以及结构安全性验算，都表明该码头的健康状况恶化，应立即采取有效措施进行修复、补强。

关键词：高桩码头；现场检测；安全性；耐久性

1　工程概况

汕头某高桩框架码头位于榕江和韩江交汇处，于1972年建成。码头轴线长为120 m，宽为10 m。其上部结构采用槽形板直接支撑在横梁上，排架间距为6米。该码头为全直桩码头，桩基为45 cm×45 cm钢筋混凝土方桩。1984年，在原码头东侧又扩建了100 m码头。新码头前沿线与老码头齐平，标高与老码头一致，宽度相同。扩建的新码头采用高桩梁板式结构，桩基为50 cm×50 cm钢筋混凝土预应力桩，面板直接搭于横梁上。

该码头运行至今，出现了一定程度的老化。主要构件混凝土存在裂缝、钢筋锈蚀及混凝土保护层开裂等现象。为保证码头的安全运行，有必要对其进行现场混凝土检测，并根据检测结果和实际使用状况进行安全复核。

2　检测内容及方法

该高桩码头的主要结构构件分为桩基、横梁和面板三类。检测项目包括：

1）混凝土外观检测：采用目测法和丈量法对各类构件混凝土表面剥蚀进行检测和分析；采用读数显微镜或NM-4B型非金属超声检测仪调查裂缝的形式、宽度、长度及裂缝发生的部位和分布情况，并对裂缝成因和危害进行分析。

2）混凝土的碳化检测：采用钻孔法检测混凝土的碳化深度。

3）混凝土强度检测：按结构单元分别检测并评估混凝土结构的强度。采用超声回弹综合法来评定混凝土的强度。

4）混凝土保护层厚度检测：采用KON-RBL(D)型钢筋位置及保护层测定仪进行测量。

5）混凝土中氯离子含量检测：现场取样后，在实验室用滴定法测定混凝土中的氯离子含量。

3　检测结果及分析

2.1　混凝土外观检测

老码头混凝土破损主要集中在横梁，横梁的受力主筋锈蚀严重，混凝土胀裂现象普遍。

桩基的顶端有竖向劈裂的折裂缝,并有锈渍渗出。部分槽形板肋梁出现破损情况,板底混凝土有少量脱落。

扩建码头的混凝土破损主要集中在面板上,面板多处出现混凝土大面积脱落情况。混凝土脱落处的钢筋锈蚀严重,部分受力筋已锈断。横梁底部出现顺筋裂缝,裂缝最大宽度为0.5 mm,裂缝中有锈渍渗出。

2.2 混凝土强度检查

本次检测采用无损检测中的超声回弹综合法[2],抽取了11根横梁和11块面板分别检测并评估其混凝土强度。超声回弹综合法按照 CECS 02:2005《超声回弹综合法检测混凝土强度技术规程》进行,采用的仪器为 NM−4B 型非金属超声仪,该仪器是一种利用超声波特性对非金属材料和构件进行无损检测的智能化仪器,主要应用于混凝土、岩石、塑料等非金属材料与结构的强度、结构内部缺陷、裂缝、均质性、混凝土桩基完整性等的检测。结果见表1。

表1　超声回弹综合法检测混凝土强度结果(MPa)

检测结果　试件编号　试件名称	#1	#2	#3	#4	#5	#6	#7	#8	#9	#10	#11
横梁	29.5	20.3	24.9	29.7	28.8	32.8	32.4	28.9	27.2	28.7	28.8
面板	24.5	27.6	28.2	28.7	25.9	26.4	22.2	24.3	28.9	27.6	27.1

根据抽样检测的结果统计,横梁的混凝土抗压强度平均值分别为 28.4 MPa,最大值为32.8 MPa,最小值为 20.3 MPa;面板的混凝土抗压强度平均值为 26.5 MPa,最大值为 28.9 MPa,最小值为 22.2 MPa。检测结果表明,混凝土抗压强度能达到或高于混凝土原设计标号C30。

2.3 钢筋保护层厚度检查

钢筋保护层厚度检测采用 KON−RBL(D)型钢筋位置及保护层测定仪,依据 JTJ 302−2006《港口水工建筑物检测与技术评估规范》进行测量[1]。检测结果见表2。

表2　钢筋保护层厚度检测结果

构件名称	钢筋保护层厚度(mm)		设计值
	实测值		
	最小值	平均值	
横梁	48	55.1	60
面板	40	45.5	50

表2中钢筋保护层厚度实测数据是在混凝土完好部位测得到的,面板存在多处混凝土剥落、钢筋外露,这些部位的钢筋保护层厚度偏小,局部保护层厚度为 0 mm,这部分数据未统计在表中。根据检测结果统计,横梁上仅有 28% 的测点保护层厚度能达到设计值,面板上有 57.7% 的测点保护层厚度不能达到设计要求。

2.4 混凝土表面碳化深度检查

混凝土表面碳化深度检测采用钻孔法,依照 JTJ 302 - 2006《港口水工建筑物检测与技术评估规范》测定[1]。检测结果见表3。

表3　混凝土碳化深度检测结果

项　目		面　板	横　梁
碳化深度(mm)	最大值	58	71
	平均值	53	65

由表可见,码头面板和横梁的混凝土表面碳化很严重,碳化深度最大值分别为 58 mm 和 71 mm,碳化深度平均值分别为 53 mm 和 65 mm,均已超过钢筋保护层设计厚度 50 mm 和 60 mm。

2.5 氯离子含量检测

氯离子含量检测依据 JTJ270 - 98《水运工程混凝土试验规程》进行测定[3],从码头横梁和面板中各抽取 10 个构件分层取样,每一取样点分为 10 层粉样。根据实验室测定,混凝土表层 0 ~ 1 cm 深度处,可溶性氯离子含量 0.68% ;4 ~ 5 cm 处可溶性氯离子含量 0.44%。氯离子含量极高,对钢筋极为不利。

3　结构分析及复核

根据现场检测的情况,该码头破损较为严重,需进行结构安全性验算,评估其安全性等级。码头结构安全性验算依据设计图纸并参照码头计算书进行,荷载考虑结构自重和上 8 t 汽车式起重机。

经过验算分析,码头横梁的抗力与荷载效应比值为 0.77 < 0.9;码头面板的抗力与荷载效应比值为 0.62 < 0.9,远小于 JTJ 302 - 2006《港口水工建筑物检测与技术评估规范》中规定的 D 级安全性标准[1]。

4　检测结论

该高桩码头在使用 30 多年后,出现了比较严重的老化,根据现场检测和结构复核的计算结果,得到以下结论:

1)混凝土破损严重,梁和桩基上均出现大量裂缝,且大多为贯穿性裂缝,面板上甚至有大面积混凝土剥落现象;

2)混凝土表面碳化深度超过了钢筋保护层的厚度,选取个别部位凿开表面混凝土后发现钢筋已严重锈蚀;

3)使用超声回弹综合法检测表明混凝土强度满足设计要求;

4)现场采取粉样后,在实验室进行氯离子含量检测表明,氯离子已渗透入混凝土,并达到钢筋所在位置,加剧了钢筋的锈蚀;

5)根据结构安全性验算结果,依据 JTJ 302 - 2006《港口水工建筑物检测与技术评估规范》的规定,该码头的安全性等级为 D 级,应立即进行修复、补强。

参考文献

[1]　JTJ 302 - 2006 港口水工建筑物检测与评估技术规范[S]. 北京:人民交通出版社,2007.
[2]　CECS 02:2005 超声回弹综合法检测混凝土强度技术规程[S]. 北京:中国建筑工业出版社,2005.
[3]　JTJ 270 - 98 水运工程混凝土试验规程[S]. 北京:人民交通出版社,2004.
[4]　JTJ/T 272 - 99,港口工程混凝土非破损检测技术规程[S]. 北京:人民交通出版社,2000.

葰窝水库大坝除险加固效果简评

岳 峰

（辽宁省葰窝水库管理局）

摘 要：葰窝水库先后进行了两次除险加固。第一次加固采用了内锚式预应力锚索加固坝体纵向裂缝、钢纤维混凝土修补底孔气蚀破坏。第二次加固采用化学灌浆处理水平施工缝渗漏、溢流面冻融混凝土凿旧补新处理。本文介绍了这两次除险加固采用的方法，对实施效果进行了简要评价。

关键词：葰窝水库；大坝加固；效果；简评

1 工程概况

葰窝水库位于辽宁省辽阳市东约 40 km 处的太子河干流上，是一座以防洪、灌溉、工业供水为主，并结合工农业供水进行发电的大（Ⅱ）型水利枢纽工程，总库容 791×10^6 m^3。大坝为混凝土重力坝，最大坝高 50.3 m，全长 532 m，共分为 31 个坝段，溢流坝段位于主河床的 4#~18# 坝段，全长 274.2 m，电站坝段位于 19#~21# 坝段，全长 40.5 m，挡水坝段位于两岸 1#~3#、22#~31# 坝段，全长 217.3 m。

2 第一次加固

葰窝水库修建于十年动乱时期，坝体部分混凝土浇筑质量较差，温控措施不力，大坝运行初期即产生大量裂缝，有的直接威胁到大坝安全，多年来一直降低水位运行。此外，底孔也存在气蚀破坏现象。为消除安全隐患，恢复应有的效益，水库管理部门于 1983 年开始进行第一次加固。

2.1 内锚式预应力锚索加固

截至第一次加固前，葰窝坝体大小裂缝已达到 800 条，严重裂缝 75 条。其中有一条纵向裂缝，沿排水廊道顶拱向下游坝面发展，和横向廊道及底孔在相应部位构成环形裂缝。经检查，在 4#~25# 共 22 个坝段中，有 17 个坝段排水廊道顶拱存在这种裂缝，缝宽在 0.1~1.4 mm 之间，深度不等，而其当中溢流坝段的 5#、7# 坝段，挡水坝段的 23#、25# 坝段的裂缝都自基础开裂，向上延伸，有的坝段仅差 1~2 m 就贯穿到坝顶，缝宽在 0.1~0.5 mm 之间。这些裂缝顶端不但存在应力集中的作用，而且又处于年气温变化影响而产生的拉应力区域内，所有裂缝有继续扩展的趋势，严重影响大坝的安全稳定。

这些严重裂缝的顶端靠近下游侧，受施工水平和坝基地质条件所限，考虑葰窝水库大坝坝体较厚，有足够的空间将锚束布置在坝体内，经过计算比较，采用了在下游坝面加两排60 t级内锚式预应力锚索的加固方案。预应力锚索选用外锚头墩头式、内锚头胶结式的锚束形式，索体由隔离架固定的 30 根 ϕ5 mm 预应力结构用高强碳素钢丝组成。

通过计算,对微小裂缝(缝宽在 0.5 mm 以下)在坝段顶部加二排 50t 锚索与 80t 锚索对坝踵单元所产生的应力变化不大。考虑到布置在坝体内部的内锚头不至于在坝体内产生较大的拉应力,损坏混凝土本身的抗裂性能,根据当时的拉伸机具和锚具的加工能力,选定预锚吨位为 60 t 级。根据所选用钢丝的标准抗拉极限强度,选定设计安装吨位 55 t,超张拉吨位 60.5 t。挡水坝段的 4#、23#、25# 坝段,溢流坝段 5#、6#、7#、8#、10#、12# 坝段,电站坝段 20# 坝段共 10 个坝段布置锚索,孔深有 8 m、9 m、11 m、12 m 共 4 种,孔距和排距都为 2 m,索体穿过裂缝在下游面和坝体内形成两个跨缝的锚固点,对裂缝提供正应力,10 个坝段共布置锚索 124 束,钻孔总进尺 1 332.8 m,设计施加应力 7068 t。

预应力锚索经张拉后,坝体产生了预压应力,使裂缝有所闭合,起到了限制裂缝继续扩展和部分压合裂缝的作用,达到了加固坝体的目的。施工完成后经检测,预应力锚索永存吨位基本在 50 t 以上。经过多年运行和监测,裂缝的发展得到遏制,水库也于加固后的 1991 年恢复正常高水位运行。

2.2 钢纤维混凝土修补底孔气蚀破坏

底孔是葠窝水库泄洪、排砂、施工导流及放空水库的重要设备,共 6 孔,间隔布置在溢流坝段胖闸墩内,单孔最大泄量 571 m³/s,全长 44 m。检修闸门和工作闸门形式均为平板钢闸门,闸门段洞身呈矩形,孔口尺寸为 3.5 × 8 m。为满足结构应力要求,在洞身四角设有宽 0.75 m,高 0.5 m 的三角形贴角。该贴角于检修门槽及工作门槽处以无渐变形式间断。

1981 年 10 月在对大坝进行全面裂缝检查时,发现除基本没有泄流的 6# 底孔未破坏外,其余各孔工作闸门槽后底板、两侧边墙及贴角前部均有气蚀破坏现象,其中运用最频繁的 3# 底孔破坏最为严重。该孔闸后破坏区长近 3 m,高 1.1 m,底板破坏深度达 410 mm,边墙破坏深度达 200 mm,钢筋裸露。其余 4 孔也有不同程度的破坏。

根据底孔模型试验结果,由于底孔贴角布置不够合理,形成斜面突坎,使水流与固体边界相脱离,产生分离型固定空穴,造成了底孔的气蚀破坏。针对气蚀破坏原因及部位,采用以下修补措施:将工作闸门与检修闸门间底板两侧的原三角形贴角全部凿除,改成圆弧状贴角;将工作闸门后 6 m 范围内原贴角凿除,布置渐变段,双向坡度分别为 1:5.73 和 1:8.6;贴角选用 C25 钢纤维混凝土,经试验,确定配合比为 525# 大坝硅酸盐水泥:砂:石:钢纤维 = 1:1.82:3.07:0.248,水灰比为 0.5,木钙掺量为 0.25%;修补处底板和边墙凿深 300 mm,露出新鲜混凝土面,插入数根燕尾筋,将贴角斜向钢筋与其焊接牢固后,浇筑钢纤维混凝土。

用以上方案进行修补处理后运行多年,中间经过多次高水位泄流考验,经检查修补后混凝土表面没有出现麻面及剥落等气蚀破坏现象。

3 第二次加固

在第一次加固验收结论中,提出溢流面混凝土冻融破坏比较严重,待时机成熟进行修补。1998 年经辽宁省水利水电科学研究院现场检测分析,溢流面冻融破坏区域达到 65.1%,最大破坏深度为 500 mm。造成溢流面冻融破坏的主要原因之一是水平施工缝渗水,因此,要处理溢流面冻融破坏,首先必须切断水平施工缝的渗水通道,结束溢流面混凝土的水饱和状态。第二次加固于 1999 年开始进行。

3.1 水平施工缝化学灌浆堵漏处理

根据蓑窝水库以前对坝体裂缝的灌浆经验,选用了水溶性聚氨酯(LW 和 HW 两种)作为灌浆材料,分别在观测廊道内及溢流堰顶用钻机或风钻打斜交孔进行灌浆堵漏,灌浆位置在坝体防渗混凝土和坝体排水管之间。主要施工过程包括钻孔取芯、有压洗孔、压水试验、灌浆、封孔、效果检查等几部分。

钻孔采用地勘钻机,金刚石钻头或合金钻头钻进,孔径为 59 mm(风钻孔径为 38 mm),根据浆液行浆半径的大小,孔距定为 1.5 m。洗孔水压力控制在 0.5 MPa,将水管伸入孔底,反复冲洗,待回水变清后 10 min 方停止洗孔。压水试验采用一次性压水法,最大压水压力为 0.6 MPa,在施工中发现与邻孔串通时,先将邻孔阻塞,再进行压水。根据压水时间和进水量计算吸水率,作为确定灌浆压力及浆液配比的依据。

灌浆时将按设计要求配制好的浆液倒入灌浆桶中并计量,然后进行扎管压浆,此时灌具上的排水管打开,进行排气、排水,待纯浆流出后将排水管扎住进行压浆。阻塞位置机钻孔设在工作缝上方 500 mm 处;风钻孔设在孔口。灌浆压力依据压水试验情况在0.3~1 MPa范围内进行调整:当压水试验进水量大时,取低压;当压水试验进水量小或不进水时,取高压。在最大灌浆压力下,持续 15 min 不进浆;根据压水试验资料,达到设计进浆量时,维持 20 min;在灌浆过程中,待邻孔出纯浆时。满足上述三条之一者经验收认可,即可终止本孔灌浆。

灌浆结束 48 h 后,在封孔段内插入 φ20 的灌浆管,回填石英砂(最大粒径为 4 mm),用压浆泵将水灰比为 0.8 的水泥浆压入孔中,进行封孔。封孔后,按总钻孔数 10%的比例在不进浆或出现异常灌浆情况的孔位旁重新布置检查孔,钻孔取样,观察浆片在混凝土芯样中的充填情况,进行压水试验检查。

灌浆后,用肉眼可直接观察到溢流面渗水明显减少;钻孔取样检查,浆片在缝隙中充填饱满,压水试验效果理想,满足了工程防渗要求,为溢流面冻融混凝土凿旧补新处理打下了基础。

3.2 溢流面冻融混凝土凿旧补新处理

溢流面混凝土冻融破坏深度在 100~300 mm 之间,因此在混凝土凿除时,控制最小凿除深度为 300 mm,凿成台阶状,台阶高度为 600 mm。为了防止应力集中,对台阶的所有尖角,均改设内外抹角代替,内外抹角尺寸均为 200 mm×200 mm。

将原混凝土凿除后,布置 φ20 锚筋,全长 900 mm,间距 600 mm,梅花型布置,垂直堰面,下端锚入老混凝土中,最小锚固深度 500 mm。新布设的钢筋网,顺水流方向采用 φ16@200,垂直水流方向采用 φ12@200,新设钢筋网与锚筋焊接,与原钢筋网在边缘处留有的钢筋头焊接,使新老钢筋、锚筋形成一个整体。

混凝土水灰比为 0.368,砂率为 34%,木钙减水剂含量为 0.25%,AEA202 型引气剂含量为 0.006%,UEA 普通型膨胀剂含量为 10%。混凝土拌和场位于坝顶,水平运输采用翻斗车,垂直运输采用缓降器下接溜槽直接摊铺入仓。采用滑模施工技术,浇筑 C30、W6、F300 的高强抗冻混凝土。

混凝土在浇筑后逐渐出现裂缝,经检测,共出现裂缝 230 条,长度在 1.47~24.15 m 之间,宽度在 0.09 ~ 0.43 mm 之间,其中缝宽在 0.25 mm 以下的裂缝 153 条。大部分裂缝为垂直水流方向的水平裂缝,占总裂缝的 90% 以上。裂缝经修补处理后运行至今,中间经过多次大流量泄流和冻融的考验,效果良好。

4 结 语

  蓐窝水库先后两次除险加固,采用了预应力锚索、钢纤维混凝土、化学灌浆和混凝土凿旧补新分别处理了大坝纵向裂缝、底孔气蚀破坏、溢流堰面冻融破坏等安全问题,总体上来说是比较成功的,较好地解决了枢纽工程安全隐患。但在溢流面冻融混凝土的凿旧补新处理过程中,如何避免大规模裂缝的产生,是值得继续研究和探讨的问题。

参考文献

[1] 王淑敏,李道庆. 蓐窝水库大坝底孔气蚀破坏的处理. 水利水电技术[J]. 1999 年第 2 期.
[2] 朱伯芳等. 水工混凝土结构的温度应力与温度控制[M]. 北京:水利电力出版社,1976.
[3] 黄国兴,陈改新. 水工混凝土建筑物修补技术与应用[M]. 北京:中国水利水电出版社,1998.
[4] 孙志恒等. 水工混凝土建筑物的检测、评估与缺陷修补工程应用[M]. 北京:中国水利水电出版社,2004.

严寒地区保温混凝土内部温度场
变化规律的反演分析

杜 薇[1] 周富强[2] 吴 艳[2] 美丽古丽[1]

（1.新疆水利水电勘测设计研究院； 2.新疆水利水电科学研究院）

摘 要：通过对严寒地区保温混凝土施工期到运行期内部温度变化机理的分析，提出了反演保温混凝土温度变化的数学模型。结合严寒地区混凝土内部温度长期的监测资料，对混凝土内部不同深度温度随时间的变化规律进行了深入探讨和研究，总结了如何利用有限的温度观测资料，通过建立和优化数学模型，反演保温混凝土内部温度场的时空变化规律的方法。

关键词：数学模型；不稳定温度场；准稳定温度场；稳定温度场

大体积混凝土在现代工程建设，特别是在水利水电建设中占有重要地位。在我国严寒、寒冷地区，如新疆天山以北、青海、东北地区等，由于气温年变幅、日变幅较大，寒潮频繁，面临独特的"冷、热、风、干"恶劣气候条件，因此，混凝土保温工作尤其重要。本文根据新疆严寒地区保温混凝土内部温度的长期实测资料，进行保温混凝土内部温度的反演计算，建立反演教学模型，探求保温混凝土温度的变化规律，以指导工程实践。

1 实验概况

目前不少工程对大体积混凝土保温效果及在保温情况下混凝土内部温度变化规律研究尚不多。针对目前工程中主要采用的永久性保温材料 XPS 挤塑板和聚氨酯，为更直观地了解保温效果及在保温的情况下混凝土内部温度的变化规律，于 2006 年 1 月在新疆严寒地区施工现场开始现场实验。现场实验共设两处实验块，试样混凝土为常态混凝土 C20。

本次实验在混凝土内部及表面埋设了 272 支温度计，并实施自动化采集，不间断地同步测定外界环境温度、混凝土内部及表面的温度变化，历时三年积累了大量的实验数据，并对实验数据进行了分析和总结。典型的温度计埋设位置见图 1。

2 保温混凝土内部温度场反演模型的提出

混凝土在浇筑过程中，由于水化热的作用，温度上升到最高温度 T_m 后，由于自然冷却和人工冷却，温度逐步降低。初始影响完全消失以后，混凝土温度与初始温度无关，当混凝土厚度超过 30 m，内部温度不受外界周期性变化温度的影响，这种温度称为稳定温度 $T_m + T_0$；如果混凝土厚度小于 30 m，内部温度受外界（气温和水温等环境因素）周期性变化温度的影响作周期性变化，这种温度称为准稳定温度[1]。而初始影响的消失是一个很漫长的过程，在初始影响消失的过程中，混凝土内部温度处于不稳定温度场，其变化过程如图 2 所示。

对于未采取人工冷却措施直接暴露在大气中的混凝土，内部温度的影响因素主要是气

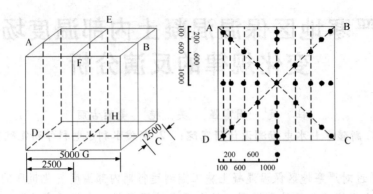

图1 新疆严寒地区混凝土实验墩温度计布置图(单位:mm)

圆点为温度计测点

温,确切一点说,主要是日气温、月均气温和多年平均气温,而采取保温措施之后,尤其是在严寒地区,通过对混凝土表面附近温度场的分析,距离表面0.1 m处的混凝土温度随日气温作周期性的变化,而0.3 m以后温度变化与日气温的关系就不是很明显,因此对于保温混凝土,主要考虑月均气温和多年平均气温对混凝土温度的影响,月均气温对混凝土表面附近准稳定温度场的影响和多年平均气温对混凝土不稳定温度场的影响。

在较多的资料分析中,人们较多关心混凝土准稳定温度场的分析,即初始影响完全消失以后的混凝土温度的变化。在初始影响消失的过程中,通过研究保温混凝土温度场的变化规律,依此分析保温材料的保温效果,对于严寒地区则相当重要。

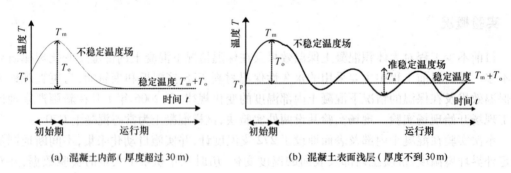

(a) 混凝土内部(厚度超过30 m)   (b) 混凝土表面浅层(厚度不到30 m)

图2 混凝土温度变化过程示意图

混凝土处于不稳定温度场某一瞬时的温度如图3所示。即不稳定温度场可分解为(b)和(c)两个温度场,其中(b)是不稳定温度场 $T_m + T_0(1 - e^{-\varepsilon t^\eta})$,初始温度的影响逐渐消失,混凝土温度逐步向稳定温度场边变化的过程;(c)是表面附近的准稳定温度场 $T_a(1 - e^{-\mu\delta})\cos\left[\left(\dfrac{2\pi}{P}\right)(t - \xi)\right]$,初始影响逐渐消失的过程中,混凝土表面浅层受气温等外界环境因素的影响而变化的过程。而初始影响已完全消失的稳定温度场完全取决于边界温度,与初始温度无关。

以上通过对混凝土温度场变化过程的分析,鉴于混凝土不稳定温度场内部温度的变化

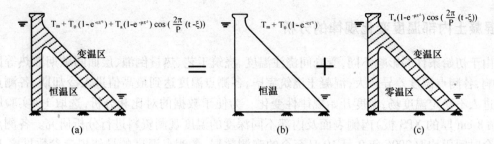

图3 混凝土运行期温度场

(a)运行温度场 = (b)变化中的稳定温度场 + (c)变化中的准温度温度场

机理,从数据反演的角度,提出保温混凝土运行期温度场的数学反演模型。

$$T = T_m + T_0(1 - e^{-\varepsilon t^\eta}) + T_a(1 - e^{-\mu t^\delta})\cos\left[\frac{2\pi}{P}(t - \xi)\right] \quad (1)$$

式中:T——运行温度场的温度,(℃);

T_m——混凝土最高温度,(℃);

T_0——混凝土最高温度降至稳定温度的温度降幅,(℃);

T_a——准稳定温度场的温度变幅,其量值与距离混凝土表面的深度成反比,(℃);

P——混凝土温度变化的年周期($P = 365$ d);

ζ——温度变化的滞后因子;

ε、η、δ、μ——拟合参数,针对不同的混凝土配合比及外界环境有所不同;

t——降温开始后的龄期。

利用数学反演模型①,以倒虹吸进口镇墩混凝土内部温度的观测资料(测点编号:S – T9、距混凝土表面13.3 m)为例,采用改进差分进化算法进行反演计算,复相关系数99.7%,最大误差0.3℃,反演精度较好。反演的拟合值及残差见图4。

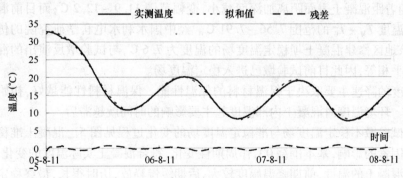

图4 S—T9 温度实测、拟合降温过程线

103

3 混凝土内部温度变化规律的分析

由于初始条件的影响不同,受仓间浇注温度、浇筑工艺、热量倒灌、层面间歇期散热等因素影响,各测点温度差异较大,混凝土浇筑完毕,各测点温度达到最高值进入冷却期,各测点温度进入不稳定温度场,温度开始规律性变化。为便于数据的对比和分析,选取 1#实验墩(黏贴 8 cm 厚的 XPS 板)南侧表面及内部不同深度的温度观测资料进行分析研究。各测点的拟合时间段均取 2006 年 9 月 10 日至今的观测数据,各测点温度的最佳拟合参数见表 1,复相关系数均在 99%以上,残差很小且无趋势性的变化,拟合的精度较好。

表 1　各测点温度最佳拟合参数统计表(严寒地区实验墩)

仪器编号	TB102	TK127	TK126	TK125	TK124	TK160
距表面(m)	0.05	0.1	0.3	0.9	1.5	2.5
复相关系数	0.995 0	0.995 1	0.995 5	0.996 4	0.996 8	0.997 2
T_m	22.59	22.52	22.93	23.15	23.04	22.21
T_0	-14.89	-14.96	-15.30	-15.39	-15.17	-14.30
α	0.057 4	0.055 9	0.144 8	0.049 2	0.043 2	0.037 8
β	0.807 9	0.812 9	0.598 3	0.836 0	0.860 7	0.881 8
T_α	12.24	12.20	12.15	12.06	12.01	11.91
μ	-0.032 1	-0.029 5	-0.118 4	-0.025 1	-0.024 0	-0.024 1
λ	0.924 6	0.943 7	0.669 3	0.969 4	0.974 4	0.974 2
ζ	-24.90	-24.21	-22.35	-18.67	-16.30	-14.12
$T_m + T_0$	7.70	7.56	7.63	7.76	7.87	7.91

采取保温措施之后,TB102、TK127、TK126、TK125、TK124、TK160 的准稳定温度场的温度变幅 T_α 随着距混凝土表面距离加深而减小,变幅范围 11.9 ~ 12.2℃;而目前混凝土不稳定温度场的温度 $T_M + T_0$ 的范围 7.56 ~ 7.91℃。经中国水利水电科学研究院的仿真计算结果表明,在该地区修建混凝土坝稳定温度场的温度为 7.6℃,与试验墩反演出的混凝土不稳定场温度几乎相等,因此目前试验墩已进入稳定温度场。

初始温度的降速主要取决于保温材料的保温性能。保温材料性能越好,初始温度的降速度就越慢。环境温度对混凝土内部温度起主要影响的时间就越滞后。

混凝土试验墩不稳定温度场与准稳定温度场的变化过程见图 5。混凝土准稳定温度场受外界环境因素的影响,基本围绕 0℃作周期性变化,符合混凝土实际温度的变化,由于采用的是大体积混凝土的温度,前期降温幅度较大,后期缓慢释放,历时很长,最终稳定温度场的温度接近于多年平均气温。受初始影响的降幅及受环境温度影响变化幅度与测点所处的位置呈现较好的规律性,对于各测点而言,受环境温度影响的变化周期基本一致,差别主要体现在变化的幅度和滞后性,距离混凝土表面越远,幅度越小,滞后时间越长;对于受初始影响的降幅,距离混凝土表面越远,衰减幅度越大,衰减历时越长。对于体积较小或薄壁结构的混凝土,对于受初始影响的降幅前期降温幅度很大,历时较短,很快进入稳定温度场。最终稳定温度场的温度接近于多年平均气温。因此混凝土内部温度的变化可描述为:准稳定温度围绕不稳定温度作周期性变化并逐渐增强,最终稳定的过程,而同时不稳定温度场又是逐渐衰减至多年平均气温(稳定温度场)的一个变化过程。

准稳定温度场受环境温度影响的变化规律与裸露混凝土的一致,只是温度的变幅有了很大的降低,历时较长;初始温度的降幅的变化规律与裸露混凝土也基本一致,只是降低的幅度较小、降温历时更长,约为裸露混凝土的2倍。

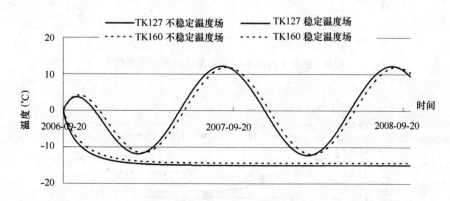

图5　TK160、TK127 各分量过程线

通过对保温混凝土内部温度场的反演计算,较好地拟合了混凝土温度的变化过程。采取保温措施之后,混凝土内部温度呈现整体降温的趋势,而且保温有利于混凝土内部非线性温度场分布的改善,使整个混凝土内部温度场的温度分布趋于一致,减少了混凝土内局部温度应力分布超标而产生裂缝的可能性。

在考虑月均气温对保温混凝土准稳定温度的影响时,应剔除初始影响(即不稳定温度场的温度),得到的值才是正确合理的;通常有关气温对混凝土内部温度的影响分析中,往往采用温差的概念,对于混凝土处于稳定温度场时是合适的;但对于不稳定温度场,温差包含了多年平均温度的影响而偏大,即温差并未剔除初始影响,往往过低的估计了保温材料的保温性能;特别对于严寒地区,新浇混凝土冬季越冬期间采取永久保温措施时,保温材料的保温性能的估算偏于保守。

根据本文提出的数学模型,对采取保温措施的混凝土内部温度进行拟合分析,可客观准确的判定保温材料的保温性能。在数理分析上,为判定保温材料保温性能的优劣提供了一种简单实用的分析方法。

4　保温混凝土内部温度场变化规律的模型优化及反演

4.1　准稳定温度场温度变化规律的探讨

通过上述分析可发现,保温混凝土内部温度处于不稳定温度场时,表面附近不同深度准稳定温度场的温度滞后性变化和变幅按指数和复合指数的形式变化,见图6和图7。

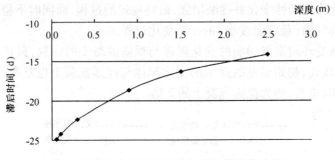

图 6　混凝土内部不同深度温度的滞后关系(ζ)

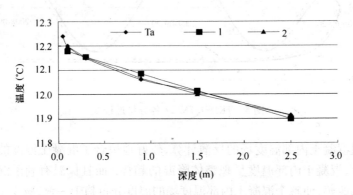

图 7　受气温的影响混凝土内部温度的变幅(T_a)

经过试算拟合,结果见图 7,图 7 中"1"为 $y = ae^{bx}$ 的拟合结果,"2"为 $T_a = ae^{-bx^c}$ 的拟合结果,不同深度温度变幅的计算公式为:$T_a = ae^{-bx^c}$ 更为合理;滞后时间与距离混凝土表面的距离计算公式为:$\xi = f + ge^{-hx}$,其中 x 为距离混凝土表面的距离,a、b、c、f、g、h 为拟合参数,拟合的最佳参数见表 2。

表 2　混凝土准稳定温度场温度变幅及滞后时间参数拟合统计表

计算公式		保温混凝土		
		$T_a = ae^{-bx}$	$T_a = ae^{-bx^c}$	$\xi = f + ge^{-hx}$
复相关系数		0.976 5	0.995 2	0.999 5
拟合参数	A(f)	12.19	12.285	− 12.51
	B(g)	0.009 7	0.019 35	− 12.76
	C(h)		0.494 1	0.818 5

　　从计算的过程还可看出,由于试验墩内部的初始影响因素较复杂,各测点的初始温度(T_m)的分布及降幅(T_0)并未呈现规律性,中心和表面的温度降幅较位于二者之间部位的温度降幅低。但混凝土内部不稳定温度场的温度分布较有规律,变幅不是很大,分布见图 8,拟

106

合公式为 。

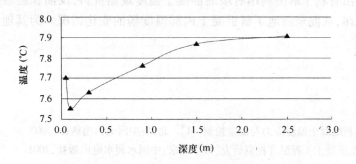

图8　目前混凝土内部稳定温度场的分布（$T_m + T_0$）

4.2　保温混凝土内部温度场的反演

根据以上的分析和计算,现将反演保温混凝土内部温度场的数学模型(1)优化如下：

$$T = T_m + T_0(1 - e^{\varepsilon t^{\eta}}) + ae^{-bx^c}(1 - e - \mu t^{\delta})\cos\left(\frac{2\pi}{P}\left[t - (f + ge^{-hx})\right]\right) \qquad (2)$$

式中：x——距离混凝土表面的距离；

$a, b, c; f, g, h$——拟合参数；

其余符号的定义同模型(1)。

利用混凝土内部温度计的长期观测资料,逐个求出当前测点处混凝土内部不稳定温度场与准稳定温度场的温度,建立模型(1)；根据拟合出的各测点准稳定温度场温度与埋设位置进行二次拟合,就可求出混凝土内部不同埋深处准稳定温度场温度的变幅和滞后时间与距离的关系,建立数学模型(2)；进而求出混凝土内部不同深度温度随时间的变化规律,从而可全面地了解混凝土内部温度场温度变化情况。

利用数学模型(2),反演实验墩内部不同深度温度随时间的变化,建立的计算模型分别如下,复相关系数为 0.9843。

$$T'_a = 12.279e^{-0.017\,44x^{0.756\,6}}(1 - e^{-0.136\,1t^{0.897\,1}})\cos\left(\frac{2\pi}{P}\left[(t - (-12.51 - 12.76e^{-0.818\,5}x))\right]\right)$$

（实验墩）（3）

从(3)式中可发现 T_a 的参数有所变化,在表 2 中,只是相对于目前的混凝土准稳定温度场的温度与位置关系进行简单的拟合,而在(2)中为全面了解该部位的温度变化过程,将时间序列的影响因素一并进行了拟合计算。

5　结　论

通过对保温混凝土内部温度变化过程的分析和深入研究,提出了保温混凝土温度变化过程的数学反演模型。结合混凝土试验墩,对保温混凝土内部不同深度温度随时间的变化过程进行了分析,总结了保温混凝土内部温度变化的规律和特点；并进一步优化数学模型。结果表明提出的数学反演模型对于分析混凝土内部温度场的变化规律是可行的、合适的,值得借鉴。

该模型的提出有利于解决利用有限的混凝土温度观测资料,反演保温混凝土内部温度场的时空变化规律,从而全面地了解混凝土内部温度场的变化情况。为其他类似工程的应用提供参考。

参考文献

[1]　朱伯芳.大体积混凝土温度应力与温度控制[M].北京:中国电力出版社,2003.
[2]　三峡水利枢纽混凝土工程温度控制研究[M].北京:中国水利水电出版社,2001.

斋堂水库混凝土防渗墙除险补强设计

魏陆宏　欧阳建　赵晓红　葛会志
（北京市水利规划设计研究院）

摘　要：斋堂水库混凝土防渗墙由于抗渗标号低及防渗墙接缝漏水等原因,造成大坝建成蓄水后多次出现坝面塌陷,以致水库建成 30 多年来一直作为病险库低水位运行。2003 年通过大量的调查、勘察、试验、研究,完成了《斋堂水库安全评价报告》。2005 年进行了水库除险加固设计,经过多方案的比较,最终选定了防渗墙除险加固设计方案,并取得了良好的效果。本文介绍了斋堂水库坝基混凝土防渗墙安全评价及防渗墙除险加固设计的过程。

关键词：大坝;防渗墙;安全评价;除险加固

1　概　况

1.1　工程概况

斋堂水库位于永定河支流清水河上,水库防洪标准为 100 年一遇设计,1000 年一遇校核,水库总库容 4 600 万 m³,是以防洪为主结合供水的中型水库。该库于 1970 年 4 月施工,1974 年 9 月完工。现已成为北京市供水水源之一,纳入了北京城市供水体系。水库主要建筑物有主坝、岸旁开敞式溢洪道、输水洞、泄洪洞。

斋堂水库拦河大坝为黏土斜墙土石坝,最大坝高 58.5 m,坝顶长 380 m,坝顶宽 4.5 m,坝顶高程 470.5 m,大坝标准断面见图 1。

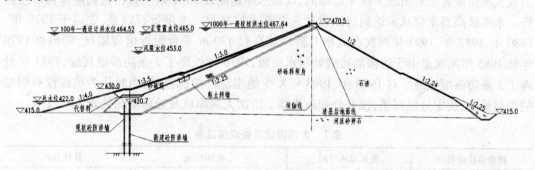

图 1　大坝标准断面图

斋堂水库大坝采用混凝土防渗墙帷幕防渗,防渗墙厚 80cm,长度 226.40m(0 +57.95 ~ 0 +284.35)。防渗墙顶部插入黏土斜墙 5 m,其接触渗流坡降采用 5 计算,渗径长度为 10 m,墙顶高程 419.7 m,墙两侧设计干容重夯实 1.7 g/cm³,同时要求防渗墙顶部高 1 m、宽 3 m范围内所用黏土塑性指数大于 13,以适应变形。要求防渗墙底部插入新鲜基岩 0.5 ~ 1.0 m。防渗墙混凝土标号：60 天龄期抗压达到 80# ~ 100#,抗渗达到 W8,塌落度为 20 ~ 22 cm,掺土量在 20% ~30% 范围。黏土与坝基沙砾料接触部位设有反滤层厚30 cm、过渡层厚50 cm。防渗墙断面见图2。

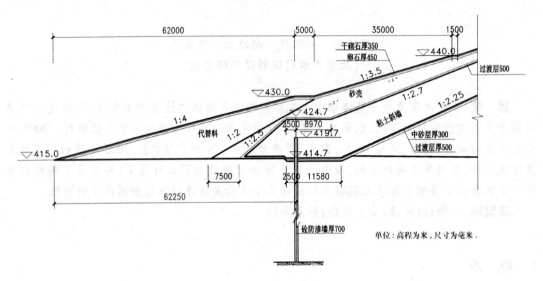

图2 防渗墙设计断面图

1.2 大坝运行情况及运行以来出现主要险情概况

斋堂水库大坝于1970年7月正式开始填筑,至1973年7月基本完工。在施工过程中,由于质量控制不严,施工部署不当等多种原因,造成砂坝的不均匀沉降量过大,先后出现砂坝及多处黏土斜墙裂缝,不得不停工挖除回填处理,给工程以后的运用带来一定隐患。

在坝基混凝土防渗墙施工过程中,由于防渗墙接缝漏水、导向槽施工工序安排等原因,造成大坝建成蓄水后出现多次坝面塌陷,以致水库建成近30年来一直作为病险库低水位运行。水库最高蓄水位从未达到过原设计正常蓄水位高程。大坝运行以来,先后于1978年、1980年、1983年、1993年四次在大坝上游坝坡高程430 m平台附近出现塌坑,经检查1978年和1983年两次是由于防渗墙接缝处漏水所致,1978年处理了5条防渗墙接缝,1983年处理了3条防渗墙接缝。对1980年、1993年发生的塌坑开挖探查时,当时认为坑底没有明显的渗漏通道,决定分层回填,没有处理防渗墙。历次大坝塌坑及处理情况见表1。

表1 大坝塌坑及处理情况表

防渗墙接缝桩号	发现塌坑时间	破坏情况	处理方式
0 + 243.35 (坑1)	1978年7月16日	黏土击穿破坏主要发生在防渗墙下游,防渗墙在高程415.8 m、415 m处张开,形成渗流通道,反滤破坏。	开挖后处理防渗墙接缝,在防渗墙接缝处做止水缝深10 m,每个键槽由直径钻具22 cm套打而成,最大缝宽59 cm有效缝厚14.4 cm,浇混凝土C25

110

防渗墙接缝桩号	发现塌坑时间	破坏情况	处理方式
0 + 230.65 (坑1)	1978 年 7 月 16 日	黏土击穿破坏主要发生在防渗墙下游,防渗墙在高程 415.4 m、414~413 m 处漏水,但由于缝小,反滤和黏土没破坏	开挖后处理防渗墙接缝,在防渗墙接缝处做止水缝深 10 m,每个键槽由钻具直径 22 cm 套打而成,最大缝宽 59 cm 有效缝厚 14.4 cm,浇混凝土 c25
0 + 175.35 (坑2)	1978 年 7 月 16 日	黏土击穿破坏主要发生在防渗墙上游,防渗墙接缝在黏土基础附近张开,形成垂直漏水通道,下游反滤没有破坏,黏土从防渗墙接缝处被带到坝基下面	
0 + 159.35 (坑2)			
0 + 150.65 (坑2)			
0 + 166.65 (坑2)	1978 年 7 月 16 日	挖开后不漏水	沙砾料挖埋处理
	1980 年 6 月 2 日	陆续发现 6 个塌坑,桩号是 0 + 046、0 + 51.36、0 + 112、0 + 123.1、0 + 196.1、0 + 202.1,高程在 428.87m 和 431.43m 之间,挖开发现有钢丝绳和大卵石集中现象,没见到漏水通道	沙砾料挖填处理
0 + 275.35	1983 年 6 月 11 日	塌坑高程 429.0m,由于防渗墙接缝张开漏水形成塌坑	在防渗墙接缝处用旋喷灌水泥浆法处理
0 + 266.65			
0 + 257.35			
	1993 年 6 月 2 日	在桩号 0 + 259.4、高程 429.11m 处出现塌坑,开挖后未见到漏水通道	沙砾料挖填处理

2 大坝出险原因分析及安全评价对防渗墙的意见

2.1 土坝塌坑的原因分析

1978 年土坝塌坑已造成黏土斜墙被破坏,超过 60 m³ 的填筑材料已通过漏管流失。通过对坝体塌坑部位进行开挖检查情况分析,塌坑产生的主要原因是混凝土防渗墙接缝张裂引起坝体管涌破坏造成的。因此对 5 条接缝进行开挖处理,其中 4 条接缝都漏水,有 3 条接缝已造成黏土破坏,其漏水途径与破坏型式分三种,见图 3。

水库运行以来,上游坝坡四次发生塌陷(塌坑 10 处),均发生在高程 430 m 平台附近,即位于坝基防渗墙顶的上方。通过塌坑开挖探查(主要是 1978 年及 1983 年两次塌坑探查)分析确认,塌坑的发生主要是由于防渗墙施工质量问题引起接缝张裂漏水,防渗墙导向槽下部的反滤在施工中遭到了破坏,引起黏土流失,造成坝坡塌陷。因此,防渗墙接缝(共 26 条)存在严重的开裂漏水可能,危及大坝安全。

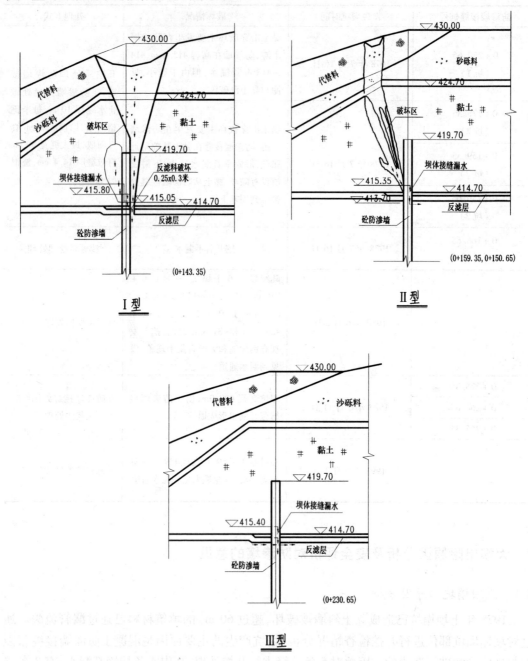

图3 斋堂水库1978年塌坑渗漏途径与破坏型式

2.2 安全评价对防渗墙的意见

(1) 施工存在的问题

防渗墙施工时由于当时工期安排紧张,在导向槽基础以下只做了0.9 m的人工夯实黏

112

土,黏土和沙砾料基础之间设有两层反滤,导向槽基础以上 415.65 ~ 417.5 m 回填沙砾料,当各段防渗墙混凝土浇筑完成后,拆除导向槽,应把回填的沙砾料、黏土、反滤挖除,混凝土防渗墙向上接完后重新回填反滤和黏土,但当时施工没有估计到这个问题,没有将清除渗入水泥浆的反滤层重做,造成原有反滤失效没得到处理,因此当防渗墙接头漏水后,黏土没有反滤的保护,造成黏土流失几次形成漏斗。

防渗墙混凝土抗渗标号未达到设计要求,设计要求混凝土 60 d 龄期达到 W8,但从施工总结中查看前期、后期共有 16 组试件的抗渗试验结果试件强度等于或高于 W7 仅为 3 组,占 18.8%;试件强度等于或高于 W4 为 8 组,占 50%;试件强度低于 W4 为 8 组,占 50%。由以上数据分析,试件抗渗标号基本不合格。

防渗墙施工时,为了降低造价,曾在造浆黏土中掺入一部分粉质壤土,其胶体率、稳定性、泥皮厚度等几项指标都不满足当时的规范要求,实际检查开挖出的接缝夹泥较厚,并在夹泥中混有岩屑。

(2)防渗墙接缝漏水是大坝上游塌坑的主要原因

由于坝基混凝土防渗墙在施工工艺、混凝土抗渗标号及泥浆质量等存在较大的质量问题,从而造成防渗墙的接缝漏水是引起黏土破坏的主要原因,同时与缝的位置、反滤层是否破坏及地基颗粒组成也有着密切的关系。即漏水地点距坝基越近,水流直接冲刷反滤,是反滤破坏的原因之一。其次,防渗墙施工上存在问题,黏土下反滤层在混凝土造孔时被冲击钻切断,防渗墙混凝土浇筑后,反滤层断面与墙体之间不连续而被造孔泥浆相隔,破坏了反滤层,造成黏土流失而形成漏水漏斗。第三个原因是基础砂卵石地基多漂石,孔隙率较大,存在渗漏的通道。总之,上述因素中最主要的因素是防渗墙接缝漏水。

(3)初步结论

水库运行以来,上游坝坡四次发生塌陷(塌坑 10 处),均发生在高程在 430 m 平台附近,即位于坝基防渗墙顶的上方。通过 1978 年及 1983 年两次塌坑探查分析确认,塌坑的发生主要是由于防渗墙施工质量问题,引起接缝张裂漏水,防渗墙导向槽下部的反滤在施工中遭到了破坏,引起黏土流失,造成坝坡塌陷。因此,防渗墙接缝 26 条存在严重的开裂漏水可能,直接危及大坝安全。在以往仅处理的 8 条防渗墙接缝中,其中 3 条是采用旋喷法,而 1993 年发生的塌坑正位于 1983 年旋喷法处理的两个防渗墙接缝之间,旋喷法效果如何,有待进一步探查。防渗墙接缝大部分未作检查和处理,存在较大安全隐患。

3 防渗墙除险加固设计

3.1 防渗墙除险加固设计方案比较

(1)除险加固防渗墙形式比较

方案一:对原混凝土防渗墙进行接缝处理。根据《斋堂水库安全评价报告》,引起大坝上游塌坑的主要原因是防渗墙接缝存在大的缝隙,接缝处漏水,引起黏土流失,造成坝坡塌陷。因此,首先考虑的方案为对原混凝土防渗墙 26 条接缝进行处理。采用混凝土键槽处理接缝漏水,混凝土键槽位置在混凝土防渗墙接缝处,由 3 孔(或 4 孔)直径为 22 cm 的钻孔搭接而成槽形孔,孔内浇筑 C25 混凝土,先钻 1#、2#孔浇混凝土 48 h 后钻 3#孔,然后浇混凝土,三孔连成一个键槽,最大键宽 59 cm,有效键厚 14.4 cm。

方案二:新建高喷防渗墙。采用高压喷射法在原防渗墙下游新建防渗墙,高压喷射钻孔直径 146 mm,高压喷射浆液为水泥砂浆。

方案三:新建混凝土防渗墙。在原防渗墙下游新建混凝土防渗墙,防渗墙厚 0.8 m,防渗墙抗压强度等级 C15,抗渗强度等级 W10。

方案一仅对接缝进行处理,无法解决防渗墙防渗标号低的问题,并无法解决原防渗墙破坏了的反滤层,仍有可能产生渗流破坏。处理防渗墙接缝须将防渗墙上黏土覆盖清除,处理完后重新回填,施工难度大,工期长,且新老黏土防渗墙接缝处处理不当易造成新的安全隐患。

方案二高压喷射砂浆防渗墙黏土斜墙中成墙效果差,故喷(旋喷)墙与黏土结合处多数发生漏洞,影响防渗效果,高喷墙终凝前易被渗透水流击穿;且施工质量,特别是成墙质量,不易检测。

综上所述,方案一、方案二虽然工程造价较方案三低,但存在不能彻底解决防渗墙渗漏的风险,除险加固后,仍可能留下安全隐患。故经综合比较,推荐方案三:新建混凝土防渗墙方案。

(2)新建混凝土防渗墙位置确定

设计时对新建防渗墙设置于原防渗墙上、下游,紧邻原防渗墙、离原防渗墙一定距离进行了进一步比较。

新建防渗墙设于现状防渗墙上游,需加长黏土斜墙底部黏土防渗体水平段长度,增加工程投资;新建防渗墙设于现状防渗墙下游,与置于上游相比,不但能减少工程量,而且对现状防渗墙下游未发现已有渗水通道(裂缝)起到修补作用。故将新建防渗墙设置于现状防渗墙下游。

紧邻原防渗墙新建防渗墙,可使两道防渗墙连成一体,防渗效果最佳,但无论原防渗墙,还是新建防渗墙都不可能保证完全垂直,在钻孔的过程中,势必碰到原防渗墙,不但加大了施工难度,还将对大坝基础产生扰动。最终选择将新建防渗墙位置设在原防渗墙下游 3 m 处。

3.2　新建混凝土防渗墙设计

新建防渗墙桩号及长度均同原防渗墙,长 226.4 m,防渗面积 8 020 m²,底部一般伸入新鲜基岩 1 m,遇破碎带根据地质情况处理。

防渗墙与两坝头现有混凝土齿墙连接。为了保证接缝质量,连接处首先探测混凝土齿墙实际位置,然后预留数米长距离,钢板桩支护,人工开挖,现浇混凝土连接。

为了减小防渗墙完建后清除墙顶浮浆层对黏土齿墙的开挖量,减小对现状防渗墙的影响,新建防渗墙插入黏土齿墙 8 m,墙顶高于现状防渗墙 3 m,墙顶距现状黏土齿墙顶 2 m,墙顶高程 422.7 m。为了增大黏土渗径,黏土齿墙加厚 1 m,加厚后的黏土齿墙顶高程为425.7 m。新设防渗墙厚 0.8 m,混凝土防渗墙抗压强度等级 C15,抗渗强度等级 W10。防渗墙设计图见图 4。

为了进一步增大渗径,并避免墙顶黏土不均匀沉降产生裂缝,引起从墙顶沿防渗墙向下产生的渗漏,防止黏土细颗粒的流失,墙顶水平接 2 m 宽三元乙丙防水卷材。防渗墙顶三元乙丙防水卷材做法见图 5。

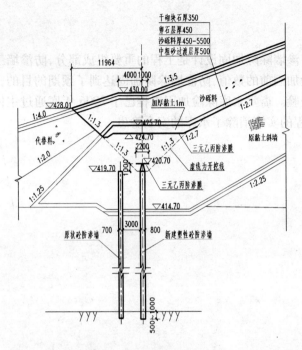

干砌块石厚350
卵石层厚450
沙砾料厚450~5500
中粗砂过渡层厚500

11964

4000 1000

△430.00 1:3.5

沙砾料

△428.01

加厚黏土1m

1:4.0

1:1.3

△425.70

代替料

1:2.0

△424.70

1:2.7

原黏土斜墙

1:1.3

三元乙丙防渗膜

△419.70

1:1.3

2200

△420.70

虚线为开挖线

1:1.25

三元乙丙防渗膜

1:2.25

△414.70

原状砼防渗墙 700

3000 800

新建塑性砼防渗墙

500~1000

图4 防渗墙标准断面图

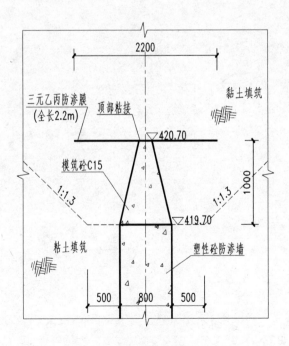

2200

三元乙丙防渗膜
(全长2.2m)

顶部粘接

黏土填筑

△420.70

模筑砼C15

1:1.3

1:1.3

1000

△419.70

粘土填筑

塑性砼防渗墙

500 800 500

图5 防渗墙顶做法

115

4 结 语

斋堂水库基础防渗墙除险加固设计是工程的重要组成部分,防渗墙工程完工后,水库的渗漏量大大小于除险加固前的数值,防渗墙除险加固达到了预期的目的,同时为今后类似的工程积累了一定的经验。斋堂水库除险加固工程已于 2006 年底通过主体工程验收,经过一年多的运行证明,工程的实施消除了水库的安全隐患。

东风水电站闸墩混凝土裂缝
原因分析及评价

李 莉

（中国水电九局）

摘 要：在东风水电站大坝巡检过程中，发现坝顶中表孔上游右侧闸墩混凝土出现宽约 0.5 mm、长 2 m 左右的竖向裂缝，该闸墩上布置有坝顶中孔、表孔启闭机室，它的稳定和安全关系到中孔、表孔的正常运行及整个枢纽工程的安全。因此，有必要对闸墩钢筋混凝土裂缝产生的原因进行分析，并对其危害性进行相关评价。

关键词：闸墩；裂缝；原因分析

1 概 况

东风水电站位于贵州清镇市和黔西县交界的乌江干流鸭池河上，是乌江水电梯级开发的第二级，距贵阳市 88 km。坝址以上控制流域面积 18 161 km²，水库总库容 10.25 亿 m³，属不完全年调节水库。电站枢纽主要由拦河坝、引水系统、泄洪系统、地下厂房等建筑物组成。拦河坝为混凝土双曲拱坝，最大坝高 162 m，坝宽 6 m，厚高比为 0.163。泄洪系统包括坝身 3 个中孔，3 个表孔，左岸泄洪洞和溢洪道。工程于 1994 年下闸蓄水，1995 年竣工，目前总装机容量为 695 MW。

大坝运行十几年后，巡检中发现在坝体上游面的 7#坝段中表孔右边闸墩上从 ▽ 978 m 高程往下至 ▽ 975 m 高程处出现了一条断断续约 3 m 长左右的细微裂缝，缝宽约 0.1 ~ 0.2 mm；9#坝段左表孔右边的闸墩上从 ▽ 978 m 高程往下至 ▽ 975.7 m 高程处出现了一条长约 2.3 m 的细微裂缝，缝宽约 0.1 mm。根据跟踪观测，至 2009 年未出现异常情况，但由于此部位关系到中孔、表孔的正常运行和整个枢纽工程的安全，所以有必要对裂缝的产生原因进行分析，并对其稳定性进行评价。

2 闸墩钢筋混凝土裂缝产生的原因分析

由于混凝土的组成材料、微观构造以及所受外界影响的不同，混凝土裂缝产生的原因很复杂，例如外载荷的作用、湿度、温度的变化、混凝土的收缩徐变，构件的配筋不合理以及施工方法不当等等都有可能引起混凝土构件的开裂，各类裂缝产生的主要影响因素有两种：一是荷载裂缝，是由外荷载引起的，包括常规结构计算中的各种外荷载所引起的主要应力以及其他的结构次应力造成的受力裂缝。二是非荷载裂缝，是指混凝土未受外荷载作用由其自身非受力变形变化引起的，主要包括温度变形裂缝、干缩裂缝、碱骨料反应产生的裂缝、自身体积变形引起的裂缝等。经初步分析，东风大坝坝顶闸墩混凝土产生裂缝的原因可能为以下几种。

2.1 混凝土干缩引起的裂缝

在闸墩混凝土硬化过程中,产生内部干缩而引起体积变化,当这种体积变化受到约束时,就可能产生干缩裂缝。干缩裂缝处在结构的表面,较细,其走向纵横交错,没有规律性。这类裂缝一般在混凝土露天养护完毕一段时间后,在表层或侧面出现,并随湿度和温度变化而逐渐发展。

2.2 温度变化引起的裂缝

混凝土具有热胀冷缩的性质,当环境温度发生变化时就会产生温度变形,当温度变形受到外部约束或内部约束时就产生拉应力,当这种应力超过闸墩混凝土的抗拉强度时就会产生裂缝,温度裂缝缝宽受温度变化影响较明显。表面温度裂缝多源于较大温差,闸墩混凝土在硬化期间放出大量水化热,内部的温度不断上升,使混凝土表面和内部温差很大。当温差出现非均匀变化时,如施工中过早拆除模板,冬季施工过早拆除保温层,或受到寒潮袭击,都会导致混凝土表面急剧的温度变化,使其因降温而收缩。此时,表面受到内部混凝土的约束,将产生很大的拉应力,而混凝土早期抗拉强度又很低,因此出现裂缝。但这种温差仅在表面处较大,离开表面就很快减弱,故这种裂缝只在接近表面较浅的范围内出现。深层裂缝贯穿性裂缝多缘于结构基础温差过大,如混凝土凝结和硬化过程中,水泥和水产生化学反应,释放出大量的热量,导致混凝土块体温度升高,后又在环境温度下逐渐下降,直至达到稳定(或准稳定,当混凝土体积变形受到约束时,由此产生的温度应力或温度变形超过混凝土当时的抗拉强度或极限拉伸应变时,就会形成裂缝。

2.3 荷载作用引起的裂缝

闸墩混凝土结构在常规静、动荷载产生的裂缝称为荷载裂缝。构件承受不同性质的荷载作用,其裂缝形状也不同,通常裂缝方向大致是与主拉应力的方向正交。结构受载后产生裂缝的因素很多,在施工中和使用中都可能出现裂缝。

由于闸墩上布置有并排的两根排架柱,柱中间设有 2 cm 宽的结构伸缩缝,两根柱的断面尺寸分别为 1.2 m×1.2 m 和 1.5 m×1.5 m,柱布置基本上占据了整个闸墩的前沿。缝两侧的排架结构尺寸均大致为 10 m×25 m×15 m(宽×长×高),排架结构刚度较大,自重和启闭力以及外部荷载的作用均将通过柱传至闸墩基础,基础两侧的不均匀张拉、剪切受力均有可能引起闸墩混凝土沿柱两侧出现裂缝。

2.4 材料质量引起的裂缝

闸墩混凝土主要由灰岩人工砂石骨料、普硅水泥、水及外加剂混合组成。若配置混凝土所采用原材料质量不合格,也有可能导致闸墩混凝土出现裂缝。

2.5 施工质量引起的裂缝

1)闸墩混凝土振捣时可能不密实、不均匀,内部出现蜂窝、麻面、空洞、导致钢筋混凝土锈蚀或其他荷载裂缝的起源点。

2)闸墩混凝土初期养护时可能急剧干燥,使得混凝土与大气接触的表面上出现一些不规则的收缩裂缝。

3)施工时拆模过早,闸墩早期混凝土强度不足,使得闸墩在自重或施工荷载作用下产生裂缝。

　　混凝土是一种脆性材料,抗拉强度是抗压强度的 1/10 左右,由于原材料不均匀,水灰比不稳定,或运输和浇筑过程中的离析现象,在同一块混凝土中其抗拉强度不均匀,存在着抗拉能力较低,易于出现裂缝的薄弱部位。在钢筋混凝土中,拉应力主要是由钢筋承担,混凝土只是承受压应力。在闸墩钢筋混凝土的边缘部位如果结构内出现了拉应力,则需依靠混凝土自身承担。一般设计要求不出现拉应力或者只出现很小的拉应力。但是在施工中混凝土由最高温度冷却到运转时期的稳定温度,往往在混凝土内部引起相当大的拉应力。当温度应力超过闸墩钢筋混凝土的拉应力就会出现裂缝。

3　闸墩混凝土裂缝出现后断面尺寸验算

3.1　闸墩断面尺寸验算

　　现从最不利的条件考虑,假设出现的裂缝沿闸墩 3.5 m 厚度中心线延伸贯穿至拱坝上游侧表面处,则可按悬臂牛腿验算截面尺寸大小和结构承载力情况。

　　表孔工作门固定卷扬机启闭容量为 2×630 kN,中孔事故检修门固定卷扬机启闭容量为3 600 kN。表孔工作闸门孔口尺寸为 11 m×7.1 m(宽×高),闸墩牛腿长 9.4 m,高 10 m 左右,启闭机室高 21.6 m,分五层布置,高程分别是 978 m、983 m、988 m、994.2 m、999.6 m,估算启闭机室自重分配至柱基础的荷载为 1 650 kN,启闭载荷为 315 kN,将两柱集中载荷作用简化为一集中荷载作用,集中荷载作用力为 3 930 kN,竖向力的作用点至下柱边缘的水平距离约为 6 m。

　　闸墩混凝土锚固在拱坝坝体上,受力近似于牛腿,它属于弯曲变形结构,按悬臂牛腿限制斜裂缝为控制条件来确定闸墩的高度 h:

$$h \leqslant \beta\left(1 - 0.5 \frac{F_{hs}}{F_{vs}}\right) \frac{f_{tk}bh_0}{\left(0.5 + \dfrac{a}{h_0}\right)} \tag{1}$$

式中:β——裂缝控制系数,对露天悬壁牛腿一般取 0.7;

　　　a——竖向力作用点至下柱边缘的水平距离;

　　　b——牛腿宽度,对悬臂牛腿取 150 cm;

　　　h_0——牛腿与坝面交接处的垂直截面有效高度;

　　　f_{tk}——C20 混凝土轴心抗拉强度标准值;

　　　F_{vs}——由载荷标准值按荷载效应的短期组合计算的作用于牛腿顶面的竖向力;

　　　F_{hs}——由载荷标准值按荷载效应的短期组合计算的作用于牛腿顶面的水平拉力。

　　经计算按悬臂牛腿限制斜裂缝为控制条件来确定闸墩的高度 $h = 420$ cm,远小于闸墩的实际高度(10 m),闸墩断面尺寸满足规范要求。

3.2　闸墩配筋计算

　　闸墩配筋计算按独立牛腿配筋计算方法进行,即水平受力钢筋由承受竖向力所需的受拉钢筋和承受水平拉力所需的锚筋组成,受力钢筋的总截面面积 A 由下式计算:

$$A \geqslant \frac{\gamma_d F_V a}{0.85 f_y h_0} + 1.2 \frac{r_d F_h}{f_y} \tag{2}$$

式中：γ_d——钢筋混凝土结构系数，$\gamma_d = 1.3$；

    a——竖向力作用点至下柱边缘的水平距离；

    f_y——受力钢筋的抗拉强度设计值，Ⅱ级钢筋，$f_y = 300$ N/mm²；

    F_v——作用于牛腿顶面的竖向力设计值；

    F_h——作用于牛腿顶面的水平拉力设计值。

经计算，闸墩按构造配置水平受力钢筋即可满足规范要求。

4 东风水电站坝顶闸墩裂缝危害性评价

经计算分析，闸墩混凝土开裂后的断面尺寸和配筋均满足规范要求，目前闸墩结构是安全的。

规范规定钢筋混凝土结构的最大裂缝宽度主要是为了保证钢筋不产生锈蚀。正常的空气环境中裂缝允许宽度为 0.3 ~ 0.4 mm，在轻微腐蚀介质中，裂缝允许宽度为 0.2 ~ 0.3 mm。目前东风大坝闸墩钢筋混凝土裂缝宽度已达 0.5 mm 左右，将会引起钢筋的锈蚀，对建筑物的承载能力有一定的影响。因此，应尽快时对闸墩钢筋混凝土裂缝进行处理。

桃林口水库大坝安全检测分析与评价

韩晓锋[1] 甄 理[2] 王育琳[1] 宣旭东[1] 高春波[1] 祁立友[1]

(1. 河北省桃林口水库管理局;2. 北京中水科海利工程技术有限公司)

摘 要:桃林口水库大坝始建于 1992 年 11 月,1998 年底竣工。随着工程运行年限的不断增长,工程的一些老化病害现象逐渐显现,有的已直接威胁工程的安全运行,限制了工程效益的发挥。2008 年 10 月,桃林口水库管理局委托北京中水科海利工程技术有限公司承担了桃林口水库大坝混凝土质量安全检测的任务,为桃林口水库大坝安全鉴定提供有力的科学依据。

关键词:桃林口水库;安全检测;混凝土缺陷

1 工程概况

桃林口水库位于滦河的主要支流青龙河上,是"八五"、"九五"期间水利部和河北省重点建设项目,是一座集供水、灌溉、发电、旅游为一体的现代化大型水利枢纽工程,始建于1992 年 11 月,1998 年底竣工,并于 2000 年 8 月通过国家竣工验收,工程总投资 18 亿元。大坝坝型为"金包银"式碾压混凝土重力坝,迎水面采用 3.5 m 厚常态混凝土作为防渗层,下游面采用 1.5 m 厚常态混凝土作为保护层,坝内为三级配碾压混凝土。坝顶全长 500 m,坝顶高程 146.5 m,最大坝高 74.5 m,总库容 8.59 亿 m³,水电站装机容量 2×10 MW,年发电量6275 万 kW·h。该工程每年可为秦皇岛市提供工业、港口和城市生活用水 1.82 亿 m³,为唐、秦地区补充农业水源 5.2 亿 m³,对冀东地区经济和社会发展具有十分重要的意义。

桃林口水库自投入运行以来,发挥了巨大效益。但是,随着工程运行年限的不断增长,工程的一些老化病害现象逐渐显现,影响了工程的耐久性及安全运行,影响工程效益的发挥。在此情况下,2008 年 10 月桃林口水库管理局委托中国水利水电科学研究院结构材料所、北京中水科海利工程技术有限公司承担了桃林口水库大坝混凝土质量安全检测的任务,为桃林口水库大坝安全鉴定提供有力的科学依据。

2 检测内容及检测方法

2.1 检测内容

1)水库坝面及廊道外观普查(渗漏、冻融破坏、裂缝、混凝土剥落、钢筋锈蚀等);

2)坝面典型裂缝的深度检测;

3)坝面及廊道混凝土强度检测;

4)混凝土碳化深度检测;

5)溢流坝段脱空检测。

2.2 检测依据

1)《水工混凝土试验规程》(DL/T 5150 - 2001);

2)《钻芯法检测混凝土强度技术规程》(CECS 03 88);

3)《回弹法检测混凝土抗压强度技术规程》(JGJ/T 23 - 2001)。

2.3 检测方法

2.3.1 混凝土裂缝的普查

对混凝土裂缝产生的形式、发生的部位进行普查,对裂缝的长度、宽度进行统计,并对2004 年修补的上游坝面裂缝部位作重点检查。混凝土裂缝宽度通过读数显微镜读取,其精度可达到0.1 mm。

2.3.2 坝面及廊道混凝土外观质量普查

对桃林口水库上、下游左右非溢流坝段、溢流坝段、泄洪底孔坝段及电站坝段(共五个坝段)存在的混凝土缺陷进行全面普查。上游库区现水位▽124 m,检测人员乘船靠近上游坝面,手持高倍望远镜对这五个坝段进行外观检测;由于廊道内没有照明设施,祗针对性地选取底孔消力池 0 + 145.35 纵向排水廊道、溢流坝消力池下封闭灌浆廊道、溢流坝消力池横向排水廊道及坝体主廊道进行局部检测。

2.3.3 典型裂缝深度的检测

混凝土裂缝深度检测主要按照水工混凝土试验规程中"超声波测量混凝土裂缝深度方法(平测法)"与取芯实测裂缝深度的方法来检测。

(1)超声波法检测混凝土裂缝深度

超声波检测混凝土缺陷(裂缝)的原理是:利用脉冲波在技术条件相同的混凝土中传播的时间(或速度)接收波的振幅和频率等声学参数的相对变化来判断混凝土的缺陷,当混凝土中有裂缝存在时,便破坏了混凝土的整体性,超声脉冲只能绕过裂缝(或空洞)传播到接收换能器,可以通过传播时间来计算裂缝的深度。

影响超声波法检测混凝土裂缝深度的精度主要有两个因素:第一是当裂缝内部充满水及其他介质,或者裂缝处在基本闭合状态时,脉冲波便经水或介质耦合层或裂缝的接触面穿过裂缝直接到达接收的换能器,因此就不能反映出裂缝的真实深度;第二是当有钢筋穿过裂缝时,脉冲波将直接沿钢筋传播,检测结果也会出现较大的误差。本次检测的典型裂缝基本处于干燥状态,但是,有些裂缝缝隙内部充填杂质,局部处于闭合状态,对测量精度有一些影响。

(2)取芯检测混凝土裂缝深度

由于超声法检测混凝土裂缝深度具有一定局限性。为提高检测结果的可靠性,又通过钻芯实测裂缝深度,将超声波检测和芯样实测的结果进行综合分析,对混凝土裂缝深度作出比较准确的判断。

2.3.4 混凝土强度检测

混凝土强度检测的方法可分为无损检测和有损检测两种。无损检测是指在不破坏混凝土结构整体的情况下,通过测定某些与混凝土抗压强度具有一定相关的物理参量来推导混凝土强度,其适用于混凝土结构进行大面积的检测;有损检测是指对被检测的混凝土进行局部破坏以推算混凝土强度的一种方法。

本次检测采用无损检测－回弹法,它是根据混凝土表面硬度来推导混凝土的强度。

2.3.5 混凝土的碳化检测

混凝土的碳化是指混凝土因水泥水化产物 $Ca(OH)_2$ 与空气中 CO_2 生成 $CaCO_3$ 的中性化过程,而钢筋混凝土中防止钢筋锈蚀,其表层有钝化膜保护,该钝化膜只能在碱性环境下才能稳定存在。混凝土的碳化使混凝土碱度下降,当 pH 值降至 11.5 以下时,钢筋周围的致密钝化膜就受到破坏,在水和氧气得到满足的条件下,钢筋就开始锈蚀。混凝土碳化深度的检测对推导混凝土抗压强度、评估钢筋的锈蚀程度以及结构的安全状况有着重要的意义,混凝土碳化深度是评价混凝土耐久性的重要指标之一。

2.3.6 溢流坝段溢流面混凝土质量检测

桃林口水库溢流坝段布置在主河槽部位偏左,全长 207 m,分 12 个坝块,坝块编号 11#~22#,其中 11#和 22#坝块长 12.5 m,其余坝块长 18.2 m。这 12 个坝块组成 11 个溢流孔,从右向左依次编号为 1#孔~11#孔,随机选取了 2#、4#、6#、8#和 10#孔下游溢流面进行混凝土质量检测,除了统计和普查溢流面存在的裂缝(包括渗水裂缝)缺陷,还采用锤击的方法对溢流面混凝土脱空部位及脱空面积进行统计,以最终确定溢流面混凝土遭到破坏的程度。

3 检测结果及分析

检测期间,上游库水位在 ▽124 m 左右。因受水位限制,本次大坝上游面混凝土质量的检测部位是:▽124 m 高程以上两岸非溢流坝段、溢流坝段、泄洪底孔坝段及电站坝段(共五个坝段)的混凝土缺陷;下游面混凝土质量的检测部位是:两岸非溢流坝段、溢流坝段、电站坝段混凝土背管、坝体廊道及消力池廊道混凝土缺陷。两岸非溢流坝段、溢流坝段、泄洪底孔坝段、电站坝段共五个坝段)及廊道内的混凝土强度、碳化深度的检测。

3.1 大坝混凝土质量外观普查结果及分析

3.1.1 上游面外观普查结果及分析

2004 年北京中水科海利工程技术有限公司曾对桃林口水库大坝上游坝面▽114.7 m 高程以上混凝土缺陷进行了防渗处理。此次只能检测上游▽124 m 水位以上的混凝土坝面。通过检测发现,坝体上游面混凝土质量整体较好,但是,坝面局部也存在新的混凝土缺陷,其中,上游面底孔坝段和电站坝段新发现四条裂缝,拦污栅排架混凝土麻面较多;两岸非溢流坝段、底孔坝段混凝土表面局部存在冻融剥蚀现象,部分钢筋外露锈蚀。7#电站坝段有两条裂缝,其中一条裂缝长约 19.5 m,垂直水面并没入水下,裂缝宽 0.3 mm;另一条长 3 m 的竖向裂缝也没入水下,缝宽 0.4 mm;10#泄洪底孔坝段东立面墙有 2 条裂缝,其中一条裂缝长约 18.6 m,垂直水面并没入水下,缝宽 0.35 mm;另一条长约 3.2 m 竖向裂缝没入水面下,缝宽 0.4 mm;21#溢流坝靠近堰顶处有 1 条长约 40 cm 裂缝,宽约 0.2 mm;

左侧非溢流 28#坝段有 2 处渗水,长度约 30 cm,宽 0.2 mm。

在溢流坝段上游面 11 孔浮动检修闸门底座水平钢板出现锈蚀破坏,而且水平钢板上部聚合物砂浆表层均出现不同程度的龟裂。

3.1.2　桃林口水库下游面外观普查结果及分析

坝体下游面混凝土质量普查包括,两岸非溢流坝段、溢流坝段、电站坝段压力钢管外包混凝土的检测。

（1）非溢流坝段

右岸非溢流坝段下游面混凝土裂缝比较多,缝隙均比较宽,有些裂缝还存在渗水的痕迹,混凝土裂缝共计 20 条,裂缝长度约 115.6 m。

左岸非溢流坝段下游面的混凝土裂缝较右岸非溢流坝段下游面少,并且裂缝的长度较短,混凝土裂缝共计 19 条,裂缝长度约 71.5 m。但混凝土剥蚀破坏严重,尤其在靠近基础部分,主要是冻融破坏所致,最大面积达 2.5 m²。

（2）电站坝段

下游面三台机组的压力钢管外包混凝土平整度较差,局部混凝土有错台,施工期间补过的混凝土裂缝大部分已经失效,表面砂浆封闭的裂缝重新开裂,局部钢筋锈蚀,钢筋的受力截面积减小。同时,电站坝段下游坝面和压力钢管混凝土表面共产生 5 条裂缝,最大缝宽0.3mm。

（3）泄洪底孔

底孔坝段下游面混凝土外观整体质量较好,在 9#坝段靠近 10#坝段处有 1 条竖向裂缝,长度约 4.3 m,缝宽约 0.4 mm。

（4）溢流坝段

溢流坝段下游溢流面混凝土存在较多裂缝,裂缝多为混凝土浇筑层间接缝,呈水平走向,并且裂缝宽度比较大。通过分析,大多数裂缝属于贯穿性裂缝,裂缝呈现渗水,裂缝中钙质析出比较严重。

3.1.3　廊道普查结果及分析

对坝体廊道先后进行了底孔消力池廊道、溢流坝消力池廊道和主坝廊道的混凝土质量普查。普查结果表明,检测期间▽110 高程的廊道相对干燥,底下高程检测的廊道环境均比较潮湿,廊道内混凝土边墙裂缝比较多,渗水面分布比较广,钙质析出物较多。

3.2　上、下游坝面及下游溢流面混凝土裂缝深度检测

混凝土裂缝深度的检测主要按照水工混凝土试验规程中"超声波测量混凝土裂缝深度方法(平测法)"与取芯实测裂缝深度的方法来检测。

通过对桃林口水库上、下游坝面的裂缝普查发现,在两岸非溢流坝段▽124m 水位以上没有发现新产生的混凝土裂缝,原先的裂缝经过 2004 年修补加固后,基本上没有继续发展,但在水位变化区裂缝表面封闭材料局部脱落。

在坝面上游底孔坝段和电站坝段各发现两条新裂缝,其中各有一条长裂缝直通▽124 m水面下,其长度分别超过了 18.6 m 和 19.5 m。

溢流坝段 11 个溢流面及下游两岸非溢流坝段普遍存在混凝土裂缝,裂缝多且裂缝宽度较大,多数混凝土裂缝存在渗水现象。

2001 年曾在上游坝面选取了 17 条裂缝进行超声波无损检测,同时钻取 7 个混凝土裂缝

芯样,以校核混凝土裂缝无损检测的结果。本次检测又在2#及4#溢流孔的混凝土底板、左岸非溢流坝段和右岸非溢流坝段各选择一条典型裂缝进行超声波裂缝深度无损检测。

3.3 混凝土强度的检测

本次混凝土强度的检测采用回弹法,回弹检测时采用新型的HT1 000中型回弹仪,适用于桃林口水库混凝土结构物强度的大面积检测。桃林口水电站混凝土强度检测分为左侧非溢流坝段、溢流坝段、底孔坝段、电站坝段、右侧非溢流坝段、消力池廊道六个部分。其中,左侧非溢流坝段分为上游坝面、下游坝面和廊道三个部分,布置了22个测区;溢流坝段分为上游坝面、下游溢流坝面(2#孔、4#孔、6#孔、8#孔及10#孔)和廊道三个部分,布置了62个测区;电站坝段分为上游坝面和下游背管混凝土两个部分,布置了12个测区;底孔坝段在上游坝面布置了6个测区;右侧非溢流坝段分为上游坝面、下游坝面和廊道三个部分,布置了18个测区;下游消力池廊道进行了底孔消力池廊道和溢流坝段消力池廊道的混凝土强度检测,一共布置了22个测区。

检测结果表明,左侧非溢流坝段、电站坝段、底孔坝段、右侧非溢流坝段、消力池廊道混凝土平均强度虽然都能满足设计要求,有的还远远超过设计标准。但是,上游坝面和廊道局部混凝土检测强度还不到20 MPa,最小检测强度只有12.43 MPa,低于设计C9 020标准,混凝土的浇筑质量存在不均匀性;溢流坝段的溢流坝面混凝土平均强度达到49.71 MPa,满足C9 030的设计强度等级的要求。同样,2001年水库上游坝面第22#坝段所取的混凝土芯样,在室内加工成试件的实测抗压强度为41.2 MPa,也远高于混凝土设计强度等级。

3.4 混凝土碳化深度的检测

本次对桃林口混凝土碳化深度检测位置主要集中在左侧非溢流坝段、溢流坝段、底孔坝段、电站坝段、右侧非溢流坝段、消力池廊道及主廊道七个部分。

从碳化深度检测结果看,桃林口水库混凝土结构物的碳化程度分布不均,左岸非溢流坝段的下游坝面、电站坝段上游坝面及右岸非溢流坝段上、下游坝面的混凝土碳化深度比较严重,平均值均超过20 mm,最大检测区混凝土碳化深度达51.5 mm,已经影响到混凝土的整体质量。

3.5 溢流面混凝土质量检测

从11个溢流孔中,选择2#、4#、6#、8#及10#孔进行溢流面的混凝土脱空检测。检测人员手持铁锤对五个溢流面混凝土逐一锤击、敲打,通过敲击的回声,判断混凝土溢流面是否存在脱空现象。

检测结果表明,五孔溢流面混凝土均未发现脱空现象。但是溢流面混凝土存在大量的水平向裂缝,大多数为施工层间接缝,且有渗水现象,判定为贯穿性裂缝。缝隙白色钙质析出物严重,不仅影响外观,若不及时处理必将严重影响溢流坝段混凝土的耐久性和使用功效。

4 桃林口水库大坝安全检测分析结论和评价

1)上游坝面混凝土裂缝经过2004年施工修补后,已经大有改观,但水位变化区内的混凝土局部还存在冻融剥蚀破坏,11孔浮动检修闸门底座水平钢板经过多年运用以后,均出

现程度不同的锈蚀破坏,有些修补的聚合物砂浆表面出现了龟裂及白色钙质析出现象;

2)底孔坝段及电厂坝段上游面新产生了 4 条混凝土裂缝。通过检测,裂缝的深度均没有超过 300 mm,但是,其中 2 条裂缝的长度均从坝顶防浪墙底部一直贯入水下,有必要对上游坝面裂缝进行修补,以恢复混凝土上游坝面的整体性及防渗作用;

3)左非溢流坝下游面混凝土剥蚀破坏较严重,破坏面积大,混凝土骨料外露严重,局部混凝土剥蚀深度达 5 cm 以上;右非溢流坝下游面存在大量的混凝土裂缝,缝隙较宽,有些缝隙中已经布满杂草和青苔,破坏较严重;

4)下游 11 孔溢流面混凝土通过普查没有发现脱空现象,但是混凝土存在较多的施工层间接缝。检测表明,多数层间接缝属于贯穿性渗水裂缝,裂缝处钙质析出现象严重;

5)下游电站坝段三台机组混凝土引水背管局部混凝土有错台,前期裂缝虽然采用薄层砂浆修补过,但是大部分修补材料已经失效,砂浆重新裂开,混凝土内部钢筋局部锈蚀;

6)通过对坝体溢流坝段消力池廊道、底孔消力池廊道和主坝廊道的检测,发现廊道比较潮湿,部分廊道两侧墙面及排水沟内存在大量钙质析出物;

7)混凝土强度监测表明,左、右非溢流坝段、电站坝段、底孔坝段及消力池廊道的混凝土平均强度均能满足设计要求,其中,溢流坝段的溢流坝面混凝土平均强度达到 49.71 MPa,远远高于 $C_{90}30$ 的混凝土设计强度等级。但是,上游坝面和廊道局部混凝土检测强度小于 20 MPa。可以看出混凝土浇筑质量存在较严重的不均匀性;

8)混凝土碳化深度检测结果表明,混凝土碳化程度深浅不一,左岸非溢流坝段的下游坝面、电站坝段上游坝面及右岸非溢流坝段上、下游坝面的混凝土碳化深度比较严重,平均值均超过 20 mm,最大检测区混凝土碳化深度达 51.5 mm,已经影响到混凝土的整体质量。

通过对桃林口水库大坝的安全检测,认为大坝混凝土总体质量较好,但还存在许多混凝土质量及局部缺陷。为了确保大坝安全运行,发挥正常效益,建议尽快对目前已发现的混凝土缺陷进行处理。

京密引水渠混凝土建筑物缺陷原因分析

钟海涛　王智敏

（北京京密引水管理处龙山所）

摘　要：通过对京密引水渠沿线水工建筑物全面、系统的检测和评估，对建筑物的现状和老化病害有了一个全面的了解，本文重点分析了引水渠建筑物缺陷的成因，为修补加固和维护提供了可靠依据，可供类似工程借鉴。

关键词：京密引水渠；混凝土建筑物；缺陷；成因分析

1　前　言

北京市京密引水渠上建筑物众多，有各类闸、倒虹吸、涵洞、山洪桥等百余座混凝土建筑物，均建于 20 世纪 60 年代。工程投入运行后，发挥了巨大效益。经过近 50 年的运行，大部分工程的老化病害现象日趋严重，主要病害为混凝土裂缝、冻融剥蚀、碳化、钢筋锈蚀等，某些涵洞、倒虹吸渗漏的现象也比较严重。引水渠混凝土建筑物的老化病害已直接威胁工程的安全运行，限制了工程效益的发挥，同时，由于建筑物渗漏造成输水沿程损失严重。通过对京密引水渠沿线水工混凝土建筑物全面、系统的检测和评估，对建筑物的运行现状和老化病害有了一个全面的了解，本文重点分析了引水渠建筑物缺陷的成因，为修补加固提供了可靠依据。

2　京密引水渠建筑物产生缺陷的原因

2.1　混凝土裂缝产生的原因

混凝土产生裂缝的原因是多方面的，主要原因如下。

2.1.1　温度应力

水工混凝土建筑物的裂缝中，尤其是尺寸或体积较大的结构物中，裂缝的产生往往与温度应力过大有关。

1）设计中未考虑温度应力；在设计过程中就没注意到温度应力问题（包括施工期和运行期可能产生的温度应力），没有采取必要的工程措施，也未对施工单位提出温度控制措施，致使结构物在施工期或运行过程中出现了裂缝。

2）温控措施不严而产生裂缝；施工中不能很好控制混凝土温度，如入仓温度过高、冷却措施不力、浇筑块表面保温不够，间歇时间过长等均会使坝体混凝土产生裂缝。

2.1.2　混凝土强度低，均匀性差

混凝土强度低，均匀性差是产生裂缝的内在原因。由于设计或施工不良等原因，使建筑物混凝土强度较低或均匀性差，则此种混凝土的抗裂性就较低，往往容易引起裂缝。

2.1.3 混凝土初期养护不当

置于未饱和空气中的混凝土因水分散失而引起的体积缩小变形,称为干燥收缩变形,简称干缩。干缩仅是混凝土收缩的一种,除干燥收缩外,混凝土还有自生收缩(自缩)、温度收缩(冷缩)、碳化收缩等。正因为干缩扩散速度小,混凝土表面已干缩,而其内部不缩,这样内部混凝土对表面混凝土干缩起约束作用,使混凝土表面产生干缩应力。当混凝土干缩应力大于混凝土抗拉强度时,混凝土就会产生裂缝,这种裂缝称为干缩裂缝。

2.1.4 钢筋锈蚀

混凝土中钢筋发生锈蚀后,其锈蚀产物(氢氧化铁)的体积将比原来增加 2~4 倍,从而对周围混凝土产生膨胀应力。当该膨胀应力大于混凝土抗拉强度时,混凝土就会产生钢筋锈蚀裂缝。钢筋锈蚀裂缝一般都为沿钢筋长度方向发展的顺筋裂缝,京密引水许多闸墩、涵洞顶面等结构均出现钢筋严重锈蚀现象。

2.1.5 超载裂缝

当建筑物遭受超载作用或地震时,其结构构件产生的裂缝,一些跨渠桥梁由于荷载增加,造成桥梁及桥墩裂缝。

2.2 水工混凝土建筑物渗漏的原因

水工混凝土建筑物的主要任务就是挡水、输水,因此,一旦产生渗漏就可能从根本上削弱挡水建筑物的主要功能。渗漏会使混凝土产生溶蚀破坏,引起并加速其他病害的发生和发展,进一步破坏水工混凝土的耐久性。大量的渗漏水,不但会使水利效益受到影响,而严重的将会对水工混凝土建筑物本身产生破坏,甚至影响建筑物的稳定和安全运行。

水工混凝土建筑物的渗漏主要是由混凝土内部有孔洞、裂缝、伸缩缝止水失效等原因引起的,从目前水工混凝土建筑物渗漏的情况来看,产生渗漏可归纳为如下原因。

1)凡挡水的混凝土建筑物,大都存在有渗漏水的现象,而且渗漏水均会造成混凝土中氢氧化钙的溶出性侵蚀,从而在混凝土外部形成白色或带其他颜色的钙质结晶物质;

2)挡水建筑物渗漏量的大小,往往与水位升降,水压大小有关,当水位低,水压小时,可以暂时停止渗漏;

3)裂缝,尤其是贯穿性裂缝是产生渗漏的主要原因,而漏水程度又与裂缝的性状(宽度、深度、分布)及温度,干湿循环等有关。冬季温度低,裂缝宽度大,在同样水位下,渗漏量就大。

4)建筑物混凝土施工质量差,密实程度低,甚至出现蜂窝狗洞,从而引起在混凝土中的渗漏,也是大坝出现渗漏较普遍的原因。

5)止水结构失效也是引起挡水建筑物渗漏的重要原因。如伸缩缝止水带老化,止水片材料性能不佳(如易腐蚀的白铁皮),施工工艺不当等也均会引起水的渗漏。

2.3 混凝土的冻融破坏产生的原因

冻融破坏是指水工建筑物已硬化的混凝土在浸水饱和或潮湿状态下,由于温度正负交替变化(气温或水位升降),使混凝土内部孔隙水形成冻结膨胀压、渗透压及水中盐类的结晶压等产生的疲劳应力,造成混凝土由表及里逐渐剥蚀的一种破坏现象。引起混凝土冻融破坏的主要原因如下。

（1）负温和冻融循环是混凝土冻融破坏的首要条件

众所周知，有了负温和水才能产生冰冻现象，在负温条件下混凝土内部空隙水冻结，在正温条件下混凝土空隙水融化，一冻一融，反复循环造成疲劳应力，使混凝土遭受到破坏。形成冻融的条件有两种情况，一种是气温的正负变化，特别是日光辐射使混凝土表面产生温度正负交替，一种是冬季水位涨落，使混凝土表面出现冻融。反复冻融循环的次数越多，越频繁，使混凝土失去再生能力的恢复期，则混凝土的冻融破坏越严重。其次是温度越低，混凝土冻结深度越大，混凝土的冻融破坏越厉害。当然负温和冻融循环次数二者比较起来影响较大的是后者，这是很容易理解的，虽然负温很低，但冻了再不融化或很少融化，破坏作用的次数就减少了，所以危害相对减轻，反之若冻融次数多，则破坏加重，这就是我国南方一些天气并不太冷，而混凝土冻融破坏却也屡屡出现的主要原因之一。

（2）混凝土干湿状态对冻融破坏的影响

水是造成冻融破坏的一个重要因素，避免水分渗入混凝土、减少水对混凝土的浸泡时间和次数，尽量使混凝土处于干燥状态运行，将减少冻融破坏，延长工程的使用寿命。

（3）施工质量差

施工质量对混凝土抗冻性起着决定性的影响，许多在室内试验具有一定抗冻能力的混凝土，现场施工却常常满足不了要求，合格率降低，施工质量越差，问题越严重。主要表现在：

1）混凝土浇捣不密实，不振、漏振的现象比较严重；

2）材料的称量、混凝土的搅拌、浇捣、养护等各项配制工艺，如果草率从事均会降低混凝土质量；

3）水灰比控制不严。如果水灰比过大，混凝土中游离水越多，孔隙就越多，密度就越小，因而也就降低了混凝土的抗冻能力。当水灰比大到一定程度时混凝土的抗冻性是很低的。试验结果表明，当水灰比大于 0.65 抗冻次数甚至不足快冻 20 次。水灰比大于 0.6 抗冻性急骤下降；

4）冬季施工保温措施跟不上，早期受冻屡有发生；夏季施工，养护跟不上，水分蒸发快出现早干现象；破坏混凝土的结构，降低混凝土强度与抗风化能力。

（4）使用材料不当

1）水泥品种牌号混杂，品种选择不当。水泥对混凝土的抗冻性影响很大，我国目前生产的五大水泥品种，以火山灰水泥抗冻性最差。有些工程因施工当时材料紧缺，为了赶施工进度，忽略抗冻性，什么水泥都用，如许多工程使用了 300# 或 400# 矿渣及火山灰水泥；有些工程还掺了大量的原状粉煤灰、烧黏土、烧白土等惰性掺和料，则大大降低了混凝土的抗冻耐久性，致使产生严重冻融破坏。

2）砂石骨料的影响。一般砂石本身质量尚都合乎质量要求，但问题是施工中往往不加冲洗或冲洗不净是比较普遍存在的现象。另外，粗骨料不分级，混合使用，超逊含量高也普遍存在。粗骨料级配好坏，直接影响混凝土的密实性；含泥量超过一定限值，带进混凝土中，就等于往水泥中加惰性掺和料，对混凝土抗冻性影响很大，十分不利。

如京密引水渠的 1~6 号跌水节制闸闸墩、怀柔水库西溢洪道表面等建筑物出现严重冻融破坏,有的部位混凝土剥蚀深度达 20 cm 以上,严重威胁建筑物的安全运行。

2.4 混凝土的碳化

混凝土建筑物随着运行年限的增长,都会出现老化现象,主要表现在混凝土的碳化和内部钢筋锈蚀。混凝土碳化是指混凝土硬化后其表面与空气中的 CO_2 作用,使混凝土中的水泥水化生成产物 $Ca(OH)_2$ 生成 $CaCO_3$,并使混凝土孔隙溶液 pH 值降低。而防止钢筋产生锈蚀的表面钝化膜只能在碱性的环境下才能稳定存在,当混凝土孔隙溶液碱度降低时,这层钝化膜也随之瓦解,失去了对钢筋的屏障作用,在电化学反应的作用下,钢筋表面逐渐反应生成 $Fe(OH)_3$,导致钢筋锈蚀。混凝土碳化还会导致混凝土裂缝。

碳化速度的主要影响因素是混凝土自身的密实度和其所处的环境条件,主要包括大气中二氧化碳浓度和相对湿度。二氧化碳的浓度越高,碳化越快,当大气相对湿度为 50% 左右时,碳化最快,湿度过高或过低都会阻碍碳化的发展。

京密引水建筑物大部分结构均出现混凝土严重碳化现象。特别是闸墩,工作桥的板、梁、柱,过水涵洞顶板等部位。

2.5 钢筋混凝土结构中钢筋的锈蚀

水工钢筋混凝土结构中钢筋的锈蚀破坏是一种普遍存在的病害。水工钢筋混凝土结构中,钢筋之所以出现锈蚀破坏,其原因主要有两方面。一方面是由于混凝土遭受空气中 CO_2 的侵蚀,使"碱度"降低而形成"碳化",当混凝土的碳化深度达到钢筋保护层厚度时,就会使钢筋表面原有的钝化膜破坏,这时钢筋在水和氧的作用下就产生了电化学腐蚀,从而造成钢筋的锈蚀;另一方面的主要原因是钢筋混凝土结构施工中掺入了带氯离子的外加剂如氯化钙等,而氯离子是钢筋锈蚀的强烈活化剂,国外一些资料表明,当混凝土中氯离子含量达到水泥重量的 0.4% 时,钢筋即开始锈蚀。而当钢筋混凝土结构中,钢筋一旦发生锈蚀时,将出现体积膨胀,膨胀量在 2~4 倍左右,此时在混凝土中将产生很大的膨胀应力,从而将钢筋外面的混凝土保护层胀裂,形成沿钢筋的裂缝,称为"顺筋裂缝",而裂缝的出现,又使空气中的 CO_2、氧气、水更容易进入混凝土内部,这更加速了碳化和锈蚀的发展,钢筋和混凝土之间的黏结力大大削弱,外部混凝土保护层被崩落,钢筋裸露,有效断面因锈蚀而削弱,承载能力迅速下降,最后甚至可能引起部分结构或整个建筑物的倒塌。京密引水建筑物运行 50 年,多数钢筋混凝土建筑物出现钢筋锈蚀现象,有的已严重威胁到建筑物的安全运行。

3 结 语

京密引水渠混凝土建筑物的老化主要表现为混凝土裂缝、冻融破坏、碳化、钢筋锈蚀及混凝土脱落等,在全面掌握建筑物缺陷的基础上,需对建筑物缺陷成因进行分析,并针对不同的建筑物的特点及缺陷情况,制定补强加固方案。近几年已对秦屯山洪闸、西崔村涵洞、刘各庄涵洞、范各庄涵洞、东流水涵洞、麻峪涵洞及十多座跌水节制闸进行了补强加固及防碳化处理,取得了良好效果,保证了京密引水渠的安全运行。

四川松潘县石嘴桥的安全性分析与评价

訾洪利　朱贤哲

（安徽省水利水电勘测设计院工程质量检测所）

摘　要：2008 年 5 月 12 日，四川汶川发生里氏 8 级特大地震，这是建国以来破坏性最强、波及范围最广、救灾难度最大的一次地震，据不完全统计地震造成受损桥梁 2 900 多座/15.2 万延米，许多路段的路基、涵洞全部损毁，桥梁断塌或成为危桥，给救援工作带来及大的困难。本文通过对石嘴桥进行现场安全检测及分析评价，为检测人员对震损建筑物的检测及设计人员以后的抗震设计提供参考。

关键词：地震破坏；裂缝类型；受力特性；常见病害；共性病害；次生灾害

1　前　言

2008 年 5 月 12 日，四川汶川发生里氏 8 级特大地震，这是建国以来破坏性最强、波及范围最广、救灾难度最大的一次地震。四川省松潘县川主寺镇属 5.12 地震影响地区，为全面客观地了解川主寺镇桥梁震害后的工程现状，预防震后次生灾害发生，安徽省水利水电勘测设计院工程质量检测所于 2008 年 10 月 18 - 27 日对岷江川主寺段河道上的石嘴桥、红星桥、岷江源桥三座桥梁进行现场工程质量检测及安全性评价。本文仅重点介绍受损较为严重的石嘴桥。

2　检测依据

1)《回弹法检测混凝土抗压强度技术规程》JGJ/T23 - 2001

2)《公路桥涵设计通用规范》（JTG D60 - 2004）

3)《公路圬工桥涵设计规范》（JTG D61 - 2005）

4)《公路工程质量检验评定标准》（JTG F80/1 - 2004）

5)《公路水泥混凝土路面施工技术规范》（JTG F30 - 2003）

3　检测方法

3.1　桥梁基本情况调查

现场调查各构部件结构型式；采用全站仪、50 m 皮尺、钢卷尺等工具，对其主要构部件尺寸进行量测。

3.2　构件主要技术指标检测

（1）构件混凝土强度检测

鉴于桥梁病害严重，为满足无损检测的要求，依据《回弹法检测混凝土抗压强度技术规程》(JGJ/T23－2001),现场采用回弹法检测部分主要受力构件的混凝土强度。

（2）石材强度检测

依据《公路圬工桥涵设计规范》(JTG D61－2005)进行,现场采用取芯法检测桥台台身的石材强度。

（3）钢筋保护层厚度检测

测定部分混凝土构件的钢筋保护层厚度,配合对应位置的混凝土碳化深度值,来了解混凝土构件内的钢筋是否锈蚀。基于涡流和脉冲原理,本次检测使用 Profometer 5 保护层厚度测试仪。

3.3 桥梁病害检查

对桥梁进行全面检查,对病害情况进行描述、记录和拍照,采用读数显微镜、裂缝宽度比对卡、游标卡尺、钢卷尺等工具精确量测构件破损规模及位置。

具体检查内容有:桥体各构部件是否完善、完整;检查桥面纵横坡及排水情况,铺装层有无裂缝等病害,桥头有无跳车,护栏有无缺损;检查桥跨结构有无裂缝、变形、变位等病害;检查桥台与路堤连接部位有无异常;检查桥台有无变位、毁坏,配套构造物有无坏损;调查桥体砌筑材料有无老化、受侵蚀;对于震区桥梁,调查其震害程度。

4 检测成果及分析评价

4.1 基本情况

石嘴桥为空腹式圬工拱桥,建成于 1973 年 10 月。主拱圈、腹拱圈、立墙均为素混凝土结构,桥台台身为浆砌条石结构(台帽为混凝土结构,锥坡为浆砌块石结构),桥面系为钢筋混凝土结构,见图 1。

设计荷载为汽－15 挂－80,桥总长 25.15 m,桥面总宽 9 m = 6.5 m(净) + 2 × 1.25 m (人行护栏),桥高 9.1 m。主拱圈净跨径 L_0 = 18.0 m,净矢高 f_0 = 2.88 m,计算跨径 L = 18.465 m,计算矢高 f = 2.954 m,实测矢跨比 $D = f/L$(或 $D_0 = f_0/L_0$) = 2.88/18 = 1/6.25,设计矢跨比 = 1/6,主拱圈厚度 80 cm(宽度 6.5 m);腹拱圈为直径 1.6 m 的半圆拱,拱厚 50 cm (拱宽 6.5 m);立墙厚度 70 cm,长 6.5 m。

依据石嘴桥相关资料得知,设计矢跨比为 1/6,现场实测的矢跨比为 1/6.25,与设计值略有不同,说明拱圈的拱轴线(较设计值)偏坦,因此对桥台的实际水平推力较设计值(Hd)为大。

4.2 构件主要技术指标

现场采用回弹法检测拱圈及立墙的混凝土强度,采用取芯法检测桥台台身的石材强度,检测成果如下:

1）主拱圈混凝土强度推定值为 23.4 MPa,强度等级定为 C20。

2）腹拱圈混凝土强度推定值为 23 MPa,强度等级定为 C20。

3）左侧立墙混凝土强度推定值为 20.2 MPa,强度等级定为 C20。

4）右侧立墙混凝土强度推定值为 24.2 MPa,强度等级定为 C20。

5）桥台台身的石材强度等级为 MU40。

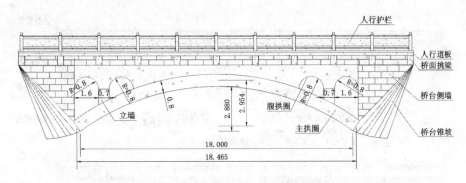

图1　石嘴桥立面图

说明:图中尺寸均以 m 计

主、腹拱圈的实测混凝土强度等级均为 C20,达不到《公路圬工桥涵设计规范》(JTG D61 - 2005)规定的拱圈材料最低强度等级 C25 的要求;桥台台身的实测石材强度等级为 MU40,达到《公路圬工桥涵设计规范》(JTG D61 - 2005)规定的桥台材料最低强度等级 MU40 的要求。

4.3　桥梁震害情况分析

现场检查发现,各构部件存在砌筑材料老化等共性病害,部分构件存在结构裂缝等特性病害。检查过程中,详细记录病害部位、规模及型式,采用读数显微镜、缝宽比对卡对缝宽等数据进行高精度量测,检测成果见图2。

(1)主拱圈裂缝问题

主拱圈出现的裂缝大致分为两类:一类是恒载、活载或结构位移引起的结构受力裂缝,另一类是由于混凝土干缩引起的塑性收缩裂缝或由于温度引力引起的温度裂缝。后者的主要特征是宽度较小,长度短,此类裂缝一般仅出现在结构受力的薄弱环节,不会对结构的实际安全造成显著影响。但在长期荷载反复作用(或地震荷载)下,特别是超载车辆的大量增加,致使结构实际处于超负荷运营状态,会加重第一类裂缝的发展。结构裂缝是结构缺陷的集中体现。

该桥主拱圈裂缝特征具体表现为:出现在拱脚附近的拱背径向缝,垂直拱轴线,由拱圈上缘向下延伸 70 cm 而闭合,拱圈上缘(拱背面)最大缝宽 0.7 mm,贯穿拱圈宽度(顺水流方向)。鉴于主拱圈裂缝特征,定为结构裂缝。

通常来讲,主拱圈常见的结构裂缝类型有:轴压破坏裂缝、剪切破坏裂缝、弯矩破坏裂缝等。其中,轴压缝一般为顺拱轴线方向,剪切缝一般为(与拱轴线夹角)近 45°方向,弯矩缝一般为垂直拱轴线方向(正弯矩缝为下宽上窄,负弯矩为上宽下窄)。剪切缝与弯矩缝主要区别体现在,剪切缝的始末两端缝宽差异不明显,弯矩缝始末两端缝宽差异大(或由起始端向末端逐渐变窄直至闭合),一般来讲,竖向荷载导致的结构裂缝,较多出现在拱顶或竖向集中力(该桥立墙处)部位,大多表现为下宽上窄(从拱圈下缘向上延伸)。

该桥主拱圈拱脚与台帽(拱座)间采用非刚性连接方式,拱脚附近的拱背径向裂缝上宽

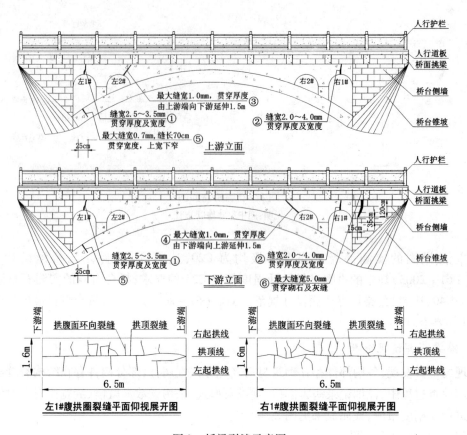

图 2　桥梁裂缝示意图

下窄,垂直拱轴线,由拱圈上缘向下延伸 70 cm 而闭合,符合负弯矩裂缝特征。

　　在特定均布荷载和拱轴为"理想抛物线"情况下,整个拱轴线上无弯矩。但在实际工程中,荷载是多种多样的,不均匀分布的荷载是常见的,拱轴线及其边界条件也都会和"理想设计理念"有一定的差别,拱会受到一定的弯矩的影响。例如:在该类桥梁的常规病害中,桥台的水平位移可致使拱顶的正弯矩、拱脚的负弯矩加大,当超过砌筑材料的抗拉强度时,拱顶下缘、拱脚上缘发生开裂;从理论上可知,单纯的不均匀沉降使拱脚上缘开裂,下沉多的拱脚下缘开裂。

　　该桥主拱圈承受的荷载(或应力)有:自重荷载,人群荷载,地震荷载,汽车荷载,温度应力等;其他参考因素有:起拱线处、桥台外露部分、路堤与桥面端连接部分无明显异常,桥头无明显跳车现象,桥梁处于高寒地区(昼夜温差大)。

　　对于该桥,尽管桥台主体部分被埋置,但从拱圈起拱线处、桥台外露部分及桥台与(桥面端)路堤连接部分均无明显异常迹象的角度考虑,说明桥台并未出现明显变位(包括水平位移、竖向位移或倾覆),因此,认为桥台变位并非是(导致拱脚附近裂缝形成的)合理原因。

　　为客观分析裂缝产生原因,从桥梁裂缝特征、受力特点、外部荷载、所处环境等方面综合考虑,并绘制部分受力示意图,见图 3。

134

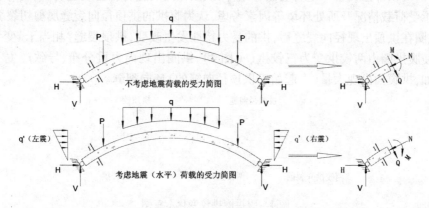

图3　主拱圈（部分工况下）受力示意图

$H(V)$——主拱脚支座处水平反力（竖向反力）；

$P(q)$——主拱圈上部集中荷载（分布荷载），均为竖向荷载；

M、Q、N——主拱圈截面弯矩、剪力、轴力；

q'——地震作用力（水平荷载）

鉴于该桥遭受5.12地震影响（偶然荷载）的特殊情况，在考虑常规影响（永久荷载和可变荷载）的同时，也注重考虑地震影响因素。从图3看出，在有地震工况下，主拱圈除受到竖向荷载外，还受地震水平作用力。在地震水平力作用下，主拱圈会受到（顺桥长方向的）挤压，换言之，拱脚附近会产生较大的负弯矩。

从前述内容可知，主拱圈左拱脚附近具备产生负弯矩的条件，该处的拱背径向裂缝也符合负弯矩裂缝特征，再综合桥梁受力特点、承受荷载情况及所处环境等因素考虑，认为拱脚附近的拱背径向裂缝属负弯矩裂缝。

分析小结：主拱圈拱脚附近的拱背径向裂缝，属负弯矩裂缝，主要由地震作用力引起，是主拱圈结构缺陷的集中体现，给桥梁带来严重安全隐患。

（2）腹拱圈裂缝问题

腹拱圈裂缝特点为：左1#腹拱、右1#腹拱的拱顶径向裂缝，贯穿腹拱厚度，整条缝近等宽，贯穿宽度（顺水流方向）；左2#腹拱裂缝（位于拱顶偏右20 cm处）由拱圈上游边端向下游延伸1.5 m，右2#腹拱裂缝（位于拱顶偏左20 cm处）由拱圈下游边端向上游延伸1.5 m。该桥腹拱的拱顶径向裂缝符合剪切缝特征。

腹拱圈承受的荷载（或应力）有：自重荷载，人群荷载，地震荷载，汽车荷载，温度应力等；其他参考因素有：拱腹面存在大量（起始拱顶裂缝的）环向裂缝。

该桥腹拱圈矢跨比较大，可归类于陡拱，拱脚部位水平推力相对坦拱为小（竖向力相对为大），一般来讲，拱脚部位不易出现水平位移，从起拱线处看，未发现因拱脚变位而引起勾缝砂浆开裂迹象（但存在干缩裂缝），以此反映出拱脚并未出现明显变位。

左1#与右1#、左2#与右2#腹拱裂缝具有明显对称性，拱顶径向裂缝的始末端缝宽差异不大，具有剪切裂缝特征。对于腹拱圈（陡拱）而言，在较大竖向荷载（包括汽车活载、地震竖向力等）作用下，拱顶部位较容易出现较大剪力，因此具备剪切破坏的条件。

腹拱的拱顶部位具备产生剪切破坏条件,拱顶径向裂缝符合剪切缝特征,再综合桥梁受力特点、承受荷载情况及所处环境等因素考虑,认为腹拱的拱顶径向裂缝属剪切裂缝。

腹拱圈在拱顶出现径向裂缝后,拱的受力特性发生改变,拱顶裂缝"相当于"变为一个拱铰,进而使腹拱圈由两铰拱变为三铰拱(见图4),拱圈出现内力重分布,导致产生不良连锁反映,例如,拱腹面出现大量(上起始于拱顶径向缝的)环向裂缝。

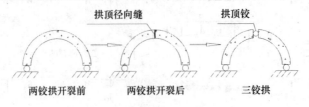

图4　腹拱圈拱铰变化示意图

分析小结:腹拱圈的拱顶径向裂缝,属剪切裂缝,主要由地震作用力引起,裂缝的存在致使腹拱圈由两铰拱变为三铰拱,出现结构内力重分布,给桥梁带来安全隐患。

4.4　桥梁常见病害分析

(1)共性病害

桥体年久失修,各构部件砌筑材料普遍老化,桥面渗水侵蚀下部结构现象明显,桥面系钢筋混凝土构件局部钢筋外露锈蚀(或锈胀),桥梁耐久性较差。

(2)桥面构造问题

①桥面纵(横)坡——桥面无规则的纵(横)坡,凹凸不平,造成桥面低凹处容易积水,同时影响平顺行车。

②人行道——人行道板局部钢筋外露锈蚀,护栏缺失20%,影响行人安全。

(3)立墙裂缝问题

右侧立墙中部(在距上游边端3.5 m处)的竖向裂缝,贯通其自身的厚度和高度,缝宽从墙顶面(缝宽0.7 mm)向下逐渐变窄,属结构裂缝。

(4)桥台问题

①桥台锥坡——抽检的左岸下游锥坡厚度为30 cm,符合《公路圬工桥涵设计规范》(JTG D61-2005)中6.1.8条规定,即:"当桥台锥坡和护坡采用浆砌或干砌砌体时,其砌体厚度不宜小于0.3 m"。

锥坡是保护桥面端路堤土边坡稳定、防止冲刷的构造物。各锥坡均存在不同程度损毁,左岸下游锥坡最为严重,底面土体淘空造成沉陷,并有继续发展趋势,对路堤土的保护作用大幅降低。

②桥台侧墙——右岸桥台下游侧墙裂缝,上起始于桥面系挑梁底面边端,属剪切裂缝,说明侧墙(在挑梁底面边端处)承受的剪应力已超出其砌石(和灰缝)的抗剪能力。

5　结　语

松潘县石嘴桥震害严重,桥面构造物及桥台(锥坡、侧墙)均存在不同程度毁坏,同时桥体年久失修,砌筑材料老化、受侵蚀严重,耐久性、适修性较差,存在严重安全隐患,桥跨主体已不能满足安全通行要求。

参考文献

[1] 张劲泉,王文涛. 桥梁检测与加固手册. 北京:人民交通出版社. 2007.
[2] 黄国兴,陈改新. 水工混凝土建筑物修补技术及应用. 北京:中国水利水电出版社. 1999.
[3] 侯伟生主编. 建筑工程质量检测技术手册. 北京:中国建筑工业出版社. 2003.
[4] 孙志恒,鲁一晖,岳跃真. 水工混凝土建筑物的检测、评估与缺陷修补工程应用. 北京:中国水利水电出版社,2004.

龙潭节制闸的安全鉴定

倪　明[1]　贾云飞[1]　孙粤琳[2]　夏世法[2]

(1. 北京市河湖管理处;2. 中国水利水电科学研究院结构材料所)

摘　要:水闸运行超过一定年限后应该对其进行全面的安全鉴定工作。本文以北京市龙潭节制闸为例介绍了水闸现场无损检测、复核计算、安全评估的主要工作内容,以资类似工程借鉴。

关键词:无损检测;复核计算;评估;安全鉴定

根据《水闸安全鉴定规定》SL214 - 98 的有关规定,水闸投入运行后每隔 15 ~ 20 年应进行一次全面安全鉴定。本文以龙潭闸为例,介绍了水闸安全鉴定工作所包含的主要工作内容,主要有现场安全检测、工程复核计算、水闸安全评价等,以资类似工程借鉴。

1　工程概况

龙潭节制闸于 1966 年建成,位于北京市南护城河上末端,是南护城河上最为重要的水工建筑物,调节水位满足东南郊灌渠引水、龙潭湖换水和汛期宣泄南护城河的洪水。龙潭节制闸为开敞式闸室,共三孔,均为平板闸门,两边孔净宽 6.00 m,中间孔净宽 8.00 m。水闸按 20 年一遇洪水 151 m³/s 设计,设计洪水位 36.31 m,闸底高程 32.35 m。

龙潭闸自建成投入运行至今已 40 多年。鉴于当时施工条件及地质资料欠缺等,该水闸建造时就存在较多缺陷。经过长时间运行后,各种设备设施老化损伤严重,安全隐患较多。另外,由于 1999 年北京城市水系的改造,对龙潭闸的运用提出了新的要求,2008 年 8 月对该闸进行了全面的安全检测和评估。

2　龙潭节制闸混凝土质量检测

2.1　检测内容

1)混凝土表面裂缝检查(分布情况、数量、宽度、深度)。

2)混凝土剥蚀普查。

3)混凝土强度检测(取芯法检测和回弹仪无损检测)。

4)混凝土碳化深度检测。

2.2　检测方法

(1)混凝土裂缝及缺陷普查

对混凝土裂缝以及其他混凝土缺陷(剥蚀、蜂窝、麻面等)的形状、宽度、长度、发生的部位及分布情况进行描述。裂缝宽度由读数显微镜测量,精度为 0.1 mm。

(2)混凝土强度检测

本次对水闸混凝土强度检测结合了无损检测和有损检测两种方式。无损检测选取回弹法,采用新型的 HT1000 中型回弹仪,通过测定某些与混凝土抗压强度具有一定相关关系的物理参量来推定混凝土的强度。有损检测的采取钻孔取芯法,即钻取混凝土芯样,实测混凝土的抗压强度,用以复核回弹仪检测值,其优点是可以直观、准确地检测混凝土强度。

(3)混凝土碳化深度检测

混凝土的碳化是指大气中的 CO_2 在一定的湿度和温度条件下与水泥水化产物中 $Ca(OH)_2$ 反应生成 $Ca(CO)_3$,使混凝土孔隙溶液 pH 值降低的过程。测量混凝土碳化深度的方法是,用电钻在混凝土表面凿一小孔,吹净孔内粉尘和碎屑,滴入 1% 的酚酞酒精溶液,然后用游标卡尺测量碳化和未碳化交界面的垂直距离,测量多点取平均值。

(4)混凝土裂缝深度的检测

用超声波测试混凝土裂缝深度的基本原理是利用超声波绕过裂缝末端的传播时间来计算裂缝的深度。

2.3 检测结果及分析

(1)混凝土缺陷普查结果

龙潭闸上、下游两侧翼墙水位变化区混凝土,85% 以上存在冻融剥蚀破坏,最大破坏深度约 5 cm ,混凝土钢筋外露、锈蚀破坏严重。同时,翼墙的伸缩缝周边混凝土剥蚀破坏比较严重,未发现缝内漏水的情况。上、下游翼墙混凝土裂缝分布较多,并且裂缝的宽度较大。

上、下游闸室内边、中墩水位变化区的混凝土局部存在冻融剥蚀破坏现象,剥蚀深度约 1 ~ 2 cm。

目前工作桥排架有装饰涂料保护,表面未发现裂缝。凿除排架表面部分粉饰层,也未发现裂缝。但工作桥的护栏混凝土局部存在严重的破损、钢筋外露锈蚀现象。

龙潭闸下游交通桥立柱及基础混凝土剥蚀破坏严重,骨料颗粒大量外露,局部还发现少量长短不等的裂缝,裂缝缝隙均充满杂质。

(2)混凝土强度的检测

龙潭闸混凝土强度检测分为上游段、闸室段、下游段及交通桥四个分部进行。上游段分成上游左边翼墙、右边翼墙两个部分,根据现场情况布置了 12 个测区;闸室段分成工作桥上排架、检修桥桥梁、左中墩和右中墩四个部分,根据现场情况布置了 40 个测区;下游段分成下游左边翼墙、右边翼墙两个部分,根据现场情况布置了 18 个测区;交通桥分成交通桥立柱、桥墩基础两个部分,根据现场情况布置了 8 个测区。

龙潭闸混凝土强度检测除采用回弹法外,还在 2 个闸室中墩顶部钻取了混凝土芯样,按照《水工混凝土试验规程》(DL/T5150 - 2001)混凝土芯样强度试验方法,将加工好的试块放在压力机上进行抗压强度试验。

回弹法检测结果和取芯实测抗压强度结果表明,目前龙潭闸上、下游段翼墙、闸室内工作桥排架、闸墩的混凝土强度均满足 C20 等级混凝土强度的设计要求,但混凝土表面冻融剥蚀严重,部分钢筋锈蚀外露,其中翼墙混凝土表面裂缝比较严重。混凝土强度检测结果表明闸室内左中墩混凝土强度的离散系数为 37.9% ,右中墩混凝土强度的离散系数为 36.2% ,说明混凝土强度分布不均匀,强度存在很大的波动性,混凝土质量存在一定的问题。交通桥立柱和桥墩基础经过多年运行,混凝土强度下降,接近或低于原设计强度。

（3）混凝土碳化深度的检测

本次对龙潭闸混凝土碳化深度检测位置主要集中在上、下游两侧翼墙、工作桥排架、闸室中墩、检修桥桥梁及交通桥。

从碳化深度检测结果看，目前龙潭闸混凝土的碳化深度较为严重，其中上游翼墙碳化深度已经远远超过钢筋保护层厚度，经过长时间的运行，导致混凝土钢筋外露、锈蚀破坏较为严重。检修桥桥梁和工作桥排架的混凝土碳化也比较深，局部碳化深度已经超过钢筋保护层厚度。其他部位混凝土碳化深度未超过钢筋保护层厚度，虽然碳化深度测试结果差别较大，可以认为是正常现象，因为混凝土的碳化深度与混凝土的浇筑质量、密实度、周围的环境有直接的关系，即使是同一个闸墩处于不同部位它的碳化深度往往也是不一样的。

3 龙潭闸复核计算

3.1 水闸抗渗稳定性复核计算

渗流计算采用改进阻力系数法，将渗流场划分为几个分段，应用已知的流体力学精确解，求出分段的阻力系数，最后算出各段的渗透水头，并得到闸室底板水平段渗透坡降和渗流出口处的渗透坡降。

规范规定的渗流出口处及闸室水平段的允许渗流坡降值分别为 $0.30 \sim 0.45$ 和 $0.07 \sim 0.17$。经过计算，闸室底板在正常蓄水位、设计洪水位和校核洪水位三种工况下的水平段渗透坡降和渗流出口处的渗透坡降均小于允许值，闸室底板不会发生渗透破坏。

3.2 闸室稳定复核计算

闸室稳定计算考虑的主要荷载包括：结构自重、考虑作用于闸室上的水重、水平水压力、扬压力及地震荷载。计算结果见表1。

表1 闸室稳定计算结果表

工况	正常蓄水位	设计洪水位	校核洪水位	正常蓄水位 + 地震
最大基底应力 $Pmax$（kPa）	39.54	17.48	15.65	37.99
基底平均应力（kPa）	25.13	16.40	15.40	25.13
不均匀系数 η	3.12	1.14	1.03	3.10
允许不均匀系数 [η]	2.50	2.50	3.00	3.00
抗滑安全系数 Kc	2.29	13.93	10.24	1.33
允许抗滑安全系数[Kc]	1.25	1.25	1.10	1.05

计算结果说明：

1）闸室基底应力平均值小于地基允许承载力（$140 \sim 200 \ kP_a$）；闸室基底应力最大值也小于地基允许承载力（$140 \sim 200 \ kP_a$）的1.2倍，满足规范要求。

2）闸室基底的应力不均匀系数在正常蓄水位工况及正常蓄水位加地震工况下较规范要

求的允许值稍大,会发生一定的不均匀沉降。

3)闸室抗滑安全系数均大于允许的数值,满足规范要求。

3.3 水闸过水能力复核

对于平底闸,当为堰流时,闸孔总净宽可按公式(1)进行计算。

$$B_0 = \frac{Q}{\sigma \varepsilon m \sqrt{2g} H_0^{3/2}} \tag{1}$$

式中:Q——过闸流量(m^3/s);

    σ——堰流淹没系数;

    ε——堰流侧收缩系数;

    m——堰流流量系数;

    g——重力加速度;

    H_0——计入近似流速水头的堰上水深。

计算结果见表2,计算的闸孔净宽均大于目前实际的闸孔净宽,表明闸孔净宽不能满足过流能力要求。

表2　闸孔过流能力复核结果表

工况	流量 (m^3/s)	上游水深 (m)	下游水深 (m)	计算闸孔净宽 (m)	实际闸孔净宽 (m)
设计洪水	216	3.59	3.35	21.9	20.0
校核洪水	285	4.38	4.13	22.3	20.0

3.4 消能防冲复核计算

(1)消力池计算

消力池深度和长度分别按公式(2)和公式(3)计算。

$$d = \sigma_0 h''_c - h'_s - \Delta Z \tag{2}$$

式中:d——消力池深度(m);

    σ_0——水跃淹没系数;

    h''_c——跃后水深(m);

    h'_s——出池河床水深(m);

    ΔZ——出池落差(m)。

$$L_{sj} = L_s + \beta L_j \tag{3}$$

式中:L_{sj}——消力池长度(m);

    L_s——消力池斜坡段水平投影长度(m);

    L_j——水跃长度(m)。

参照闸室设计阶段的水力计算选取六种工况进行水闸的消能复核计算,见表3。

表3　龙潭闸消能复核结果统计表

工况	单宽流量 [m³/(s．m)]	上游水深 H(m)	下游水深 H_s(m)	计算消力 池深度 (m)	实际消力 池深度 (m)	计算消力 池长度 (m)	实际消力 池长度 (m)
正常运用	0.50	4.15	0.72	0.28		6.85	
正常运用	1.00	4.15	1.055	0.33		8.50	
正常运用	1.5	4.15	1.605	0.23		9.44	
一孔检修	1.67	4.15	1.055	0.62	0.70	9.98	12.71
正常运用闸门 开启0.3 m	0.50	4.15	0.72	0.27		6.82	
最高洪水位 闸门开启0.3 m	2.74	4.38	0.95	1.06		15.23	

计算结果表明:在最大洪水位的始流条件下,即闸门开启0.3 m时的消力池计算深度大于消力池的实际深度,此时消力池的计算长度也大于消力池的实际长度,不能满足规范要求。

(2)海漫长度计算

当 $\sqrt{q_s\sqrt{\Delta H'}} = 1 \sim 9$,且消能扩散良好时,海漫长度可按式(4)计算:

$$L_p = K_s\sqrt{q_s\sqrt{\Delta H'}} = 1 \sim 9 \tag{4}$$

式中:L_p——海漫长度(m);

　q_s——消力池末端单宽流量(m^2/s);

　K_s——海漫长度计算系数。

计算选取表4中对应的六种工况,得到的海漫长度均小于实际的海漫长度35m,满足规范要求。

4　龙潭闸金属结构检测

4.1　检测内容

1)8.00×4.22 - 4.65(m)露顶式平面定轮闸门一扇;

2)6.00×4.71 - 4.65(m)露顶式舌瓣平面定轮闸门两扇;

3)2×50 kN固定卷扬式启闭机三台。

4.2　检测结果及分析

闸门和启闭机均系1966年的产品,至今已运行42年,根据SL72 - 94《水利建设项目经济评价规范》的规定,中小型闸门和启闭设备的折旧年限为20年,龙潭节制闸平面定轮闸门和固定卷扬式启闭机均已超出规范规定的折旧年限。

本次检测发现龙潭节制闸闸门和启闭机主要存在下列问题:

1)闸墩、底板和机架桥等水工设施老化比较严重,中孔闸门右侧埋件处混凝土有一条裂缝,应注意观察其扩展情况。

2)左、右孔闸门漏水严重,应更换止水橡皮。

3)闸门腐蚀严重。腐蚀主要集中在易积存水渍的部位以及防腐不易施工的部位。闸门的顶横梁、边梁、主横梁、纵梁、面板等主要承重构件的表面均有明显的蚀坑,部分筋板因锈蚀已丧失功能,埋件防腐涂层已完全脱落。

4)平面定轮闸门的侧轮和导向轮已全部锈死,应检修。

根据 SL226 - 98《水利水电工程金属结构报废标准》第 3.1.1 条、第 3.1.2 条和第 3.1.3 条的规定,龙潭节制闸闸门的顶横梁、主横梁、边梁和面板等主要构件均需更换。

5)龙潭节制闸启闭机主要存在下列问题:

①控制系统简单、落后,线路和电气元件严重老化,开度控制和超载保护功能失效,不能保证安全运用,应进行更新改造。

②高度限制器、负荷控制器功能失效,应检修。

③右孔启闭机减速箱漏油严重,应检修。

④制动器整体普遍老化,锈蚀严重,制动带磨损严重,制动性能难以保证,制动器与制动轮均应更换。

⑤卷筒过渡绳槽均未铲,易损伤钢丝绳。

6)复核计算结果显示,中孔闸门主梁刚度不满足规范要求,边梁最大弯曲应力不满足规范要求,主轴支座局部压应力不满足规范要求。边孔闸门边梁最大弯曲应力不满足规范允许应力要求。

5 龙潭闸安全鉴定结果

影响龙潭节制闸正常安全运行的问题主要包括以下三个方面。

1)水闸结构:闸室基底的应力不均匀系数不满足规范要求;工作桥混凝土剥蚀严重,局部钢筋锈蚀外露,工作桥排架内部钢筋出现锈蚀现象;交通桥立柱和桥墩混凝土强度不能满足规范要求。

2)过流和消能防冲:现有闸孔净宽不能满足最新的过流要求;消力池的实际深度和实际长度不满足规范要求。

3)金属结构:闸门主要构件腐蚀严重,多个构件的应力均已超出规范要求;三台固定卷扬式启闭机减速器严重漏油,启闭机机架锈蚀严重,制动器锈蚀严重,制动带磨损严重,高度限制器和负荷控制器功能失效。

鉴于龙潭节制闸受当时技术经济条件限制,设计标准低,龙潭节制闸现有运用指标无法达到设计标准,工程存在严重安全问题,经除险加固难以达到正常运行,根据《水闸安全鉴定规定》SL214 - 98 中 6.0.2 条的规定,龙潭闸应评为四类闸,建议拆除重建。

6 结论及建议

北京市市区水闸工程大多建于 20 世纪 60 年代,工程投入运行后,发挥了巨大的经济效益和社会效益,为北京市的防洪、泄洪、城市雨洪排放、工农业供水、维持河道景观及公园景观、美化城市环境、保障首都人民生命财产安全做出了重要贡献。但是,随着工程运行年限的增长,一些水闸的老化病害现象日趋严重,部分水闸出现了诸如混凝土剥落、冻融破坏、碳化严重、钢筋锈蚀、裂缝较多、消能防冲设施出现损坏、工作桥及交通桥老化严重、闸门及启闭设备老化,这些缺陷已直接威胁工程的安全运行,限制了工程效益的发挥。另外,随着北京市城市河湖水系的治理,对市属水闸的运行提出了新的要求,这就造成部分水闸最新的标准与原设计要求不符。在此情况下,根据《水闸安全鉴定规定》SL214－98 的要求,对这部分水闸进行安全鉴定是十分必要和紧迫的。

水工混凝土建筑物的安全评估技术

岳跃真　张家宏　夏世法　鲁一晖

（中国水利水电科学研究院结构材料研究所）

摘　要：水工混凝土建筑物随着运行年限的增加，普遍存在老化病害现象，而混凝土结构的老化病害对承载力与耐久性有不同程度的影响。本文对混凝土建筑物老化病害进行了分类，分析了老化病害对结构安全与耐久的影响，根据病害对结构安全与耐久的影响程度，建议并提出了复核计算与处理的方法。

关键词：混凝土建筑物；老化病害；安全评估；处理措施

1　前　言

我国已修建了众多的水库大坝和水闸，在已建的大坝中，其中相当数量的工程为混凝土坝。随着运行年限的增加，这些混凝土大坝和水闸普遍存在老化现象，运用中出现了一些可能影响工程安全的隐患。另外，随着我国社会经济的发展，对水利水电工程建筑物安全程度的要求不断提高。因此，开展对已建水工混凝土建筑物的安全性和耐久性进行科学评估和诊断具有重大的现实意义。

国家对已建水工混凝土建筑物的安全给予了足够的重视，近年来对众多的水库大坝和水闸工程进行了除险加固。要对水工混凝土建筑物安全性和耐久性进行评估，首先就要对混凝土建筑物开展现场检测，确定其病害与老化的程度，必要时对建筑物的强度与稳定进行复核计算和安全评定。因影响水工混凝土结构老化的因素众多，并且结构本身复杂多样，因此老化病害对结构安全的影响不易确定。本文结合《水工混凝土建筑物的缺陷检测与评估技术》的制定，讨论水工混凝土建筑物的安全评估技术与方法及针对典型病害的处理措施。

2　水工混凝土建筑物的老化缺陷分类

水工混凝土的老化病害对结构安全与耐久的影响可分为两类，一类是病害与缺陷，一类是老化。病害与缺陷一般包括混凝土裂缝、渗漏、混凝土剥蚀、钢筋锈蚀、混凝土碳化、冲蚀与磨损等。根据缺陷与病害的严重程度对结构的安全性和耐久性影响程度的大小可分为四类：

Ⅰ类缺陷：属轻微缺陷，对建筑物的安全性和耐久性无影响；

Ⅱ类缺陷：属一般缺陷，对建筑物的安全性和耐久性有轻微影响；

Ⅲ类缺陷：属严重缺陷，对建筑物的安全性和耐久性有一定影响，但进一步发展将危害严重；

Ⅳ类缺陷：属特别严重的缺陷，危及建筑物安全的重大缺陷。

缺陷与病害的检测包括一般缺陷与病害检测及专项检测，一般缺陷与病害检测包括外观缺陷、裂缝的分布、混凝土破损状态、渗漏状态、伸缩缝的工作状态等,水下检测还包括建筑物外观的完整性、附着物和沉积埋没状态等。专项检测项目包括混凝土裂缝性状、混凝土强度、冻融情况、碳化、钢筋锈蚀、侵蚀性、混凝土内部缺陷、钢筋保护层厚度、建筑物位移和变形等。

大体积混凝土的老化程度与下列三方面因素有关①环境因素(冻融冻胀、温度和湿度变化引起的损伤);②化学因素(如碱—骨料反应、碳化、溶蚀等);③应力疲劳(周期性应力变化、材料不均匀性引起的应力分布不均而产生的微裂缝等)。混凝土的老化将引起混凝土性能的变化,如弹性模量降低、极限拉伸强度和变形能力下降、耐久性裂化等。要比较准确地测定水工混凝土结构的老化程度,就需要测定反映其承载能力与耐久性的技术参数,如抗拉强度、抗压强度、弹性模量、抗冻标号等。

3 安全评估的步骤与方法

水工建筑物安全评估的目的是按国家现行规范或合适的计算方法复核计算水工建筑物目前在各种荷载作用下的变形、强度及稳定等是否满足要求。结构安全评价应结合现场检查、检测和监测资料分析进行。在下列情况下应对水工混凝土建筑物进行结构安全评估:

1)水工混凝土建筑物运行期出现影响安全运行或使用寿命的缺陷病害及老化问题;

2)水工混凝土建筑物承受的荷载发生变化时;

3)水工混凝土建筑物改变用途、改造、加高或扩建时;

4)水工混凝土建筑物达到设计使用年限还要继续使用时。

水工混凝土建筑物的安全评估应依据下列资料:

1)病害缺陷及老化状况检测资料;

2)工程施工期及运行期监测资料;

3)工程勘测与设计资料;

4)工程地质及水文资料;

5)工程竣工及验收资料;

6)工程施工及质量控制资料;

7)工程运行维护记录。

水工混凝土建筑物安全评估的步骤为:①现场调查与资料收集;②现场检测,查清结构老化程度和主要的病害缺陷;③复核计算,采用规范规定的方法、有限元法等合适的方法;④安全性与耐久性评定。

在进行复核及安全评估时,有两个关键问题,一是计算分析时采用的计算模型能真正反应结构的主要病害与缺陷,采用的计算参数如混凝土弹性模量、泊松比等真实可靠;二是反应结构承载力的抗力如抗压强度、抗拉强度应能反应结构的老化程度。目前开展的现场检测主要集中在对病害缺陷的普查、对浅层裂缝深度的检测、对浅层混凝土抗压强度的检测及混凝土碳化深度的检测等方面。混凝土的弹性模量、抗拉强度、泊松比等影响结构安全的性能参数均未进行或很少进行测定,复核计算中所采用的混凝土的性能参数仍是原设计值,而混凝土实际的性能与混凝土的老化程度有关、与温度等因素密切相关,与原设计值存在很大的差异,安全评定的结果不能反应混凝土结构的真实安全状况。因此,水工混凝土结构的安全评估应在下列三个方面开展工作：

1）混凝土深层裂缝或内部缺陷的测定；

2）混凝土真实性能参数的确定。可采用前期的监测资料进行反分析确定混凝土结构总体的弹性模量、泊松比，采用钻深孔结合室内试验，确定混凝土的弹性模量、强度等；

3）安全评价标准的确定。安全评价标准的确定应考虑到计算中所采用的参数是全级配情况下的性能参数，现行设计中采用的混凝土性能参数均为在标准成型、养护和标准试验情况下的试验结果。全级配混凝土的性能参数(热学、力学及变形性能)与标准试验下混凝土的性能就有很大的差别，因而，安全评价的标准应有所不同。

4 典型老化病害的评估与处理方法

4.1 混凝土裂缝

（1）混凝土裂缝分类

水工混凝土裂缝可分为温度裂缝、干缩裂缝、钢筋锈蚀裂缝、荷载裂缝、沉陷裂缝、冻胀裂缝及碱骨料反应裂缝等。造成混凝土裂缝的原因主要有材料、施工、使用与环境、结构与荷载等。

水工混凝土裂缝宜根据缝宽和缝深进行分类，如表1所示。当缝宽和缝深未同时符合表中指标时，应按照靠近、从严的原则进行归类，该表参考了三峡等工程裂缝分类的规定。

表1 混凝土裂缝分类

项目 混凝土	裂缝类型	特性	分类标准	
			缝宽(mm)	缝深
水工大体积混凝土	A类裂缝	龟裂或细微裂缝	$\delta < 0.2$	$h \leqslant 300$ mm
	B类裂缝	表面或浅层裂缝	$0.2 \leqslant \delta < 0.3$	300 mm $< h \leqslant 1\,000$ mm
	C类裂缝	深层裂缝	$0.3 \leqslant \delta < 0.5$	$1\,000$ mm $< h \leqslant 5\,000$ mm
	D类裂缝	贯穿性裂缝	$\delta \geqslant 0.5$	$h > 5\,000$ mm
水工钢筋混凝土	A类裂缝	龟裂或细微裂缝	$\delta < 0.2$	$h \leqslant 300$mm
	B类裂缝	表面或浅层裂缝	$0.2 \leqslant \delta < 0.3$	300 mm $< h \leqslant 1\,000$ mm, 且不超过结构宽度的1/4
	C类裂缝	深层裂缝	$0.3 \leqslant \delta < 0.4$	100 cm $\leqslant h < 200$ cm, 或大于结构厚度1/4
	D类裂缝	贯穿性裂缝	$\delta \geqslant 0.4$	$h \geqslant 200$ cm 或大于2/3结构厚度

注：表中裂缝的分类与第二节的缺陷分类一致。

水工混凝土裂缝的对建筑物安全与耐久的影响取决于建筑物的类型、裂缝的位置等因素，根据裂缝所处部位的工作或环境条件可分为三类：

一类：室内或露天环境；

二类：迎水面、水位变动区或有侵蚀地下水环境；

三类：过流面、海水或盐雾作用区。

（2）裂缝对建筑物安全与耐久的影响分析

混凝土的裂缝可能对结构产生的不利影响为：①降低结构的承载能力，恶化结构的受力状态和降低结构的稳定性；②产生渗漏；③加速混凝土的老化。根据对裂缝开裂原因和其不利影响的分析，当裂缝降低结构的承载能力、恶化结构的受力状态和降低结构的稳定性时，需要进行结构安全的复核计算，当结构的安全性不满足要求时，应通过结构分析计算，选择合理的加固方案进行加固处理。

在进行复核计算时，应考虑深层裂缝造成的结构有效断面的减小及结构上游面的裂缝引起缝面扬压力的增加。对混凝土重力坝及混凝土梁、板、柱和墙等结构，可采用有关规范中的计算方法进行复核计算，对混凝土拱坝，坝体应力计算宜采用非线性有限元法进行计算和评估。

（3）混凝土裂缝的处理措施

裂缝对大体积混凝土与钢筋混凝土的影响不同，因此，宜按这两类分别确定处理原则。对存在裂缝的结构采取处理方式分为三种：第一种是封闭裂缝，防止渗漏发生；第二种是除裂缝表面封闭外，进行化学灌浆，部分恢复结构的整体性和裂缝部位的承载力；第三种除进行裂缝部位封闭和灌浆外，还采取其他加固措施，恢复或提高结构的承载力。具体采用那种方式取决于结构本身、裂缝的分类及复核计算的结果。一般情况下，可采用如下的裂缝处理原则：

1）水工大体积混凝土裂缝处理原则：

① A 类裂缝位于一类环境条件时，可不进行处理，位于二类、三类环境条件时应进行处理；

② B 类裂缝位于二类、三类环境条件时，应进行处理。当位于一类环境条件时，可不进行处理；

③ C 类、D 类裂缝均应进行处理。

2）水工钢筋混凝土裂缝处理原则：

① A 类裂缝在一类、二类环境条件下可不进行处理，在三类环境条件下应进行处理；

② B 类、C 类、D 类裂缝在各种环境条件下均应进行处理。

4.2 渗漏

（1）渗漏的分类

混凝土渗漏可分为集中渗漏、裂缝与伸缩缝渗漏及散渗。造成混凝土渗漏的原因有材料、设计、施工等。按照缺陷的分类原则及方式，水工混凝土建筑物的渗漏分类评判标准如下：

A 类渗漏：轻微渗漏，混凝土轻微的面渗或点渗；

B 类渗漏：一般渗漏，局部集中渗漏、产生溶蚀；

C 类渗漏：严重渗漏，存在射流或层间渗漏。

（2）渗漏的影响及评估

混凝土的渗漏可能对结构产生的不利后果：①加速混凝土的老化；②渗漏溶蚀造成混凝土强度降低和混凝土损失；③坝体渗漏增加扬压力；④坝基渗漏除造成扬压力增大外，还可能造成基础的潜在破坏，导致不均匀变位及结构的失稳。

根据建筑物渗漏的调查和原因分析，当出现下列情况时需进行复核计算：

① 作用变形、扬压力值超过设计允许范围;

② 基础出现管涌、流土及融蚀等渗漏破坏;

③ 伸缩缝止水结构、基础帷幕及排水等设施破坏;

④ 基础渗漏量突变或超过设计允许值;

⑤ 混凝土结构渗漏产生溶蚀破坏。

针对渗漏对混凝土结构安全影响的复核计算要综合考虑渗漏造成混凝土结构承担的扬压力或渗漏压力增大及渗漏溶蚀造成混凝土性能的劣化,即强度降低等两个方面的因素。

（3）渗漏的处理措施

针对水工混凝土结构的渗漏,一般情况下可采用如下的处理判定原则:

1）A 类渗漏一般可不进行处理,影响运行安全时应进行处理;

2）B 类、C 类渗漏应进行处理,C 类渗漏还应进行结构安全分析。

4.3 冻融剥蚀

（1）冻融剥蚀的分类

影响混凝土冻融剥蚀的因素有环境条件、混凝土材料、设计、施工等方面。冻融破坏的程度一般通过现场的检测确定,包括冻融剥蚀的范围、深度及钢筋是否暴露锈蚀等。如要具体的确定冻融破坏的原因,除进行现场情况调查外,还需对混凝土进行抗压强度、动弹性模量、抗冻等级、抗渗等级等的检测。混凝土冻融剥蚀按其对建筑物危害程度的大小分类如下:

A 类冻融剥蚀:轻微冻融剥蚀,冻融剥蚀深度 $h \leqslant 1$ cm;

B 类冻融剥蚀:一般冻融剥蚀,冻融剥蚀深度 1 cm $< h \leqslant 5$ cm;

C 类冻融剥蚀:严重冻融剥蚀,冻融剥蚀深度 $h > 5$ cm 或剥蚀造成钢筋暴露。

（2）冻融剥蚀的影响及评估

混凝土冻融剥蚀对建筑物产生的不利影响为:①加速混凝土老化,降低混凝土的耐久性;②降低混凝土的强度;③减小结构的有效断面;④对钢筋混凝土结构易造成钢筋锈蚀;⑤使结构重量损失。

当冻融剥蚀使承载混凝土结构的断面减小或造成钢筋混凝土结构的钢筋锈蚀时,应进行断面复核和应力计算,复核计算时依据检测的成果考虑结构断面的减小和钢筋的锈蚀情况。

（3）冻融剥蚀的处理原则

对水工混凝土建筑物的冻融剥蚀,可按如下判定原则进行处理:

1）A 类冻融剥蚀在抗冲磨区域之外可不予处理,在抗冲磨区域宜进行处理;

2）B 类冻融剥蚀宜进行处理,在抗冲磨区域应进行处理;

3）C 类冻融剥蚀应进行处理,当冻融剥蚀造成钢筋混凝土结构的钢筋锈蚀时,应进行安全复核。

4.4 钢筋锈蚀

（1）钢筋锈蚀的分类

影响钢筋锈蚀的因素主要有环境条件、混凝土原材料、设计、施工及运行条件等。根据

缺陷检测的结果,按钢筋锈蚀对建筑物危害程度的大小分类如下:

A 类锈蚀:轻微锈蚀,混凝土保护层完好,但钢筋局部存在锈迹;

B 类锈蚀:中度锈蚀,混凝土未出现顺筋开裂剥落,钢筋锈蚀范围较广,截面损失小于10%;

C 类锈蚀:严重锈蚀,钢筋表面大部分或全部锈蚀,截面损失大于10%或承载力失效,或混凝土出现顺筋开裂剥落。

(2)钢筋锈蚀对结构的影响及评估

钢筋锈蚀将造成钢筋断面减小及强度降低,钢筋锈蚀引起的膨胀将在混凝土中产生顺筋的裂缝和剥蚀,造成混凝土结构有效断面的减小。

对存在钢筋锈蚀的水工混凝土结构,应进行断面复核和应力计算。复核计算时,依据检测的成果首先确定钢筋断面减小、强度降低及混凝土断面减小的程度,并在计算中考虑这些因素。钢筋混凝土梁、板、柱等结构的复核计算可采用《水工混凝土结构设计规范》相应的方法及判断标准。

(3)钢筋锈蚀的处理原则

对水工混凝土建筑物的钢筋锈蚀,可按如判定原则采取处理措施:

1)A 类锈蚀可采取表面防护处理,延缓混凝土碳化的发展;

2)B 类锈蚀应进行修补处理,防止钢筋的进一步锈蚀和恢复结构断面;

3)C 类锈蚀应进行全面的加固处理,恢复结构的承载能力。

4.5 冲蚀与磨损

(1)冲蚀与磨损的分类

磨损破坏是一种单纯的机械作用,它既有水流作用下固体材料间的相互摩擦,又有相互间的冲击碰撞。不同粒径的固体介质,当它的硬度大于混凝土硬度时,在水流作用下就形成对混凝土表面的磨损与冲击,这种作用是连续和不规则的,最终对混凝土面造成破坏。磨损的面积较大,磨损深度较小。

空蚀破坏是在高速水流下由于水流形态的突然变化,在局部形成负压,从而使水气化而形成空穴(气泡),这些空穴随水流运动到高压区时又迅速破灭,此时对混凝土表面产生类似爆炸的剥蚀应力,从而形成混凝土表面的空蚀破坏。空蚀破坏面积相对较小,但深度较大。

混凝土上泄流流速大于 15 m/s 或泄流水流挟带推移质且流速大于 5m/s 时,就易发生磨损与冲蚀破坏。

根据现场调查情况和缺陷检测的结果,可将冲蚀与磨损分类如下:

A 类:轻微磨损与空蚀,局部混凝土粗骨料外露;

B 类:中度磨损与空蚀,混凝土磨损范围和程度较大,局部混凝土粗骨料脱落,形成不连续的磨损面(未露钢筋);

C 类:严重磨损与空蚀,混凝土粗骨料外露,形成连续的磨损面,钢筋外露。

(2)磨损和空蚀缺陷处理的判定原则

1)A 类轻微磨损与空蚀可不进行处理;

2)B 类、C 类磨损与空蚀应进行修补处理,C 类磨损与空蚀还应进行结构体型复核及安全分析。

150

4.6 混凝土碳化

（1）混凝土的碳化的分类

根据现场对混凝土检测的结果，按其结构安全与耐久的影响程度的大小分为三类：

A 类碳化：轻微碳化，大体积混凝土的碳化；

B 类碳化：一般碳化，钢筋混凝土碳化深度小于钢筋保护层的厚度；

C 类碳化：严重碳化，钢筋混凝土碳化深度达到或超过钢筋保护层的厚度。

（2）混凝土碳化处理的判定

1）A 类混凝土碳化可不进行处理；

2）B 类混凝土碳化宜进行表面防护处理；

3）C 类混凝土碳化应采取凿除碳化混凝土、置换钢筋保护层的方法进行处理。

5 结 语

新中国成立以来，我国建设了大量的水利水电工程，其中部分是混凝土建筑物。水工混凝土建筑物随着运行年限的增加，普遍存在老化病害现象，而混凝土结构的老化病害对其结构的承载力与耐久性有不同程度的影响。本文结合《水工混凝土建筑物的缺陷检测与评估技术》的制定，对水工混凝土建筑物的老化病害进行了分类，分析了老化病害对混凝土建筑物的结构安全与耐久性的影响，根据病害对结构安全与耐久性的影响程度，建议了复核计算与处理的方法。本文的内容对已建水工混凝土建筑物的安全评估具有一定的参考意义。

北京玉渊潭进水闸安全检测
评估与缺陷处理

禹作利[1]　夏世法[2]　杨伟才[2]　李　萌[2]

（1. 天津市水利工程有限公司；2. 中国水利水电科学研究院结构材料研究所）

摘　要：玉渊潭进水闸自建成以来已投入运行四十余年，经过长时间运行后，各种设备设施老化损伤严重，安全隐患较多，需要进行全面检查。本文介绍了进水闸混凝土质量及金属结构检测的方法和检测结果，并对缺陷处理方案提出了建议。

关键词：进水闸；检测；安全评估

1　工程概况

　　玉渊潭进水闸位于北京市玉渊潭进口与永定河引水渠交叉点附近。修建水闸的主要目的是利用玉渊潭调蓄洪水，以减轻洪水对前三门护城河的威胁；保持永定河引水渠道的水位，使玉渊潭电站能够发电。进水闸采用净跨 6 m 的弧形闸门两孔，电力人力启闭两用。闸室采用 150 号钢筋混凝土连底式结构，上设工作桥及公路桥各一座，闸室上游设混凝土及浆砌块石铺盖各 10 m，再向上游以浆砌块石陡坡与永定河引水渠底相接，下游设混凝土消力池及浆砌块石防冲槽，两侧为混凝土翼墙及浆砌块石护坡。闸室底高程为 45.5 m，消力池底高程为 43.3 m，防冲槽高程 43.2 m，湖底高程疏浚后为 44.5 m（现况底高约 47.7 m），两岸翼墙顶高程 51.5 m，与设计堤顶高程相等。

　　玉渊潭进水闸修建于 1965 年，至今已运行 40 多年。受北京市城市河湖管理处的委托，中国水利水电科学研究院结构材料所对玉渊潭进水闸工程进行了现场混凝土、闸门质量检测、多工况复核计算和评估，旨在对水闸进行整体评价，为水闸鉴定及下一步处理方案提供科学依据。

2　检测项目和方法

2.1　混凝土缺陷普查及裂缝检测

　　为了对玉渊潭进水闸混凝土目前的外观质量状态有一个宏观的了解，需进行混凝土外观质量的普查。主要检测裂缝的形状、宽度、长度、发生的部位和分布情况，以及其他混凝土缺陷（剥蚀、蜂窝、麻面等）。裂缝宽度由读数显微镜测量，裂缝深度则采用超声波法进行检测。

　　用超声波测试混凝土裂缝深度的基本原理是利用超声波绕过裂缝末端的传播时间来计算裂缝的深度。如图 1 所示，将探头对称地置于裂缝两侧，测得传播时间为 t_1（超声波绕过裂缝末端所需的时间）。设混凝土波速为 v，可得：

$$AD = \frac{t_1 v}{2} \tag{1}$$

则裂缝深度为：

$$h = \frac{1}{2}\sqrt{t_1^2 v^2 - d^2} \tag{2}$$

若将探头平置于无缝的混凝土表面上,相距同样为 d' ,测得传播时间为 t_0 ,则:

$$d = t_0 v \tag{3}$$

将式(3)代入式(2),则可得到:

$$h = \frac{d}{2}\sqrt{\left(\frac{t_1}{t_0}\right)^2 - 1} \tag{4}$$

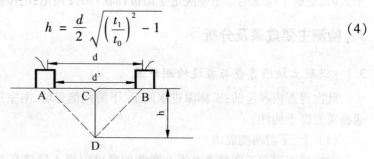

图1　裂缝深度测试原理图

2.2　混凝土强度检测

混凝土强度是衡量混凝土质量的一个重要参数,通过对混凝土强度的检测,可为正确评估混凝土结构物的安全和稳定提供可靠依据。本次进水闸混凝土强度检测采用回弹法,应用仪器为 HT1000 中型回弹仪。在此基础上采用钻孔取芯法,钻取适量典型混凝土芯样,实测混凝土抗压强度,复核回弹仪检测值。

2.3　混凝土碳化深度检测

混凝土的碳化是指混凝土的一种粉化、疏松现象。混凝土因水泥水化生成产物中存在 $Ca(OH)_2$ 呈现碱性,而钢筋混凝土中防止钢筋锈蚀的表层钝化膜只能在这种碱性环境下才能稳定存在。混凝土的碳化过程是指大气中的 CO_2 在一定的湿度和温度条件下与水泥水化产物中 $Ca(OH)_2$ 反应生成 $Ca(CO)_3$,使混凝土碱度下降的过程。当碳化作用使得钢筋周边混凝土的 PH 值等于或小于 11.5 左右时,钢筋表面的钝化膜就会破坏,钢筋将产生电化学反应生成 $Fe(OH)_3$,导致钢筋锈蚀。一旦钢筋锈蚀,则将产生体积膨胀,当膨胀应力超过混凝土的抗拉强度时,混凝土将产生顺筋向裂缝。钢筋锈蚀及其引起的裂缝和混凝土剥落对混凝土结构的安全影响较大。此外, SO_2 和 H_2S 等气体也能发生类似上述的"中和"反应,导致钢筋锈蚀。

混凝土碳化测试方法按照《水工混凝土试验规程》(DL/T5150 - 2001)有关规定进行。

2.4　钢筋锈蚀状态检测

混凝土结构中的钢筋锈蚀,实际上是钢筋电化学反应的结果。导致钢筋产生锈蚀的原因主要有两方面:一是混凝土碳化深度已超过了混凝土保护层的厚度;二是 Cl^- 等酸性离子的侵蚀作用。

钢筋锈蚀过程实际是大气(CO_2、O_2)水、侵蚀介质(Cl^-等)向混凝土内部渗透迁移而引起钢筋钝化膜破坏，并产生电化学反应，使铁变成氢氧化铁的过程。钢筋生锈后，其锈蚀产物的体积比原来增加2～4倍，从而在其周围的混凝土中产生膨胀应力，最终导致钢筋保护层混凝土开裂、剥落，从而降低结构的承载能力和稳定性，影响结构的安全。

本次钢筋锈蚀的检测是按照《水工混凝土试验规程》(DL/T5150－2001)有关混凝土中钢筋半电池电位方法，采用钢筋锈蚀测量仪进行测量。其基本原理是：混凝土中钢筋半电池电位是测点处钢筋表面微阳极和微阴极的混合电位。当构件中钢筋表面阴极极化性能变化不大时，钢筋半电池电位主要决定于阳极性状：阳极钝化，电位偏正；活化，电位偏负。

3 检测主要成果及分析

3.1 混凝土缺陷普查与裂缝检测结果

此次普查内容包括：玉渊潭进水闸上、下游两侧翼墙、闸室边墙、闸墩、启闭机工作桥、交通桥等混凝土构件。

（1）上、下游两侧翼墙

此次普查发现玉渊潭进水闸上游两侧翼墙混凝土局部存在冻融剥蚀破坏，其中水位变化区冻融破坏较严重，最大剥蚀深度约2 cm。翼墙的伸缩缝周边混凝土剥蚀破坏比较严重，但未发现缝内漏水的情况。上游左、右翼墙混凝土裂缝分布较多，左侧翼墙裂缝10条，右侧翼墙10条，均为竖向裂缝。裂缝的宽度较大（见图2）最大宽度达到1.0 mm，个别裂缝内部有渗水现象；下游翼墙未见明显表面裂缝。为了解混凝土翼墙裂缝的深度，采用混凝土裂缝深度仪对上游左右翼墙典型的几条裂缝进行超声波裂缝深度检测，实测裂缝深度在6.4～17.2 cm，大部分裂缝深度超过10 cm。具体裂缝情况见表1。

表1　翼墙裂缝普查统计

裂缝部位	裂缝编号	裂缝长度 (m)	最大裂缝宽度 (mm)	裂缝深度 (mm)	备 注
上游左侧翼墙	2	2.8	0.2	137.5	从翼墙顶部没入水下
	3	2.4	0.4		从翼墙顶部没入水下
	4	2.6	1	126	从翼墙顶部没入水下
	5	2.6	0.2	141	从翼墙顶部没入水下
	6	2.7	0.1		从翼墙顶部没入水下，存在约0.5 m长的剥蚀面
	7	2.8	0.1		从翼墙顶部没入水下
	8	2.3	0.1		从翼墙顶部没入水下，有钙质析出，混凝土表面剥蚀
	9	2.4	0.1		从翼墙顶部没入水下
	10	2.7	0.1		从翼墙顶部没入水下

裂缝部位	裂缝编号	裂缝长度（m）	最大裂缝宽度（mm）	裂缝深度（mm）	备　注
上游右侧翼墙	1	2.6	0.6	172	从翼墙顶部没入水下
	2	2.5	0.2		从翼墙顶部没入水下
	3	2.6	0.1		从翼墙顶部没入水下
	4	2.6	0.3	110	从翼墙顶部没入水下
	5	2.6	0.1		从翼墙顶部没入水下
	6	2.8	0.1		从翼墙顶部没入水下
	7	2.7	1		从翼墙顶部没入水下
	8	2.6	0.1		从翼墙顶部没入水下
	9	2.6	0.5	64	从翼墙顶部没入水下
	10	2.7	1	87	从翼墙顶部没入水下

（2）闸室边、中墩

本次普查将左闸室基本抽干进行了水下部位混凝土的普查和检测。通过普查发现，左边墙和中墩的水位变化区混凝土局部存在冻融剥蚀破坏现象，剥蚀深度约 1～2 cm。中墩存在三条裂缝，经过超声波检测，裂缝深度在 2.6～10.8 cm 之间（表 2）。右闸室中墩牛腿底部有一条表面宽约 10 mm 的裂缝，且裂缝长度贯穿整个牛腿，应引起注意。

表 2　中墩裂缝普查统计

裂缝部位	裂缝编号	裂缝长度（m）	最大裂缝宽度（mm）	裂缝深度（mm）	备　注
中墩	1	0.5	10	–	右闸室中墩牛腿底部
	2	2.6	0.2	108	
	3	3.6	0.3	49	
	4	1.9	0.1	26	

（3）启闭机工作桥及排架

工作桥桥面混凝土剥蚀严重，混凝土破碎离析，已基本失去强度，桥面板钢筋锈蚀外露。排架立柱表面部分粉饰层，未发现明显裂缝。

（4）交通桥主梁

玉渊潭进水闸下游交通桥纵梁底部由于钢筋锈蚀导致混凝土出现明显的锈胀裂缝，部分钢筋已锈蚀外露。局部还发现长短不等的顺主筋方向及顺箍筋方向的裂缝，裂缝缝隙均充满杂质。

3.2　混凝土强度检测结果

玉渊潭进水闸混凝土强度检测分为上游段、闸室段、下游段三个分部进行。上游段分成上游左边翼墙、右边翼墙两个部分,根据现场情况布置了 10 个测区;闸室段分成工作桥上排架、检修桥桥梁、左闸室、右闸室四个部分,根据现场情况布置了 51 个测区;下游段分成下游左边翼墙、右边翼墙两个部分,根据现场情况布置了 8 个测区。

玉渊潭进水闸混凝土强度检测除采用回弹法外,还在闸室中墩顶部钻取 2 个混凝土芯样,按照《水工混凝土试验规程》(DL/T5150 - 2001)混凝土芯样强度试验方法,加工成 φ100 mm × 100 mm 圆柱体抗压试件,钻取的芯样在试验室中用切割机沿其长度方向切割成长 105 mm 的试块,再用磨平机磨成长 100 mm 的标准试块。每组三个,将加工好的试块放在压力机上进行抗压强度试验。

回弹法推定混凝土强度结果见表 3,钻取芯样实测混凝土抗压结果见表 4。

表 3　玉渊潭进水闸闸各分部回弹推定强度结果

检测部位		测区数	混凝土推定强度(MPa)		
			最大值	最小值	平均值
上游段	左边翼墙	5	31.8	27.24	27.44
	右边翼墙	5	32.1	27.3	29.34
下游段	左边翼墙	4	38.07	24.11	29.23
	右边翼墙	4	36.45	25.23	28.45
闸室	左边墩	12	30.83	15.79	20.53
	右边墩	6	26.35	21.21	23.67
	中墩	15	29.21	14.95	23.82
	捡修桥桥梁	6	44.25	25.57	33.82
	启闭机排架立柱	12	43.11	25.72	32.75

混凝土芯样强度根据下面的公式计算出抗压强度值:

$$f_c = 1.237 \times \frac{P}{D^2}$$

式中:f_c——芯样试件抗压强度,(MPa);

　　　P——破坏荷载,(N);

　　　D——试件直径,(mm);

表 4　玉渊潭闸闸墩取芯实测抗压强度结果

试件编号		试件尺寸 (mm)	抗压破坏荷载 (kN)	抗压强度 (MPa)	芯样平均值 (MPa)
中墩	1 - 1	Φ99.7 × 100.2	305.05	39.07	34.15
	1 - 2	Φ99.6 × 101	294.09	37.66	
	1 - 3	Φ99.7 × 102	200.88	25.73	
	2 - 1	Φ99.6 × 102.3	267.86	34.3	35.62
	2 - 2	Φ99.6 × 101.7	288.35	36.93	

上、下游翼墙、闸室、工作桥排架设计混凝土标号为150#,从检测结果来看,混凝土强度均满足设计要求。

3.3 混凝土碳化深度检测结果

混凝土碳化深度的检测对推定混凝土抗压强度、评估钢筋的锈蚀程度以及结构的安全状况有着重要的意义,是混凝土耐久性的重要指标之一。本项检测采用酚酞酒精溶液,首先钻凿小孔,吹净孔内粉尘和碎屑后,滴入1%浓度的酚酞酒精溶液,然后根据已碳化和未碳化混凝土交界面到混凝土表面的距离,用游标卡尺多次测出其碳化深度,取其平均值。本次检测对玉渊潭进水闸各个部位的混凝土碳化深度均进行了检测,主要集中在上、下游两侧翼墙、工作桥排架、闸室中墩、工作桥主梁、交通桥主梁,测试结果见表5。

表5 玉渊潭进水闸混凝土碳化深度检测结果

分部名称	检测点数	混凝土碳化深度（mm）		
		最 大	最 小	平 均
上游段翼墙	5	35.5	22.8	32.12
下游段翼墙	4	22.9	4.9	11.15
启闭机工作桥排架	12	41.6	16.7	27.86
闸室	37	39.6	2.5	15.6
工作桥主梁	6	28	19.5	24.6
交通桥主梁	10	58.2	42.3	49.5

水闸闸墩钢筋保护层设计厚度为8 cm,工作桥排架为5 cm,工作桥主梁钢筋保护层厚度为2 cm,交通桥主梁为3 cm。从检测结果来看,上游翼墙碳化深度超过3 cm,而下游翼墙碳化深度在1 cm左右;闸墩碳化深度不超过2.5 cm,工作桥排架碳化深度不超过3 cm,这些部位碳化深度均未超过钢筋保护层厚度。但工作桥主梁和交通桥主梁混凝土碳化深度已超过钢筋保护层厚度。

3.4 钢筋锈蚀检测结果

钢筋锈蚀检测是检测钢筋混凝土结构强度的重要手段,本次检测主要选取了中墩、左边墩水下、水上部分、启闭机工作排架、工作桥面板、工作桥主梁、交通桥主梁等典型构件进行钢筋锈蚀检测。现场进行钢筋锈蚀检测时,首先采用钢筋锈蚀仪进行定性测量,如发现测量区域钢筋出现锈蚀现象,则用局部凿开法将钢筋凿出,用砂布对钢筋打磨后用游标卡尺测量钢筋直径,并与原设计钢筋直径进行对比,得到钢筋锈蚀深度。

通过检测发现,闸室水位线以上部位的混凝土没有发生锈蚀,而水位线以下部位的钢筋已经发生锈蚀,启闭机工作排架钢筋没有发生锈蚀。检测结果如表6所示。

表 6　钢筋锈蚀检测结果统计

检测位置	钢筋锈蚀仪检测结果	备　注
左边墩水下	锈　蚀	通过局部凿开法,测得钢筋锈蚀深度约 1 mm。
闸室中墩水下	锈　蚀	
左边墩水下	锈　蚀	
闸室中墩水下	锈　蚀	
左边墩水上	未锈蚀	
左闸室中墩水上	未锈蚀	
工作桥排架	未锈蚀	
工作桥桥面	锈　蚀	通过局部凿开法,测得钢筋锈蚀深度约 2 mm
工作桥主梁	-	通过局部凿开法,测得主筋锈蚀深度约 1.5 mm
交通桥主梁	-	通过局部凿开法,测得主筋锈蚀深度约 2 mm

注:钢筋锈蚀仪检测结果一栏中"-"表示因现场工作区域限制无法用仪器进行钢筋锈蚀测量。

3.5　金属结构及电气设备安全检测结果

本次检测发现玉渊潭进水闸闸门和启闭机主要存在下列问题:

(1) 左、右孔闸门漏水严重,应更换止水橡皮。

(2) 闸门腐蚀严重。腐蚀主要集中在易积存水渍的部位以及防腐不易施工的部位。闸门的顶横梁、边梁、主横梁、纵梁、面板等主要承重构件的表面均有明显的蚀坑。

(3) 控制系统简单、落后,线路和电气元件严重老化,开度控制和超载保护功能失效,不能保证安全运用,应进行更新改造。

(4) 高度限制器、负荷控制器功能失效,应检修。

(5) 制动器整体普遍老化,锈蚀严重,制动带磨损严重,制动性能难以保证,制动器与制动轮均应更换。

4　检测结论与缺陷处理建议

4.1　主要检测结论

通过本次对玉渊潭进水闸混凝土质量的现场检测,发现进水闸老化病害现象比较严重,主要体现在以下几个方面。

1)玉渊潭进水闸上、下游两侧翼墙水位变化区混凝土冻融剥蚀破坏较严重,同时,上游翼墙混凝土裂缝较多,裂缝的宽度较大(均超过 0.2 mm,最大达到 1 mm),裂缝深度大部分超过 10 cm,裂缝处冻融剥蚀尤为严重,最大剥蚀破坏深度达 4 cm。

2)玉渊潭进水闸中、边墩混凝土局部存在冻融剥蚀破坏现象,水位变化区冻融剥蚀尤为严重。中墩发现三条裂缝,裂缝深度最深约 10 cm,且右闸室中墩牛腿处出现一条宽度约 1 cm 的贯穿性裂缝,严重影响进水闸的运行安全。钢筋锈蚀检测结果表明闸墩水下部位的钢筋已经发生锈蚀,而水上部分的钢筋未发生锈蚀现象。用局部凿开法检测表明:闸墩水下部分钢筋锈蚀深度约 1 mm。

3)启闭机工作桥表面混凝土剥蚀破坏严重,混凝土破碎剥离,已基本失去强度。工作桥桥面板钢筋锈蚀外露,通过局部凿开法发现桥面板内部钢筋锈蚀深度约 2 mm。工作桥主梁混凝土碳化深度超过钢筋保护层厚度,主梁钢筋出现锈蚀现象,锈蚀深度约 1.5 mm。

4)下游交通桥主梁混凝土碳化深度超过钢筋保护层厚度,主梁内部钢筋已出现较严重的锈蚀现象,主梁钢筋锈蚀深度约 2 mm,主梁上存在长短不等的混凝土锈胀裂缝,最长长度约 3 m。

5)水闸混凝土结构的强度满足设计要求。

6)闸门主要构件腐蚀比较严重,启闭机机架锈蚀严重,制动器锈蚀严重,制动带磨损严重,高度限制器和负荷控制器功能失效。

综上所述,玉渊潭进水闸目前存在的安全问题多而且比较严重,根据《水闸安全鉴定规定》SL214 – 98 的规定,玉渊潭进水闸应评为三类闸。必须对其缺陷尽快进行处理,以保证其正常运行。

4.2 缺陷处理建议

(1)冻融剥蚀区

由于玉渊潭原设计中未考虑抗冻问题,导致翼墙及闸室水位变化区附近冻融剥蚀尤为严重,对冻融剥蚀区可采取聚合物水泥砂浆进行修补处理。

(2)闸墩裂缝

对闸墩裂缝,应进行补强灌浆,以保证闸墩的整体性。另外,在补强灌浆后,在裂缝处黏贴碳纤维进行加固,以保证闸墩的安全运行。

(3)闸门及启闭机

对闸门及启闭机进行报废更新处理,并对电气控制系统和设备进行更新改造。另外,根据北京市最新的规划流量及水位,玉渊潭进水闸闸门挡水水头较小,可考虑更换为平板闸门进行挡水,以解决当前牛腿支撑存在严重缺陷的问题。

(4)工作桥及交通桥

对工作桥及交通桥,建议拆除重建。

(5)对混凝土表面的全面防护

在基本的除险加固工作完成后,建议对整个水闸混凝土表面进行防护处理。对于裸露在空气中的混凝土表面,可进行防碳化防护处理,可以防止新、老建筑物碳化深度的发展;对于水下部分应进行防冲、防渗防护,以防止水下闸室内部钢筋锈蚀进一步恶化,以保证水闸的安全运行。

五强溪电厂三级船闸混凝土
综合检测及检测方法

马冲林

（五强溪水电厂）

摘　要:五强溪水电厂三级船闸是目前国内最大的三级船闸之一。自 2000 年以来,发现船闸—闸首开合度超设计值后,曾多次组织对船闸进行检测、分析、计算等。本文就对船闸进行综合检测的方法及手段进行介绍,为类似的船闸建筑物等检测提供宝贵的经验。

关键词:检测;混凝土;钢筋锈蚀;碱活性反应

1　基本概况

五强溪船闸是五强溪水电厂唯一的通航设施,闸室为二级建筑物。三级船闸的设计水头分别为 37.7 m、27.7 m、24 m,其中第一闸室是我国目前服役船闸中规模最大、水头最高的船闸。

船闸闸室侧墙及底板为钢筋混凝土,采用限裂设计。设计阶段按设计参数用线性有限元对船闸进行了有限元分析,三级船闸在设计水头时的计算最大闸室开合度分别为 22.1 mm、14.6 mm、3.8 mm。

船闸于 1994 年底建成,1995 年 2 月 10 日首次通航成功。2000 年 11 月引张线自动观测设备实测闸墙变化超出测量范围报警,并伴随结构缝发生漏水明显加大的现象。为此,我厂对船闸建筑物的情况进行各种检测、研究和评估;检测的主要目的是想掌握船闸经过多年运行后的变化情况,了解它们现行运行工况下主要技术指标是否满足规程要求,掌握船闸运行特点,为电厂生产调度制定合理的安全操作规程提供技术资料。

2　检测内容、依据

2.1　检测内容

检测内容包括:

①船闸钢筋锈蚀量检测;

②船闸混凝土内部密实性和缺陷的检测;

③船闸闸室底板裂缝深度检测;

④混凝土抗拉、抗压强度试验;

⑤弹性模量及泊松比试验;

⑥抗拉、抗压疲劳强度试验;

⑦抗渗试验;

⑧碱骨料活性试验;

⑨混凝土碳化深度。

2.2 检测的依据

检测内容确定的依据：

①《船闸设计规范》，JTJ264 - 87；

②《回弹法检测混凝土抗压强度技术规程》，JGJ/T23 - 2001；

③《超声回弹综合法检测混凝土强度技术规程》，CECS 02：88；

④《混凝土结构设计规范》，GB50010 - 2002；

⑤《建筑抗震设计规范》，GB50011 - 2001；

⑥《船闸水工建筑物设计规范》，JTJ307 - 2001；

⑦《普通混凝土力学性能试验方法标准》，GB/T50081 - 2002；

⑧《黑色金属硬度及强度换算值》，GB/T1172 - 1999；

⑨《钻芯法检测混凝土抗压强度技术规程》，CECS03：88；

⑩《超声法检测混凝土缺陷技术规程》，CECS21；90；

3 检测的方法

3.1 混凝土强度检测

混凝土强度主要采用超声回弹综合法检测和钻芯取样法检测,对于部分部位由于现场条件限制采用回弹法检测。构件混凝土强度评定依据《回弹法检测混凝土抗压强度技术规程》(JGJ/T23 - 2001)及《超声回弹综合法检测混凝土强度技术规程》(CECS 02：88)。

回弹法检测表明一、二、三闸室的底板、左右侧墙的混凝土强度较输水廊道的混凝土强度低,钻芯取样试验结果验证了回弹检测中闸室混凝土强度较输水廊道低的结果。现场回弹值比钻芯取样值低,主要原因是现场所检测的混凝土表面状况较差(混凝土疏松或潮湿),强度下降快造成的,由于钻芯取样检测的试样是钻取结构内核部分的混凝土,避开了构件表面的质量问题,检测强度等级在C30以上,高于回弹法的检测结果。

通过检测,船闸混凝土强度：一闸室 C25、一闸室输水廊道 C30；二闸室 C25、二闸室输水廊道 C30；三闸室 C25、三闸室输水廊道 C30。

3.2 混凝土碳化深度

用丙酮试液和混凝土碳化深度测量仪测得船闸各闸室混凝土底板、侧墙、输水廊道的碳化深度,船闸闸室最大碳化深度为 30.2 mm,廊道最大碳化深度为 7.1 mm,船闸闸室的混凝土碳化深度比船闸廊道内混凝土的碳化深度要大得多。船闸闸室的碳化深度已接近钢筋保护层厚度,且船闸裂缝较多 ,这些部位钢筋可能发生锈蚀。虽然船闸廊道碳化深度小于保护层厚度,但由于廊道内裂缝较多,裂缝处的钢筋仍有可能暴露在外并发生锈蚀,非裂缝处的钢筋还在混凝土碱性保护之中,钢筋暂时不会生锈。

3.3 混凝土性能检测

在船闸各闸室的底板、左右侧墙和主廊道均用钻芯机对结构混凝土进行了取样,分别制成了弹模试件、抗压试件、抗拉试件,并在实验室内进行了混凝土性能检测。

检测结果表明：各闸室芯样强度检测结果一致性较好，闸室输水廊道混凝土强度较闸室混凝土强度略高一闸室为 C25，一闸室输水廊道为 C25；二闸室为 C25；二闸室输水廊道为 C30；三闸室为 C25；三闸室输水廊道为 C30。

3.4 碱骨料活性试验

五强溪水电厂永久性船闸工程混凝土人工骨料料源为坝址下游 3km 处的青山沟红砂溪石英砂岩。试验按照 DL/T5151 - 2001《水工混凝土砂石骨料试验规程》中的岩相法、砂浆棒快速法、砂浆长度法、混凝土棱柱体法对该料源的代表性样品进行了全面的混凝土碱骨料反应碱活性检验。

（1）岩相法鉴定

岩相法鉴定是指通过肉眼和显微镜观察，鉴定各种砂、石骨料的种类和矿物成分，从而检验碱活性骨料的品种和数量。

青山沟红砂溪料场岩石沉积条件相对简单、可用岩层范围内的岩性没有明显的变化，料场范围内的岩石种类主要为紫红色砂岩。

从青山沟红砂溪料场可用岩层范围内采集紫红色砂岩 3 组，将岩石样品直接制成薄片，在显微镜下鉴定其矿物组成、结构等，并按照 GB/T17412. 1 - 1998《火成岩岩石分类和命名方案》、GB/T17412. 2 - 1998《沉积岩岩石分类和命名方案》、GB/T17412. 3 - 1998《变质岩岩石分类和命名方案》确定样品名称。

岩相法试验成果显示：

1）青山沟红砂溪料场紫红色砂岩为长石石英砂岩，岩石为碎屑结构、块状构造、颗粒及孔隙胶结，岩石结构中碎屑物含量为 85% ~88%，胶结物含量为 12% ~15%；

2）组成岩石的主要矿物成分为石英（55% ~75%）、长石（14% ~35%）、绢云母（2% ~12%）和白云母（1% ~5%），其中可能具有碱活性反应的矿物成分为硅质岩屑和胶结物中的微细粒石英、碎屑中的变形石英，这些活性成分表现为反应缓慢或只在后期才产生膨胀。

（2）化学成分分析

化学成分分析是根据岩相法鉴定的需要而进行的，同一样品的化学成分分析成果与矿物成分鉴定成果相互对应，可以相互检验试验成果的合理性和正确性。

青山沟红砂溪料场岩石化学成分分析成果见表 1。

岩石化学成分分析试验成果显示：

1）岩石的主要化学成分是 SiO_2（86.62%），其次为 Al_2O_3（6.85%）、MgO（1.51%）、Fe_2O_3（1.20%）、Na_2O（1.18%）、K_2O（0.72%）、SO_3（0.17%）和灼烧损失成分（0.74%）。

表1 红砂溪料场岩石样品矿物成分鉴定成果（编号：CHZ - 1）

样品定名	长石石英砂岩
岩石结构、构造	碎屑结构，块状构造，颗粒、孔隙胶结 碎屑为长石、石英及硅质岩，胶结物原为泥质物或黏土矿物以及部分铁质物，现已变为绢云母，并有铁质物析出。颗粒胶结为主，岩石有晚期轻微白云石蚀变

样品定名	长石石英砂岩
矿物成分组成	石英(含量55%)、长石(含量35%)、白云石(含量5%)、绢云母(含量2%)、不透明矿物(含量3%)、电气石、锆石(微量)
显微镜观察各矿物成分的特征	石英:分为两种,一种为碎屑石英,次棱角——次磨圆状,边界稍溶蚀,颗粒紧密接触,大小0.08~0.3 mm. 波状消光,有的颗发育变形纹;另一种为微细颗粒集合体,为岩屑组成物,大小0.005~0.020 mm,颗粒紧密接触,边界为次缝合线状,岩屑(含量1%)大小0.1~0.2 mm
	长石:次棱角状,为碎屑,斜长石为主,大小0.08~0.25 mm,见聚片双晶,有轻微土化和绢云母化
	白云石:半自形晶,不规则状,分布于石英,长石碎屑间隙中,大小0.025~0.15 mm,不均匀消光
	绢云母:鳞片状,零星状,分布于长石中,或为集合体分布于长石、石英的接触边界,大小:0.002~0.01 mm
	电气石,锆石:自形—它形晶,磨圆—次棱角状,大小:0.01~0.08 mm
	不透明矿物:不定形态,大小0.04~0.10 mm
碱活性矿物成分	碱活性矿物主要为硅质岩屑中的微细粒石英

显微照片:

照相光线条件	正交偏光

　2)将该两组岩石样品的化学成分分析试验成果与前述的矿物成分鉴定成果进行对应分析,结果显示两者是相吻合的。

　(3)砂浆棒快速法检验

　本方法能在16 d内检验出骨料在砂浆中是否具有潜在的危害性碱－硅酸反应,这个方法对于判定缓慢型碱活性反应或只在后期才产生膨胀的碱活性骨料特别有效。

　用高碱硅酸盐水泥(含碱量为0.9% ±0.1%)与被检样品的五级配砂制成砂浆试件,将砂浆试件浸泡于温度为(80 ±2)℃、浓度为1 mol/l的NaOH碱溶液中养护,测定水泥砂浆的长度变化,以鉴定在高温高碱环境中砂浆因骨料碱活性反应所引起的膨胀是否具有潜在危害。

青山沟红砂溪料场紫红色砂岩砂浆棒快速法检验成果见表4,砂浆试件膨胀率随龄期变化曲线见图4。

表4 砂浆棒快速法试验成果

样品名称	样品编号	各龄期试件膨胀率(%)			
		3 d	7 d	14 d	28 d
青山沟红砂溪砂岩	CHZ-1	0.028	0.067	0.142	0.305
	CHZ-2	0.025	0.057	0.116	0.257
	CHZ-3	0.027	0.060	0.131	0.296
	平均值	0.027	0.061	0.130	0.286
DL/T5151-2001《水工混凝土砂石骨料试验规程》评定标准	1)砂浆试件14 d的膨胀率小于0.1%,则骨料为非活性骨料; 2)砂浆试件14 d的膨胀大于0.2%,则骨料为具有潜在危害性反应的活性骨料; 3)砂浆试件14 d的膨胀率在0.1%~0.2%之间的,对这种骨料应结合现场记录、岩相分析、或开展其他的辅助试验、试件观察的时间延至28 d后的测试结果等来进行综合评定				

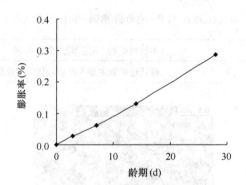

图1 砂浆试件膨胀率随龄期变化曲线

砂浆棒快速法检验成果显示:

1)砂浆试件的14 d膨胀率为0.116%~0.142%(平均值为0.130%),将砂浆试件养护龄期延长到28 d时,相应膨胀率值为0.256%~0.305%(平均值为0.286%);

2)根据DL/T5151-2001《水工混凝土砂石骨料试验规程》评定标准,该骨料可能具有碱—硅酸活性反应的危害性。

(4)砂浆长度法检验

本方法只适应于碱骨料反应快的骨料,不适用于碱骨料反应慢的骨料。

用高碱水泥(水泥含碱量为1.2%)与被检样品的五级配砂制成砂浆试件,将砂浆试件放置于(38±2)℃、空气相对湿度为95%的环境中养护,测定水泥砂浆的长度变化,以鉴定水泥中的碱与骨料间的反应所引起的膨胀是否具有潜在危害。

青山沟红砂溪料场紫红色砂岩砂浆长度法检验成果见表5。

表5 砂浆长度法试验成果

样品名称	样品编号	各龄期试件膨胀率（%）				
		14 d	28 d	104 d	155 d	185 d
青山沟红砂溪砂岩	CHZ－1	0.007	0.008	0.012	0.005	0.015
	CHZ－2	0.007	0.007	0.012	0.005	0.015
	CHZ－3	0.007	0.008	0.012	0.005	0.015
	平均值	0.007	0.008	0.012	0.005	0.015
DL/T5151－2001《水工混凝土砂石骨料试验规程》评定标准		1）对于砂料,当砂浆半年膨胀率超过0.1%,或三个月膨胀率超过0.05%时(只有在缺少半年膨胀率资料时才有效),即评为具有危害性的活性骨料。反之,如低于上述数值,则评为非活性骨料； 2）对于石料,当砂浆半年膨胀率低于0.1%,或三个月膨胀率低于0.05%时(只有在缺少半年膨胀率资料时才有效),即评为非活性骨料。反之,如超过上述数值时,应评为具有潜在危害性的活性骨料					

砂浆长度法检验成果显示:砂浆试件的 185 d 膨胀率为 0.015%,根据 DL/T5151－2001《水工混凝土砂石骨料试验规程》评定标准,该骨料不会因快速反应的活性成分而导致危害性的碱－硅酸活性反应。

（5）混凝土棱柱体法检验

用高碱硅酸盐水泥(水泥含碱量为 1.25%)与混凝土砂、石骨料制成混凝土试件,将混凝土试件放置于 $38 \pm 2℃$、空气相对湿度为 95% 的环境中养护,测定混凝土试件的长度变化,评定混凝土试件在升温及潮湿条件养护下,水泥中的碱与骨料反应所引起的膨胀是否具有潜在危害性。

青山沟红砂溪料场紫红色砂岩混凝土棱柱体法检验成果见表6。

表6 混凝土棱柱体法试验成果表

样品名称	样品编号	各龄期试件膨胀率（%）						
		38 d	70 d	140 d	214 d	317 d	365 d	501 d
青山沟红砂溪砂岩	CHZ－1	0.002	－	0.013	0.016	0.023	0.018	0.020
	CHZ－2	0.002	0.002	0.007	0.013	0.021	0.016	0.019
	CHZ－3	0.002	0.003	0.010	0.015	0.018	0.020	0.020
	平均值	0.002	0.002	0.010	0.015	0.021	0.018	0.020
DL/T5151－2001《水工混凝土砂石骨料试验规程》评定标准		当试件一年的膨胀率等于或大于0.04%时,则判定为具有潜在危害性反应的活性骨料；膨胀率小于0.04%则判定为非活性骨料						

混凝土棱柱体法检验成果显示:青山沟红砂溪料场紫红色砂岩混凝土试件的 365 d 膨胀率为 0.016% ~ 0.020%,根据 DL/T5151－2001《水工混凝土砂石骨料试验规程》评定标准,该骨料不会因碱活性反应而导致混凝土产生危害性膨胀。

骨料碱活性试验基本结论:

1)青山沟红砂溪砂岩为长石石英砂岩,岩石为碎屑结构、块状构造、颗粒及孔隙胶结,岩石结构中碎屑物含量为85%~88%,胶结物含量为12%~15%,组成岩石的主要矿物成分为石英(含量55%~75%)、长石(含量14%~35%)、绢云母(含量2%~12%)和白云石(含量1%~5%),其中可能具有碱活性反应的矿物成分为硅质岩屑和胶结物中的微细粒石英、碎屑中的变形石英,这些活性成分表现为反应缓慢或只在后期才产生膨胀;

2)青山沟红砂溪砂岩岩石的主要化学成分是 SiO_2(含量分别为86.68%和86.57%),其次为 Al_2O_3(含量为6.85%)、MgO(含量为1.51%)、Fe_2O_3(含量为1.20%)、Na_2O(含量分别为1.24%和1.12%)、K_2O(含量分别为0.74%和0.71%)等。岩石化学成分分析成果与矿物成分鉴定成果是相吻合的;

3)青山沟红砂溪砂岩人工骨料砂浆棒快速法试件的14d膨胀率为0.116%~0.142%(平均值为0.130%),28 d 膨胀率值为0.256%~0.305%(平均值为0.286%),根据DL/T5151-2001《水工混凝土砂石骨料试验规程》评定标准,结合岩石岩相法分析成果和船闸混凝土芯样微观结构分析成果,确定该骨料可能具有潜在碱—硅酸活性反应的危害性。

(6)船闸工程混凝土含碱量计算

混凝土的含碱量是根据水泥、掺和料、化学外加剂中的 K_2O 和 Na_2O 含量的测定结果和混凝土配合比中各原材料的用量进行计算的。

五强溪水电站永久性船闸混凝土工程使用的水泥主要为常德石门水泥厂生产的525中热硅酸盐水泥,根据该水泥厂的检验资料显示,该水泥的含碱量均不会超过0.6%(包括1993年的产品)。

五强溪水电站永久性船闸工程混凝土原材料的 K_2O、Na_2O 含量检验成果见表7、混凝土施工配合比见表8、混凝土含碱量计算成果见表9,中国工程建设标准化协会标准CECS53:93《混凝土碱含量限值标准》见表10,国际上部分国家对活性骨料混凝土碱含量的限值情况见表11。

表7 相关样品 K_2O、Na_2O 含量检验成果

序号	样品	K_2O	Na_2O	含碱量	备 注
		%			
1	石门水泥熟料	0.42	0.14	0.42	国家建筑材料工业总局建筑材料科学研究院1991年检验结果
2	石门525中热水泥	–	–	<0.60	资料由石门水泥厂提供
3	广州木钙	0.08	0.05	0.10	1997年样品检验结果

备注:含碱量(%)= Na_2O 含量 +0.658K_2O 含量。

表8 五强溪水电站永久性船闸混凝土施工配合比

强度等级	级配	水灰比	粉煤灰 %	广州木钙 %	松热掺量 1/万	用水量 kg/m³	砂率 %	湿容重 kg/m³
C25(90 d)	二	0.52	15	0.20	0.50	149	36	2 330
C35(90 d)	二	0.45	0	0.10	0.00	160	35	2 330

表9　混凝土含碱量计算成果

样品名称	水泥用量	水泥总碱量	粉煤灰用量	粉煤灰总碱量	木钙用量	木钙总碱量	混凝土总碱量
	kg/m³						
一闸室底板混凝土 C25(90 d)	243	1.46	43	<0.26	0.57	微量	1.46 ~ 1.72
输水廊道底板混凝土 C35(90 d)	356	2.14	0	0	0.35	微量	2.14

备注:①表中原材料用量由混凝土施工配合比推算而来;

②对于相同质量的粉煤灰和水泥而言,在混凝土中粉煤灰带入的有效碱明显小于水泥,且粉煤灰本身具有消耗混凝土中有效碱的作用。一般情况下,当粉煤灰掺量大于30%时,其有效碱含量可以忽略不计。

表10　防止碱—硅酸反应破坏的混凝土含碱量限值或措施(CECS53:93)

环境条件	混凝土最大碱含量 　(kg/m³)		
	一般工程结构	重要工程结构	特殊工程结构
干燥环境	不限制	不限制	3.0
潮湿环境	3.5	3.0	2.1
含碱环境	3.0	用非活性骨料	

备注:①处于含碱环境中的一般工程结构在限制混凝土碱含量的同时,应对混凝土作表面防碱处理,否则应换用非活性骨料;

②大体积混凝土结构(如大坝等)的水泥碱含量尚应符合有关行业标准的规定。

表11　部分国家对活性骨料混凝土碱含量的限值情况

序号	国别	混凝土碱含量的限值　(kg/m³)
1	新西兰	2.5
2	比利时	
3	日本	
4	苏联	3.0 ~ 3.5 (根据水泥含碱量变化的信息而定)
5	英国	
6	法国	
7	南非	2.0 ~ 4.5(根据集料活性而定) ≤2.1(处于潮湿环境) 换用非活性骨料(处于碱性环境)

　　根据五强溪水电站永久性船闸工程混凝土总碱量计算成果(一闸室底板 C25 混凝土的总碱量为 1.46 ~ 1.72 kg/m³、输水廊道 C35 混凝土的总碱量为 2.14 kg/m³),对照中国工程建设标准化协会标准 CECS53:93《混凝土碱含量限值标准》规定的潮湿环境下特殊工程结构活性骨料混凝土含碱量不超过 2.1 kg/m³ 和国际上部分国家对活性骨料混凝土碱含量的限值在 2.1 ~ 3.5 kg/m³ 之间,我们认为一闸室底板 C25 混凝土的总碱量完全满足活性骨料混凝土总碱量的限值要求,输水廊道 C35 混凝土的总碱量略高于 CECS53:93《混凝土碱含量限值标准》、南非国家要求的潮湿环境中活性骨料混凝土总碱量的限值,但相对于其他部分国

家对活性骨料混凝土碱含量的限值要求而言是满足要求的。

最终结论:综合分析各项试验研究成果,初步认为五强溪水电站永久性船闸工程混凝土目前没有明显表现出遭受到碱—骨料反应破坏的现象,将来也应该不会出现因碱—骨料反应而影响其耐久性的现象。

4 钢筋锈蚀检测

混凝土结构物中的钢筋锈蚀,实际上是钢筋电化学反应的结果。钢筋锈蚀将使混凝土握裹力和钢筋有效截面积下降,而且钢筋生锈后,其锈蚀产物的体积比原来增长 $2\sim4$ 倍,从而在其周围的混凝土中产生膨胀应力,最终导致钢筋保护层混凝土开裂、剥落,从而降低结构的承载能力和稳定性,影响结构的安全。

导致钢筋产生锈蚀的原因主要有两方面:一是混凝土碳化深度已超过了混凝土保护层的厚度;二是 Cl^- 等酸性离子的侵蚀作用。

Cl^- 离子具有相当高的活性,对钢筋有很强的吸附作用,是一种钢筋活化剂。当 Cl^- 离子渗透过混凝土保护层而达到钢筋表面时,就会置换钢筋钝化膜中的氧元素,使钝化膜破坏,从而使钢筋处于活化状态,继而产生电化学腐蚀。

因此,钢筋锈蚀过程实际是大气(CO_2 、 O_2)水、侵蚀介质(Cl^- 等)向混凝土内部渗透,迁移而引起钢筋钝化膜破坏,并产生电化学反应,使铁变成氢氧化铁的过程。钢筋锈蚀的检测是按照《水工混凝土试验规程》(DL/T5150 – 2001)有关混凝土中钢筋半电池电位方法,采用钢筋锈蚀测量仪进行测量。其基本原理是:混凝土中钢筋半电池电位是测点处钢筋表面微阳极和微阴极的混合电位。当构件中钢筋表面阴极极化性能变化不大时,钢筋半电池电位主要决定于阳极性状:阳极钝化,电位偏正;活化,电位偏负。

评估标准:

1)半电池电位正向大于 – 200 mv,则此区域发生钢筋腐蚀概率小于 5%;

2)半电池电位负向大于 – 350 mv,则此区域发生钢筋腐蚀概率大于 95%;

3)半电池电位在 – 200 ~ – 350 mv 范围内,则此区域发生钢筋腐蚀性状不确定。检测仪器为 KON – RBL(D) +扫描型钢筋位置测定仪、KON – XSY 型钢筋锈蚀仪。

检测结果:从 52 个钢筋锈蚀测区结果分析,仅一闸室底板一个测区锈蚀值偏小,钢筋锈蚀概率大于 95%,其最终剔凿结果亦表明呈轻微锈蚀状态。而余下的 51 个测区中均无锈蚀发生。

5 混凝土密实性和缺陷的检测——地质雷达检测

地质雷达主要是利用不同的介质在电磁特性上的差异会造成雷达反射回波在波幅、波长及波形上有相应的变化这一原理,由雷达的发射天线向被探测介质的内部发射高频电磁波,在电磁特性有变化的地方雷达波一部分被反射回来,部分则发生散射,剩下的继续向内透射,反射回波由接收天线接收。接收到的雷达信号经计算机和雷达专用软件处理后形成雷达图像,以此对介质的内部结构(如介质厚度,分界面,内部埋藏物或缺陷的埋藏深度、大小、形状、走向等)进行描述。

地质雷达检测结果表明：五强溪电厂船闸各部位混凝土缺陷的发育程度较轻，不构成对船闸安全运营的危害因素，但应密切关注以后混凝土缺陷的发展情况。

6 结　语

五强溪电厂船闸通过近几年对其裂缝检测、混凝土强度检测、钢筋锈蚀检测以及混凝土碱骨料反应等十多项检测，我们较清楚地掌握了船闸结构内部混凝土的特性，为此了解了船闸变形过大的原因及对船闸安全的影响因素，为电厂生产调度制定合理的安全操作规程提供了可靠的技术资料。

参考文献

[1]　湖南五凌水电开发有限责任公司，五强溪水电站工程竣工阶段验收资料汇编，1999.
[2]　浙江大学土木工程测试中心，五强溪水电站大坝船闸混凝土检测报告，2002.
[3]　五强溪电站船闸变形问题研究报告．中国水科院结构材料所，2002.
[4]　五强溪电厂船闸碱—骨料反应试验研究报告．中中南勘测设计研究院，2007.

峡山水库溢洪闸混凝土病害原因
及治理对策

马德富 王锦龙 杨 萌 刘 苏

（山东省水利科学研究院）

摘 要：结合典型工程，就水工混凝土建筑物发生碱集料反应的病害原因进行分析，阐述了治理方法，供此类病害混凝土建筑物加固修复设计与施工参考。

关键词：水工混凝土；碱骨料反应；治理对策

1 前 言

碱集料反应俗称混凝土的癌症，是指混凝土中某些活性矿物集料与混凝土空隙中的碱性溶液之间发生的化学反应。这种反应能使混凝土的局部体积发生膨胀，引起开裂和强度降低，严重时会导致混凝土完全破坏。碱骨料反应所导致的严重后果已逐渐被人们所认识。近年来，许多水利工程已经开始重视碱骨料反应问题，越来越多的工程在开工前对骨料进行碱活性检验，并采取积极措施预防碱骨料反应发生，如三峡工程水泥熟料中的碱含量限制为小于 0.5%。

现就峡山水库溢洪闸碱集料反应对混凝土建筑物破坏原因进行分析，阐述了治理对策，供此类病害混凝土建筑物加固修复设计与施工参考。

2 工程概况

峡山水库位于山东半岛潍河中下游，总库容 14.05 亿 m³，1960 年 9 月建成投产，是目前山东省最大的具有灌溉、防洪、发电、城市及工业供水等综合功能的大（1）型水利枢纽工程。该水库溢洪闸设计泄量 15 000 m³/s，校核泄量 18 500m³/s，共 15 孔，每孔净宽 16 m，闸室长 26 m，采用弧型闸门，ZS2—125 型拍式启闭机。闸底板高程 28 m，驼峰堰高 0.83 m，中墩为矩形截面，厚 2 m，边墩为衡重挡土墙结构，闸底板、闸墩及护坦均为钢筋混凝土结构。

溢洪闸投入运行以来，在 1982 年 7 月观测检查发现，闸墩普遍存在裂缝，裂缝达 56 条，其中，垂直裂缝 42 条，水平裂缝 14 条，裂缝位置普遍在 39 m 高程以下，缝宽一般在 0.1～0.6 mm 之间，长度为 2～8 m，其中最长的达 13 m，最长最宽的缝在 6 号墩，为两侧对称水平缝。1989 年对该缝进行了稳定性分析，其结论主要为：在正常挡水条件下该缝下端有被剪断的可能，并因此建议，限制水库降低水位运行，在高水位时应密切监视该裂缝，并采取适当处理措施。2000 年按照水利部对病险水闸安全鉴定的要求，对溢洪闸进行了安全鉴定检测，现场检测发现护坦混凝土表面层大面积成溃散状，钢筋裸露锈蚀，破坏最深处达 0.2 m。护坦末端防冲梁的钢筋混凝土表面松散解体，钢筋锈蚀悬空。浅层较密实的混凝土抗压强度平均值为 7.5 MPa。护坦和防冲梁的防护功能已严重削弱，其老化病害等级评定为 D 级。通过检测,发现闸墩、闸底板及护坦混凝土强度均比设计严重降低,不满足安全运行的要求,通过专家鉴定该溢洪闸被核定为3类险闸进行除险加固。

3 原因分析

为查明混凝土强度降低及破坏的原因,以便在溢洪闸除险加固工程设计时确定正确方案,对溢洪闸混凝土材料,采用扫描电子显微镜/能谱仪(SEM/EDS)和偏光显微镜进行了专项试验分析。

3.1 试样制备

共取混凝土岩芯两组,第一组取自第八孔西闸墩,第二组取自护坦。将每组混凝土岩芯有代表性地切下两片尺寸约为 30 mm×10 mm×2 mm 小薄片,镀金后作为 SEM/EDS 分析用样品;再切下两片尺寸为 40 mm×30 mm×2 mm 小薄片分别粘在载波片上,将其磨薄至厚度小于30 μm,作为偏光显微镜观察用样品。

3.2 扫描电镜/能谱分析(SEM/EDS)和偏光显微镜观察

用 SEM/EDS 对第一组岩芯试样观察分析发现,细集料(砂)主要是微晶石英或玉髓,有许多裂纹通过。分析结果表明,细集料已与水泥中的碱发生了反应,生成了硅酸碱凝胶,致使集料周围发生了开裂。用偏光显微镜对第一组混凝土岩芯试样观察,同样发现许多细集料为微晶石英和具有波状消光现象的石英,在这些集料的周围存在放射状的裂纹。

用 SEM/EDS 对第一组岩芯试样中的粗集料观察,发现粗集料中有碳酸盐岩存在,这种碳酸盐岩主要由细颗粒菱形白云石晶体组成,集料周围已经开裂。分析结果表明,碳酸盐岩粗集料中的白云石已与水泥中的碱发生了反应,生成了水镁石和方解石,致使混凝土膨胀开裂,强度降低。

用 SEM/EDS 对第二组岩芯试样观察分析发现,许多石英质细集料已经严重溃烂,裂纹以集料为中心呈放射状发展。用偏光显微镜观察,同样发现许多细集料为微晶石英和玉髓,在这些集料的周围存在放射状裂纹,这种分布的裂纹仍是由于碱集料反应引起的。

3.3 病害原因

1. 根据以上检测分析,该闸混凝土中的骨料,细集料主要为微晶石英或玉髓,粗骨料主要为菱形白云石晶体,混凝土裂缝不排除由于温度应力的影响,但强度降低开裂主要是由于上述骨料发生碱集料反应致使混凝土结构内部体积膨胀、裂纹所致。

2. 护坦病害较闸墩、底板严重,主要原因护坦采用的普通硅酸盐水泥较闸墩和底板使用的矿渣硅酸盐水泥碱含量高,加之护坦面层常年有水,混凝土裂缝后在冻融、钢筋锈胀等综合因素影响下,加剧了护坦的破坏,并使其溃散解体。

4 治理对策

碱骨料反应的三个必要条件是:活性骨料的存在,混凝土中含有一定数量的碱,以及在混凝土中含有足够的水份。在碱骨料反应过程中水有三个作用:①水是碱离子化的基础。众所周知,碱元素非常活泼,在水中,它很容易形成碱离子。正是这种碱离子才能较容易地与骨料中活性组分反应,进入骨料中去,形成反应产物。②水是输送碱的载体。水泥石中的碱溶解在水中后形成碱金属离子,这些碱金属离子在水溶液中能够迅速地扩散到活性骨料表面,与之发生反应。如果没有水的存在,水泥石中的碱是不容易到达骨料表面的。③水是碱骨料反应的源泉。碱硅反应所形成的反应产物是碱硅凝胶,这种碱硅凝胶具有极强的吸水性,而且吸水后产生较大的膨胀。如果没有水的存在,碱硅干凝胶是不产生膨胀的。如此可见,水在碱骨料反应过程中起到相当重要的作用。而恰恰是在这一方面,水工混凝土所处的潮湿环境为碱骨料反应创造了优良的环境条件。水工建筑物一般长期处于水中,在这种环境下,由于水泥的水化作用可以消耗掉一部分拌和水,但外部的水可以通过水泥石孔源源不断地给以补充。因此,为延长峡山水库溢洪闸工程使用寿命,必须对混凝土结构予以防水封闭处理,防止水分由外部渗入混凝土空隙中。

4.1 重建溢洪闸护坦

鉴于该闸护坦混凝土病害严重,建议拆除重建。对新浇混凝土施工配合比应试验论证,严格控制每立方米混凝土的含碱量,尽量不用可能引起碱集料反应的骨料,采用低碱水泥、掺加粉煤灰及高效引气减水剂等措施,避免混凝土碱骨料反应的再次发生。

4.2 混凝土裂缝化学灌浆

对闸墩、底板混凝土裂缝采用以下两种措施封闭:(1)缝宽大于等于0.2 mm的裂缝,采用化学灌浆(注入法)封闭,灌浆材料为改性弹性环氧树脂化学灌浆材料,该材料具有黏度低、强度高、黏结力强,收缩率小,化学稳定性好等特点,是一种性能优异的防渗加固材料,适合灌注缝宽0.05 mm以上的细微裂缝及深层裂缝;(2)缝宽小于0.2 mm的混凝土裂缝,采用表面覆盖法。

4.3 混凝土表面防渗加固

在闸墩、底板混凝土表面增设喷射聚合物砂浆(压光)、聚脲弹性体等防渗封闭层,有效地阻止外界水分的浸入,从而制止碱骨料反应的发生。

三、修补材料及修补
工程实例

龙羊峡大坝左表孔溢洪道
混凝土底板缺陷修补

李 季[1] 吴亚星[1] 王进玉[1] 孙志恒[2] 鲍志强[2]

(1. 黄河上游水电开发有限责任公司；2. 北京中水科海利

工程技术有限公司)

摘 要：龙羊峡水电站表孔溢洪道混凝土存在表面裂缝、钢筋外露、底板接缝处混凝土脱空、底板混凝土龟裂以及表层抗冲磨砂浆与混凝土黏结强度较低等缺陷。本文针对这些缺陷进行了现场修补试验，在试验的基础上制定了全面的修补方案，并于 2008 年对左表孔溢洪道底板进行了补强加固及表面防护处理，取得了满意的效果。

关键词：溢洪道底板；缺陷修补；SK 手刮聚脲

1 前 言

龙羊峡水电站枢纽由主坝(混凝土重力拱坝)、左右重力墩、左右岸副坝(混凝土重力坝)、泄水建筑物、引水建筑物，与发电厂房组成。挡水前沿总长度为 1 226 m，其中主坝前沿长 396 m，最大坝高 178 m，坝顶高程 2 610 m。水库正常高水位 2 600 m，水库总库容 247 亿 m³。泄水建筑物为 I 级水工建筑物，根据运行要求按表、中、深、底分四层布置。大坝右岸紧邻右重力墩设两孔表面溢洪道，首部为由 2 个溢流坝段组成的两孔溢流坝，堰顶高程 2 585.5 m，单孔净宽 12 m，中墩厚度 6 m，边墩厚度 5 m，设两道闸门。中墩墩头为流线型，两侧导水翼墙为复式椭圆曲线。下段为由明渠泄槽水平段及陡坡段以及差动式窄缝挑流尾坎等组成。

运行 10 年后对龙羊峡水电站表孔溢洪道进行了检查与检测，发现溢洪道混凝土表面上裂缝较多，大部分底板混凝土龟裂严重；左孔溢流面上冲蚀坑较多，并有钢筋外露；底板伸缩缝和侧墙伸缩缝都已破坏，底板接缝处混凝土脱空现象较多；未脱空部位的表层抗冲磨砂浆与其下部混凝土黏结强度仅有 0.17 ~ 0.39 MPa，是薄弱部位。为了保证泄洪建筑物的安全运行，需要对表孔溢洪道进行修补处理。

2 表孔混凝土底板缺陷修补材料现场试验

2.1 混凝土表层防护涂层材料

2.1.1 防护涂层材料的性能与现场试验步骤

2007 年 9 月在左表孔溢洪道底板进行了现场试验，首先对选定的试验段底板混凝土基面进行处理——打磨、清洗，再在处理后的基面上分别涂刷以下四种防护涂层材料，通过对涂层材料的定期跟踪检查，以确定这四种材料是否满足龙羊峡水电站水工建筑物混凝土缺陷修补的要求。

（1）SK 手刮聚脲防护材料

SK 手刮聚脲具有防渗能力强、抗冲磨效果好，且伸长率大，特别适用于处理混凝土伸缩缝、裂缝及混凝土大面积防护。另外，SK 手刮聚脲施工方便、不需要专门施工设备，其性能指标见表1。

表1 SK 手刮聚脲性能指标

检测项目	拉伸强度（MPa）	扯断伸长率（%）	撕裂强度（kN/m）	与混凝土黏结强度（MPa）
指标	≥ 16	≥400	≥22	≥2.0

试验步骤：选取基面→基面处理→专用腻子修补孔洞→涂刷底涂→涂刷 SK 手刮聚脲→养护。

（2）弹性环氧涂料

弹性环氧涂膜性能指标如表2所示。

表2 弹性环氧涂膜性能指标

检测项目	拉伸强度（MPa）	伸长率（%）	直角撕裂强度（MPa）	与混凝土黏结强度（MPa）
指标	≥ 8	≥70	≥50	≥2.0

试验步骤：选取基面→基面处理→涂刷底涂→涂刷弹性环氧→养护。

（3）弹性环氧涂料 + PCS 混凝土防护

PCS 强度较低，但抗紫外线效果很好，而弹性环氧抗冲磨涂料与黏结性能好，但易老化。将两者结合组成复合涂层，充分发挥各自的优点。

试验步骤：选取基面→基面处理→涂刷底涂→涂刷弹性环氧→涂刷 PCS→养护。

（4）优龙 SK 混凝土表面防护涂料

优龙 SK 混凝土表面防护涂料是一种广泛应用在水工、港工、公路桥梁等混凝土表面防护的组合涂料，在国内水工混凝土上应用结果表明防护效果较好，通过对比试验，证明其耐老化能力和抗冲刷能力均较强。

试验步骤：选取基面→基面处理→涂刷底涂→涂刷中涂→涂刷表涂→养护。

2.1.2 一年后涂层外观检查结果

1）SK 手刮聚脲防护材料：表面光泽与颜色无变化，试验部位的所有裂缝、龟裂缝封闭良好，涂层表面没有开裂现象，尤其在伸缩缝处表面也无开裂现象，能够适应伸缩缝及混凝土裂缝的变形。

2）弹性环氧涂料：表面颜色无变化，试验部位的所有裂缝、龟裂缝封闭良好，但涂层表面有微小的龟裂现象。

3）弹性环氧涂料 + PCS 防护：表面光泽与颜色无变化，试验部位的所有裂缝、龟裂缝封闭良好，涂层表面没有开裂现象。

4）优龙 SK 混凝土表面防护涂料：表面光泽与颜色无变化，试验部位的大部分龟裂缝封闭良好,局部混凝土裂缝表面涂层有拉开现象,不能适应底板混凝土裂缝的变形。

2.1.3 四种涂层黏结强度检测结果对比

四种涂层与混凝土之间黏结强度采用拉拔法进行检测,其检测结果见表3。从表3可以看出,优龙、聚脲和弹性环氧三种涂层材料与混凝土之间8个月时的黏结强度均大于2MPa。8个月与7d龄期黏结强度相比,优龙涂料与老混凝土之间的黏结强度基本没有变化,而SK手刮聚脲和弹性环氧涂层与老混凝土之间的黏结强度均有所提高。PCS与弹性环氧之间的黏结强度较低。

表3 弹性环氧涂膜性能指标

序号	涂层材料	黏结强度(MPa)		备注
		7 d	8 个月	
1	优龙	2.76	2.62~2.89	部分从拉拔头黏结剂与涂层面间断开,部分从涂层与混凝土面间断开
2	聚脲	2.08~2.52	2.83~2.90	部分从拉拔头黏结剂与涂层面间断开,部分从涂层与混凝土面间断开
3	弹性环氧	1.99~2.36	2.26~2.47	部分从拉拔头黏结剂与涂层面间断开,部分从涂层与混凝土面间断开
4	PCS + 弹性环氧	—	0.59	从 PCS 与弹性环氧面断开

弹性环氧长期在阳光照射下会发生老化现象,组合PCS涂层后会有一定的改善,但两种涂层层面黏结强度较低。优龙的黏结强度高,但柔性差,不能适应底板混凝土裂缝的变形。相比较而言,SK手刮聚脲的力学性能、耐老化性及黏结强度均较好。因此,选用SK手刮聚脲作为防护涂层材料。

2.2 聚合物水泥混凝土

2007年9月,在表孔溢洪道左孔4#和6#坝段选择了两处混凝土脱空部位,凿除脱空混凝土后,涂刷专用界面剂,浇筑聚合物水泥混凝土进行了现场试验。对其进行了10d龄期黏结强度检测(见表4)和28d龄期抗压强度、抗渗等级、抗冻等级等试验。试验结果表明,新浇的聚合物水泥混凝土与老混凝土之间10d的黏结强度为1.27~1.74 MPa,聚合物水泥混凝土28d龄期的抗压强度大于40 MPa,抗渗等级为W8,抗冻等级为F300。

表4 10d 龄期新浇聚合物水泥混凝土与老混凝土之间的黏结强度

序号	黏结强度(MPa)	芯样描述	破坏情况
B	1.33	芯样长160mm,芯样完整	从新老混凝土黏结处断开
C	1.27	芯样长160mm,芯样完整	从新老混凝土黏结处断开
E	1.74	芯样长130mm,芯样完整	从新浇混凝土处断开

运行8个月后又在现场采用钻芯拉拔法进行了测试,检测结果(见表5)。表明,新浇的聚合物水泥混凝土与老混凝土之间的黏结情况良好,黏结强度不小于混凝土本体抗拉强度。

表5　8个月后聚合物水泥混凝土黏结强度检测结果

序号	部位	抗拉强度（MPa）	新老混凝土黏结强度（MPa）	芯样描述	破坏情况
1	左表孔6#坝段	2.98	>2.98	芯样长140 mm，密实，无气孔	从新老混凝土黏结处断开
2	左表孔4#坝段	3.42	>3.42	芯样长80 mm，密实，无气孔	从新浇混凝土处断开
3	左表孔1#坝段	3.32	>3.32	芯样长120 mm，达到钢筋层，密实，无气孔	从新浇混凝土处断开

3　左表孔底板混凝土缺陷修补

3.1　表孔混凝土底板裂缝的处理

对宽度大于0.2 mm的底板混凝土裂缝,采用内部进行高压化学灌浆及表面涂刷聚脲封闭的综合处理方案,该方案一是可以在裂缝内部的钢筋周围形成保护层,二是防止外水沿裂缝渗入,三是可对裂缝处的混凝土进行补强加固,恢复底板混凝土的整体性。

高压化学灌浆施工工艺如下:

1)灌浆孔造孔及清洗:沿混凝土裂缝两侧打斜孔与缝面相交,孔距为30~40 cm。灌浆孔钻好后,用高压气吹出造孔时产生的粉尘,然后再用高压水冲洗灌浆孔,冲出孔内的混凝土碎渣与粉尘等杂物。清孔验收标准以孔内无任何杂物为准。

2)埋灌浆嘴:将已洗好的灌浆孔装上专用的灌浆嘴。

3)配制化灌浆材:化学灌浆材料采用水溶性聚氨酯,该材料是一种在防水工程中普遍使用的灌浆材料,其固结体具有较好的弹性止水及吸水后膨胀止水双重止水功能,尤其适用于变形缝的漏水处理。该灌浆材料可灌性好,强度高,当聚氨酯被灌入含水的混凝土裂缝中时,迅速与水反应,形成不溶于水和不透水的凝胶体及二氧化碳气体,这样边凝固边膨胀,体积膨胀几倍,形成二次渗透扩散现象(灌浆压力形成一次渗透扩散),从而达到堵水止漏、补强加固作用。化学灌浆材料的性能指标见表6。

表6　聚氨酯化学灌浆材料主要性能指标

试验项目	技术要求	实测值
黏度(25℃,mPa·s)	40~70	45
凝胶时间(min)　浆液:水=100:3	≤20	7.7
黏结强度(MPa)(干燥)	≥2.0	2.6

4)灌浆:为了保证灌浆质量,灌浆采用高压灌浆工艺,灌浆压力要分级施加,以0.2MPa为一级,直至达到最高灌压,最高压力根据现场工艺性试验确定。

灌浆结束标准是,当所灌孔附近的裂缝出浆且出浆浓度与进浆浓度相当时,结束灌浆。

化学灌浆结束后,表面打磨、清洗、涂刷界面剂,采用 SK 手刮聚脲对表面进行封闭。
经压水试验检测,裂缝化灌效果良好。

3.2 混凝土局部脱空处理

混凝土局部脱空处采用聚合物水泥混凝土进行回填。聚合物水泥混凝土是通过向混凝土掺聚合物乳胶改性而制成的一类有机无机复合材料。由于聚合物的掺入引起了混凝土微观及亚微观结构的改变,从而对混凝土各方面的性能起到改善作用,并具有一定的弹性。通过现场试验表明,聚合物水泥混凝土力学性能能够满足龙羊峡水电站表孔泄洪的要求。施工按梅花形布置插筋,以进一步提高新老混凝土之间的黏结强度和抗剪强度,插筋采用直径 16 mm 的螺纹钢筋,用专用的高强植筋胶锚固,锚固深度大于 20 cm,插筋之间绑扎直径 8 mm 的光圆钢筋(联系筋),形成钢筋网,混凝土保护层厚度大于 5 cm。

施工顺序:凿除脱空混凝土→清洗基面浮尘→布孔植钢筋→绑扎钢筋→涂刷界面剂→浇筑抗冲磨聚合物水泥混凝土→覆盖保湿养护 14d 以上。

现场取样成型试件,按 DL/T5150 - 2001《水工混凝土试验规程》进行了混凝土的抗压强度、抗冻、抗渗性检测。检测结果表明,混凝土抗压强度大于 40 MPa、抗冻等级大于 F300、抗渗等级大于 W8。因此,抗冲磨聚合物混凝土性能检测结果均能满足设计要求。

3.3 底板伸缩缝处理

通过检查发现龙羊峡表孔溢洪道底板混凝土脱空部位大部分位于伸缩缝两侧,为防止伸缩缝附近混凝土进一步恶化,需要对伸缩缝进行处理。对混凝土脱空伸缩缝,凿除伸缩缝两侧脱空的混凝土,两侧插筋,回填聚合物水泥混凝土,清除伸缩缝内杂物,深度为 15 cm 左右,填充三元乙丙复合 GB 柔性止水材料,表面采用 SK 手刮聚脲进行封闭,宽度为 20 cm,厚度为 4 mm(见图 1);对没有混凝土脱空的伸缩缝,清除缝内杂物,深度大于5 cm,清洗后填充 GB 柔性材料,表面涂刷 4 mm 厚的 SK 手刮聚脲。

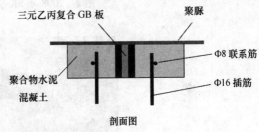

图 1　底板伸缩缝处理方案

从底板向上 1 m 高边墙伸缩缝,也采用以上方法进行封闭处理。

施工程序:凿除伸缩缝两侧脱空的混凝土→插筋、绑扎联系筋→清洗→涂刷界面剂→回填聚合物水泥混凝土→填充 GB 柔性止水板→养护→SK 手刮聚脲封闭。

3.4 抗冲层混凝土与基础混凝土之间的加固

从现场取芯情况来看,表层抗冲磨层与其下部混凝土之间虽然未脱空,但黏结强度小于抗冲磨砂浆和下部混凝土自身的抗拉强度,相对而言是薄弱部位。故在斜坡段部位表面抗冲层混凝土与基础混凝土之间进行植筋补强加固,以提高抗冲磨层和下部混凝土之间的抗剪强度。

植筋采用专用高强植筋胶,锚固深度大于 30 cm,插筋间距根据现场龟裂的实际情况进行优化,插筋为直径 18 mm 的螺纹钢筋,钢筋顶部距离表面大于 2 cm,采用高强砂浆封孔。

施工程序:钻孔→清洗孔→灌入植筋胶→插筋→高强砂浆封孔。

3.5 表孔底板龟裂缝的表面防护

由于表孔底板混凝土龟裂现象非常严重,如果不及时对底板混凝土龟裂进行处理,必将影响到表孔底板混凝土的耐久性。通过现场的试验结果对比,混凝土龟裂缝表面采用 SK 手刮聚脲弹性体涂层材料进行封闭效果最好,可以防止龟裂缝的进一步恶化,并能提高混凝土表面的抗冲磨能力。此材料与混凝土黏结强度高,抗冲磨,耐老化,能够满足龙羊峡表孔溢洪道泄洪的要求。

施工程序:表面清理打磨→清洗→涂刷底涂→专用腻子修补孔洞→刮涂 SK 手刮聚脲→养护。现场施工情况见图 2。

图 2　2008 年 SK 手刮车刮聚脲现场施工

图 3　2009 年 SK 手刮手刮聚脲运行一年的情况

SK 手刮聚脲与混凝土之间的黏结强度较大,2008 年施工结束后对涂刷的 SK 手刮聚脲进行了现场拉拔检测。检测结果表明,10 d 龄期的黏结强度就超过 2 MPa。运行一年后再次对底板表面的 SK 手刮聚脲进行了现场拉拔检测。检测结果表明,黏结强度大于 2.5 MPa,大部分情况下是将底板混凝土拉坏或检测钢板与聚脲之间破坏,聚脲与混凝土之间的 1 年黏结强度较 10 d 龄期的增加了。SK 手刮聚脲运行一年后的情况见图 3,表面无任何老化现象,对混凝土表面的防护效果良好。

4 结　语

　　水工混凝土泄水建筑物质量直接影响到整个建筑物的安全运行,发现隐患要及时处理。龙羊峡水电站表孔左表孔溢洪道的缺陷处理经历了检测评估、修补材料的现场试验、专家评审、现场实施及运行一年后的验收,修复方案的制定采用了治标与治本相结合、维修与保护相结合的原则。实践证明,这一程序是有效的,保证了新型材料使用的可靠性和适用性。

　　修复工作是一项专业性很强的工作,要有一支经过专门培训、具有资质的专业化队伍施工,这是保证施工质量的基础。运行一年后再次检查结果证明,龙羊峡左孔溢洪道处理效果良好,达到了预期的效果。

参考文献

[1]　孙志恒,夏世法,等. 单组分聚脲在水利工程中的应用[J]《水利水电技术》. 2009,(1):71—72.

斋堂水库大坝险情分析及加固设计

魏陆宏

(北京市水利规划设计研究院)

摘 要:斋堂水库建成后,主要建筑物均存在不同程度的安全隐患,以致水库建成30多年来一直作为病险库低水位运行。

本文分析了斋堂水库大坝出险原因及大坝除险加固的设计过程。坝体由于施工时质量控制不严,上坝料含泥量大,碾压不实等原因,造成大坝不均匀沉陷较大,设计采用碎石垫层贴坡加厚,干砌块石形成矩形网格,拆除后的原护坡卵石填筑其中,起到了良好的效果。混凝土防渗墙由于抗渗标号低及防渗墙接缝漏水等原因,造成水库蓄水后多次出现坝面塌陷,经过多方案的比较,最终选定了防渗墙除险加固设计方案。斋堂水库除险加固工程于2005年8月开工。

根据加固后两年多的运行情况,水库能够按照设计挡水蓄水,大坝及各建筑物运行正常,达到了加固工程设计目的。

关键词:水库大坝;加固;设计

1 工程概况

斋堂水库位于永定河支流清水河上,水库防洪标准为100年一遇设计,1 000年一遇校核,水库总库容4 600万 m³,是以防洪为主结合供水的中型水库。该库于1970年4月施工,1974年9月完工。现已成为北京市供水水源之一,纳入了北京城市供水体系。水库主要建筑物由大坝、岸旁开敞式溢洪道、输水洞、泄洪洞组成,水库枢纽平面布置如图1所示。

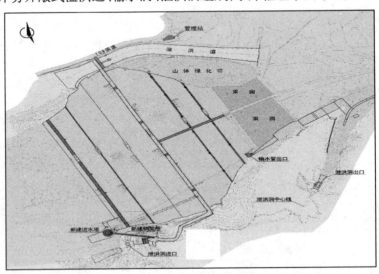

图1 斋堂水库枢纽平面布置图

斋堂水库拦河大坝为黏土斜墙土石坝,坝顶高程470.5 m,坝顶宽4.5 m(除险加固后坝顶宽5.5 m),坝长380 m,最大坝高58.5 m,大坝采用黏土斜墙与混凝土防渗墙联合防渗。坝基坐落在砂卵石覆盖层上,砂卵石厚度一般约40 m,中间夹有黏土透镜体,坝底基岩和两坝头为安山岩。

大坝上游坝坡坡比分别为1:2.75、1:3、1:3.5、1:4,坡面采用厚0.35 m干砌石护坡,干砌石下设厚0.45 m卵石层,卵石垫层下部为过渡层,过渡层下部接黏土斜墙防渗体,斜墙顶部厚2 m,底部厚10 m。下游坝坡坡比分别为1:2、1:2.25、1:5,下游坝面采用厚0.3 m干砌石护砌,坝脚(高程425.0 m以下)设贴坡式堆石排水体,排水体与沙砾料坝体间设两层卵石反滤层。

斋堂水库大坝坝基采用混凝土防渗墙帷幕防渗,防渗墙厚80 cm,长度226.40 m。防渗墙顶部插入黏土斜墙5 m,黏土与坝基沙砾料接触部位设有反滤层厚30 cm、过渡层厚50 cm。原设计防渗墙断面如图2所示。

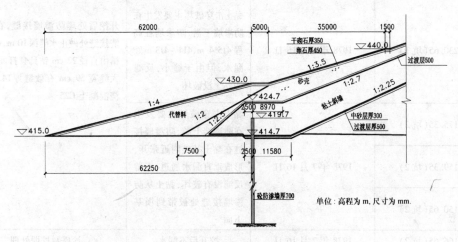

图2　防渗墙原设计断面图

2　大坝运行以来出现主要险情概况

斋堂水库大坝于1970年7月正式开始填筑,至1973年7月基本完工。由于不均匀沉降,1974年发现坝顶、防浪墙、下游坝肩挡墙出现大小不同裂缝52条,缝宽为12~15 mm。1975年发现南坝头黏土斜墙有裂缝,缝深1.2 m,开挖范围长10 m、宽1.5 m,高程465.3~468.5 m,随后,做了回填处理。1980年发现坝顶左右坝头各有一条横缝,并下挖3 m进行检查,还能看到裂缝,没再往下挖即回填处理。2003年4月现场检查发现坝顶混凝土路面有一条贯穿的偏向路面上游的纵缝及相隔5~7 m的横缝,经分析判断为混凝土变形及防浪墙墙基沉陷所致。由于筑坝沙砾料含泥量大,施工压实度差,坝体沉降量较大,2002年大坝纵截面累计最大沉降量为60 cm。

在坝基混凝土防渗墙施工过程中,由于防渗墙接缝漏水、导向槽施工工序安排等原因,造成大坝建成蓄水后出现多次坝面塌陷,以致水库建成近30年来一直作为病险库低水位运行。大坝运行以来,先后于1978年、1980年、1983年、1993年四次在大坝上游坝坡高程

430 m平台附近出现塌坑,经检查1978年和1983年两次是由于防渗墙接缝处漏水所至,1978年处理了5条防渗墙接缝,1983年处理了3条防渗墙接缝。对1980年、1993年发生的塌坑开挖探查时,当时认为坑底没有明显的渗漏通道,决定分层回填,没有处理防渗墙。历次大坝塌坑及处理情况如表1所示。

表1 大坝塌坑及处理情况表

防渗墙接缝桩号	发现塌坑时间	破坏情况	处理方式
0+243.35(坑1)	1978年7月16日	黏土击穿破坏主要发生在防渗墙下游,防渗墙在高程415.8 m、415 m处张开,形成渗流通道,反滤破坏	开挖后处理防渗墙接缝,在防渗墙接缝处做止水缝深10 m,每个键槽由直径22 cm钻具套打而成,最大缝宽59 cm有效缝厚14.4 cm,浇混凝土C25
0+230.65(坑1)	1978年7月16日	黏土击穿破坏主要发生在防渗墙下游,防渗墙在高程415.4 m、414~413 m处漏水,但由于缝小,反滤和黏土没破坏	
0+175.35(坑2)		黏土击穿破坏主要发生在防渗墙上游,防渗墙接缝在黏土基础附近张开,形成垂直漏水通道,下游反滤没有破坏,黏土从防渗墙接缝处被带到坝基下面	
0+159.35(坑2)	1978年7月16日		
0+150.65(坑2)			
0+166.65(坑2)	1978年7月16日	挖开后不漏水	沙砾料挖埋处理
	1980年6月2日	陆续发现6个塌坑,桩号是0+046、0+51.36、0+112、0+123.1、0+196.1、0+202.1,高程在428.87 m和431.43 m之间,挖开发现有钢丝绳和大卵石集中现象,没见到漏水通道	沙砾料挖填处理
0+275.35		塌坑高程429.0 m,由于防渗墙接缝张开漏水形成塌坑	在防渗墙接缝处用旋喷灌水泥浆法处理
0+266.65	1983年6月11日		
0+257.35			
	1993年6月2日	在桩号0+259.4、高程429.11 m处出现塌坑,开挖后未见到漏水通道	沙砾料挖填处理

注1:1978年7月塌坑高程在430 m附近。

184

3 大坝出险原因分析及安全评价的意见

3.1 原因分析

(1)坝体沉降原因分析

施工时,中间坝段工期长,压实较好,南北两坝段工期短,压实差,产生了较大的不均匀沉陷。坝体压实密度不够,整个坝体沙砾料试验结果合格率仅达到82%。设计压实度为0.67,标准偏低。这些均是造成坝体沉陷较大,及坝体不均匀沉陷引起开裂的原因。

坝体沙砾料的料源质量控制不严,部分沙砾料缺少中间粒径,含泥量普遍大于15%。由于缺少中间粒径,沉陷量增大。由于含泥量大,碾压时不能充分洒水,影响了碾压效果,加之含泥量大,沉陷过程较长。

(2)坝坡塌坑的原因分析

1978年土坝塌坑已造成黏土斜墙破坏,60多 m³ 的填筑材料已通过漏管流失。通过对坝体塌坑部位进行开挖检查情况分析,塌坑产生的主要原因是混凝土防渗墙接缝张裂引起坝体管涌破坏造成的。因此对5条接缝进行开挖处理,其中4条接缝都漏水,有3条接缝已造成黏土破坏,其漏水途径与破坏型式分三种,如图3所示。

Ⅰ型:墙体接缝开裂,基础反滤破坏,上下游黏土斜墙形成漏管。渗流水把土颗粒带走并掏成孔穴,孔穴向上游发展形成一条贯穿上下游的渗流通道,但还没有表面形成塌坑。

Ⅱ型:黏土基础附近墙体接缝张开,形成墙体内部贯穿上下游的垂直漏水通道,下游反滤没有破坏,但上游黏土流失。

Ⅲ型:黏土基础附近的墙体张裂,形成贯穿并垂直墙体的水平流向的通道,由于缝小,反滤与黏土都没有破坏。

水库运行以来,上游坝坡四次发生塌陷(塌坑10处),均发生在高程430 m平台附近,即位于坝基防渗墙顶的上方。通过塌坑开挖探查(主要是1978年及1983年两次塌坑探查)分析确认,塌坑的发生主要是由于防渗墙施工质量问题,引起接缝张裂漏水,防渗墙导向槽下部的反滤在施工中遭到了破坏,引起黏土流失,造成坝坡塌陷。因此,防渗墙接缝(共26条)存在严重的开裂漏水可能,危及大坝安全。

3.2 安全评价意见

斋堂水库大坝修建时,由于质量控制不严,施工部署不当,筑填分块多,块间高差大,部分坝段铺料超厚,碾压不实,沙砾料含泥量大,大坝填筑质量较差等,造成大坝不均匀沉陷,导致施工过程中出现较严重的多处黏土斜墙裂缝,后虽经加固处理,但给大坝以后的运行带来了一定隐患。大坝运行以来,由于坝基混凝土防渗墙施工工艺、混凝土质量等存在问题。水库蓄水运行后,因防渗墙接缝漏水,加之防渗墙周围反滤遭到破坏,引起防渗墙接缝处渗流破坏,出现管涌,造成大坝上游坝坡沿防渗墙顶部位,先后多次发生坍陷,虽然极少部分进行了挖除加固处理,但大多数防渗墙接缝处仍存在发生管涌及坝坡坍陷的隐患,危及大坝安全。大坝上下游坝面护砌,由于施工质量较差,坝面存在干砌石不平、不稳、缝隙不严,且上游坝坡多数垫层不符合设计要求。由现场探坑实测状况可知,在检测的3个探坑中,有两个探坑未发现卵石垫层,在坝面砌石与黏土斜墙之间仅有一层碎石过渡层,该层由于含砾量较

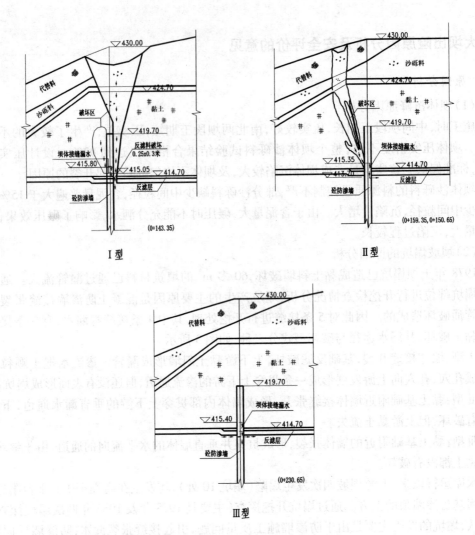

I 型

II 型

III 型

图3 斋堂水库1978年塌坑渗漏途径与破坏型式

大,级配不良,对保护黏土防止水流淘刷不利。下游坝坡砌石下填筑的石渣含泥量较大,与坝面块石间缺乏过渡层,在多年风雨侵蚀下,造成坝面凹凸不平,对坝坡稳定不利。大坝坝顶由于防浪墙墙基坐落在坝体黏土斜墙上,加之防浪墙、坝顶路面以及下游护墙结构上未合理预留伸缩构造缝,多年运行中出现多次裂缝现已基本趋于稳定。尽管大坝运行以来,坝体总体变形已基本趋于稳定,大坝稳定满足安全要求,但大坝多年是在低、中水位中运行,未经高蓄水位、洪水以及地震考验。综上所述,大坝属于不安全性态,为病险库土坝。

4 大坝除险加固设计

4.1 坝体除险加固设计

斋堂水库由于施工质量差,坝体沉陷时间较长,但在多年低水位运行情况下,不论垂直变形还是水平位移已基本趋于稳定。大坝坝顶由于原防浪墙基及新砌墙基均坐落在坝体黏

186

土斜墙上,由于荷载的增加引起黏土压缩变形以及结构温度变形,造成坝顶发生多次裂缝,现已基本趋于稳定。

经分析计算,大坝坝坡满足抗震稳定安全要求。

经对大坝渗流计算,斋堂水库除坝基防渗墙接缝漏水外,坝体渗流基本稳定,不论从计算还是从实际分析坝体浸润线较低。

为了进一步查明黏土斜墙情况及其上坝沙砾料填筑质量,结合物探及钻探,对坝坡进行了多探坑开挖检查。结果表明,黏土斜墙厚度、渗透系数均满足要求,压实度较原设计有所提高,探坑及防渗墙黏土开挖面均未发现裂缝。在开挖的探坑中,个别探坑发现卵砾石集中架空现象,但总体上密室度符合要求。

根据上述结论,斋堂水库坝体存在主要问题为坝坡沉陷较大,除险加固重点在于坝坡贴坡加厚平整。

(1)上下游坝坡改建加固

原上下游坝坡采用卵石砌筑,上游干砌卵石护坡下部为碎石垫层,下游干砌卵石护坡下部为沙砾料垫层,本次工程将上下游坝坡干砌卵石拆除,贴坡加厚下部垫层至设计高程,再重新砌筑干砌石护坡,加厚垫层相对密度不小于0.7。

为了有效回用拆除后的坝坡护砌卵石,缩短工期降低造价,并美观大方,设计护坡采用块石及卵石砌筑,块石干砌形成矩形网格,卵石干砌于其中,使护坡石具有整体稳定性。

(2)坝顶改建设计

1975年8月,河南发生大暴雨后,北京水利局对斋堂水库大坝进行了加高,坝顶高程由原设计470 m,加高为470 m。加高坝顶时,上游浆砌石防浪墙由0.5 m宽改建为1 m,防浪墙高1.2 m,墙顶高程471.7 m,坝顶宽由5.0 m缩窄为4.5 m。

原坝顶铺设刚性混凝土路面,路面与防浪墙之间未留伸缩缝,坝顶路面已严重破损,需对坝顶及防浪墙拆除改建。

设计防浪墙高1 m,厚0.5 m,墙顶高程471.5 m。为了降低工程造价,且能达到美观效果,新建防浪墙地下部分采用浆砌毛石,地上部分采用花岗岩粗料石。

设计坝顶路为钢性混凝土路面,路面顶高程470.5 m,宽5.5 m。

坝顶及坝坡加固如图4所示,大坝加固标准横断面如图5所示。

4.2 防渗墙除险加固设计

(1)设计方案比较

方案一:对原混凝土防渗墙进行接缝处理。根据《斋堂水库安全评价报告》,引起大坝上游塌坑的主要原因是防渗墙接缝存在大的缝隙,接缝处漏水,引起黏土流失,造成坝坡塌陷。因此,首先考虑的方案为对原混凝土防渗墙26条接缝进行处理。

方案二:新建高喷防渗墙。采用高压喷射法在原防渗墙下游新建防渗墙,高压喷射钻孔直径146 mm,高压喷射浆液为水泥砂浆。

方案三:新建混凝土防渗墙。在原防渗墙下游新建混凝土防渗墙,防渗墙厚0.8 m,防渗墙抗压强度等级C15,抗渗强度等级W10。

经过综合比较方案一仅对接缝进行处理,无法解决防渗墙防渗标号低的问题,并无法解决原防渗墙破坏了的反滤层,仍有可能产生渗流破坏。处理防渗墙接缝须将防渗墙上黏土

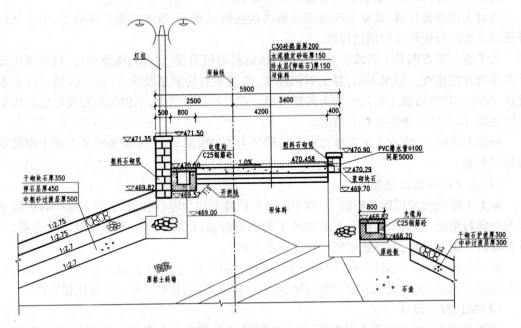

图4 坝顶及坝坡加固设计图

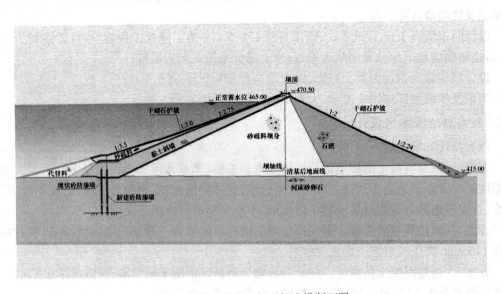

图5 斋堂水库大坝加固标准横断面图

覆盖清除,处理完后重新回填,施工难度大,工期长,且新老黏土防渗墙接缝处处理不当易造成新的安全隐患。

方案三高压喷射砂浆防渗墙黏土斜墙中成墙效果差,故喷(旋喷)墙与黏土结合处多数发生漏洞,影响防渗效果,高喷墙终凝前易被渗透水流击穿;且施工质量,特别是成墙质量,不易检测。

方案一及方案二虽然工程造价较方案三低,但存在不能彻底解决防渗墙渗漏的风险,除险加固后,仍可能留下安全隐患。综上所述,推荐方案三:新建混凝土防渗墙方案。

新建混凝土防渗墙位置确定:

新建防渗墙设于现状防渗墙上游,需加长黏土斜墙底部黏土防渗体水平段长度,增多工程投资;新建防渗墙设于现状防渗墙下游,与置于上游相比,不但能减少工程量,而且对现状防渗墙下游未发现已有渗水通道(裂缝)起到修补作用。故将新建防渗墙设置于现状防渗墙下游。

紧邻原防渗墙新建防渗墙,可使两道防渗墙连成一体,防渗效果最佳,但无论原防渗墙,还是新建防渗墙都不可能保证完全垂直,在钻孔的过程中,势必碰到原防渗墙,不但加大了施工难度,还将对大坝基础产生扰动。最终选择将新建防渗墙位置设在原防渗墙下游3 m处。

(2)新建混凝土防渗墙设计

新建防渗墙桩号及长度均同原防渗墙,长226.4 m,防渗面积8 020 m^2,底部一般伸入新鲜基岩1 m,遇破碎带根据地质情况处理。

防渗墙与两坝头现有混凝土齿墙连接。为了保证接缝质量,连接处首先探测混凝土齿墙实际位置,然后预留数米长距离,钢板桩支护,人工开挖,现浇混凝土连接。

为了减小防渗墙完建后清除墙顶浮浆层对黏土齿墙的开挖量,减小对现状防渗墙的影响,新建防渗墙插入黏土齿墙8 m,墙顶高于现状防渗墙3 m,墙顶距现状黏土齿墙顶2 m,墙顶高程422.7 m。为了增大黏土渗径,黏土齿墙加厚1 m,加厚后的黏土齿墙顶高程为425.7 m。新设防渗墙厚0.8 m,混凝土防渗墙抗压强度等级C15,抗渗强度等级W10。防渗墙设计图见图6。

为了进一步增大渗径,并避免墙顶黏土不均匀沉降产生裂缝,引起从墙顶沿防渗墙向下产生的渗漏,防止黏土细颗粒的流失,墙顶水平接2 m宽三元乙丙防水卷材。防渗墙顶三元乙丙防水卷材做法见图7。

斋堂水库除险加固工程于2005年8月开工,2007年竣工。根据加固后两年多的运行情况,水库能够按照设计挡水蓄水,大坝及各个建筑物运行正常,达到了加固工程设计目的。

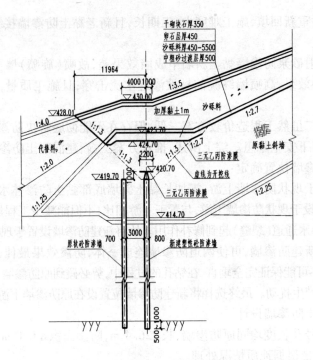

干砌块石厚350
卵石层厚450
沙砾料厚450~5500
中粗砂过渡层厚500

11964

4000 1000

1:3.5

▽430.00

加厚黏土1m

沙砾料

1:2.7

▽428.01

1:4.0

1:1.3

▽425.70

▽424.70

1:2.7

原黏土斜墙

代替料

2200

1:1.3

1:2.7

三元乙丙防渗膜

1:2.0

1:1.3

▽420.70

虚线为开挖线

1:1.25

▽419.70

三元乙丙防渗膜

▽414.70

1:2.25

原状砼防渗墙

700

3000

800

新建塑性砼防渗墙

500 1000

图6　防渗墙标准断面图

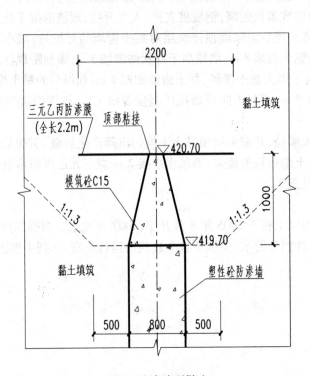

2200

三元乙丙防渗膜
（全长2.2m）

顶部粘接

黏土填筑

▽420.70

模筑砼C15

1:1.3

1:1.3

1000

黏土填筑

▽419.70

塑性砼防渗墙

500

800

500

图7　防渗墙顶做法

190

渠道修补用硅粉砂浆试验及其工程应用

刘富凯　孙春雷

（中国水利水电第十三工程局有限公司）

摘　要：本文介绍了渠道修补用硅粉砂浆及丙乳净浆界面处理剂性能。试验研究设计了一组基准砂浆组，三组掺加硅粉剂砂浆组，分别测试了砂浆的物理力学性能，包括抗压强度、抗拉强度、抗折强度、抗冲磨强度以及丙乳净浆处理界面后与原有混凝土（砂浆）及硅粉砂浆之间的黏结抗拉强度。提出渠道修补用丙乳净浆、硅粉砂浆参考配合比，给出了硅粉砂浆、丙乳净浆施工工艺技术，结合不同破损程度的渠道提出了不同的修补设计方法。

关键词：渠道；混凝土；修补；硅粉砂浆；丙乳

1　前　言

由于水流冲蚀、自然碳化及水质污染等原因，运行多年的渠道会出现表面混凝土老化、碳化严重、混凝土开裂和剥落等问题，并已经影响到了渠道安全运行及使用寿命。因此结合渠道混凝土薄层修补技术特点，开展修复材料和技术研究，为快速、优质、大面积修复混凝土表面创伤提供科学的方法。一般而言，渠道薄层修补应考虑适宜的凝结时间、良好的工作性能、较高的早期强度以及与老混凝土良好的黏结强度、耐久性好等因素，以期找到高强高性能（耐磨耐撞）且与混凝土黏结牢固，延长其使用寿命。

通常修补材料的选择首先要求其本身具有较好的物理力学性能及耐久性，其次与基底黏结性能良好，同时与基底材料的弹性模量、线膨胀系数相近。薄层表面修补对于材料的要求更为苛刻。在众多的修补材料中，利用硅粉剂配制的硅粉砂浆及丙烯酸酯共聚乳液（简称丙乳）用于混凝土结构薄层修补已得到广泛共识[1]，在很多工程中得到应用[2-5]，结合渠道砂浆薄层修补的技术特点，研究适合渠道表面薄层修补的硅粉砂浆及丙乳砂浆主要物理力学性能及其施工技术，降低工程修补费用等具有重要意义。

2　修补材料

2.1　硅粉剂

硅粉是硅铁和硅金属生产中的工业尘埃，由于其具有微集料和火山灰反应的双重作用，将其掺入混凝土或砂浆中，可显著改善多种性能。硅粉剂是以超细高活性硅粉为主，混配有多种改性材料的复合型混凝土（砂浆）外加剂。硅粉剂掺入混凝土（砂浆），有效改善了混凝土（砂浆）的微观结构，提高了水泥浆体和砂、石骨料界面结合强度，增加了水泥浆体抗拉、抗冲击性能，因而大幅度提高混凝土（砂浆）的抗冲磨、抗气蚀性能，并显著提高混凝土（砂浆）的力学性能、密实性、抗冻融性及其他耐久性。硅粉剂主要技术指标见表1。

表1 硅粉剂技术指标

项 目	合格品	优质品
外 观	灰色微红粉末	灰色微红粉末
减水率(%)	≥15	≥25
净浆流动度(mm)	≥170	≥200
含水率(%)	≤3	≤3
28 d 抗压强度增强率(%)	≥50	≥50
对钢筋锈蚀作用	无	无

2.2 丙乳

丙乳砂浆施工与普通砂浆相似,适合潮湿面黏结,无毒,与基础混凝土温度适应性好,耐大气老化,使用寿命同普通水泥砂浆,克服了环氧砂浆常因其膨胀系数大于基底混凝土而开裂脱落的缺点。丙乳技术指标见表2。

表2 丙乳技术指标

项 目	指 标	备 注
外 观	乳白微蓝乳状液	
固含量(%)	39 ~ 41	
黏度(s)	11.5 ~ 13.5 涂 4#杯	
pH 值	2 ~ 6	
凝聚浓度(g/L)	≥50	$CaCl_2$ 溶液

3 室内试验

根据渠道薄层施工技术特点,通过室内实验提出渠道修补用丙乳净浆、硅粉砂浆参考配合比,研究丙乳黏结剂净浆与原有混凝土及硅粉砂浆的黏结抗拉强度,测试硅粉砂浆物理力学性能,包括抗压强度、抗拉强度和抗折强度。提出丙乳净浆、硅粉砂浆施工工艺技术。

3.1 原材料

水泥:32.5 级普通硅酸盐水泥,南京双龙集团龙潭水泥厂生产;

外加剂:硅粉剂

丙烯酸酯共聚乳液(丙乳)

砂子为中砂,细度模数 2.13;水:自来水。水泥力学指标见表3。

表3 水泥性能指标(MPa)

3 d 抗折强度	3 d 抗压强度	28 d 抗折强度	28 d 抗压强度
4.1	18.5	7.5	44.1

3.2 试验方法及配比

性能测试方法依据中华人民共和国电力行业标准 DL/T 5150－2001《水工混凝土试验规程》[6] 进行，各种性能测试试件尺寸为：抗压强度：70.7 mm×70.7 mm×70.7 mm 试件；抗拉强度：70.7 mm×70.7 mm×70.7 mm 试件；抗折强度：40 mm×40 mm×160 mm 试件；抗冲磨强度：直径 300 mm，高 100 mm 试件；黏结抗拉强度：八字型试件。其中硅粉砂浆黏结抗拉强度测试方法为：将半块八字试块黏结面用丙乳净浆处理，然后浇注成型另半块，做抗拉测试。硅粉砂浆试验配合比见表 4，砂浆流动度 130～140 mm。

表 4 硅粉砂浆配比

组 别	水 泥	硅粉剂	砂 子	水
K	1		2	0.474
N	0.82	0.18	2	0.398
W	1	0.18	2	0.403
Z	1	0.18	2.7	0.457

值得说明的是，表 4 中 K 组为不掺外加剂基准组，水泥/砂比取 1∶2；N 组为内掺硅粉剂 18% 等量取代水泥组；W 组为外掺硅粉剂 18%，水泥/砂比取 1∶2；Z 组为外掺硅粉剂 18%，水泥/砂比取 1∶2.7。各组别按等流动度原则设计。丙乳净浆配比水泥∶丙乳 = 2∶1。

4 试验结果及分析

试验分别测试了不同龄期砂浆的各项性能，结果见表 5。由表 5 可见，掺硅粉剂的 N、W、Z 组 14 d 龄期抗压强度超过或接近 40 MPa，较空白基准 K 组提高 20%～30%；14 d 各组抗拉强度均大于 2 MPa，抗折强度均大于 11 MPa；掺硅粉剂的 N、W、Z 组 28 d 龄期抗压强度超过 50 MPa，较空白基准 K 组提高 22%～25%，提高约 10MPa；N、W、Z 组 28 d 抗拉强度均超过 3 MPa，其中 W 组超过 4 MPa；各组 28 d 抗折强度均超过 12 MPa，掺硅粉剂各组较 14 d 提高 13%～25%，而 K 组仅提高 5.9%；28 d 黏结抗拉强度均超过 1.9 MPa，因黏结抗拉强度主要取决基面丙乳净浆处理效果，故各组大小差别不大。试验表明，掺硅粉剂的 N、W、Z 组各项性能均满足渠道修补设计使用要求，从经济性及使用性看，Z 组配比水泥/砂比最小，水泥用量最少，同样硅粉剂用量亦少，实际操作中裂缝出现的可能性下降，室内试验各项性能均能满足设计使用要求，因此 Z 组建议作为实际修补采用参考配比。

表 5 硅粉砂浆物理力学性能（MPa）

试件编号	抗压强度		抗拉强度		抗折强度		28 d 黏结抗拉强度
	14 d	28 d	14 d	28 d	14 d	28 d	
K	32.4	41.1	3.12	2.87	11.74	12.43	2.11
N	43.0	51.6	2.17	3.42	12.40	15.56	1.91
W	40.1	50.5	3.31	4.10	13.31	16.61	2.18
Z	39.1	50.2	2.74	3.06	11.63	13.15	1.95

5 工程应用

安哥拉 Gandjelas 灌区 C1－C4 渠的修复是 Gandjelas 灌溉重建和升级工程的重要组成部分。该输水系统主要包括 C1 渠、分水系统、C2 渠、C3 渠、C4 渠、及沿渠控制装置、溢水装置、穿渠涵洞。其中 C1 水渠全长 7 000 m,水渠顶宽 3 m,底宽 0.7 m,高 1.2 m。从取水口开始一直延伸到分水区域,完全用混凝土包裹;C2 渠全长 1 815 m,水渠顶宽 2.8 m,底宽 0.75 m,高 1 m。从分水池开始向西南方向延伸;C3 渠全长 3 648 m,水渠顶宽 1.35 m,底宽 0.35 m,高 0.6 m。从分水池开始向东及东北方向延伸;C4 渠全长 11 400 m,水渠顶宽 1.25 ~ 1.5 m 不等,底宽 0.35 ~ 0.45 m 不等,高 0.6 m。4 个渠道总修复面积约 68 776 m^2。渠道根据不同破损程度,分为拆除重建、大面积混凝土块体破坏修复、表面小面积破坏及裂缝修复、表面露砂露石修补等四种提出不同的修复设计方案。

5.1 倒覆沉陷、严重损坏

无修复价值,建议拆除重建。

5.2 表面大面积破坏的修复

大面积混凝土块体破坏修复方案设计见图 1,施工步骤为:清除已破坏的混凝土块体,并采用凿毛、水冲等方法清除完混凝土表面油污、杂草、青苔、污泥、疏松层、灰尘等杂物,露出新鲜混凝土面,为提高修补砂浆与基面的黏结性,先涂刷丙乳净浆界面剂,待界面剂表面略干后抹上硅粉砂浆。水泥采用 P.O. 32.5 普通硅酸盐水泥;外加剂采用硅粉剂,砂子:中砂。

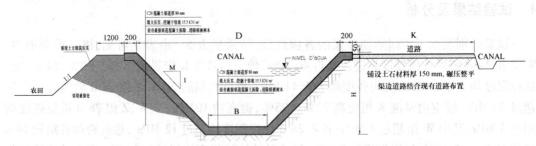

图 1　大面积混凝土块体破坏修复方案设计

5.3 表面小面积破坏及裂缝修复

表面小面积破坏及裂缝修复设计方案见图 2。施工步骤为:在混凝土基面杂草、青苔、污泥处理后,挖除松动混凝土,界面涂刷丙乳净浆界面剂,界面剂表面略干后,选用丙乳砂浆或丙乳细石混凝土进行修补;对渠面混凝土表面存在较深凹坑,在基面处理后,先涂刷丙乳净浆一道,再用丙乳砂浆进行局部修补。对长短、宽度不一的裂缝,应沿裂缝长度方向凿成 U 型槽,凿槽深度视裂缝深度而定,一般 3 ~ 5 cm 深,清除槽内松动混凝土、石子及除尘处理,修补面上先刷丙乳净浆界面剂一道,在界面剂表面略干后,抹丙乳砂浆进行修补。

5.4 表面露砂露石修补

表面露砂露石修补设计方案见图 3。施工步骤为:清洗表面混凝土,界面涂刷丙乳净浆

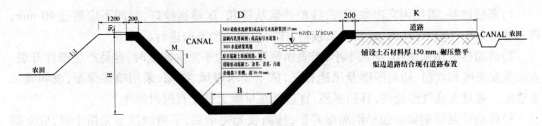

图2 表面小面积破坏及裂缝修复方案设计

界面剂,界面剂表面略干后,选用丙乳砂浆或丙乳细石混凝土进行修补;对渠面混凝土表面存在较深凹坑,在基面处理后,先涂刷丙乳净浆一道,再用丙乳砂浆进行局部修补。

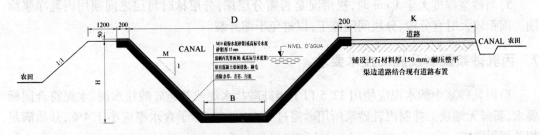

图3 表面露砂露石修补设计方案

6 硅粉砂浆配制及施工技术要求

6.1 基面处理

在旧混凝土上抹硅粉砂浆,必须清除基面疏松层、油污、淤泥及其他脏物,将基底的破损混凝土面层凿除至少5 mm 以上,露出坚硬的新鲜混凝土表面,用水冲洗干净,并保湿,使基面处于饱水面干状态,再刷丙乳净浆及抹硅粉砂浆。

6.2 硅粉砂浆制备

1)硅粉砂浆配制所用水泥、砂子均应符合规范要求。硅粉剂为活性粉状材料,复合袋包装,净重25 kg,贮存时注意防潮、防水;在干燥、密封条件下有效保质期6 个月。

2)严格按设计配比准确称量,水泥、硅粉剂称量允许偏差<1%,砂子允许偏差<2%,水允许偏差<0.5%,由于硅粉砂浆对用水量比较敏感,须严格控制加水量,并将流动度控制在规定的范围内便于施工即可;

3)硅粉砂浆可人工拌制亦可机械拌制,拌制砂浆时,首先投入砂子,随后投入硅粉剂搅拌片刻,然后加入水泥干拌均匀,再加水搅拌均匀,硅粉剂不得预先溶于水中;

4)硅粉砂浆搅拌时间要比普通砂浆延长1~2 min,总拌和时间3~4 min,宜采用强制式搅拌机,必须充分拌匀。

6.3 硅粉砂浆施工技术要求

由于渠道混凝土衬砌为斜面,修补施工应从较低部位开始,然后依次施工到较高部位。

施工主要技术要求有：

1）薄层修补，需用丙乳净浆刷底，硅粉砂浆从拌和、运输到抹好，时间不应超过 40 min，拌和物泌水小，应及时抹面，硅粉砂浆较粘，抹面应朝一个方向进行；

2）硅粉砂浆用水量小，泌水率小，当表面蒸发速度大于泌水速度时，容易产生塑性开裂，表面蒸发速度和气温、相对湿度及风速有关，施工要求避风、避阳，采用喷雾保湿，夜间施工等措施。遇夏天或气温较高，日照强烈，宜选择在早晚无日光直射时间施工。

3）硅粉砂浆特别要加强早期潮湿养护，抹面收光完毕后，手指触摸感觉指干时，应立即在表面喷雾保湿，尽早覆盖或潮养，以防止表面失水产生塑性收缩开裂。待砂浆终凝后改用覆盖草袋或麻袋饱水潮湿养护，由专人负责养护，使修补砂浆表面始终处于潮湿状态 14 d 以上。

4）当施工不当表层出现裂缝或砂浆脱空时，应铲除按上述步骤重做。

5）当砂浆厚度大于 1 cm 时，视情况是否需分层抹，分层抹时每层之间须用丙乳净浆涂刷。面积较大时宜分段、分块间隔施工，以避免干缩开裂。

7 丙乳砂浆配制及施工技术要求

1）丙乳砂浆中的水泥应使用 32.5 以上级硅酸盐水泥或普通硅酸盐水泥，水泥符合国标要求，新鲜无结块。拌制丙乳砂浆所用砂需过 2.5 mm 筛，砂子含水率应小于 4%，品质满足相关规程要求。

2）丙乳需贮存在 0℃ 以上的环境中，不宜暴晒，保存期为 2 年。施工时，一般要求气温高于 5℃，当气温低于 5℃ 或预计有雨或雪时，不宜施工。

3）施工前须清除基底表面污物，尘土和松软，脆弱部分，有条件凿毛更好，然后用清水冲洗干净，施工前应使待施工面处于潮湿饱水状态（但施工时不应有积水），在薄层（2 cm）修补区的边缘，宜凿一道 3～5 cm 深的齿槽，以增加修补面与老混凝土的黏结；

4）施工前准备好各种容器、拌和及养护等用具，如喷雾器、草包等。

5）施工前要通过试拌确定配合比，计算修补所需材料用量，确定每次拌和物数量时，要求所拌砂浆能在 30～45 min 内使用完，不可一次拌和数量过多。

6）拌和时，先将水泥、砂干拌均匀，然后加丙乳充分拌和均匀。丙乳砂浆应采用人工搅拌，不宜机械搅拌。严格按设计配比准确称量，水泥称量允许偏差 <1%，砂子允许偏差 <2%，丙乳、水允许偏差 <0.5%，由于丙乳砂浆对用水量比较敏感，须严格控制加水量，并将流动度控制在规定的范围内便于施工即可；

丙乳砂浆参考配比如下：水泥:砂:丙乳:水 =1:(1.5～2.5):(0.25～0.3):适量。

7）在涂抹砂浆时，在修补面上需先涂刷一层丙乳净浆，并在净浆未硬化前即铺筑丙乳砂浆。净浆配比为 1 kg 丙乳加 2 kg 水泥，搅拌成浆，拌匀无水泥团。

8）砂浆铺筑到位后，用力压实，然后抹面，抹面时应向一个方向抹，一次抹平，不要来回多次地抹，不要二次收光。仰面和立面施工，涂层厚度超过 7 mm 时，需分两次抹压，以免重垂脱空。修补面积较大时应隔块跳开分段施工。

9）丙乳砂浆表面抹平略干后，宜用喷雾保湿养护或用薄膜覆盖，终凝后洒水养护，潮湿养护七 d 后，即可自然干燥养护。施工要求避风、避阳，采用喷雾保湿。

10）施工机具应在施工前后清洗干净,施工完毕机具要及时清洗。

8 质量控制

基面处理、砂浆拌制、施工过程、养护等质量控制按上述技术要求进行。丙乳净浆要求涂刷到基面每一处,不得漏涂。

修补后质量要求:

1）修补砂浆与基底黏结牢固,无脱空现象;

2）修补砂浆表面平整,无明显凹凸不平现象;

3）硅粉砂浆强度大于等于 40 MPa,丙乳砂浆强度大于等于 30 MPa;

4）修补砂浆表面无裂缝出现。

9 结　语

通过对渠道修补硅粉砂浆试验研究和工程应用,表明采用丙乳净浆处理修补基面,硅粉砂浆作为主要修补材料的组合方案,技术上是可靠的,同时造价较低,在经济上是可行的。硅粉砂浆的抗压强度、抗折强度、抗拉强度较基准砂浆均有不同幅度增加,黏结抗拉强度相差不大。鉴于硅粉砂浆及丙乳材料性能的特殊性,施工时应严格按照研究报告所提出的施工技术要求进行。经过工程应用表明,该技术方案可行,能够满足渠道修补施工要求。

参考文献

［1］ 林宝玉,吴绍章.混凝土工程新材料设计与施工［M］.北京:中国水利水电出版社,1998.100 - 130.

［2］ 胡智农,徐斌等.喷射硅粉混凝土(砂浆)在船闸修补中的应用［J］.水利水运工程学报,2005,(3):50 - 53.

［3］ 胡智农,王川江等.喀浪古尔水利枢纽引水泄洪洞混凝土缺陷修补［J］.水利水电科技进展,2002,(5):11 - 13.

［4］ 徐斌.硅粉砂浆在修补船闸闸室墙的应用［J］.水运工程,2003,(10):52 - 54.

［5］ 李义华,刘健.聚合物硅粉砂浆在龙凤山水库泄洪闸工程加固中的应用［J］.吉林水利,2003,(12):33 - 34.

［6］ DL/T5150 - 2001.水工混凝土试验规程［S］.

放水河渡槽预应力主梁冷却水管
冻胀混凝土裂缝修补加固技术

陈卫国

（河北省水利水电勘测设计研究院）

摘　要：放水河渡槽是南水北调中线总干渠上的大型建筑物。槽身为三孔一联三向预应力壁薄结构、混凝土标号高，水化热大、绝热温升高。施工过程中采用混凝土内部埋设冷却水管降低水化热的温控措施。由于冬季施工水管排水不净造成冷却水管冻胀，主梁和次梁出现裂缝。通过采取灌浆和贴碳纤维修补技术，取得了良好的效果，消除了工程隐患。

关键词：预应力混凝土；冷却水管；冻胀；碳纤维修补加固

1　放水河渡槽槽身结构简介

放水河渡槽槽身段长 240 m，为三槽一联多侧墙简支预应力混凝土结构，共 8 跨，单跨长 30 m，单槽断面尺寸 7 m×5.2 m，见图 1。

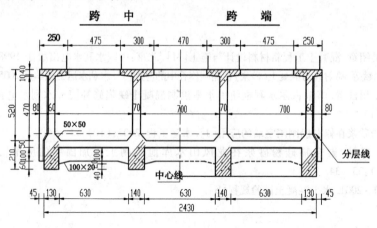

图 1　放水河渡槽槽身结构图

2　混凝土裂缝原因分析

放水河渡槽第五跨于 2007 年 12 月 4 日混凝土浇筑完成，12 月 24 日张拉完成；第六跨第二层于 11 月 20 日混凝土浇筑完毕，12 月 8 日张拉完成，最后，12 月 25 日对冷却水管进行灌浆回填，结果发现两跨槽身第一层混凝土中部分冷却管内已结冰，注不进浆，准备来年开春以后进行灌浆。2008 年 1 月 28 日发现第五、六跨槽身局部胀裂并有水渗出。次梁部位胀裂部位绝大多数位于槽身次梁上游面靠底部部位。经分析认为是冷却水管中余水冰冻膨胀,将混凝土胀裂所致。承包商对膨胀位置进行凿除,结果发现内部冷却水管胀裂,证实混凝土胀裂为冰冻所致。

对所有次梁冻胀进行凿除后发现,在安装冷却水管时为避开钢绞线波纹管,不得不将冷却水管布置得靠近次梁侧面钢筋,所有冻胀部位都是将钢筋网后的混凝土保护层胀开胀裂,胀裂深度在 5 cm 左右。

除第五、六跨次梁部位出现冻胀情况以外,第五跨左、右侧边主梁底部也出现了三条裂缝。从次梁冻胀破坏情况和施工时间的情况分析来看,第五跨左、右侧边主梁底部出现的裂缝主要也是冷却水管中余水冰冻膨胀,将混凝土胀裂所致。3 月 10 日河北省水利工程质量检测中心站对第五跨槽身右侧边主梁底部冻胀的三条裂缝进行了检测,发现冻胀裂缝长度分别为 6.1 m、8.2 m、11.9 m,裂缝宽度 0.05～0.1 mm,裂缝深度 400～430 mm,正好为主梁底层冷却水管布置部位。4 月 19 日重复检测结果表明,裂缝宽度和深度未继续发展,裂缝宽度仍为 0.05～0.1 mm,裂缝深度仍为 400～430 mm。从裂缝深度来看,进一步证明冷却水管中余水冰冻膨胀是导致混凝土裂缝的主要原因。

4 月 15 日河北省建设管理局召开专家论证会,认为此处裂缝宽度较小,对结构受力影响不大,但对混凝土耐久性有一定的影响,需要作一定的处理。4 月 30 日河北省建设管理局、中国水利水电科学研究院结构材料所、设计、监理、承包商等单位的有关领导、专家一起考查了现场情况,分析了裂缝成因,对主梁裂缝提出了处理方案。

3 第五、六跨次梁局部冻胀部位的处理情况

3.1 清理胀裂混凝土,排除积水

人工剥离开裂的混凝土块,彻底清除表面松动混凝土,稍修整。露出已经冻裂的冷却水管后,待 3—4 月天气回暖后,用空压机吹出碎冰和剩水,让其自由排水一段时间,直至孔口处全部干燥,无湿印,积水全部排尽,再开始修补。

3.2 混凝土修补

混凝土修补采用结构补强和表面修补两步进行。

(1)结构补强

在混凝土凿除面挂一层细钢丝网,立模并浇细石混凝土填补,混凝土标号比原标号高一个等级。

混凝土修补过程中用细钢筋对已浇的混凝土进行反复振捣,并在模板外侧用锤敲击,使新浇混凝土密实。

混凝土修补结束 24 h 后拆模。

(2)表面修饰.

拆模以后立即用高标号砂浆将修补混凝土四周修饰平整,保证外观。

混凝土修补见图 2。

3.3 混凝土配合比

修补混凝土配合比见表 1。

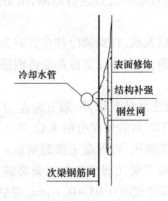

冷却水管

表面修饰
结构补强
钢丝网

次梁钢筋网

图 2　混凝土修补示意图

表 1　C60 混凝土配合比（Kg）

混凝土标号	水	水泥	煤灰	KDSP	砂	石	UF－500	膨胀剂
C60	160	453	57	4.82	809	809	1.3	57

4　第五跨左、右边主梁底部裂缝处理方案

由于主梁出现的裂缝是顺水流方向，为了恢复主梁的整体性和保证结构的耐久性，建议对主梁裂缝进行化学灌浆，并在垂直裂缝方向黏贴碳纤维布进行补强加固。

4.1　裂缝表面进行化学灌浆处理

由于混凝土深度仅有 40 cm，且裂缝宽度为 0.05～0.1 mm，为了避免高压灌浆造成混凝土的二次破坏，故采用低压化学灌浆技术对混凝土裂缝进行化学灌浆。化学灌浆施工工艺如下：

1）首先骑缝黏结灌浆嘴；

2）用高强环氧腻子封堵裂缝部位，避免灌浆时浆液从裂缝中流淌；

3）采用专用灌浆管进行灌浆；

4）待浆液完全固化后，砸除黏贴在裂缝表面的灌浆嘴。

化学灌浆材料采用改性环氧树脂浆材。这种材料黏度低，可灌性好，可渗入 0.1 mm 混凝土裂缝和微细岩体内，与国内外的同类材料相比，其早期发热量低、无毒性、施工操作方便，是较理想的混凝土补强加固材料。该材料具体性能指标如表 2。

表 2　SK－E 改性环氧浆材性能

浆材	浆液黏度（cp）	浆液比重（g/cm³）	屈服抗压强度（MPa）	抗拉强度（MPa）		抗压弹模（MPa）
				纯浆体	潮湿面黏结	
SK－E 改性环氧	14	1.06	大于 50	5.0	>3.0	1.9×10^3

4.2 黏贴碳纤维补强加固

采用碳纤维复合材料黏贴补强加固法是采用层压方式将浸透了树脂胶的碳纤维布黏贴在混凝土或钢筋混凝土结构表面,并使其混凝土或钢筋混凝土结构结合为一整体,从而达到加强混凝土或钢筋混凝土结构的目的。碳纤维复合材料补强技术的基本原理是,将抗拉强度极高的碳纤维用特殊环氧树脂胶预浸成为复合增强片材(单向连续纤维片);用专门环氧树脂胶黏结剂沿受拉方向或垂直于裂缝方向黏贴在需要补强的结构表面形成一个新的复合体,从而使增强复合片与原有结构共同受力,增大结构的抗拉或抗剪能力,提高其抗拉强度和抗裂性能。碳纤维片的抗拉强度比同截面钢材高 10 ~ 15 倍,因而可获得优异的补强效果。

专用环氧树脂胶粘为配套产品,碳纤维材料采用日本进口的材料,其性能指标见表3。

表 3　碳纤维布的规格及性能指标

碳纤维种类	单位面积重量 （g/m²）	设计厚度 （mm）	抗拉强度 （MPa）	拉伸模量 （MPa）
XEC – 300 （高强度）	300	0.167	>3 500	$>2.3 \times 10^5$

碳纤维布要垂直于裂缝黏贴,为了承担全部内水压力,垂直于纵向裂缝方向全断面黏贴碳纤维。黏贴碳纤维的长度要大于裂缝长度,沿裂缝缝端延长 200 cm,黏贴碳纤维的形状为 U 型,左右两侧延长80 cm(大于裂缝长度 40 cm),具体布置形式见图3。根据实际情况,中间部位可以黏贴两层碳纤维布。

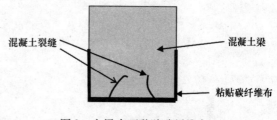

图 3　主梁表面黏贴碳纤维布

另外,为了防止碳纤维布老化,尽量使碳纤维布表面的颜色与原混凝土接近,建议在碳纤维表面再涂刷一层 PCS 柔性防碳化涂料。

黏贴碳纤维布的施工工艺如下:

1)混凝土基底处理:将混凝土表面打磨、清除干净。

2)涂底层涂料:把底层涂料的主剂和固化剂按规定比例称量准确后放入容器内,用搅拌器搅拌均匀。一次调和量应以在可使用时间内用完为准。

3)环氧腻子对混凝土表面的残缺修补:构件表面凹陷部位应用环氧腻子填平,修复至表面平整。腻子涂刮后,对表面存在的凹凸糙纹,应再用砂纸打磨平整。

4)黏贴碳纤维片:贴片前在构件表面用滚筒刷均匀地涂刷黏结树脂,称为下涂。下涂的涂量标准为: 500 ~ 600 g/m²;贴片时,用专用工具沿着纤维方向在碳纤维片上滚压多次,使树脂渗浸入碳纤维中。碳纤维片施工 30 min 后,用滚筒刷均匀涂刷树脂称为上涂。上涂涂量标准为:300 ~ 200 g/m²;

5）涂刷 PCS 防碳化涂料

6）养护：黏贴碳纤维片后，需自然养护 24 h 达到初期固化，应保证固化期间不受干扰。碳纤维片黏贴后达到设计强度所需自然养护的时间如下：

平均气温在 10℃以下时，需要 2 周；平均气温在 10℃以上时，需要 1 周。在此期间应防止碳纤维贴片受到硬性冲击。

（7）质量检验标准：碳纤维片的黏贴基面必须干燥清洁，光滑平顺，无明显错差。碳纤维片黏贴密实。目测检查不许有剥落、松弛、翘起、褶皱等缺陷以及超过允许范围的空鼓。固化后的贴片层与层之间的粘着状态和树脂的固化状况良好。

5 结 语

北京中水科海利工程技术有限公司采用上述方案对主梁进行了处理，通过满槽充水试验和一年多的通水检验，工程安全可靠，运行正常，处理成功。

西崔村涵洞伸缩缝及混凝土缺陷处理

李 双

（北京市京密引水管理处）

摘 要： 西崔村过水涵洞位于京密引水渠主干线上，担负着常年向北京地表输水的任务，在运行约 50 年后，西崔村过水涵洞出现了比较严重的老化病害，主要表现为渗漏、裂缝、混凝土剥蚀、混凝土碳化深度较深及钢筋锈蚀等。为解决这一问题，于 2008 年底和 2009 年初采用 SK 手刮聚脲对西崔村涵洞伸缩缝及混凝土缺陷进行了处理。

关键词： 伸缩缝；SK 手刮聚脲；化学灌浆；涵洞

1 工程概况

西崔村过水涵洞位于北京市京密引水渠主干线上，担负着常年向北京地表输水的任务，该涵洞地处 CH55 +489 m，洞身长 39.5 m，6 孔，断面尺寸为 4 × 2.5 m，设计流量为 165 m^3/s，校核流量为 307 m^3/s，进口高程 46.33 m，出口高程 46.33 m，上游最高水位 52.63 m。顶板为浇筑的混凝土，边墙为浆砌石，在浆砌石的顶部有 30 cm 厚的混凝土，涵洞顶板混凝土局部存在骨料离析和漏振的现象。该涵洞建于 20 世纪 60 年代初，在运行约 50 年后，出现了比较严重程度的老化病害，主要表现为渗漏、裂缝、混凝土剥蚀、混凝土碳化深度较深及钢筋锈蚀等。为了保证工程安全运行，于 2008 年底和 2009 年初对缺陷进行了处理。

2 缺陷处理方案

2.1 底板伸缩缝处理

通过近 50 年的运行，伸缩缝内部止水材料需要进行更换，并进行表面封闭。现场开槽检查发现，伸缩缝原施工采用止水带，后将止水带剔除，改为浇筑沥青，经过数年的运行，目前沥青已经老化，底板下部 10 cm 处有一层土工膜防渗，土工膜在伸缩缝部位已断裂，导致伸缩缝漏水。

根据现场检查情况，制定了伸缩缝采用图 1 所示的双层止水处理方案。

该方案将伸缩缝内的原老化的沥青凿除，保留原锚固止水带的锚筋，伸缩缝内嵌填聚苯板，用聚合物水泥砂浆修补剥落部分，涂刷聚脲，并在聚脲内复合胎基布以增加聚脲的强度，聚脲厚度为 4 mm，作为主要柔性防水层。槽内回填聚合物混凝土，锚筋可以起到加强作用，伸缩缝部位嵌填 GB 柔性止水板，在聚合物混凝土要保证与原土工膜连为一体，伸缩缝中间留 10 mm 宽的变形缝，内充填 GB 柔性止水板，作为第二道止水。

最后在聚脲表面浇筑聚合物水泥砂浆，伸缩缝部位预留变形缝，缝内嵌填 GB。用以保护下部的柔性防渗材料。

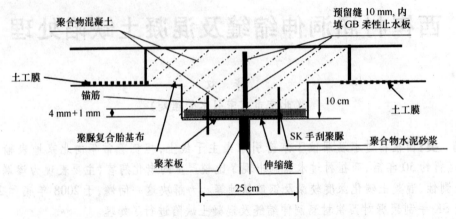

图 1　伸缩缝上表面处理方案

2.2　侧墙伸缩缝处理

侧墙伸缩缝采用图 2 的方法处理,缝内嵌填 GB 柔性止水条,表面涂刷 SK 手刮聚脲,并复合胎基布进行加强。

图 2　边墙伸缩处理

2.3　混凝土剥蚀面处理

涵洞混凝土剥蚀部分采用聚合物水泥砂浆回填。凿除剥蚀的混凝土,对锈蚀的钢筋进行除锈处理,涂刷界面剂,回填聚合物水泥砂浆。

2.4　涵洞内漏水的裂缝及伸缩缝底部灌浆处理

涵洞内混凝土裂缝及伸缩缝底部采用高压化学灌浆的方法处理。

2.5　混凝土表面防护

混凝土表面采用 SK 通用型水泥基渗透型防水涂料进行防护。

3　修补材料性能

3.1　SK 手刮聚脲弹性体材料性能

选择的 SK 手刮聚脲弹性体材料由北京中水科海利工程技术有限公司生产,其主要性能见表 1:

表 1　SK 手刮聚脲弹性体材料性能

凝胶时间	拉伸强度	扯断伸长率	撕裂强度	硬度	耐磨性(阿克隆法)	与混凝土的附着力
(s)	(MPa)	(%)	(kN/m)	(邵 A)	(mg)	(MPa)
10	大于 15	大于 350	82	90~98	≤50	5

3.2 聚氨酯灌浆材料主要性能

水溶性聚氨酯灌浆材料是一种在防水工程中普遍使用的化学灌浆材料,其固结体具有遇水膨胀的特性,具有较好的弹性止水以及吸水后膨胀止水双重止水功能,尤其适用于变形缝的漏水处理。该灌浆材料可灌性好,强度高,当聚氨酯被灌入含水的混凝土裂缝中时,迅速与水反应,形成不溶于水和不透水的凝胶体及二氧化碳气体,这样边凝固边膨胀,体积膨胀几倍,形成二次渗透扩散现象(灌浆压力形成一次渗透扩散),从而达到堵水止漏、补强加固作用。化学灌浆材料的性能指标见表2。

表2 水溶性聚氨酯灌浆材料主要性能指标

试验项目	标准要求	实测值
黏度(25℃,paos)	≥0.15	0.22
抗渗性能(30 min,0.3 MPa)	不透水	不透水
黏结强度(MPa)(干燥)	≥2.0	2.3

3.3 聚合物水泥砂浆性能

聚合物水泥砂浆是通过向水泥砂浆掺加聚合物乳胶改性而制成的一类有机无机复合材料。主要是由于聚合物的掺入引起了水泥砂浆微观及亚微观结构的改变,从而对水泥砂浆各方面的性能起到改善作用,并具有一定的弹性。聚合物水泥砂浆主要性能指标见表3。

表3 聚合物水泥砂浆性能指标

序号	项目	设计指标
1	抗压强度(MPa)	≥30(28 d)
2	抗折强度(MPa)	≥6(28 d)
3	与老混凝土的黏结强度(MPa)	≥2.0(28 d)

3.4 SK 通用型水泥基渗透型防水涂料

SK通用型水泥基渗透型防水涂料由普通硅酸盐水泥加特种水泥、石英砂、多种添加剂等原材料组成。该防水涂料含有固体聚合物成分,能够交联反应密闭毛细孔,从而提高防水效果和防腐性能,同时也具有渗透结晶成分,通过渗透来堵塞混凝土深层毛细孔,可以通过渗透和表面成膜双重作用起到防水的效果。

SK通用型水泥基渗透型防水涂料可直接应用于混凝土表面,其生成物能渗入混凝土的微孔和缝隙中,堵塞这些过水通道并与结构结合为一体,同时在结构表面形成附着力极强的密实、坚硬涂层,进一步起到防水作用;该材料具有较强的防腐蚀功能,能够抵抗硫酸盐、氯盐、碱类、盐类、弱酸类、微生物等介质的侵蚀。施工方便,易于涂刷,不流挂,立面和顶面施工性能好。但该材料属刚性材料。其主要指标见表4。

表4 SK 通用型水泥基渗透型防水涂料性能指标

项目	测定值	项目	测定值
初凝时间（min）	320	7d 抗压强度（MPa）	23.4
终凝时间（h）	6.5	28d 抗折强度（MPa）	6.4
7 d 抗折强度（MPa）	5.5	28d 抗压强度（MPa）	31.5
湿基面黏结强度（MPa）	1.5	抗渗压力 28d（MPa）	0.9
二次抗渗压力 56 d（MPa）	1.0	抗渗压力比（%）	250

注：液粉比:0.25～0.27;液料:S88 混合液。

4 伸缩缝处理施工工艺

4.1 更换伸缩缝内柔性止水板

沿原伸缩缝开槽,槽宽40 cm,深5～10 cm,剔除原伸缩缝内材料,用聚合物砂浆做槽,缝内嵌填聚苯板,分层涂刷 SK 手刮聚脲,聚脲厚度大于4 mm,并内置胎基布,再用聚合物水泥砂浆回填,中间切缝回填 GB 柔性止水材料。

4.2 裂缝及伸缩缝底部化学灌浆

在上部伸缩缝更换完柔性止水板后,从底部再对伸缩缝进行化学灌浆,封堵其他可能出现的漏水通道。

化灌前沿伸缩缝一侧打斜孔与缝面相交(大约距伸缩缝4～5 cm 处打孔),孔距为0.5～1.0 m。灌浆孔造好后,清孔。将已洗好的灌浆孔,装上灌浆嘴进行压气或压水试验,检查孔缝是否相通,若不相通,要检查原因,直到孔缝相通。将灌浆嘴打入斜孔内。采用低压注浆机进行灌浆。灌浆压力要分级施加,以0.1 MPa 为一级。在某级灌压下,若吸浆量小于0.05 mL/min 时,升压一次,直至达到最高灌压,最高灌压视现场情况定(不得高于0.4 MPa)。灌浆前,要检查管路系统是否连接牢固,防止喷浆事故发生。伸缩缝的灌浆要连续进行,停歇时间不宜过长。

化学灌浆结束,待凝3 d 后,将封缝材料及骑缝嘴铲除掉,并将孔口整理平整。灌浆器具用后立即清洗,妥善保管,以备再用。

4.3 底板混凝土剥蚀部位处理

将脱空及剥蚀部位混凝土全部凿除,用高压水枪冲洗,清理施工场面,划出每块摊铺的分割线。在涂抹砂浆前,基底表面必须保持24 h 潮湿,但不能积水。聚合物水泥砂浆采用人工拌和,先干搅拌后加有机材料、加水、加外加剂,外加剂应予先与拌合水混合;聚合物水泥砂浆的抹面,先将待处理面涂刷界面剂,涂刷力求薄而均匀,15 min 后抹聚合物水泥砂浆。聚合物水泥砂浆抹面收光后,表面初凝即进行喷雾养护。聚合物水泥砂浆需潮湿养护3 d,自然养护5 d 后才可以承载。潮湿养护结束后,涂刷一层有机物保护层膜进行保水。

4.4 混凝土边墙防碳化处理

混凝土边墙采用 SK 通用型水泥基渗透型防水涂料,这是一种水泥基高强度防水材料,呈灰色干粉状,可用于迎水面和背水面。将老混凝土表面打磨、清洗,用聚合物水泥砂浆修补局部破损部位,涂刷 2 ~ 3 遍 SK 通用型水泥基渗透型防水涂料,保证涂刷厚度大于1.5 mm,最后进行喷水养护 1 d 以上。

5 结 语

目前,西崔村涵洞伸缩缝处理工程已经完工。由于原伸缩缝止水经过几十年的运行已经老化、失效、漏水严重。京密引水渠常年担负着向首都人民输送生活用水的重任,解决好渠道渗漏和老化问题,不仅节省了经济损失,水资源严重紧缺的北京,社会意义也不容忽视。因此,西崔村涵洞伸缩缝处理工程是十分必要,也是十分成功的。通过处理,不仅提高了西崔村涵洞的耐久性,延长了使用寿命,并为今后修补类似的水利工程积累了宝贵的经验。

钢筋混凝土隧洞内衬钢板加固新技术

宋修昌　潘家锋　邵力群

（黄河勘测规划设计有限公司）

摘　要：目前许多水利水电工程的压力隧洞、公路隧洞、铁路隧洞由于各种原因存在不同程度的缺陷，结构开裂或渗漏量较大等，如何对其进行加固处理是一个难题，特别是有些工程不能较大地缩小原洞径，影响其使用功能，回龙电站尾水隧洞采用内衬钢板加固新技术，在不明显缩小过流面积的前提下，内衬钢板总面积 440 m^2，较好地解决了尾水隧洞结构和防渗问题，为在水利工程中解决类似工程问题，提供了成功的经验。

关键词：尾水洞；内衬钢板加固；灌注结构胶

1　概述

回龙抽水蓄能电站位于河南省南阳市南召县的岳庄村附近，是为缓解河南电网调峰问题而建设的调峰电源，主要承担电网的调峰填谷任务，并兼有旋转备用、调频等功能。主要包括上库主、副坝、下库大坝、引水发电系统、地下厂房、辅助开关站等主要建筑蓄能电站物，电站装机容量 2 ×60 MW。该工程 2005 年建成发电。

回龙电站所处位置的分水岭垭口是"交通天然走廊"的必经之地，电站尾水洞横穿该区域。2007 年岭南段高速公路在此通过，与电站尾水洞的相交不可避免。高速公路在设计时曾比较了"低线方案"和"高线方案"，"低线方案"从电站尾水洞下方约 20 m 处通过，公路隧道单洞长 5.904 km，运营管理难度较大且费用较高；"高线方案"从电站尾水洞上方通过，公路隧道单洞长度可缩短为 1.685 km，两条隧道底部分别距离尾水隧洞顶 3.59 m 和 3.67 m。经综合分析比较，采用"高线方案"。公路隧道与电站尾水洞的相互关系见图 1。

由于公路隧道距离尾水洞较近，经过对尾水洞结构及渗漏影响分析表明，公路隧道开挖减小了尾水洞上覆岩体厚度及围岩抗力作用，尾水洞衬砌会出现开裂，开裂宽度大于规范允许开裂宽度的要求，且渗漏量增加，需对尾水洞结构影响范围进行加固，加固处理面积为 440 m^2。

2　加固方案比选

结构加固做为一个行业，从 20 世纪 70 年代兴起，80 年代传入我国，我国已有建筑物应用的加固方法很多，如增大截面法、外包钢加固法、预应力加固法、改变结构受力体系的加固法、化学灌浆法、外部粘钢法等十多种，分别适用于不同情况，目前国内、国际上隧洞中钢筋混凝土衬砌主要加固方法有内部涂抹环氧砂浆、黏贴钢板条带、黏贴碳纤维布、喷射高强混凝土以及裂缝封闭灌浆补强等。

由于本工程为围岩及衬砌抗力不足引起的结构性裂缝，用涂抹环氧砂浆、喷射高强混凝

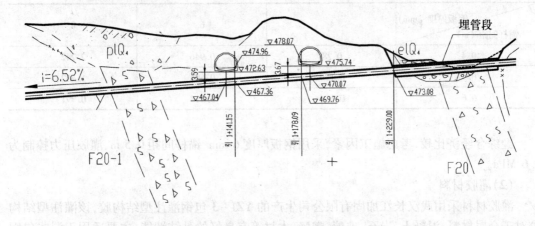

图1 公路隧道与电站尾水洞的相互关系

土、裂缝封闭灌浆等可处理表面裂缝，不能解决根本问题；黏贴碳纤维布可明显提高尾水洞抗内压能力，但由于其黏贴时要求按一个方向顺层铺设，顺水流方向时抗冲刷能力较强，反方向抗冲刷能力较弱，而本工程尾水洞在电站抽水和发电时水流方向不同，如碳纤维布被掀起或黏结材料随水流进入机组，由于机组转速达750r/min，会对机组造成损坏，另外，碳纤维布的使用寿命较短；黏贴钢板条带法单块钢板条不可能很大，否则黏贴定位很困难，黏贴后对空鼓部位补灌也不容易密实，本工程需加固处理面积为440 m²，如采用此法需要的工期较长，而本工程加固施工时必须要求电站停机，鉴于电站在电网中的特殊地位，对工期要求极为严格，此法也不适用。

通过对以上加固方法的综合比较，结合本工程的特点，提出了"内衬钢板灌胶"的加固处理方法，即先将钢板（单块面积4.2 m²）吊装定位后用锚栓固定，安装完毕后在钢板与衬砌混凝土接触的缝隙中灌胶结构胶，使钢板与混凝土紧密结合共同受力，既可加固结构又可改善抗渗性能。

3 主要设计技术参数

选定加固方案后，考虑到尾水隧洞运行、检修及加固施工的不同工况，主要设计参数包括内衬钢板厚度、锚栓间距、灌胶压力、灌胶材料等。

（1）钢板厚度、锚栓间距、灌胶压力

对尾水洞粘钢厚度进行有限元计算结果表明，在内水压力作用下，考虑钢板与钢筋混凝土衬砌共同作用，钢板计算厚度取2 mm时，在充水运行工况，计算得到的尾水洞衬砌最大裂缝宽度为0.22 mm，小于规范规定的0.25 mm；表明在内水压力作用下采用2 mm粘钢板可满足要求。

考虑到尾水洞检修工况及灌注结构胶施工工况下的钢板抗外压屈曲稳定，钢板厚度、锚栓直径及间距、灌胶压力等需综合考虑，计算采用半解析有限元法，钢板厚度分别取4 mm、6 mm、8 mm，锚杆间距分别取0.4 m、0.5 m、0.6 m，计算结果见表1。

表 1　钢板外压失稳临界压力计算结果表（MPa）

钢板厚度（mm） 锚杆间距（m）	4	6	8
0.4	0.28	0.946	2.242
0.5	0.179	0.604	1.432
0.6	0.124	0.418	0.991

经综合经济比较，考虑施工因素，采用钢板厚度 6 mm、锚杆间距 0.5 m、灌胶压力控制为 0.6 MPa。

（2）灌胶材料

灌胶材料采用武汉长江加固有限公司生产的 YZJ-3 包钢灌注型结构胶，该灌注型结构胶对于金属材料、混凝土、岩石、玻璃、陶瓷、木材等有良好的黏结性能，主要适用于湿式包钢灌注。经武汉理工大学工程结构检测中心对其力学性能进行检验，其技术指标见表 2。

表 2　YZJ-3 包钢灌注型结构胶检测结果

检验项目		标准指标（MPa）	检验结果（MPa）	检测标准
黏结性能	黏结正拉强度 （钢-混凝土）	$\geq max(2.5 f_{tk})$ 且为混凝土内聚破坏	4.9 混凝土破坏	新规范附录 F GB/T 2 568 GB/T 2 569 GB 7 124 CECS2 590
	黏结剪切强度 （钢-钢）	≥ 18	20.5	
胶体性能	胶体抗压强度	≥ 65	108.0	
	胶体抗拉强度	≥ 35	33.0	
	胶体抗折强度	≥ 45	49.9	

注：f_{tk} 为被加固构件混凝土抗拉强度标准值　　密度 1.5 g/cm^3

4　施工工艺

（1）施工流程

准备工作→尾水洞衬砌混凝土面和钢板表面处理→装配及焊接→灌注施工→固化→质量检查→交工验收。

（2）施工工序

①准备工作：将钢板裁剪分成 3.35 m×1.25 m 的小片，在钢板上打孔，其中 φ20 圆孔为植化学锚栓孔，用以固定钢板；φ10 圆孔为调位兼注浆孔，打孔完成后进行攻丝，以便于螺杆和灌胶嘴安装；在现场进行卷板，将钢板卷成直径 3.2 m 的弧形；喷砂除锈，涂防腐涂料。

②衬砌混凝土表面处理：对混凝土表面采用混凝土平整机具（金刚石磨轮）打磨、凿毛，直到完全暴露新面，再连接压缩空气吹除粉尘。

③钢板装配及焊接：将钢板用小车运至施工作业面；将钢板放在顶升设备（采用手动或电动葫芦）上，调整钢板位置使钢板轴线与尾水洞轴线平行，用自制螺杆将钢板顶紧在洞壁上，并再次调整钢板位置；采用植化学锚栓工艺，在钢板植化学锚栓孔位处套打植化学锚栓

孔,植入φ14高强锚栓,锚栓植入后约10~15 min可以拧紧螺母,同时拆除支撑装置,在锚固剂固化后可满足单根锚栓抗拔力不小于20 kN的技术要求,利用高强锚栓的锚固力起到临时固定钢板的作用。钢板位置调整固定完毕后即可进行焊接工作,将锚栓头与钢板焊接并进行钢板间分缝焊接。

④灌注施工:灌注施工分仓进行,每两段钢板分为一仓,分仓长度为2.5 m,分仓面积25 m^2;对分仓间缝隙采用结构密封胶进行封堵,封堵后进行压气试验检查密封情况。

采用灌注型亲水环氧类结构胶,灌浆压力为0.6 MPa。对灌注胶液后的钢板,马上用小锤轻轻进行击打检查,对有空洞的部位进行压力灌注补胶,直到灌注密实为止。

⑤打磨清理、涂防腐涂料:待结构胶固化后,将化学锚栓螺栓头割掉,并打磨清理焊缝,对焊接部位补涂防腐涂料。

5 采用的新技术及新工艺

1)提出钢筋混凝土隧洞内衬钢板灌胶加固技术。该加固技术是在借鉴国内外先进加固技术,结合水工钢衬钢筋混凝土管的受力原理,经过分析研究,理论计算并成功付诸实施的一项新的加固方法,不同于以往的粘钢加固、内衬钢环加固,也不同于传统的钢衬施工、灌浆加固等,是对现有的粘钢及灌胶加固技术的进一步完善。

2)采用大面积灌注粘钢加固的方法,成功解决了大面积灌注粘钢时灌注密实度的问题。传统的粘钢加固技术是先将小块钢板黏贴在需加固的部位,如有空鼓再对空鼓部位钻孔灌胶,一般灌胶面积较小。本项目工程单元灌注粘钢面积为25 m^2,加固处理总面积为440 m^2。如何保证钢板与混凝土衬砌紧密结合无空洞的问题,是施工过程中的技术瓶颈,本项目通过试验研究确定了灌注工艺,保证了施工过程中钢板与混凝土的紧密结合,为以后类似工程的开展提供了可借鉴的经验。

3)采用亲水性灌注结构胶,成功解决了潮湿环境下结构胶黏结强度问题。

4)本项目成功解决了在水工隧洞狭小空间内内衬钢板安装问题。本项目工程隧洞洞径3.2 m,每环由3块钢板组成,单块钢板质量197.23 kg,如何把钢板在洞内安装到位,并焊接成一个整圆是施工的技术难点,这次研究的成功为以后类似工程的开展提供了经验。

5)在计算钢板抗外压稳定时采用半解析有限元法,把求解植筋钢管稳定性问题经典方法中的基本假设与有限元理论结合起来,建立了由植筋约束的钢管局部稳定性问题的半解析有限元模型,既可利用解析法的成果简化问题,提高精度,又可发挥有限元对复杂问题处理灵活方便的优点。

6)固定钢板时采用化学锚栓代替植膨胀螺栓,利用了化学锚栓的凝结速度快、可迅速提高抗拔力的特点,简化了施工工艺,大大提高了生产效率。

6 工程处理效果及推广应用前景

高速公路隧道近距离穿越回龙电站尾水洞,将对尾水洞的结构和渗漏造成影响。在内水压力作用下,尾水洞衬砌开裂宽度大于规范要求,严重影响电站的安全运行,经内衬钢板加固处理后,在基本不改变洞径的情况下,内衬钢板与尾水洞混凝土衬砌共同受力,可满足尾水洞结构受力要求,从而保证电站安全运行。经内衬钢板加固处理后,处理段尾水洞的渗漏量接近于零,从而对整个尾水洞的渗漏量将大大改善,可以保证水库的库容量,保证水库的发电保证率,经济效益明显。

传统的在已建成的钢筋混凝土隧洞内衬钢板,需要在钢板与管壁之间预留浇注填充砂浆的空间,一般将使原管道断面直径减少 10~20 cm,使原管道过水断面减小,施工周期长、造价高。如采用黏贴钢板条带法大部分需手工操作,机械化程度低,施工质量不易控制,且不能有效改善防渗效果。

该加固技术具有施工周期短,施工质量易于控制、处理费用较省的优点,因此可以将该技术在更大的范围内推广,如公路、铁路等其他隧洞的加固处理工程中,应用前景十分广泛,具有一定的社会效益。

小山水电站厂房排水廊道渗漏水
及结露水综合治理

车传东[1]　韩天彪[2]

（1. 吉林松江河发电厂；2. 河南省金鑫防腐保温工程有限公司）

摘　要：介绍了小山水电站厂房排水廊道渗漏水、结露水的治理方案，由于采用的新材料和新工艺，彻底解决了水电厂的渗漏水和结露水问题。

关键词：水电站；渗漏水；结露水；治理

1　工程概况

小山水电站是松江河梯级电站的首级电站，位于吉林省抚松县境内，坐落于松花江上游的松江河干流上。电站以发电为主，兼顾防洪及综合利用，装机容量为 160 MW。该电站由拦河坝、岸坡式溢洪道、引水发电系统、厂房和开关站组成。电站坝型为混凝土面板堆石坝，属大Ⅱ型二等工程。

小山水电站于 1997 年年底投产发电，自投运后，位于厂房蜗壳层上游的排水廊道就存在大量积水。廊道上游侧是混凝土墙体，有集中渗水点；廊道下游侧是蜗壳外包混凝土，表面有一层结露水，再加上廊道顶部的压力管道和各种设备表面形成的结露水，廊道四周到处都有水流。水流沿墙体和楼梯向下淌，在墙壁和楼梯踏步上形成大量白色结晶物，既影响厂房生产环境，又存在重大安全隐患。

通过对现场环境的观察和分析，认为形成积水的主要原因有：

1）小山水电站为引水式发电，厂房虽为地面式厂房，也是山体开挖形成的机坑，发电机层以下建筑都是处在地下。在厂房上游的山体内有调压井、压力管道，调压井和压力管道的前半部分都是混凝土结构，存在内水外渗，形成有压水。并且电站地处长白山区，降雨量丰富，为地下水提供了充足的外部水源。

2）厂房混凝土施工质量较差，在厂房上游墙存在水平施工冷缝，在山体内有压水作用下，就形成渗水。

3）发电引水都是取自水库底部，水温较低，致使流经的压力钢管和蜗壳温度低于厂房内温度，这样在压力钢管和廊道下游墙表面形成结露水。

2　综合治理

2.1　治理原则

厂房排水廊道内的积水来源于上游山体的渗水和压力钢管、墙体表面的渗水。由于渗水是有压水，堵是堵不住的，即使堵住原有渗水点，还会在其他地方形成新的渗水点。因此，采取堵、排结合的原则:大面积封堵、集中渗漏点排水。渗水解决后,在钢管和混凝土墙体表面涂新型防结露材料,这样才能彻底根除廊道内水患。

2.2 材料选择

由于防渗墙渗漏水部位多且大小不一,各部位对治理后的要求又各异,在满足质量要求和易于施工的前提下,我们选择的主要材料是:

1)界面黏结材料:选用双组分环氧302界面处理剂。

2)混凝土带水堵漏止水材料:水不漏。该堵水止水材料无毒无害无污染,带水施工,防潮、防渗、快速堵漏。凝固时间任选可调,与基体结合成整体,不老化、耐水性好,抗渗压高、黏结性能强、防水、黏贴一次完成。与混凝土同等寿命。

主要技术参数:

凝固时间:速凝型:2～5 min,缓凝型:30～90 min;

抗压强度:30～40 MPa;

黏结强度:≥1.5 MPa;

不透水性:≥0.7 MPa;

抗渗强度:1.5 MPa;

耐高低温:100℃～-40℃。

3)防渗材料:缓凝型"水不漏"。

4)大面积防渗堵漏材料:改性型硅胶高黏结高抗渗密封材料、聚合物(丙乳)防水砂浆、缓凝型"水不漏"。

5)变形缝治理材料:选用高延伸、高黏结、耐久性优异的SL-667单液型水性发泡止水剂。

6)防结露材料:轻质厚浆型防结露材料,此材料为新型无毒绿色产品。

2.3 施工工序

开挖排水沟"表面清理"开凿墙面泄压槽"墙面渗水点处理结构缝处理"墙面防渗处理"墙面防结露处理"墙面粉刷

2.4 施工工艺

1)开挖排水沟:在廊道上游墙的底部开挖排水沟,排水沟宽30 cm、深20 cm。排水沟上部盖活动盖板,底部开挖成1%坡度,通过管道将水引至渗漏排水井。

2)表面清理:将廊道上、下游墙面进行清理,清除原有装修涂料和水垢,清理至原混凝土表面,这样可以找到渗水点,为下步工序提供条件。

3)开凿墙面泄压槽:找到墙面集中渗漏区开凿泄压槽,泄压槽宽10 cm、深5 cm,泄压槽向下与地面排水沟相通。槽内埋设半弧型塑料管,塑料管四周用堵漏止水材料"水不漏"填充,与原墙面一平,布置见图1(墙面剖面图)。

4)结构缝处理:沿缝切割"U"型槽,宽度为2 cm、深度5 cm,在有水或无水的情况下,用"堵漏王"置于槽内。修槽,以满足柔性嵌缝施工要求。槽内放置发泡条,嵌填聚硫结构密封胶,深度比为1/2。

5)墙面防渗处理:在清理完的墙体表面,以界面剂、水泥、黄沙按1∶1.5∶2比例将砂浆用

214

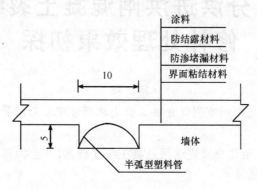

涂料
防结露材料
防渗堵漏材料
界面粘结材料

墙体

半弧型塑料管

图1 墙面剖面图(cm)

刷子刷于基层,形成粗糙表面。待干燥后涂改性型硅胶高黏结高抗渗密封材料,厚5 mm。漏水较严重的地方用防水胶黏贴丙纶卷材提高防水效果。涂聚合物(丙乳)防水砂浆,厚5 mm。再涂刷"水不漏",厚2 mm。

6)墙面防结露处理:待防渗堵漏材料干燥后,涂抹轻质厚浆型防结露材料,厚5 mm。要分多次涂抹,上道涂层干后再涂抹下道涂层。

7)墙面粉刷:待墙面防水材料干燥后,涂刷防霉防腐防结露白色涂料四遍。

2.5 钢管防结露处理

钢管的防结露处理与墙面处理大致相同,先清除钢管表面的铁锈和漆,再涂上防锈底漆,最后涂抹防结露涂层和防霉防结露面漆,见图2、图3。

图2 处理前廊道

图3 处理后廊道

3 结 语

小山水电站厂房排水廊道于2007年10月份进行防水处理,于2008年8月竣工。处理后,廊道的混凝土墙面没有了水痕,地面不见了水滴,效果非常好(见照片)。

水电厂混凝土墙体及钢管的渗漏水和结露水一直困扰着水电厂技术人员,小山水电站厂房上游廊道的防渗水、防结露水的施工工艺很好地解决了这一难题,具有广泛的推广应用前景。

荆江分洪进洪闸混凝土裂缝的修补处理效果初探

蔡 松

（湖北省荆州市荆江分洪工程南北闸管理处北闸管理所）

摘 要： 本文介绍了荆江分洪进洪闸混凝土裂缝概况，产生的原因，修补材料性能，裂缝处理方案，施工工艺，处理效果。

关键词： 混凝土裂缝；修补；效果

水闸混凝土裂缝是水闸的病害表现之一，几乎所有的水闸混凝土工程都有不同程度的裂缝，只是裂缝的多少、大小（长、宽和深）不同而已。一般讲产生裂缝是多种因素作用的结果，荆江分洪进洪闸（新中国建国初期第一大水利防洪枢纽工程）也未能避免裂缝的产生。

1 进洪闸裂缝概况

荆江分洪进洪闸，简称北闸，位于湖北省公安县埠河镇太平口，长江与虎渡河交汇处，是荆江分洪的进洪控制工程。其主要作用是：当长江洪水超过荆江河段的防御能力时，及时开闸分蓄荆江超额洪水，降低荆江洪水位，保障荆江大堤、江汉平原以及洞庭湖区的防洪安全。

北闸于 1952 年建成，主要由上游防渗板、阻滑板、闸室、护坦板、下游消力设施、闸门与启闭机、电气设备及工作桥等组成。进洪闸为钢筋混凝土底板，空心垛墙，箱式岸墩轻型开敞式结构，混凝土设计等级均为乙级，相当于 C13，共 54 孔，全长 1 054 m，呈直线布置，闸底高程为 41.5 m（吴淞冻结），闸顶高程为 47.2 m，闸门高 3.93 m，闸门为 7 支臂弧形钢闸门，每孔净宽 18 m，设计进洪流量 8 000 m^3/s。

1954 年曾三次分洪，最大进洪流量 7 760 m^3/s，总计分洪量 125.9 亿 m^3，降低沙市水位 0.96 m，同时减少了入洞庭湖的洪水，发挥了巨大的工程效益。

1960 年，为了防止闸前严重落淤，在闸前方修筑一道防淤堤。以后，北闸就一直未挡水，成为一个旱闸。经过长时间的自然侵蚀，北闸闸身混凝土逐渐老化，出现贯穿性裂缝 2 400 条。1954 年就发现暴露的底板发现了裂缝。1965 年检查时裂缝已经相当普遍，其中阻滑板开裂最严重，闸底板龟裂较多，且发展较快。1979 年对混凝土裂缝进行了详细的检查，结果发现 54 孔阻滑板全部开裂，大部分阻滑板已裂为 4~6 块，垂直长边为 1~2 条裂缝，垂直短边有 1 条裂缝。据统计：阻滑板裂缝总长度约达 4 350.4 m，其中贯穿裂缝 2 042 m。1965 年曾用沥青玛蹄脂处理过，数年后失效。1979 年又用环氧树脂材料进行过表面处理。1981 年 4 月应用弹性聚氨酯采用凿槽封缝法处理了 2 045 m 长的阻滑板贯穿性裂缝。1982 年 5 月 11 日至 5 月 16 日用塑性沥青油膏凝土裂缝进行了实验，共实验处理 51 孔，91 条，长 261.5 m。1987 年对 44 孔阻滑板混凝土裂缝采用塑性沥青油膏处理。

1.1 阻滑板的尺寸和配筋情况

阻滑板系钢筋混凝土板,长 15 m,宽 19.5 m,厚 0.5 m,配筋较少,钢筋尺寸,顺流向为 φ12 mm,垂直流向为 φ6 mm。

1.2 阻滑板裂缝成因分析

自 1960 年闸前修筑拦淤堤之后,北闸成为一座旱闸,常年暴露在大气中,直接受到气温剧烈变化的影响,加上混凝土的干裂,成为裂缝产生的客观因素。而阻滑板本身的钢筋配制较少,平面尺寸相对较大,混凝土施工的质量较差,是裂缝产生的主观原因。这两者相互作用的结果,使裂缝逐年发展和加剧。

1.3 阻滑板裂缝的性质

54 块阻滑板的贯穿性裂缝总长约 2 300 m,占裂缝总长 50% 以上,其中顺流向的裂缝长约 1 400 m。由于裂缝属贯穿性,使垂直流向的 φ6 mm。钢筋遭遇降水及氧气的侵蚀,多处锈断,失去了作用,裂缝宽度随外界气温的变化而变化。据观察,裂缝变化的幅度约为 0.5 ~ 2.5 mm,具有伸缩变形缝的性质。

2 裂缝防渗处理方案

2.1 1979 年用环氧黏结材料对裂缝进行封缝的处理

环氧黏结材料是以环氧树脂为基本原料,并加入一定数量的固化剂、增塑剂、促进剂、稀释剂等化学助剂和填料,经过配制而成的。

(1)环氧树脂

当时应用双酚 A 型环氧树脂具有优良的黏结性和电绝缘性,同时耐腐蚀性能又较为优良,在物体、机械强度方面均优于酚醛、呋喃树脂,价格也较低。其主要缺点是耐热、耐候性差一些,质地稍脆、抗冲击能力小。能黏合各种材料,在常温下能固化,收缩率小,具有很高的机械强度和稳定性,能耐一般酸碱及有机溶剂的侵蚀作用。

环氧树脂主要特性如下:

1)平均分子量:300 ~ 700

2)伸长率:1% ~ 7%

3)抗拉强度:316 ~ 878 kg/cm²

4)抗压强度:630 ~ 1 600 kg/cm²

5)弹性模量:23 200 ~ 34 800 kg/cm²

6)比重:1.12 ~ 1.15

7)硬度(M 洛氏):112

8)体积电阻:1 010 ~ 1 017 Ω × cm

环氧树脂应在清洁、干燥、通风室温下贮藏。

(2)固化剂

采用乙二胺。其主要性能如下:

常温下为无色有味液体;

沸点:116℃；

熔点:8.5℃；

分子量:60；

常用量:6%~8%；

胺固化剂用量 = M/H$_n$×G g/100 g 环氧树脂。

式中：M——胺类固化剂分子量；

H$_n$——固化剂分子结构中含活泼氢数目；

G——环氧值,每100 g环氧树脂中所含环氧当量。

(3)增塑剂

环氧树脂固化以后,抗冲击能力不高,为改善这些缺点需加增塑剂,但用量需适当,一般用量为环氧树脂总量的5%~20%。当时采用的是邻苯二甲酸二丁酯非活性增塑剂,不参加反应,仅是物体反应的增添物。

(4)稀释剂

为了降低树脂黏度,方便工艺操作。在环氧树脂中加入了二甲苯非活性稀释剂。

(5)填充料

为了改变树脂的操作特性,降低树脂的流动性,减低放热作用,降低树脂的热膨胀系数,改善表面硬度,还加了总量20%~50%的水泥填充料。

2.1.2 环氧黏结剂的配合

见表1。

表1 环氧黏结剂的配合表

基液						
类型	环氧树脂	二丁酯	二甲苯	聚酰胺	水泥	乙二胺
1	100	15	20			7~8
2	100	15	20			7~8
3	100	15	20			10

面液						
类型	环氧树脂	二丁酯	二甲苯	聚酰胺	水泥	乙二胺
1	100	10	20	100		
2	100	10	17	70		
3	100	10	18.8		80	7~8
4	100	10	18.8		80	10

2.1.3 用环氧黏结剂封闭裂缝的施工工艺

(1)混凝土表面处理

1)表面清洗:将混凝土板上的所有尘土表面渣子全部清除干净。

2)找裂缝:在混凝土清洗晾干后,需要进行一次全面的找裂缝工作,把所有的大小裂缝用粉笔沿裂缝勾勒出来。

3)清刷裂缝表面:将所有的裂缝在 0.15 ~ 0.2 m 宽左右范围内的表面用钢丝绳刷子进行彻底清刷。

4)吹尘:在裂缝 0.15 ~ 0.20 m 左右的范围内清刷完成后,待到马上要涂刷环氧基液的部位,用压力风(4 ~ 8 大气压力)将裂缝旁的尘埃吹开。

（2）配料

环氧树脂固化时,由于放热量大。固化速度快,使用时间短,因此每次不能配量过多。

北闸阻滑板裂缝较多,总长度达 4 000 m 多,所用环氧黏结剂近 1 t,而且施工时间紧迫,因此不得不采用室内和现场相结合的配法。即在室内每次配制约 100 kg 左右的环氧树脂加稀释剂二甲苯和增塑剂邻苯二甲酸二丁酯后到达现场用时,再用小桶加固化剂后马上涂刷。

（3）环氧黏剂的现场施工

涂刷底层环氧黏结剂的宽度为裂缝两边 6 ~ 7 cm 左右,涂刷底层环氧黏结剂后,再用配制的面层环氧剂加 3 倍左右的水泥和适量黄沙,作为大缝填缝材料,将大缝进行填铺,然后各坑凹部位都用环氧树脂砂浆填平。

一般再经过 2 ~ 4 小时之后,在裂缝上涂刷一次面掺有水泥(环氧:水泥为 100∶80)的环氧树脂黏结剂。其涂刷宽度约为裂缝每边约为 5 cm 左右涂刷厚度为 2 mm。

2.2 1981 年用弹性聚氨酯对裂缝的处理方案

这次主要以防渗为目的进行混凝土裂缝处理。阻滑板裂缝采用弹性聚氨酯封缝材料对裂缝表面进行封闭,此法施工方便,速度快。

2.2.1 弹性聚氨酯材料

弹性聚氨酯是一种高分子材料,它是分子结构中含有氨基甲酸酯基的橡胶状高分子材料的总称,弹性聚氨酯是由异氰酸酯和多羟基化合物反应而得。这种材料弹模低,拉伸、压缩变形大,回弹快,永久变形小,耐水优越,对混凝土有一定的黏结强度,是一种较为理想的处理伸缩变形缝的防渗封缝材料。聚氨酯弹性体的物理力学性能见表 2。

表 2　聚氨酯弹性体的物理力学性能

配方 物理力学性能	北施
硬度(邵氏 A)	55
定伸强度(kg/cm²)ε = 100%	9.1
拉断强度(kg/cm²)	16.3
拉断伸长率(%)	148
拉断永久变形(%)	0

2.2.2 施工工艺

（1）裂缝处理时机的选择

北闸阻滑板裂缝宽度的变化主要受到气温变化的影响,裂缝开度一般变幅在 0.5 ~ 2.5 mm

之间,相对最大变化达400%。在最低气温时,裂缝宽度最大;最高气温时,裂缝宽度最小。我们选择裂缝开度为1.5 mm左右施工,则低温时,弹性聚氨酯受拉变形为66.7%,处于材料拉断伸长率范围之内。北闸年最高气温44℃,最低−18℃。北闸裂缝处理4月份施工,施工期间最高气温27℃,最低气温14℃。顺流向贯穿裂缝开度一般为1~2 mm左右,基本在控制范围之内。

(2)施工工艺

北闸阻滑板裂缝防渗处理采用凿槽封闭法,其施工工艺如下:

1)清场:清除复盖土,用水清洗场地。

2)沿缝凿槽:在施工中用宽平底槽,其深度约5 mm,宽度约10 mm。凿槽时,应特别注意让裂缝处于槽底的中部,至少也要保证离槽底边壁2 cm以上。对部分用沥青玛蹄酯处理过的老缝,槽面一律见新并改造成平底。宽平底型示意图见图3。

3)清槽:用高压风将槽内岩粉,必要时先用水洗再吹干净。

4)沿缝涂油:用黄油沿裂缝涂抹,总长度不超过1 cm。目的是有意识地使弹性聚氨酯不与混凝土黏结,以增加它的自由变形段长度。

5)浇注浆液:由于北闸挡水水头不高,弹性聚氨酯的透水性很小,所以浆液浇注一般有1~2 cm即可满足要求。

6)待凝:浆液倒入槽内后,需要数小时到十多个小时才能初凝。在这段时间内,槽里不能进水,因此,要准备防水防雨措施。

7)沥青封闭:初凝有弹性后,应及时用沥青封闭。浇注沥青的厚度以将槽填满、表面与阻滑板面一致为原则。用沥青封闭填平,除了保持水闸过水平整度外、还可以减缓弹性聚氨酯的老化过程。

8)覆盖土:北闸在非运用期间实际上是一个旱闸。在阻滑板表面覆20~30 cm厚的土壤,除作为防止混凝土进一步发生裂缝的措施外,对于防护用弹性聚氨酯也有好处。

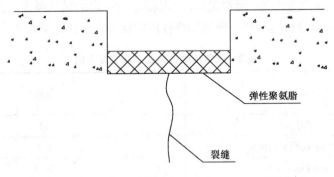

弹性聚氨脂

裂缝

图3 宽平底型示意图

2.3 1982年采用塑性沥青油膏处理混凝土裂缝的实验

1982年5月11—16日北闸采用塑性沥青油膏对混凝土裂缝处理进行了实验,共实验处理51孔,91条裂缝,裂缝总长261.5 m。

2.3.1 实验情况

塑性沥青油膏原是建筑工程处理屋顶防渗的一种材料,荆江分洪节制闸(南闸)曾用这种材料进行过混凝土裂缝处理。我们于1982年5月,在闸前阻滑板上靠近闸室2.5 m的部位(未盖覆盖土的部分)进行了试验。

1)处理方法和目的。将沥青油膏熔化后,涂于裂缝的表层,分三种情况,一是原用弹性聚氨酯处理,上有沥青封面,在此基础加涂油膏,宽30厘米,厚一般0.2~0.3 cm;二是把原封面的沥青除去,在老弹性聚氨酯的基础上加填油膏;三是把弹性聚氨酯处理的全部除净,用油膏填充封面,阻止上游洪水通过阻滑板裂缝进入闸基产生扬压力,危及闸身安全。

2)施工程序。首先清洗混凝土裂缝,把裂缝槽口两侧用砍斧砍毛,各宽10 cm,再用钢丝刷刷净,再用空压机吹出尘粒,然后浇油膏,用温火熬化,不断搅拌,边熔边浇。

3)完成工程量。从第4孔到54孔,共处理51孔,91条裂缝(其中非贯穿裂缝4条),长261.5 m,共浇油膏350 kg,平均每米1.34 kg。

2.3.2 裂缝检查情况

混凝土裂缝处理后,1983年3月29日曾对塑性沥青油膏处理的效果进行检查,共抽检了8孔,14条裂缝总长55.45 m,实验分两种情况,一是用土覆盖,二是暴露在阳光下,从检查情况看,油膏与混凝土黏结最好的是用土覆盖的试验段。例如54孔混凝土裂缝全长23 m,黏结较好,均未出现开裂情况。油膏与混凝土脱开的是暴露在阳光下的裂缝,其中最为严重的有51#、44#、46#、27#孔,各条裂缝脱开长度占全长度的33%~87%,再就是混凝土用砍斧砍毛、钢丝刷刷净尘粒外,油膏与弹性聚氨酯不黏结,油膏与槽子两侧壁黏结也较差,有的还起薄壳,可以用手揭开,有的在阳光暴晒情况下,油膏由塑性状态变为固体。

2.4 1987年对44孔阻滑板混凝土裂缝采用塑性沥青油膏的处理

2.4.1 原44孔阻滑板混凝土裂缝处理情况:

原44孔阻滑板混凝土裂缝处理用弹性聚氨酯封闭,混凝土与弹性聚氨酯的黏结较差,渗水加强。此次在裂缝处理中,采用沥青油膏封闭裂缝。

2.4.2 沥青灌浆的特点

1)热沥青不与水相溶,具有不被水稀释而流失的特点。

2)浆材利用率高,材料用量少。

3)热沥青会随水流流动,具有自动跟踪裂缝而充填裂缝隙的作用。

4)施工机具轻便、工艺比较简单。

5)可在低温和负温条件下施工,且适合于低温施工。

2.4.3 施工程序

1)清除混凝土裂缝边缘的弹性聚氨酯。

2)沿裂缝边缘凿槽。

3)将裂缝中的石渣、土等清除干净。

4)将沥青油膏熔化、封闭裂缝。

3 处理效果及讨论

1）1979 年用环氧树脂对北闸 54 块阻滑板进行表面裂缝处理，施工处理后基本无渗漏水现象，达到防洪临时预期目的，经受了当年的防洪考验。但由于环氧树脂材料脆性大，不能适应温度变化，修补效果不够理想。

2）1981 年 4 月应用弹性聚氨酯采用凿槽封缝法处理了 2 045 m 长的阻滑板贯穿性裂缝。1981 年 7 月对 54 块阻滑板中的 10 块进行了处理效果检查，检查结果是，所有凝胶体都具有弹性。黏结合格率为 92.3%，另 7.7% 为非连续性黏结面局部脱开。

应用弹性聚氨酯材料采用凿槽封闭法对北闸阻滑板混凝土裂缝进行防渗处理，材料性能比较符合裂缝性质，经过近一年的运行，证明处理效果显著。但弹性聚氨酯开裂程度每年成递增趋势，其开裂递增趋势见表 3。

表 3 北闸用弹性聚氨酯处理裂缝检查记录统计

检查日期	检查情况		
年月日	检查长度	开裂长度	占总长度%
1981 年 7 月 17 日	5 325	409	7.7
1982 年 3 月 2 日	5 864	1 102	18.8
1983 年 1 月 27 日	7 600	2 398	31.5
1984 年 4 月 21 日	6 330	3 892	61
1985 年 4 月 29 日	7 860	6 872	87.4

3）1982 年年 5 月 11—5 月 16 日用塑性沥青油膏凝土对裂缝处理进行了实验，共实验处理 51 孔，91 条裂缝总长 261.5 m，于 1983 年 3 月 29 日进行了检查，从检查情况看，油膏黏结不够理想，开裂情况较为严重，特别是在曝晒情况下，引起老化变质，脱开。油膏与裂缝两侧壁的混凝土黏结也差。同时，这次试验是在无水的情况下实验，能否经受洪水和高流速的冲击，有待实验进一步检查。这种材料作为大面积处理混凝土裂缝，可靠性，只能局部用于混凝土的裂缝处理。

4）1987 年用塑性沥青油膏对北闸第 44 孔阻滑板进行表面裂缝处理，施工处理后基本无渗漏水现象，达到防洪临时预期目的，经受了当年的防洪考验。

5）1988 年 11 月长江委员会对北闸阻滑板和闸底板进行了加固，采用在原混凝土底板上重新浇筑钢筋混凝土护面板的加固方案。四年来仪器测值变化小，一直保持稳定。1994 年 5 月调查，未发现新浇混凝土板出现危害性裂缝，这说明北闸混凝土结构加固取得了成功。

4 安全鉴定

2004 年 9 月，湖北省水利厅委托长江科学院工程检测中心对北闸进行了检测，委托长江勘测规划设计院进行了安全鉴定，并组织专家进行了评审，北闸仍然存在混凝土结构裂缝较多等问题，安全鉴定结论为北闸安全类别为三类。目前水利部已批准对北闸实施出险加固。

参考文献

[1] 水利行业标准,水闸安全鉴定规定(SL214-98),北京:中国水利水电出版社,1998.

[2] 孙志恒. 水工混凝土建筑物修补加固技术研讨班培训教材,中国水利学会水利管理专业委员会,中国水利学会水工结构专业委员会,2002.11.

[3] 黄国兴,水工混凝土建筑物修补加固技术研讨班培训教材,中国水利学会水利管理专业委员会,中国水利学会水工结构专业委员会,2002.11.

[4] 孙志恒,王国秉,水工混凝土建筑物修补的新材料. 中国水利水电市场,2002.6.

[5] 陈旭荣,朱思贤,应用弹性聚氨酯材料对荆江北闸阻滑板裂缝进行防渗处理的研究和施工. 长江流域规划办公室长江水利水电科学研究院,1981.9.

[6] 朱思贤,汪 洪,荆江分洪北闸混凝土建筑物加固设计和施工工艺. 第二届水工混凝土建筑物修补技术交流论文集,1991.4.

[7] 黄国兴,陈改新,水工混凝土建筑物修补技术及应用[M],北京:中国水利水电出版社,1999.3.

五强溪电厂船闸廊道结构缝修复技术

马冲林

（湖南省五强溪水电厂）

摘　要：五强溪水电厂三级船闸是目前国内最大的三级船闸之一，2008 年 10 月船闸停航检修，发现船闸输水廊道多条结构缝发生了严重的破坏，本文对船闸结构缝修复技术进行了较系统的总结，可供类似的船闸结构缝的修复借鉴。

关键词：结构缝破坏；修复；HK－969；HK－8505；模板

1　基本概况

1.1　船闸情况

五强溪船闸是目前国内已建水头最高的邬式船闸。船闸由上、下引航道、三个闸室、四个闸首和输泄水系统等部分组成。船闸总水头 60.9 m，闸首最大工作水头 42.5 m。船闸自 1995 年至今已运行 13 年。

闸室下分上、下部分主廊道，左、右两侧输水廊道，每段闸室内共有 6 条结构缝。主廊道尺寸为：6 m×4 m（宽×高），每条裂缝（四个面）总长为 24 m；两侧输水廊道尺寸为：2.5 m×4 m（宽×高），每条裂缝（四个面）总长为 13 m。

2008 年 10 月 21 日船闸停航检修，24 日抽水完毕到一、二、三闸室廊道内进行检查，发现一闸室、二闸室、三闸室输水廊道以及主廊道原处理过的结构缝的表面封闭材料已遭破坏，在水流冲击的作用下两侧原混凝土表面已形成空洞、缝内原灌浆材料已裸露在外，严重的缝内充填物（灌浆材料）已被水流掏空较深（深约 1 m），并有贝壳黏满缝表面。

1.2　船闸廊道结构缝止水情况

每个闸室船体设置 6 条结构缝（一闸室从坝下 0＋065.000～0＋172.000）（二闸室从坝下 0＋214.000～0＋309.100）（三闸室从坝下 0＋351.000～0＋437.000），缝内嵌有白色泡沫塑料，并埋入止水铜片和止水橡皮止水（如图 3 所示）。

1993 年船闸正在施工，遭遇当年 7.31 特大洪水船闸各部位外露的止水铜片受洪水冲击及其他杂物碰撞，均受到不同程度的损伤（破裂、扭曲、变形、孔洞），洪水过后，虽经修复，但还是不能完全复原，留下漏水隐患，这就导致目前许多结构缝漏水，尤其是二闸首、一闸首输水廊道集水井（竖井）。许多结构缝向靠山体侧漏水较大，存在几个漏水孔；同时一闸室结构缝靠消力池侧也存在不同程度的漏水。原结构缝内采用的是（Lw＋Hw）混合型聚氨酯浆材灌浆，如果缝内有水时，则采用 C 型高效防水堵漏材料嵌缝，化灌浆材采用亲水的水溶性聚氨酯。图 1 是输水廊道结构缝原施工状况。

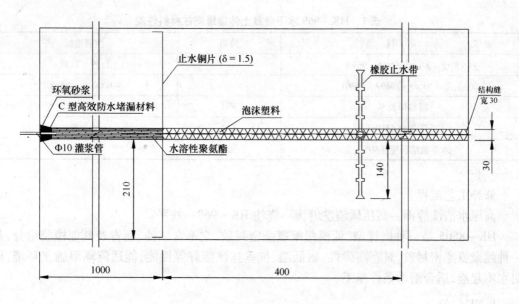

图1 原始构缝施工图约

2 修补方案及方法

2.1 施工材料

对于破损混凝土修补材料要求有良好的黏结性和抗冲耐磨性能,同时应具有一定的早期强度;嵌缝材料应具有良好的防渗性、黏结性,同时应具有一定的弹性。根据这一原则,本次修复材料选用:

1)结合现场实际情况,廊道侧墙结构缝嵌缝材料采用 HK－969,廊道顶部由于灌注 HK－969 施工不便,本次大修采用的是 HK－8505;

2)混凝土修补材料采用丙乳砂浆,养护时间不少于 7 d。

输水廊道及闸室底板需修复的裂缝采用 HK—969 修补(嵌缝或表面涂抹)。

泄水闸、冲沙闸、消力池护坦底板等混凝土过流面在洪水推移质和挟沙水流的长期冲磨下,对水平段、斜坡段浇筑分块缝及伸缩缝会产生冲蚀破坏。除了对水下混凝土进行修补外,水下伸缩缝也需要及时进行修补处理。HK－969 就是可应用于水下混凝土伸缩缝处理的浇注材料。

HK－969 材料具有下列特点;

①在水下混凝土伸缩缝中有适应变形的能力;

②在水下对混凝土有良好的黏接性能;

③有一定的拉伸强度,在泄洪时不会被水流吸出、卷起、冲走;

④在 2 cm 左右的伸缩缝间隙中能够在水下方便浇注。

表1　HK -969 水下混凝土伸缩缝浇注材料性能

项　目	龄期	性能指标
密度（g/cm³）969A　969B		1.59　1.32
黏度（MPa·s）969A　969B		~6000　~20000
断裂伸长率	30d	≤40%
断裂应力（MPa）	30d	≥2.5
水下黏结强度（MPa）	30d	≥2.0

修补工艺流程

高压水清洗缝面→高压风清洗缝面→浇注 HK -969→找平。

HK -8505 是一种嵌缝型、低模量聚氨酯密封胶,它不含焦油、沥青及其他橡胶组分,是一种纯聚氨酯密封胶,具有高弹性、耐低温、抗垂挂性能好等性能,能适应潮湿施工环境,遇明水不起泡,适合雨季条件施工。

产品特点:

①固结体致密,弹性好,延伸率大;

②与基面黏结力强;

③固化时间短,25 ℃失黏时间等于或小于 5 h;

④抗垂挂性能好,在立面、倾斜面施工不流挂。

表2　HK -8505 嵌缝材料主要性能指标

项　目		技术指标
外　观	A 组分	棕色黏稠液体
	B 组分	灰色膏状物
密度（g/cm³）		1.55 ± 0.1
表干时间（hr）		≤10
下垂度（mm）		≤3
拉伸模量（MPa）		≤0.4
拉伸黏结性		无破坏

2.2　施工技术要求

1)在结构缝两边冲蚀部位表面凿毛,已冲蚀部位混凝土凿除深度不小于 10 mm,结构缝两边松动的混凝土块凿除干净;

2)采用泡沫板或油毡等材料将结构缝空洞部位进行塞填,外面预留 30 mm 范围不塞填;

3)在结构缝中间位置安装 40 mm×60 mm(厚×宽)木板;

4)用丙乳砂浆对破损混凝土进行修补平整(修补 60 mm 以上的部位,需要植筋处理且需要立模浇注);混凝土施工完毕取出木板,留出一条 60 mm×40 mm 伸缩槽,底部嵌填 10 mm 厚的泡沫板,用作下一步嵌填;

5)在主缝槽内浇灌 HK - 969,将漏斗放在伸缩缝上,缓慢地通过漏斗向伸缩缝内浇注 HK - 969,直至与两侧的混凝土面齐平。伸缩缝在立面或斜面部位时,在伸缩缝表面装模并覆盖一层土工布以确保浇筑后的伸缩缝与混凝土面形状保持一致;

6)HK - 969 固化后,在伸缩缝上黏贴一道宽约 100 mm 的 U 型玻璃丝布,用 HK - 969 涂刷;

7)丙乳砂浆浇注 7 d 后输水廊道才允许充水,如果充水时间提前,应采用替代丙乳砂浆;

8)如果顶部及侧面无法用 HK - 969 浇注密实,可用 HK - 8505 替代,施工步骤基本相同。

2.3 五强溪船闸输入廊道裂缝处理见图 2

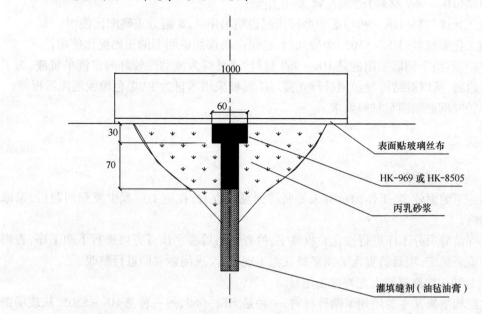

图 2 五强溪船闸输水廊道裂缝处理示意图

2.4 现场施工步骤

1)凿除结构缝周边碳化、松动的混凝土,并冲洗干净;

2)结构缝周边立模后,结构缝周边采用丙乳砂浆,缝口宽度为 30 mm;

3)对于比较深的结构缝(深度大于 15 cm),缝内采用密封材料进行封堵,主要是为了减少灌浆材料 HK - 969 的耗费;

4)侧墙结构缝立模;

5)预留灌浆孔;

6)对侧墙结构缝进行无压灌浆(HK - 969);

7)对结构缝顶面进行(HK - 8505)封闭灌浆;

8)表面找平并涂刷 HK - 969 材料。

2.5 施工现场环境要求

(1)HK - 969 由于材料流动性能较好,主要用于地面或者侧墙(侧墙施工需要立模),要求地面、墙面干燥,并且接合面要求干净;

(2)HK-8505 材料为胶状物,主要用于顶面施工,不需要立模,但要求接合面干净、干燥;

3 施工技术关键点

3.1 技术关键点

1)凿除结构缝老化层时,必须凿除干净,混凝土风化、碳化、松动层必须清除;

2)凿槽深度必须要求在 10 cm 以上;

3)灌浆(HK-969 材料)必须充满,防止跑浆;

4)施工化灌材料(HK-969)必须严格按照说明书中 A、B 组分正确配比使用;

5)施工化灌材料(HK-8505)为胶状物,必须严格按照说明书的正确配比使用;

6)立模板:由于侧墙采用的是 HK-969 材料,该材料为流动性较好的自流平浆液,为了防止浆液跑漏,所以对结构缝必须进行立模。H 模板采用木材为主,黑色橡胶泡沫纸板等;

7)养护时间必须满足材料要求。

4 几点体会

(1)把好工程质量关

现场施工的面较多,工作面负责人要坚持到现场查看,在施工过程中发现问题后,采取了以下措施;

将工程量分项分工序进行细化验收签字,检查合格后签字认可方可进行下面工序,否则全部凿除重新施工;项目负责人必须坚持在施工现场,发现问题立即进行整改。

2)针对结构缝修复特点选好施工用材

本次结构缝修复主要用到了两种材料,一种是 HK-969,另一种是 HK-8505,从现场施工情况来看,HK-969 比较适合于潮湿情况下施工,即使结构缝有水也能施工。此外由于 HK-969 是自流平材料,所以地面结构缝施工也很适合使用该材料。如果用于侧墙则需要立模,由于流动性能好,缝内基本能充满灌浆材料,但顶面就不适用了;HK-8505 是一种胶稠状物材料,基本上无流动性,该材料就主要用于廊道结构缝顶面施工。侧墙使用时,不用立模,由于该材料流动性差,在施工缝很深的情况下,缝内填充效果不很理想,所以在施工时,要针对结构缝特点充分使用好两种材料。

5 结 语

通过船闸结构缝的修复实践,应大胆采用新技术新材料。这次结构缝修补从 2008 年 10 月 27 日正式开始,2008 年 11 月 14 日全部完成,历时 18 d,共完成结构缝修补 498.4 m。2008 年 11 月 19 日,船闸充水通航,按期完成修复任务,修补效果理想,达到预期目的,积累一定的经验,可供类似的工程借鉴。

混凝土裂缝分析及潘家口水库主坝裂缝处理方法

葛正海　王再民　韦淑阁

（潘家口水利枢纽管理局）

摘　要:水工建筑物混凝土的裂缝及漏水问题是一个普遍存在工程的实际问题,本文对混凝土工程中常见的一些裂缝问题进行了探讨分析,并介绍了潘家口水库主坝裂缝处理的方法及效果。

关键词:混凝土裂缝;裂缝处理;潘家口主坝

前　言

潘家口水库位于滦河干流上,主坝为低宽缝重力坝,最大坝高 107.5 m,坝顶全长 1 039 m,共分 56 个坝段。其在施工运行期间,出现了不同形式的坝体裂缝,并严重影响了工程的正常运行。

本文结合潘家口大坝已产生的裂缝,进行裂缝成因分析,并简要介绍主坝裂缝的方法和效果。

1　水工建筑物混凝土常见裂缝成因分析

混凝土是由砂石骨料、水泥、水及其他外加材料混合而形成的非均质脆性材料。由于混凝土施工和本身变形、约束等一系列问题,硬化成型的混凝土中存在着众多的微孔隙、气穴和微裂缝,正是由于这些初始缺陷的存在才使混凝土呈现出一些非均质的特性。微裂缝通常是一种无害裂缝,对混凝土的承重、防渗及其他一些使用功能不产生危害。但是在混凝土受到荷载、温差等作用之后,微裂缝就会不断的扩展和连通,最终形成我们肉眼可见也就是混凝土工程中常说的裂缝。裂缝发展到严重程度会影响工程主体结构的整体性和安全运行。

混凝土裂缝产生的原因很多,有变形引起的裂缝:如温度变化、收缩、膨胀、不均匀沉陷等原因引起的裂缝;有外载作用引起的裂缝;有养护环境不当和化学作用引起的裂缝等等。在实际工程维修养护中要,根据实际情况予以区别对待。

1.1　干缩裂缝

干缩裂缝多出现在混凝土养护结束后的一段时间或是混凝土浇筑完毕后的一周左右。干缩裂缝的产生主要是由于混凝土内外水分蒸发程度不同而导致变形不同的结果,较大的表面干缩变形受到混凝土内部约束,产生较大拉应力而产生裂缝。相对湿度越低,水泥浆体干缩越大,干缩裂缝越易产生。干缩裂缝通常会影响混凝土的抗渗性,引起钢筋的锈蚀影响混凝土的耐久性,在水压力的作用下会产生水力劈裂影响混凝土的承载力等等。

1.2 塑性收缩裂缝

塑性收缩是指混凝土在凝结之前,表面因失水较快而产生的收缩。塑性收缩裂缝一般在干热或大风天气出现,裂缝多呈中间宽、两端细且长短不一,互不连贯状态。其产生的主要原因为:混凝土在终凝前几乎没有强度或强度很小,或者混凝土刚刚终凝而强度很小时,受高温或较大风力的影响,混凝土表面失水过快,造成毛细管中产生较大的负压而使混凝土体积急剧收缩,而此时混凝土的强度又无法抵抗其本身收缩,因此产生龟裂。影响混凝土塑性收缩开裂的主要因素有水灰比、混凝土的凝结时间、环境温度、风速、相对湿度等等。

1.3 沉陷裂缝

沉陷裂缝的产生是由于结构地基土质不匀、松软,或回填土不实或浸水而造成不均匀沉降所致;或者因为模板刚度不足,模板支撑间距过大或支撑底部松动等导致,特别是在冬季,模板支撑在冻土上,冻土化冻后产生不均匀沉降,致使混凝土结构产生裂缝。此类裂缝多为深层或贯穿性裂缝,其走向与沉陷情况有关,一般沿与地面垂直或呈 30°～45°方向发展,较大的沉陷裂缝,往往有一定的错位,裂缝宽度往往与沉降量成正比关系。裂缝宽度受温度变化的影响较小。地基变形稳定之后,沉陷裂缝也基本趋于稳定。

1.4 温度裂缝

温度裂缝多发生在大体积混凝土表面或温差变化较大地区的混凝土结构中。混凝土浇筑后,在硬化过程中,水泥水化产生大量的水化热。由于混凝土的体积较大,大量的水化热聚积在混凝土内部而不易散发,导致内部温度急剧上升,而混凝土表面散热较快,这样就形成内外的较大温差,较大的温差造成内部与外部热胀冷缩的程度不同,使混凝土表面产生一定的拉应力。当拉应力超过混凝土的抗拉强度极限时,混凝土表面就会产生裂缝,这种裂缝多发生在混凝土施工中后期。这种裂缝通常只在混凝土表面较浅的范围内产生。

温度裂缝的走向通常无一定规律,大面积结构裂缝常纵横交错;梁板类长度尺寸较大的结构,裂缝多平行于短边;深入和贯穿性的温度裂缝一般与短边方向平行或接近平行,裂缝沿着长边分段出现,中间较密。裂缝宽度大小不一,受温度变化影响较为明显,冬季较宽,夏季较窄。高温膨胀引起的混凝土温度裂缝是通常中间粗两端细,而冷缩裂缝的粗细变化不太明显。此种裂缝的出现会引起钢筋的锈蚀,混凝土的碳化,降低混凝土的抗冻融、抗疲劳及抗渗能力等。

1.5 化学反应引起的裂缝

碱性骨料反应裂缝和钢筋锈蚀引起的裂缝是钢筋混凝土结构中最常见的由于化学反应而引起的裂缝。

混凝土拌和后会产生一些碱性离子,这些离子与某些活性骨料产生化学反应并吸收周围环境中的水而体积增大,造成混凝土酥松、膨胀开裂。这种裂缝一般出现中混凝土结构使用期间,一旦出现很难补救,因此应在施工中采取有效措施进行预防。

由于混凝土浇筑、振捣不良或者是钢筋保护层较薄,有害物质进入混凝土使钢筋产生锈蚀,锈蚀的钢筋体积膨胀,导致混凝土胀裂,此种类型的裂缝多为纵向裂缝,沿钢筋的位置出现。

混凝土裂缝的出现,有施工期间因各种原因造成的局部裂缝或质量隐患,在运行期间因地质情况及环境变化逐步发展贯通成大的裂缝,也有运行期各种原因造成的。总之在施工期就要加强对施工质量的管理,以减少裂缝对运行建筑物的危害。

2 潘家口水库主坝裂缝及处理情况

2.1 41#坝段▽197 水平裂缝处理情况

潘家口水库 1979 年 12 月下闸蓄水;1990 年 5—7 月,库水位降至蓄水运行以来最低水位▽184.62,汛期至年底库水位迅速回升至最高水位;1991 年 1 月 7 日,发现 41#坝段▽185高程廊道除左 1#排水管不排水外,其余 5 个排水管排水量偏大,当日库水位▽223.23,根据观测排水量和对▽202 高程廊道进行钻孔检查,压水实验及孔内录像检查已可初步判断在高程▽196.4 ~▽197.2 之间,近似水平,贯穿 41#整个坝段,裂缝深度至少已达 7.27 m。

裂缝成因分析,从施工记录中查到在▽196.6 浇筑层面应留有凹型键槽,因施工失误后补救改留成凸型槽,并且在重新架立模板期间,混凝土表面可能已经出现初凝现象,由于键槽过高,拐角处有应力集中,加之混凝土浇筑质量不良,因此可能形成▽196.6 ~▽197.2 混凝土层面潜在的缺陷,加之裂缝高程在夏季暴露在空气中,坝体混凝土温度升高干缩变形,后汛期库水位迅速回升,造成温度变形对薄弱层面形成较大的拉应力,造成裂缝张开。

裂缝加固处理情况:从▽202 ~▽185 廊道对穿和斜向下游坝体内钻孔,共安装 9 根预应力锚索对坝体进行加固处理,在锚索孔上游侧加钻 12 个排水孔增加坝体排水通道以减少扬压力,同时对迎水面水平裂缝用橡胶板法封堵,对本坝段两侧横缝(包括堰顶)钻孔化学灌浆封堵处理。自 1997 年加固处理了裂缝后,至今坝内排水孔漏水未见异常变化,处理比较成功。

2.2 48#、49#、51#坝段跨中裂缝漏水处理方法

潘家口大坝 51#、52#、53#坝发生段跨中贯穿裂缝,高程从基础廊道到坝顶,经分析为温度应力与干缩应力相互叠加产生最大拉应力,以致形成上下游贯通裂缝,并从下游坝面严重漏水。

裂缝处理方法:从坝顶钻孔至漏水点高程和裂缝面斜交,采用改性环氧树脂纯压式灌浆(迎水面裂缝靠水库水压封堵不再使用其他方法封堵,下游坝面裂缝表面封堵),将浆材灌入了裂缝内部,浆液固结后坝体恢复了的连续性,并且止住全部漏水,灌浆效果十分理想,达到了预期目的。

2.3 坝体迎水面裂缝处理方法

迎水面裂缝共计 500 余条,总计长 4 000 m 余,分别分布在 8 ~55 坝段,最低高程▽137.6,最高▽228.9。多年来对迎水面采用的是前堵的方法,即在裂缝表面用环氧胶皮的方法,封堵住进水口,减少进入坝体的水量,从而降低水对坝体内部的压力和对混凝土的融蚀。另外也曾经采用了 SR 材料进行了迎水面裂缝表面封堵,但因材料颜色等原因,只使用了一次。

2.4 坝内裂缝漏水处理方法

坝内裂缝指在坝内廊道中发现的坝体裂缝,一般都存在漏水现象。使用过的处理方法有:

1）对严重影响坝内工作和设备的裂缝漏水,采用水溶性聚氨酯钻孔化学灌浆止漏处理(结合引水、排水)。坝内廊道大部分横缝漏水均采用了此法。这种灌浆方法能达到见效快,止水效果好的目的,漏水越大效果越好。

2）对严重漏水的贯穿裂缝,一般是竖向跨中裂缝采用改性环氧灌浆和水溶性聚氨酯结合的方法化学灌浆止漏,并恢复坝体的结构完整,对应的坝前裂缝采用水溶性聚氨酯灌浆,封堵进水口(48 坝段此法处理)。

（3）纵向裂缝及漏水采用采用改性环氧灌浆或水溶性聚氨酯单独使用,根据漏水情况及裂缝大小情况选择采用灌浆材料。

3 结 语

裂缝是混凝土结构中普遍存在的一种现象,它的出现不仅会降低建筑物的抗渗能力,影响建筑物的使用功能,而且会引起钢筋的锈蚀,混凝土的碳化,降低材料的耐久性,影响建筑物的承载能力,因此要对混凝土裂缝进行认真研究、区别对待。

潘家口水库主坝坝体裂缝经过多次处理,效果明显,处理过的裂缝基本上是成功的,使用方法得当。而且从处理后期的运行情况观察是有效的,不仅恢复了坝体内部混凝土结构,减少了渗漏水对坝体混凝土的侵蚀,消除了坝体下游外表面漏水造成的混凝土冻融破坏,还使整个坝体外观美观无明显缺陷,达到了设计预期的目的。

混凝土桁架拱渡槽杆件和
底拱板开裂的处理

徐爱良[1]　邢占军[1]　万宏臣[1]　丛强滋[1]　王占红[2]
(1. 山东省文登市米山水库管理局；2. 山东省文登市园林管理局)

摘　要：混凝土桁架拱渡槽始建于 20 世纪七八十年代，具有结构轻巧、整体性强、反力较小等优点，20 年来运用基本正常，但也存在一些共性问题，主要是渡槽杆件和槽身底拱板发生开裂。本文以灌区渠道一座下承式桁架拱渡槽为例，采用 J.L－90 A 厚浆胶乳防水涂料与土工布复合使用进行裂缝处理，达到了预期效果。
关键词：渡槽开裂；防水涂料；施工技术

1　工程概况

渡槽位于山东省文登市米山水库东灌区干渠渠首，横跨水库溢洪道，全长 96 m，设计流量为 12 m³/s，共设 4 孔，每跨 20 m，简支于浆砌石墩台上，下弦杆横断面为 0.28 m×0.2 m。每跨之间的槽底板采用 10 节素混凝土圆弧底拱板，每节跨径 2 m，厚 0.1 m，底拱板以上用二期混凝土填平。

目前桁架拱渡槽下弦杆普遍开裂。每孔有裂缝 4～7 条，缝宽一般 2～5 mm。同时因下弦杆开裂，扯裂了槽身侧板，每片侧板（2 m×2.6 m），有 1～3 条竖直贯通裂缝，缝宽 3～7 mm。槽身的圆弧底拱板，在每节拱顶开裂，整个槽底板形成每间隔 2 m 有一条横向贯通裂缝，缝宽 5～7 mm。由于槽身侧板及底拱板的开裂，灌溉通水时严重漏水，漏水流量达 70～100 m³/h。

2　裂缝的处理

2.1　J.L－90 A 厚浆胶乳防水涂料的应用

J.L－90 A 防水涂料，是国家水利部、建设部 1996 年 11 月鉴定的技术成果，曾用于水库重力坝防渗，引水干渠防渗，蓄能电站的高位水池防渗等。为了能在处理桁架拱渡槽开裂中得到应用，从技术指标、性能特点、实际应用效果等方面进行多次考察分析，认为该材料具有黏结力强、抗拉强度高和低温柔性、热稳定性、延伸性及抗老化性能优良，且施工简便实用，投资省等优点，最终决定采用该材料与土工布复合使用的修补施工方案。表 1 列出了 J.L－90 A 防水涂料的主要技术性能指标。

表1 J.L-90A 防水涂料性能指标

项 目		实测数据	效 果
固体含量(%)		58	
黏结强度(MPa)		3.19	
抗渗能力(MPa)		1.8	
抗拉强度(MPa)		9.48	
热稳定性(℃)		85	不起泡不流淌
低温柔性(℃)		−30	不脆裂
延伸性能(mm)		6.7	无处理
延伸性能(mm)		5.7	热处理
延伸性能(mm)		6.7	紫外线处理
涂膜表干时间(h)		<3.0	
涂膜实干时间(h)		<24	
人工老化	冻融(℃)	100 次循环	无变化
	紫外线照射(h)	720	无变化

J.L-90 A 防水涂料各项指标均超过国家标准值,固体含量高,黏结力强,抗拉强度高,耐火性优良,不透水性好,适合对水利工程各种裂缝的处理。本材料为冷施工,不需做任何加温和处理,只要气温在 0℃ 以上均可作业,对基面要求不高,涂刷后风干快。与土工布复合使用,形成具有弹韧性能防渗体,黏结力强,气密性好。防渗层厚度可根据工程要求任意选定,适合各种特殊形状的结构面,使用后不产生下滑和脱离。

2.2 处理方法设计

槽身底拱板及侧板采用二布六涂作法,裂缝做三布八涂加强层。

2.3 施工设计

施工前对原基面进行清扫或采用高压水泵,清除浮土和松动的混凝土面层及水垢层,达到原来坚硬基面(稍有潮湿或少量粉尘不影响质量)。裂缝小于 3 mm 可用涂料灌缝,宽缝可用1:2:3 的涂料、水泥、细沙拌成膏状,填缝并抹平压实。基面的低凹部位,高差超过 3~4 cm,可用水泥砂浆补平,小于 3 cm 可用涂料拌细砂抹平,达到实干后再做防水层。

施工工艺流程为:刷涂料→实干后刷第二层涂料并铺布→实干后刷第三层涂料→实干后刷第四层涂料并铺布→实干后刷第五层涂料→实干后刷第六层涂料。以上为二布六涂作法,三布八涂工艺流程同上。

施工要求:(1)土工布厚度的选用与裂缝处的抗拉强度及工程造价有关,本工程选用 80 g/m² 的土工布;(2)实干时间:春、秋季节为 2~3 h,潮湿气压低的雨季为 4~6 h,冬季(0℃ 以上)9~17 h 可作一遍涂层;(3)铺布要平直、压实、贴牢,不留空鼓及皱褶,布幅搭接长度5~10 cm;(4)渡槽上游入口及下游出口,在刷最后一层涂料时,应随刷随撒建筑粗砂,形成粗糙面,宽 0.5 m 左右,然后用水泥沙浆,厚 2 cm 左右抹平压边;(5)各层涂料必须刷匀,不得漏空或堆积。第一层以 0.4 mm 厚为宜,铺布时应随刷随铺;(6)凡有伸缩缝的部位,在铺贴土工布时应留有足够的缝变形富余量。

3 工程处理效果

处理后的桁架拱渡槽,经灌溉放水试验,未发现渗漏及异常现象。该施工材料抗渗强度高,防水性能良好,经处理后的渡槽裂缝处的钢筋锈蚀问题得到解决,延缓了工程的使用寿命。处理面积 1 100 m²,每平方米造价 18.5 元,总造价 20 350 元,仅占工程总投资的 2%。按每小时节水 90 m³,每年按 50 d 供水时间计算,可节水 10.8 万 m³,供城市工业用水,可增加工业产值 1 100 万元。

4 结 语

用 J. L-90A 防水涂料处理桁架拱渡槽的裂缝在山东省是首次,其施工工艺及效果均满足设计要求,经过 10 多年灌溉通水运行的考验,至今渡槽运行情况良好。

沈阳市王家湾橡胶坝溢流面缺陷修复

夏海江[1]　施建军[2]

(1. 辽宁省水利水电科学研究院; 2. 辽宁省水利水电工程局)

摘　要: 本文结合沈阳市王家湾橡胶坝混凝土结构损伤的检测结果,研究了损伤修复方法、使用的主要材料、设备及修复技术工艺。通过损伤修复,控制了损伤的进一步发展,延长了工程的服役年限,继续发挥工程的作用具有较大技术经济意义。

关键词: 检测;损伤;修复修补;混凝土

1　工程概况

王家湾橡胶坝工程位于沈阳市境内浑河城市段上,干河子拦河坝下游 6.86 km 处,是以拦河蓄水形成连续水面,开发旅游、美化环境、改善自然景观的水利工程于 2005 年 5 月完工并投入运行。该工程由拦河橡胶坝和管理房等组成。拦河橡胶坝为充气式橡胶坝,分六跨,总长 401 m,净宽 396 m,高 3.5 m,工程等别为 Ⅲ 等,建筑物级别为 3 级,设计洪水标准为 50 年一遇,相应泄量为 4 074 m³/s。橡胶坝每跨坝袋长 66 m,中墩厚 1 m,底板厚 1.5 m,坝段分缝设在中墩位置。坝上游依次设块石防冲槽、浆砌石铺盖、钢筋混凝土铺盖,坝下游依次设钢筋混凝土消力池、干砌石海漫。各基础下设 0.2 m 厚沙砾料垫层和土工膜。各部位混凝土施工采用商品混凝土,强度等级均为 C20。

2　工程主要损伤

现场勘察表明,拦河橡胶坝右 1 孔、右 2 孔的底板和溢流段表面混凝土普遍发生剥蚀,溢流段局部发生纵向裂缝,一般裂缝宽度为 2～4 mm。右 2 孔溢流段中部以下普遍发生基础淘刷,溢流面沉陷,最大沉陷达到 60～80 mm。溢流段下游挑流墩和海漫在水下,冲刷情况不明。下游挑流墩和海漫普遍发生冲毁,挑流墩和海漫处及其下游普遍冲刷形成 4.0 m 的深坑。

右 2～右 5 溢流段混凝土质量较好。

现场在溢流段钻芯取样 6 组,其中右 1 溢流段 1 组,右 2 溢流段 5 组,混凝土强度检测结果表明右 1 溢流段混凝土抗压强度为 29.4 MPa,右 2 溢流段混凝土抗压强度为 26.7～36.2 MPa。

3　修复方法

根据混凝土抗压强度指标较好,溢流段表面混凝土仅发生冲刷剥蚀损伤,研究拟采用以高性能乳液聚合物水泥砂浆为主的表层修补处理,包括基面清理、界面处理和表面修补。

主要材料如下：

水泥：P. O42.5 等级，性能达到国家规范要求。

中砂(河砂)：性能达到水工混凝土施工规范要求。

添加剂：用以改善混凝土工作性能。

高性能乳液：用以改善混凝土永久性能。

表1 SBR 聚合物水泥砂浆主要性能指标(以标准砂为骨料,28 天龄期)

性　能	指　标
抗拉强度（MPa）	≥5.0
抗压强度（MPa）	≥40.0
抗折强度（MPa）	≥8.0
黏结强度（MPa）	≥3.0
抗渗标号	≥S15

4 修复工艺

1)基面清理：用钢丝刷、角向磨光机等设备对混凝土表面松动石子、杂物进行清除，用高压射水设备对混凝土表面进行全面冲洗，使其形成新鲜混凝土面。

2)界面处理：配制 SBR 聚合物水泥浆：按重量比水泥：SBR 聚合物 = 1:0.35 的比例配制 SBR 聚合物水泥浆。用 SBR 聚合物水泥浆涂刷清理好的基面。涂刷条件：表面潮湿；风干时间：当日内完成砂浆修补处理；拌制好的 SBR 聚合物水泥浆停留时间：不大于1 h。

3)配制 SBR 聚合物水泥砂浆：按重量比水泥：中砂：SBR 聚合物 = 1:1 ~ 2:0.35 的比例配制 SBR 聚合物水泥砂浆。拌制好的 SBR 聚合物水泥砂浆停留时间：不大于1 h。

4)表面找平：用配制好的 SBR 聚合物水泥砂浆对较深的凹槽和深坑分 2 ~ 4 次填补找平。

5)表面修补：用配制好的 SBR 聚合物水泥砂浆分条摊铺，每条纵向宽度 0.5 m ~ 1.0 m，横向长度按需处理的断面尺寸，厚度为 1 ~ 2 cm，人工压平、抹光成型。注意事项：结合面处要充分压实，如遇浇筑的砂浆有气泡，挑破气泡后压实，使其修补后 SBR 聚合物水泥砂浆表面形成一层无气泡的密实层。

6)SBR 聚合物水泥砂浆养护：在 SBR 聚合物水泥砂浆初凝后,5 天内保持一定潮湿进行养护。处理后表面覆膜，上压草袋子，初凝后开始淋水养护。

该工程通过修复，延长了工程的服役年限，继续发挥了工程的作用，取得了预期效果。

混凝土面板表面防护材料现场试验研究

郭淑敏[1]　孙志恒[2]　张秀梅[3]

(1. 中国水电建设集团房地产有限公司；　2. 中国水利水电科学研究院；

3. 北京十三陵抽水蓄能电厂)

内容摘要：面板堆石坝混凝土防渗面板属于薄型结构，长期暴露在自然环境下，容易产生裂缝，为了防止面板渗漏、提高混凝土的耐久性，有必要在面板表面增加一层有效的防护层。本文先后选择了十种涂料在十三陵抽水蓄能电站上库混凝土面板进行了现场试验，并进行了两年多的跟踪检查和测试。研究结果表明，在混凝土面板表面采用 SK 手刮聚脲涂层和喷涂聚脲涂层防护方案效果最佳，从工程造价及效果等方面综合考虑，建议对面板坝分区域(高程)采用不同涂层材料对混凝土表面进行防护的方案。

关键词：混凝土面板；表面防护；涂层

1　前　言

面板堆石坝是最具有发展前景的坝型之一，但是面板堆石坝混凝土防渗面板属于薄型结构，长期暴露在自然环境下，经受着温差作用、冻融作用、干湿交替等各种不利自然因素的作用，又受到各种有害介质的侵蚀；同时它本身又是薄板结构，承受着高渗透比降所带来的渗透水流的溶蚀作用及坝体沉降的影响，容易产生裂缝(从国内外混凝土面板堆石坝施工情况来看，混凝土面板基本上都出现了裂缝)。如果面板出现裂缝将会降低混凝土的耐久性和防渗性，一旦裂缝发展成为渗水通道将会使水库蓄水后的库水通过裂缝渗入大坝内部，引起坝体的渗漏，严重的渗漏将危及大坝的安全。所以在面板混凝土浇筑后有必要实施保护措施，使其尽量减少裂缝的出现，并将早期出现的毛细裂缝进行修复，使裂缝不至于继续发展成贯穿性裂缝而导致出现渗漏的问题。

2　混凝土面板表面第一次防护试验

2.1　现场试验场地的选择

北京十三陵蓄能电站地处我国北方寒冷地区，上池采用钢筋混凝土面板防渗结构，每块面板厚 30 ~ 60 cm，宽 12 m；长 90 m。该电站属于日调节电站，主要运行方式为发电调峰、抽水填谷。由于抽水蓄能电站的特殊运行条件，造成上水库水位变化频繁、升降速度大，最大可达 7 ~ 9 m/h。因此，十三陵抽水蓄能电站上池的钢筋混凝土面板是一种在严酷冻融条件下运行的钢筋混凝土结构。选择十三陵抽水蓄能电站上库混凝土面板进行现场试验具有代表性。本次试验选择了四个试验坝段，分别位于主坝 SF36、北岸 SR05、南岸 SF07 和西岸 SR73。

238

2.2 面板防护材料的选择

为有效保证混凝土面板的长期安全运行,混凝土面板表面防护材料要求做到耐水性好、抗渗、抗裂、抗冻、抗老化及施工方便。第一次防护试验选择了如下五种材料进行现场试验。

1)聚脲涂层(国产半聚脲)。为了提高混凝土面板防渗和防止混凝土面板裂缝,选择了国产聚脲弹性体材料(半聚脲),其材料性能见表2。为了保证聚脲弹性体材料与被保护的潮湿面混凝土面之间有较强的黏接强度,界面剂采用水科院研发的 BE14。

2)弹性环氧涂膜材料。弹性环氧涂膜材料为 A、B 双组分,A 组分以树脂为主,B 组分以固化剂为主,其他掺加料分别与 A、B 预先混合,现场施工时按规定比例配合,混合均匀即可涂刷。该涂膜对混凝土、金属、橡胶等材料都有很好的黏接力,可任意弯折、扭曲,不脆、不裂、不折断,涂膜变形性能优异,伸长率达 130% ~ 150%,拉伸强度 9 ~ 14 MPa。为防老化在环氧表面涂一层环氧银粉涂料,可以大大延缓环氧涂层的老化。

3)优龙混凝土面板防护涂料。该涂料是一种组合涂料,材料分三道施工,分别为底涂、中涂和表涂。优龙底涂为 100% 固体环氧,可允许在 100% 潮湿或干表面施工;用于中涂的优龙 ES 303 是采用特种改性环氧树脂和特种环氧固化剂组成,是含有耐候性、抗老化性及排湿特性基团的高性能产品。用于表涂的优龙 PU16 防护涂料是一种优异的聚氨酯光泽面漆,有良好的装饰性能,可以涂装在环氧底漆上,使其达到极其坚韧和耐久。

4)PCS-1 柔性防渗涂料:它是由有机材料和无机材料复合而成的双组分环保型防水材料,具有有机材料弹性变形性能好和无机材料耐久性好等优点,涂层可形成高强坚韧的防水涂膜,全面提高混凝土的抗渗能力,防止混凝土的碳化,提高混凝土的耐久性。还能阻止混凝土裂缝的渗漏及扩大,对混凝土裂缝的发展有抑制作用。

5)PCS-3 增强型柔性防渗涂料。PCS-3 是在 PCS-1 的基础上改进的第二代防渗涂料,由有机材料和无机材料复合而成的双组分防水材料。与 PCS-1 比较,具有更强的黏接强度和耐水性,但柔性有所降低。

2.3 面板防护材料的施工工艺

1)喷涂聚脲的施工工艺。先处理上游混凝土裂缝、局部麻面用聚合物水泥砂浆找平、角磨机打磨基面、高压水枪清洗基面浮尘、涂刷专用底涂、进行聚脲弹性体喷涂(涂层厚度 1.5 ~ 2 mm)。

2)弹性环氧涂膜主要施工工艺。基面处理、涂刷底涂、涂弹性环氧涂膜(两遍)、涂刷防老化涂膜、表面养护(固化期间防雨、防晒遮挡)。

3)优龙防护涂料的主要施工工艺。表面处理:用角磨机打磨基面,剥蚀面用聚合物水泥砂浆修复,采用高压水枪清洗混凝土表层,处理后的混凝土表层应无酥松层、无脱壳、无起砂、无污物等;表面分层涂刷:第一遍涂刷底涂或喷涂 BE14;第二、三遍涂刷中间层 ES303,如果涂料较干,可以添加 5% 以内的专用稀释剂,用搅拌机搅拌均匀;第四遍涂刷表层 PU16 防护材料;养护:每道涂层的涂刷间隔可为 12 h,施工温度应在 5℃ 以上。施工完毕后,涂层需养护 7 d 方可使用。

4)涂刷 PCS-1 的施工工艺。先处理混凝土裂缝、局部麻面用聚合物水泥砂浆找平、角磨机打磨基面、高压水枪清洗基面浮尘、分层涂刷 PCS 柔性防渗涂料(涂层厚度为

1.5~2 mm,局部特殊部位可以加厚)。

5)涂刷 PCS-3 与 PCS-1 的施工工艺相同。

2.4 现场试验结果

现场试验完成后 16 d,对这五种涂料进行了现场拉拔测试(见表1),从测量结果可以看出,聚脲涂层、弹性环氧涂层和优龙涂层拉结的界面部分为原混凝土部分,黏接强度均大于4.0 MPa,说明这几种涂层与混凝土的黏结强度大于原混凝土的抗拉强度。PCS 涂层破坏面均在黏接面拉开,16 天的黏结强度仅为 0.5~0.7 MPa。

经过一年多的运行考验,在上述试验区对涂层与混凝土面板之间的黏结强度进行了复测,对比两次测量的结果可以看出,经过一年的运行,水位以上聚脲和优龙涂料的黏结强度都有增加,弹性环氧涂层的黏结强度降低较多,PCS-1 涂层的黏结强度基本未变,PCS-3涂层的黏结强度也有增加。

表1 十三陵水库上池面板防渗涂层黏结强度现场测试结果

材料	龄期(d)	黏结强度(MPa)	情况描述
聚脲涂层	16 d	4.0	50%从涂层面拉开,50%从混凝土面拉开
	一年	4.58	80%从黏结面拉开,20%把混凝土拉开
弹性环氧涂层	16 d	4.0	70%环氧面拉开,30%从混凝土面拉开
	一年	2.60	从黏结材料处拉开
优龙涂层	16 d	4.1	到满量程(4.1 MPa)未拉开
	一年	6.11	80%从 BE 面拉开,20%从黏结剂拉开
PCS-1 涂层	16 d	0.56	100%从黏结面拉开
	一年	0.58	100%从黏结面拉开
PCS-3 涂层	16 d	0.71	100%从黏结面拉开
	一年	1.09	100%从黏接面拉开

备注:16 d 测量时使用的拉拔仪测最大量程为 4.1 MPa,一年后使用的拉拔仪测最大量程为 10 MPa。

现场检查情况表明,选择的五种材料在水下的效果都比较好,在水位变化区只有聚脲和优龙涂层的效果较好,PCS-1 和 PCS-3 涂层卷起,弹性环氧涂层有龟裂现象,在水位以上除弹性环氧涂层有老化现象,优龙局部有裂纹外,其余三种涂层效果较好。

2008 年再次检查发现,这几种材料的情况与 2007 年的情况基本一致,弹性环氧涂层老化现象加剧。优龙涂料在阳光的长期照射下,两年后也出现起皮现象,说明该材料的耐久性较差。优龙涂料是刚性涂料,如果被防护的混凝土面板出现裂缝,将会导致优龙涂层拉裂。水上和水下部位的 PCS 柔性涂料耐老化效果好,水位变化区效果很差。

3 混凝土面板表面第二次防护试验

3.1 现场试验材料的选择

2007 年 9 月又选择了双组分聚脲(进口)、SK 手刮聚脲、海岛结构环氧涂层、XYPEX 水

240

泥基渗透型防渗涂料及通用型水泥基渗透型防水涂料等五种涂料进行了现场试验。本次试验选择了位于十三陵蓄能电站上水库南岸和北岸两个坝段。每个坝段分别进行了五种材料试验。试验范围包括了水下部位、水位变化区和水上部位三种工况。每种材料现场试验面积约为 40 m²。

1) 喷涂双组分聚脲涂层(进口)。为了与国产 601 半聚脲进行对比,第二次试验选择了美国纽科 HT 聚脲(纯聚脲)。

2) SK 手刮聚脲。SK 手刮聚脲与双组分聚脲的性能相似,具有与双组分聚脲黏接好的特点。拉伸强度大于 16 MPa、扯断伸长率大于 400%、撕裂强度大于 22 kN/m。

3) XYPEX 材料。XYPEX 是一种水泥基渗透结晶型防水材料,主要用于防渗、防潮、补强。该材料涂层以水作为载体向修补过的混凝土内部进行渗透,密实混凝土内部的孔隙,以起到防渗、补强的功效。该材料 28 d 的抗折强度大于 4 MPa,抗压强度大于 25 MPa,与湿基面黏结强度大于 1.5 MPa。

4) "海岛结构"环氧涂层材料。"海岛结构"环氧材料具有耐老化性好,抗压强度大于 80 MPa、抗拉强度大于 15 MPa,与干面混凝土的黏结强度分别大于 4.0 MPa。

5) 通用型水泥基渗透型防水涂料。通用型水泥基渗透型防水涂料由普通硅酸盐水泥加特种水泥、石英砂、多种添加剂等原材料组成,其生成物能渗入混凝土的微孔和缝隙中,堵塞这些过水通道并与混凝土结构结合为一体,同时在混凝土结构表面形成附着力极强的密实、坚硬涂层,进一步起到防水作用。其主要指标 28 d 抗折强度 6.0 MPa、28 d 抗压强度大于 30 MPa、抗渗压力 28 d 大于 0.9 MPa。

3.2 现场试验结果

运行一年半后两个试验区的总体情况如下:

1) 双组分聚脲。运行一年后检查发现,现场喷涂的 HT 双组分聚脲表面颜色有变化,但性能指标无变化,双组分聚脲表面无裂纹、起皮等缺陷,对混凝土的防护作用明显。

2) SK 手刮聚脲。运行一年后检查发现,现场刮涂的 SK 手刮聚脲表面无异常变化,颜色变化很小,其物理力学性能指标不变。实践证明,SK 手刮聚脲抗紫外线性能和抗太阳暴晒性能优异,能适应高寒地区的低温环境,尤其是能抵抗低温时混凝土开裂引起的变形而不渗漏。

3) 在水位变化区及水上部位刷涂的 XYPEX 水泥基渗透结晶型防水材料,发现有裂纹,局部脱落现象,水下部位无脱落现象。由于该材料属于刚性材料,对混凝土裂缝封闭效果不好。

4) "海岛结构"环氧涂层。运行一年后检查发现,无论是在水上、水下、还是水位变化区,现场刷涂的"海岛结构"环氧除表面颜色变浅外其他无异常变化。但是,环氧涂层表面有气泡,当时施工涂刷时就出现,需要改进,消除气泡。

5) 通用型水泥基渗透型防水涂料。经过一年半的运行,通用型水泥基渗透型防水涂料与混凝土面黏结较好,表面无脱落现象。该材料属于刚性材料,可以提高混凝土的抗渗性及防碳化,但不能封闭混凝土表面裂缝。

运行一年半后,对混凝土表面防护涂层进行了现场黏结强度测量,测量结果见表 2。

表2　混凝土面板表面防护涂层平均黏结强度

材料名称	SK手刮聚脲	双组分聚脲	"海岛结构"环氧涂层	XYPEX	通用型水泥基	PCS
水上(MPa)	3.15	3.41	2.2	/	/	0.62
备注	50%从混凝土处断开	从胶处断开	100%从混凝土处断开	表面局部脱落	表面良好	从PCS与混凝土之间
水位变化区(MPa)	3.07	2.97	3.17	1.51	2.01	/
备注	30%从混凝土处断开	从胶处断开	90%从混凝土处断开	60%从材料处断开	50%从材料处断开	水位变化区材料起皮
水下(MPa)	3.08	2.78	2.69	/	/	/
备注	从胶处断开	50%从混凝土处断开	100%从混凝土处断开			

备注:2008年10月25日在十三陵抽水蓄能电站上库进行检测

从表2可以看出,在混凝土面板水位以上、水位变化区和水下三个区域,SK手刮聚脲与混凝土之间的黏结强度变化不大,均大于3.0 MPa,破坏面在混凝土内或黏结胶部位,说明SK手刮聚脲与混凝土之间的黏结强度要大于实测值;双组分聚脲与混凝土之间的黏结强度也较大,大于2.78 MPa,破坏面在混凝土内或黏结胶部位,说明双组分聚脲与混凝土之间的黏结强度也大于实测值;"海岛结构"环氧涂层与混凝土之间的黏结强度较高,大于2.2 MPa,水下及水位变化区的强度大于水上。XYPEX水泥基渗透结晶型防水材料破坏面是从材料本身断开,黏结强度为1.5 MPa左右;通用型水泥基破坏也是发生在材料本身内部,黏结强度为2.0 MPa左右;PCS在水上部位与混凝土之间的黏结强度为0.62 MPa,破坏面发生在PCS与混凝土之间。

4　结论及建议

通过对混凝土面板表面保护材料的现场试验研究和两年多的现场运行的考验,从防止混凝土面板裂缝、冻涨及提高混凝土抗渗、耐久性等方面考虑,SK手刮聚脲涂层和喷涂聚脲涂层防护方案效果最佳。从工程造价及工程效果等方面综合考虑,建议对面板坝分区域(高程)采用不同涂层材料对混凝土表面进行防护的方案,其中,应重点加强对水位变化区进行防护。

1)死水位区。死水位以下混凝土裂缝基本稳定,可以局部采用较经济的通用型渗透结晶性刚性防渗涂料或XYPEX水泥基渗透结晶型防水材料进行面板保护(施工中要注意保湿)。对于重要工程建议采用聚脲材料。

2)水位变化区。该部位混凝土因受干湿交替作用,环境条件恶劣,可以采用喷涂聚脲或涂刷SK手刮聚脲技术对水位变化区混凝土全进行全封闭,以防止混凝土面板因开裂导致裂缝贯穿、渗漏,提高混凝土的抗渗性、抗冻性和耐久性。

3)最高水位区以上。采用涂刷PCS柔性防护涂料,目的是防止混凝土碳化、增强混凝土的抗冻性及耐久性,也可以涂刷通用型渗透结晶性刚性防渗涂料。

上桥节制闸大跨径连续反拱底板
加固技术研究

张贵武[2]　王龙华[1]

（1. 安徽省水利水电勘测设计院；　2. 安徽水利开发股份有限公司）

摘　要：上桥节制闸位于安徽省怀远县姚山乡境内，建设于 1975 年，系较典型的"三边"工程之一，设计和建设标准低，工程隐患多。本文根据上桥节制闸抗震复核结果，针对施工期上下游高水位通航要求，以及闸室大跨径、连续反拱、坞工结构等特点，重点研究了抗震加固技术方案、施工导流、底板反拱施工工序、安全监控措施等，确保了工程加固顺利实施，提前发挥了工程综合效益。

关键词：节制闸；大跨径；反拱底板；加固；安全；研究

1　工程结构特点及加固难点

上桥节制闸位于安徽省怀远县县城西南 8 km 处的姚山乡境内，是为了减轻沙颍河下游和正阳关至怀远段淮河干流防洪压力而兴建的茨淮新河的最后一级枢纽的主体工程，具有分洪、蓄水灌溉、航运等多种功能。1975 年 7 月基本建成。该闸设计规模 20 年一遇排洪设计流量 2 600 m³/s，50 年一遇排洪校核流量 2 900 m³/s。闸上最高蓄水位 23 m，闸下最低水位 15.5 m，设计最大水位差 7.5 m。节制闸为开敞式结构，共 21 孔，单孔净宽 8 m，底板原设计为 150# 素混凝土大跨径连续反拱结构，拱厚 0.4 m，底槛高程 13.2 m。闸墩系条石和钢筋混凝土组合结构，厚 1.3 m。闸顶布置钢筋混凝土双曲拱公路桥，桁架梁式工作桥和启闭机房。

本工程位于 7 度抗震设防区，闸室底板系 21 跨连续无铰反拱结构，拱厚仅 0.4 m，拱净跨达 8.0 m，素混凝土结构，仅拱座处少量配筋，为同类规模工程中所少见；闸墩主要为砌石结构，建设于特殊的"三边"工程时期，工程质量隐患多；施工期闸上需蓄水满足航运、灌溉需要，闸上最大水头 8.2 m。因此，闸室加固过程中，需认真研究如下技术难点问题：支座不均匀沉降；闸室砌体局部失稳；施工期导流；施工工序、工期安排；闸室安全监控等。只有解决好上述难点问题，才能确保闸室加固成功。

2　闸室抗震复核分析

2.1　现状分析

由于该闸建造之初，尚无抗震规范可依，结构计算过于简化，仅能按照基本荷载组合及相邻闸室段不均沉降所产生的应力进行结构设计。使得结构强度计算结果不尽合理，导致配筋不够安全。

2.2 抗震计算模型

按照抗震规范确定工程区地震动峰值加速度为 0.1 g,地震基本烈度为Ⅶ度。经分析,拟静力法的地震惯性力和结构内力比振型分解反应谱法计算的要大很多,而三质点振型分解法较好地拟合了上桥闸的结构特点,故本次抗震复核应用振型分解反应谱法计算的成果。把闸室段作为一个整体三维体系,取其前三阶振型。

质点的地震惯性力按下式分别计算:

$$F_{ij} = c_z K_H v_j x_{j(i)} W_i$$

式中:F_{ij}——按振型 j 振动时,质点 i 的地震惯性力;

c_z——结构综合影响系数,$c_z = 1/4$;

K_h——水平向地震系数,$K_h = 0.1$;

β_i——相应于 j 振型的地震加速反应谱值;

ν_j——j 振型的振型参与系数;

$X_{j(i)}$——j 振型质点 i 的相对位移;

$W_{(i)}$——质点 i 的重量;

由地震荷载产生的结构内力按下式计算:

$$s = \sqrt{\sum_{j=1}^{n} S_j^2}$$

式中:Sj——为 j 振型的水平地震荷载引起的结构内力。

2.3 抗震计算成果

根据荷载计算成果,分别对闸墩、大跨径反拱底板及启闭台排架柱进行强度验算。其中闸墩砌体部分按偏心受压构件计算,闸墩混凝土正截面承载力按素混凝土偏心受压构件计算。

上述结果分别见表 1、表 2。

表 1 地震惯性力及弯矩计算成果

部位	断面高程（m）	垂直水流向		顺水流向	
		F(kN)	M(kN－m)	F(kN)	M(kN－m)
闸墩	30.0	109.6	419.7	124.0	466.6
	28.5	109.6	583.8	124.0	652.5
	13.8	326.4	3 499.4	341.5	4 257.2
	13.2	326.4	3 682.4	341.5	4 355.4

表 2 闸墩及反拱底板验算成果

部 位	计算值（KPa）		允许值（KPa）		结 论
	压应力	拉应力	压力值	拉应力	
启闭台排架柱底 （高程 30.0 m）	5 173.5	－ 3 801.5	7 857	740	墩柱配筋不能 满足抗震要求
闸墩底（高程 13.8 m）	1 170.9	－ 308.5	1 350	150	不满足
反拱底板	4611..8	－ 3 080.8	6 770	599	不满足

验算结果表明:上桥节制闸在7°度地震条件下,闸墩底部(13.8 m 高程)正截面拉应力和反拱底板拉应力不能满足规范要求。

3 闸室抗震加固方案研究

3.1 加固方案确定

上桥节制闸闸室在遭受7°地震时,结构不安全,加固具体措施考虑了如下两个方案:

方案一:将反拱底板的反拱部位用混凝土填平至底槛(13.20 m)高程,底板与闸墩结合部增做混凝土贴角,厚0.6 m,贴角以上顺墩体向帮厚0.2 m混凝土层,高1.0 m,以增加底板、闸墩受力截面抗震刚度。上部结构拆除重建为板梁式公路桥和启闭机控制房。该方案施工风险相对较小,一个枯水期可以确保完工,且投资省。

方案二:将砌体墩墙以上坝工结构拆除,底板反拱用混凝土填平,闸墩以上部位重建为整体式框架结构。本方案拆除工作量巨大,导流工程、施工工期压力大,投资增加约35%。

根据上述方案的经技术经济比较,为降低施工风险,节省投资,采用方案一加固。

3.2 抗震加固成果分析

方案一加固后底板与闸墩各部位应力结果见表3,满足抗震设计要求。

表3 加固后闸墩、底板各断面应力值

部 位	计算值（KPa)		设计允许值（KPa)		备 注
	压应力	拉应力	压力值	拉应力	
闸墩 15.6 m 高程	899	−142	1 350	150	
闸墩 14.4 m 高程	665.8	−32	1 350	150	结构满足
闸墩 13.8 m 高程	306.7	−51.5	1 350	150	抗震要求
底 板	344.5	−5.5	6 770	599	

闸室新增加固部分面积约占整个闸室过流面积的7%,不影响闸室的过流。

4 合理选定闸室加固施工工序

4.1 初步设计确定方案

初步设计确定闸室加固采用上下游各4套钢围堰挡水导流,每4跨作为一个施工单元,21个闸室分6批次,在两个枯水期完成施工。上、下游钢围堰挡水高度分别为8.20 m、5.42 m,宽为8.90 m。钢围堰均采用钢质自浮(沉)式门体,两端支承与浆砌石墩头之间采用长丝机织布软模袋充填混凝土作为支座、兼作封水,门体底部采用橡胶止水带止水。

4.2 实施阶段优化方案

实施准备阶段,发现闸底板出口存在分水坎,计划将下游钢围堰轴线调整为折线型布置,使钢围堰底部坐落在尾坎外侧平段底板上。后又发现钢围堰支承墩面浆砌石结构存在诸多隐患,易局部受压破损造成墩体失稳。经多方案比较,闸室施工改用上游利用原检修门和工作门挡水,下游采用土围堰的导流方案。即上游新设计6孔检修门,利用现有的一套检修门,可同时进行7孔闸室加固,共进行3个批次施工,一个枯水期内完成21孔闸室加固。

4.3 方案选定

比较可以看出,初设方案不仅施工难度大,且工期长,结构安全隐患多,整个工程度汛安排困难。而优化方案一个枯水期可以完成,施工技术难度相对较小。因此选定优化方案。

4.4 方案设计

闸室每轮采用7跨连续施工,7孔检修门和14孔工作门组成上游挡水建筑物,每孔检修门由9片钢叠梁组成,下游采用土围堰,一次形成施工面。基坑施工条件较为优越,安全性增加。下游土围堰采用均质土堰型,围堰堰顶高程18.8 m,堰顶长250 m,顶宽5 m。

5 施工导流方案论证

5.1 导流流量分析

上桥闸来水主要包括上游阚疃闸出流及区间水两部分,其历年实测流量过程受茨河铺分洪、上游用水及上桥闸的调蓄影响,分析每日蓄量的变化、下泄的水量,并扣除阚疃闸实测下泄的水量,作为还原后的区间来水量。导流时段采用11月下旬至翌年5月中旬,10年一遇闸上水位为21.8 m,流量180 m³/s,20年一遇闸上水位为21.9 m,流量190 m³/s。

5.2 导流方式确定

1)利用船闸上闸首输水廊道导流

船闸上闸首输水廊道左、右侧各一条,过水断面2×2 m,每条水道长度约10 m。经计算,在上游水位为20.3~22 m条件下,上闸首输水道的泄流能力相应为53~66.8 m³/s。考虑通航影响,其平均泄流量可按泄流能力1/2计算。

2)利用闸上(阚疃节制闸以下)沟口涵闸导流

根据调查分析,节制闸上游右岸至阚疃闸之间有凤台永幸河6个沟口涵闸和怀远大柳沟至利民新河闸之间的沟口涵闸约10余座,设计总泄水能力为100 m³/s左右。考虑利用其中较大的涵闸导流,最大导流流量按30~40 m³/s计算。

3)利用闸上茨淮新河左堤新开的缺口导流,调度运用方便,易于实施,安全可靠。

5.3 导流建筑物设计

茨淮新河左堤导流缺口按宽顶堰设计,堰顶高程20.3 m,堰顶过流宽度40 m。根据水文及水力计算成果,堰上最大水深约1.5 m。过流面采用10~20 cm厚C15混凝土衬护。缺口最大泄流量135 m³/s。

6 闸室加固安全监控措施

6.1 渗流观测

利用节制闸现存较好的岸墙和5#墩测压管,监测施工期闸底板、岸(翼)墙的地下水位。经相关资料统计,施工期地下水位在 16.5~18.6 m 之间变化,闸基稳定。

6.2 上下游水情测控

利用该闸上、下游原有的水文测站,进行水位、流量监测。同时,利用船闸、左岸导流缺口的过堰排水过程监控上游流量变化和水情状况,为施工期度汛提供依据。

6.3 施工期沉降测控

由于闸室底板为反拱底板,对结构不均沉降要求严格。因此,对基坑降水初期、上部结构拆除完毕、闸室第一序加固完成、闸室充水完毕等关键阶段安排沉降监测,并重点监测了闸室 6#孔、15#孔、岸墙等部位沉降变化情况。经观测分析,闸室整个施工期最大累计沉降量 3.23 mm,相邻点最大不均沉降差为 1.97 mm,满足相邻点最大不均沉降差控制在 2 mm 以内的设计要求。

6.4 效果分析

闸室加固过程中,针对上述测控成果做到了定期收集,预测准确,个别异常数据甄别及时,使加固施工做到监控有效,安全可靠。

7 加固技术保证措施

7.1 底部工程植筋施工技术

针对闸室反拱底板混凝土厚度薄,墩墙砌体质量整体性较差,实施水下混凝土工程时钻孔施工影响大,锚固条件差等不利条件,工程设计中采用了新的植筋技术,电动钻孔,植筋结构胶锚固,不仅钻孔孔径、植筋深度较传统施工法减小一半,而且施工钻孔时振动减轻,周边结构影响范围小,植筋胶材抗老化、冻融等耐久性显著增强,有效确保了闸室底部锚接混凝土浇筑质量。

7.2 闸室缺陷 CT203 修补技术

闸室内混凝土、砌体部位碳化、剥蚀、蜂窝麻面等缺陷处理,初步设计阶段采用丙乳砂浆修复。实施阶段,根据本工程特点,选用 CT203 聚合物水泥砂浆进行防护处理。该技术处理结构面结晶快、耐久性好、规整美观,施工方便,环境影响小。经 4 年多运行,结构 CT203 水泥砂浆防护面完好,未发生异常现象。

7.3 大型钢闸门分节装配技术

工作闸门采用露顶式平面定轮钢闸门,门体高度 10.1 m,宽 7.96 m。按等荷载布置原则,经比选采用单扉直升门型方案,分三节设计,每节门体按单扇闸门结构布置,门体节间采用销轴连接,现场将三节门拼装成整扇闸门。最大门叶高 4.6 m,方便制造与安装,提高了工效,降低了工程造价。

7.4 运行管理实现高度自动化

集中控制室实现计算机自动控制闸门的运行,检修闸门启吊设备采用移动式双钩同步电动葫芦,由与之配套的启吊轨道水平运输至桥头堡底层门库。另外,计算机监控系统还实现变电所内开关和柴油发电机的监控,上下游水位测量显示与报警,水闸渗压监测等功能。

现场摄像、中控室集中控制、显示及防盗报警等电视监视手段的采用使本工程的自动化管理水平得到显著提高。

参考文献

[1] 孙修艾. CT203 水泥砂浆防碳化技术[J]. 建筑安全,2005;(11).

[2] 谈松曦. 水闸设计[M],水利电力出版社,1986.

[3] 中华人民共和国行业标准. 混凝土结构加固技术规范(CECS25:90).

复掺纤维对硅粉混凝土抗冲
耐磨特性的影响

李光伟

（中国水电顾问集团成都勘测设计研究院）

摘　要：硅粉混凝土具有良好的抗冲磨能力，是目前国内水电工程中使用量较大的抗冲耐磨材料，但硅粉混凝土同时也存在着早期塑性收缩及干缩较大的不足。在硅粉混凝土中复掺一部分的纤维，能有效降低硅粉混凝土的收缩变形，提高硅粉混凝土的抗裂能力。同时能提高硅粉混凝土的抗冲击和耐磨损的能力，其抗冲击及耐磨损的能力随着在硅粉混凝土中复掺的纤维种类的不同而有所不同。

关键词：硅粉；纤维；抗冲耐磨；混凝土

1　前　言

高速含沙水流对水工建筑物的冲击、摩擦及切削等作用，造成水工建筑物表面的磨损破坏是水电站运行中主要的病害之一。它不仅需要花费高昂的修补费用，而且直接影响着工程的正常运行。通常将高速含砂水流中的介质分为推移质和悬移质，为了减轻或防止推移质以及悬移质对水工建筑物的冲磨破坏，可以从两方面着手：一是优化工程布置和工程结构，尽可能使水流顺直；二是在水工建筑物的过流部位采用抗冲磨性能优良的材料。

试验研究结果表明：在混凝土中掺入 10% 左右的硅粉可使混凝土的抗冲磨强度提高 30% 左右，抗冲击能力提高 2 倍以上[1]。这是由于硅粉的主要成分为无定形氧化硅，其颗粒为极细小的球形微粒，比表面积达 20 m^2/g，具有很高的活性。硅粉掺入混凝土中，可显著改善水泥石的孔隙结构，使大于 320A 的有害孔显著减少。可使水泥石中力学性能较弱的氢氧化钙晶体减少，$C-S-H$ 凝胶体增多。同时也可改善水泥石与骨料的界面结构，增强了水泥石与骨料的界面黏结力，从而提高了混凝土的抗冲耐磨能力。自 20 世纪 80 年代以来，硅粉混凝土以其优异的抗冲磨性能在水工泄水建筑物上显示出巨大的技术经济效益，已成为目前国内水电工程中使用量较大的抗冲耐磨材料。

由于硅粉所具有的颗粒细小的特点，硅粉对混凝土用水量较敏感，随着硅粉掺量的增大，混凝土的用水量显著的增加，水泥用量也显著增加。由此也使得硅粉混凝土存在着水化热温升较高、塑性变形及干缩变形较大的不足，在工程中常常出现硅粉混凝土易开裂的现象[2]。为了弥补硅粉混凝土所存在的不足，近年来在水电工程实际中通常采用在硅粉混凝土中复掺部分纤维，以达到减少硅粉混凝土的塑性收缩和干燥收缩的目的[3][4]。但复掺纤维在提高硅粉混凝土的抗裂能力同时，对硅粉混凝土抗冲耐磨特性的影响则是工程界十分关注的问题。

为此结合水电工程的实际，采用目前在水电工程中比较常用的几种纤维：聚丙烯纤维、玄武岩纤维、UF500 纤维素纤维、聚丙烯腈纤维以及聚乙烯醇纤维,进行复掺纤维硅粉混凝土抗冲耐磨性能试验研究,以对复掺纤维硅粉混凝土的抗冲耐磨特性进行一定的分析和探讨。

2 混凝土抗冲耐磨性能的试验方法

为了客观地评价复掺纤维对硅粉混凝土的抗冲磨特性影响,本次试验采用 DL/T 5150 – 2001"水工混凝土试验规程"中所规定的"混凝土抗含砂水流冲刷试验(圆环法)"和"混凝土抗冲磨试验(水下钢球法)"两种方法进行复掺纤维硅粉混凝土抗冲耐磨性能试验研究,同时采用落锤法对复掺纤维硅粉混凝土的抗冲击能力进行评价。

混凝土抗含砂水流冲刷试验方法(圆环法)是用来测定各种混凝土在含砂水流冲刷作用下的抗冲磨性能。试验主要设备为混凝土变速冲磨仪,设备模拟流速为 14.0 m/s,磨损介质为石英砂(粒径 0.5 ~ 0.85 mm)和水的混合物,每次试验加砂 150 g,水 100 g。冲磨 30 min 后称重一次,重复三次,取平均值为试验结果。

混凝土抗冲磨试验(水下钢球法)方法是用来测定各种混凝土抗推移质和悬移质冲击磨损性能。试验设备由转动装置、钢容器及搅拌桨组成。模拟介质由 70 个不同粒径的钢球和水组成。试验时将混凝土试件放入容器内,并使被测试面朝上。放入钢球并加水至水面高出试件表面 165 mm,开动机器,使搅拌桨保持转速为 1 200 r/min,累计冲磨 72 h 后,取出试件洗净擦干表面后称重,计算其磨损量。

关于混凝土的抗冲击试验,目前还没有统一的方法。本次试验采用落锤法测定复掺纤维硅粉混凝土的抗冲击能力。混凝土试件尺寸为 10 mm × 10 mm × 10 mm ,冲击锤 3 kg,锤的下端为球面,下落高度 h = 53 mm,冲击锤中线与试件中心线对齐,测试时,冲击锤自由落下。混凝土的冲击韧度以试件在落锤的反复冲击作用下,表面出现第一条肉眼可见裂缝时单位体积所耗的能来表示。

3 复掺纤维对硅粉混凝土抗冲耐磨特性影响的试验研究

3.1 复掺聚丙烯纤维硅粉混凝土的抗冲耐磨特性

聚丙烯纤维由于生产原料比较丰富,生产过程比较简短,生产成本相当于其他品种纤维较低,因此聚丙烯纤维成为目前在水工混凝土中最常用的合成纤维。本次试验采用成都东蓝星科技发展有限公司生产的聚丙烯纤维,纤维的性能指标见表1,聚丙烯纤维的掺量为 0.9 kg/m³。

表 1　聚丙烯纤维的性能指标

纤维种类	断裂强度(MPa)	断裂伸长率(%)	杨氏模量(GPa)
聚丙烯纤维	549	24	4.46

试验时采用双马中热 42.5 级水泥,水泥 28 d 的抗压强度为 50.6 MPa。采用 JM – PCA 聚羧酸高效减水剂,掺量为 0.7%。骨料为花岗岩人工骨料,花岗岩的饱和抗压强度为 83.0 MPa,吸水率为 0.41%。采用成都东蓝星科技发展有限公司提供的硅粉,硅粉的二氧化硅的含量为 96.01%,28 d 的活性指数为 125%,硅粉的掺量为 8%。

不同种类混凝土的早龄期干缩变形见图1,干缩试验按照 DL/T5150 – 2001 中有关规定

250

进行,试件尺寸为 100 mm × 100 mm × 510 mm。由图中可以看出:在混凝土中掺入 8% 的硅粉,其早期干缩变形明显大于普通混凝土。其中 7 d 干缩变形增加 21.6%,28 d 干缩变形增加 11.5%。在硅粉混凝土中掺入 0.9 kg/m³ 的聚丙烯纤维后,可以起到减少硅粉混凝土干缩变形的效果,其中 7 d 干缩变形减少 16.7%,28 d 干缩变形减少 6.9%。

对不同种类混凝土的强度性能进行比较可以看出(图2):在混凝土中掺入 8% 的硅粉,可以明显的提高混凝土的抗压强度和抗拉强度。其中 7 d 抗压强度可以提高 17.4%,28d 抗压强度可以提高 21.6%。7 d 抗拉强度可以提高 16.6%,28 d 抗拉强度可以提高 27.3%。在硅粉混凝土中掺入一部分的聚丙烯纤维,对硅粉混凝土抗压强度影响不大,但可以提高硅粉混凝土的早期抗拉强度,其 7 d 抗拉强度可以提高 8.6%。

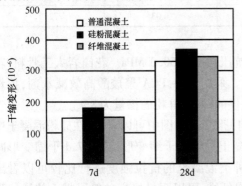

图 1　不同种类混凝土的干缩变形

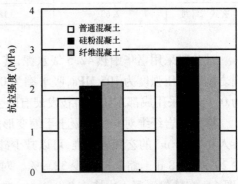

图 2　不同种类混凝土的抗拉强度

采用圆环法和水下钢球法对不同种类混凝土的冲磨强度进行比较试验的结果表明(图3):掺 8% 的硅粉混凝土的冲磨强度比普通混凝土的冲磨强度分别提高 41.5% 和 32.4%。在硅粉混凝土中掺入 0.9 kg/m³ 的聚丙烯纤维后,硅粉混凝土的冲磨强度分别提高 10.9% 和 9.1%。采用落锤法对不同种类混凝土的冲击韧度检测结果表明(图4):在混凝土中掺入 8% 的硅粉,可以提高混凝土的冲击韧度 29.8%。在硅粉混凝土中掺入 0.9 kg/m³ 的聚丙烯纤维后,可以提高硅粉混凝土的冲击韧度 11.9%。

可见,在硅粉混凝土中复掺 0.9 kg/m³ 的聚丙烯纤维可以提高硅粉混凝土的抗冲磨能力和抗冲击的能力。

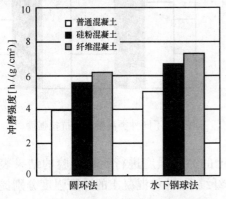

图 3　不同种类混凝土的冲磨强度

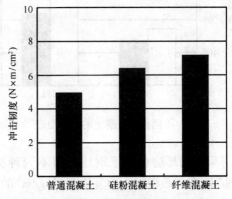

图 4　不同种类混凝土的冲击韧度

3.2 复掺玄武岩纤维硅粉混凝土的抗冲耐磨特性

玄武岩纤维是以天然的火山喷出岩作为原料,将其破碎后加入熔窑中,在 1 450 ~ 1 500℃熔融后,通过铂铑合金拉丝漏板制成的连续纤维。其外观为深棕色,在玄武岩纤维的各项性能中有两点特别突出:耐高温、耐烧蚀,热稳定性好;耐酸碱性能强、耐化学性能好。本次试验采用黑龙江省宁安市镜泊湖耐碱玄武岩纤维有限公司生产的玄武岩纤维,其性能指标见表2,玄武岩纤维的掺量为 0.8 kg/m³。

表2 玄武岩纤维性能指标

纤维种类	密度((g/cm³)⁻¹)	抗拉强度(MPa)	断裂伸长率(%)	杨氏模量(GPa)
玄武岩纤维	2.63	1828	3.03	72.2

试验时采用嘉华中热 42.5 级水泥,其 28 d 抗压强度为 50.3 MPa。花岗岩人工骨料,花岗岩饱和抗压强度为 195 MPa,吸水率为 0.38%。采用 JM – PCA 聚羧酸高效减水剂,掺量为 0.7%。采用成都东蓝星科技发展有限公司提供的硅粉,硅粉的掺量为 8%。

掺玄武岩纤维对硅粉混凝土干缩变形的影响见图 5。由图中可以看出:在硅粉混凝土中掺入 0.8 kg/m³ 的玄武岩纤维,可以减少硅粉混凝土早期的干缩变形,其中 7 d 干缩变形减少 20.9%,28 d 干缩变形减少 32.9%。对不同种类混凝土的抗拉强度进行比较可以看出(图 6):在硅粉混凝土中掺入 0.8 kg/m³ 的玄武岩纤维,可以明显提高硅粉混凝土的抗拉强度,其中 7 d 抗拉强度可以提高 32.0%,28 d 抗拉强度可以提高 12.9%。与复掺聚丙烯纤维相比,复掺玄武岩纤维提高硅粉混凝土的抗拉强度、减少硅粉混凝土的干缩变形的能力更强。

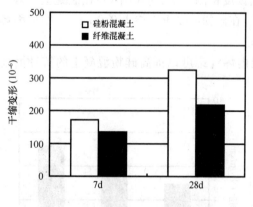

图5 不同种类混凝土的干缩变形

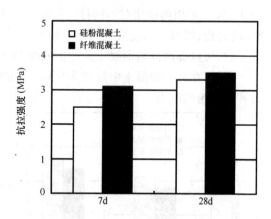

图6 不同种类混凝土的抗拉强度

采用圆环法和水下钢球法对不同种类混凝土的冲磨强度进行比较试验的结果表明(图7):在硅粉混凝土中复掺 0.8 kg/m³ 的玄武岩纤维后,硅粉混凝土的冲磨强度分别提高 14.3% 和 5.7%。采用落锤法对不同种类混凝土冲击韧度检测的结果表明(图8):在硅粉混凝土中掺入 0.8 kg/m³ 的玄武岩纤维后,可以提高硅粉混凝土的冲击韧度 4.7%。

可见,在硅粉混凝土中复掺0.8 kg/m³的玄武岩纤维可以提高硅粉混凝土的抗冲磨能力和抗冲击的能力。

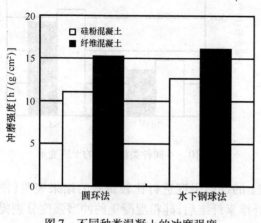

图7 不同种类混凝土的冲磨强度

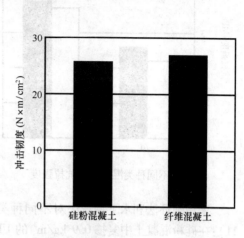

图8 不同种类混凝土的冲击韧度

3.3 复掺UF500纤维素纤维硅粉混凝土的抗冲耐磨特性

UF500纤维素纤维是由美国Buckeye公司研发,其基体取自一种经基因改良的特殊硬木树种,通过专业的生物技术、提纯工艺制成纤维素纤维,是一种超细生态纤维。UF500纤维素纤维的密度为1.1 g/cm³,每克的纤维数量约1 590 000根,是聚丙烯纤维的40倍。它是美国Buckeye公司为混凝土技术进步作出的最新贡献之一,被美国混凝土协会誉为"混凝土用纤维产品的重大突破",并获2005年混凝土世界"最佳创新产品"称号。本次试验采用上海罗洋新材料科技有限公司提供的UF500纤维素纤维,UF500纤维素纤维的性能指标见表3。

表3 UF500纤维素纤维的基本性能

纤维品种	纤维长度/mm	密度g·(cm³)$^{-1}$	抗拉强度/MPa	弹性模量/GPa
UF500纤维素纤维	2.1~2.3	1.10	600~900	8.5

试验时采用金顶中热42.5级水泥,水泥的28 d抗压强度为42.6 MPa。砂岩人工骨料,砂岩的饱和抗压强度为75.7 MPa,吸水率为0.28%。采用JM-PCA聚羧酸高效减水剂,掺量为0.8%。采用成都东蓝星科技发展有限公司提供的硅粉,硅粉的掺量为8%。

对不同种类混凝土的抗拉强度以及干缩变形进行比较可以看出(图9和图10):在硅粉混凝土中掺入0.9 kg/m³的UF500纤维素纤维,可以提高硅粉混凝土的抗拉强度,其中7d抗拉强度可以提高18.2%,28d抗拉强度可以提高5.4%。可以减少硅粉混凝土的干缩变形,其中7 d干缩减少18.0%,28 d干缩减少12.1%。

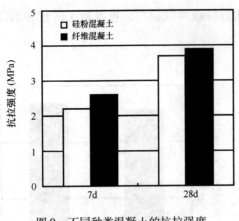

图 9　不同种类混凝土的抗拉强度

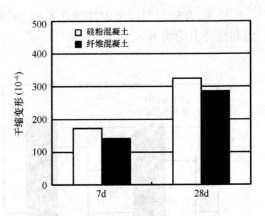

图 10　不同种类混凝土的干缩变形

　　采用圆环法和水下钢球法对不同种类混凝土的冲磨强度进行比较试验的结果表明(图11):在硅粉混凝土中复掺 0.9 kg/m³ 的 UF500 纤维素纤维后,硅粉混凝土的冲磨强度分别提高 18.9% 和 6.3%。采用落锤法对不同种类混凝土的冲击韧度检测的结果表明(图12):在硅粉混凝土中掺入 0.9 kg/m³ 的 UF500 纤维素纤维后,可以提高硅粉混凝土的冲击韧度 10.6%。

　　可见在硅粉混凝土中复掺 0.9 kg/m³ 的 UF500 纤维素纤维可以提高硅粉混凝土的抗冲磨能力和抗冲击能力。

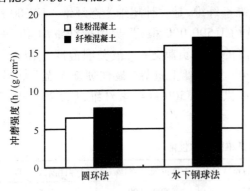

图 11　不同种类混凝土的冲磨强度

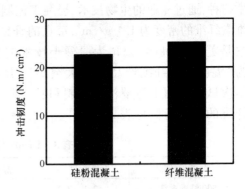

图 12　不同种类混凝土的冲击韧度

3.4　复掺聚丙烯腈纤维硅粉混凝土的抗冲耐磨特性

　　聚丙烯腈纤维的纺丝方法有别于聚丙烯纤维的熔融纺丝,而采用湿法纺丝,它是将聚合物溶液通过水浴,聚合物通过在水中的纺丝板凝结成丝。聚丙烯腈纤维的强度不是很高,模量较低,除了抗腐蚀性能优越外,还具有优异的抗紫外线能力。本次试验采用四川羽翼科技有限责任公司生产的聚丙烯腈纤维,其性能指标见表4,聚丙烯腈纤维的掺量为 0.9 kg/m³。

表 4　聚丙烯腈纤维性能指标

纤维种类	密度(g·(cm³)⁻¹)	抗拉强度(MPa)	断裂伸长率(%)	杨氏模量(GPa)
聚丙烯腈纤维	1.18	500～600	20～26	7～9

试验时采用华新(昭通)中热 42.5 级水泥,其 28d 抗压强度为 46.8 MPa。采用玄武岩人工骨料,玄武岩饱和抗压强度为 150 MPa,吸水率为 0.52%。采用 JM – PCA 聚羧酸高效减水剂,掺量为 0.7%。采用四川羽翼科技有限责任公司提供的硅粉,硅粉的二氧化硅含量为 94.4%,28 d 活性指数为 114%,硅粉掺量为 0.8%。

将复掺聚丙烯腈纤维的硅粉混凝土的抗拉强度与不掺纤维硅粉混凝土的抗拉强度进行比较可以看出(图13):在硅粉混凝土中掺入 0.9 kg/m³ 的聚丙烯腈纤维后,可以提高硅粉混凝土的抗拉强度,其中 28 d 抗拉强度可以提高 7.9%,90 d 抗拉强度可以提高 10.4%。

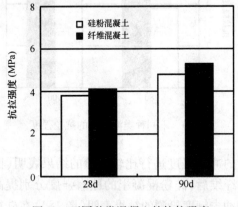

图13　不同种类混凝土的抗拉强度

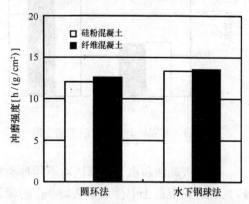

图14　不同种类混凝土的冲磨强度

采用圆环法和水下钢球法对复掺聚丙烯腈纤维硅粉混凝土的冲磨强度进行试验的结果表明(图14):在硅粉混凝土中掺入 0.9 kg/m³ 的聚丙烯腈纤维后,其混凝土的冲磨强度较硅粉混凝土分别提高了 4.5% 和 1.3%。

可见在硅粉混凝土中复掺 0.9 kg/m³ 的聚丙烯腈纤维可以提高硅粉混凝土的抗冲磨能力,但其提高的幅度不大。

3.5　复掺聚乙烯醇纤维硅粉混凝土的抗冲耐磨特性

聚乙烯醇纤维和聚丙烯腈纤维一样采用湿法纺丝,它是以高聚合度聚乙烯醇加工而成的合成纤维,具有抗拉强度高、弹性模量高的特点。本次试验采用江苏能力公司生产的聚乙烯醇纤维,其性能指标见表5,聚乙烯醇纤维的掺量为 0.9 kg/m³。

表5　聚乙烯醇纤维性能指标

纤维种类	密度(g·(cm³)⁻¹)	抗拉强度(MPa)	断裂伸长率(%)	杨氏模量(GPa)
聚乙烯醇纤维	1.28	>1 500	7 ~8	36 ~38

试验采用华新(昭通)中热 42.5 级水泥,其 28 d 抗压强度为 46.8 MPa。采用玄武岩人工骨料,玄武岩饱和抗压强度为 150 MPa,吸水率为 0.52%。采用 JM – PCA 聚羧酸高效减水剂,掺量为 0.7%。采用四川羽翼科技有限责任公司提供的硅粉,硅粉掺量为 0.8%。

对不同种类混凝土的抗拉强度以及干缩变形进行比较可以看出(图15 和图16):在硅

粉混凝土中掺入 0.9 kg/m³ 的聚乙烯醇纤维,可以提高硅粉混凝土的抗拉强度,其中 28 d 抗拉强度可以提高 10.5%,90 d 抗拉强度可以提高 10.4%。可以减少硅粉混凝土的干缩变形,但干缩变形减少的幅度不大。

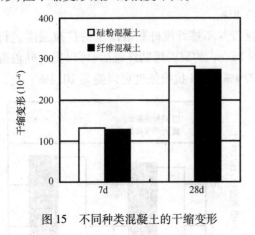

图 15　不同种类混凝土的干缩变形　　　图 16　不同种类混凝土的抗拉强度

采用圆环法和水下钢球法对不同种类混凝土的冲磨强度进行比较试验的结果表明(图 17):在硅粉混凝土中掺入 0.9 kg/m³ 的聚乙烯醇纤维后,硅粉混凝土的冲磨强度分别提高 7.9% 和 5.8%。采用落锤法对不同种类混凝土的冲击韧度检测的结果表明(图 18):在硅粉混凝土中掺入 0.9 kg/m³ 的聚乙烯醇纤维后,可以提高硅粉混凝土的冲击韧度 15.7%。

可见,在硅粉混凝土中复掺 0.9 kg/m³ 的聚乙烯醇纤维可以提高硅粉混凝土的抗冲磨能力和抗冲击的能力。

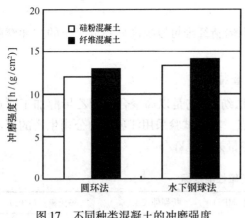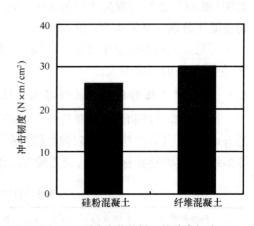

图 17　不同种类混凝土的冲磨强度　　　图 18　不同种类混凝土的冲击韧度

4　复掺纤维改善硅粉混凝土性能的分析与讨论

4.1　提高硅粉混凝土的早期抗裂能力

在硅粉混凝土中复掺部分纤维能够有效地减少硅粉混凝土的塑性收缩及干燥收缩,提

256

高硅粉混凝土的抗裂能力。这是由于微纤维直径细（10～60 um），比表面积大，在体积率0.1%的情况下，每立方米混凝土中即有几百万甚至上千万根纤维，这样在混凝土基体的水泥砂浆中布满了横竖交叉的立体纤维网，对混凝土初期硬化的基体的干缩和塑性收缩能起到较强的约束作用。与早龄期的混凝土相比，纤维的弹性模量要高，所以从复合材料增强理论讲，在硅粉混凝土中复掺部分纤维，对硅粉混凝土早期的胶凝体会起到明显的增强作用，从而抑制胶凝体裂缝的发生。

另外，由于众多乱向分布的纤维，在混凝土中可形成三维支撑体系，阻止骨料的下沉，提高混凝土的匀质性，降低混凝土的泌水，减少混凝土的水分散发，从而阻碍了沉降裂纹的形成。

4.2 提高硅粉混凝土的抗冲耐磨能力

高速含砂水流对水工泄水建筑物的破坏是冲击、摩擦和切削，当在硅粉混凝土中复掺部分微纤维时，纤维以每方数千万根的数量掺入硅粉混凝土中，其互相搭接、牵连，在硅粉混凝土内部形成一个乱向支撑系统，阻碍由于冲击或磨损发生的裂缝的发展，纤维也牵制了硅粉混凝土碎块从基体中剥落，使得混凝土碎块从基体上剥落需要消耗更多的能量，从而提高了混凝土的耐磨能力。另外，微纤维能把混凝土的收缩能量分散到高抗拉强度的纤维上，阻止混凝土原有缺陷的扩展并延缓新裂缝的出现，增强混凝土材料内部的连续性，减少了冲击波被阻断引起的局部应力集中程度，所以对硅粉混凝土的脆性有着很大的改善。

5 结 语

硅粉混凝土以其优异的抗冲耐磨性能而广泛的应用于水工的泄水建筑物上，但硅粉混凝土的抗裂性能较差的不足而制约着其应用。在硅粉混凝土中复掺部分纤维不仅可以有效的提高硅粉混凝土的早期抗裂性能，而且可以有效地提高硅粉混凝土的抗冲耐磨能力。其中圆环法抗冲磨强度可以提高 4.5%～18.9%，水下钢球法抗冲磨强度可以提高 1.3%～9.1%。硅粉混凝土的冲击韧度可以提高 4.7%～15.7%。

参考文献

[1] 李光伟等．溪洛渡水电站抗冲耐磨混凝土性能试验研究[J]．水电站设计，2004(3).

[2] 支栓喜等．由硅粉混凝土应用中存在的问题论高速水流护面材料选择的原则与要求[J]．水力发电学报．2005(6).

[3] 李光伟．玄武岩纤维在水工抗冲蚀高性能混凝土中的应用[J]．混凝土．2008(11).

[4] 卢安琪等．聚丙烯纤维混凝土抗冲耐磨试验研究[J]．水利水电技术，2002(4).

双牌灌区渠道无模混凝土衬砌技术

邓孟秋　张彩鈺

（湖南省双牌水库管理局）

摘　要：我国缺水，灌区渠道输水损失严重，因衬砌方式不当，而导致费工、费料、造价高，防渗效果不佳。研究新型渠道衬砌形式，对我国正在进行的灌区节水改造工作有着十分重要的意义。

关键词：渠道；衬砌；研究

1　灌区基本情况

双牌灌区位于湖南省湘江中上游一级支流潇水下游右岸。设计灌溉永州市的双牌县、零陵区、冷水滩区和祁阳县等四县(区)共 19 个乡(镇)371 个村 3 433 个村民小组，以及永州市柑桔种植示范场、水产试验场、林科所、红壤所等 32.54 万 a 农田，受益人口 37.67 万人，其中农业人口 31.97 万人。目前有效灌溉面积 30.3 万 a。

灌区工程于 1966 年建成投入运行。现有干渠 1 条，长 96 km；支渠 18 条，总长 348 km；斗渠 185 条，共长 740 km。

灌区建成后，为改善当地农业生产条件、社会经济发展和人民生活水平的提高发挥了巨大作用，效益十分显著。

2　灌区渠道混凝土防渗情况及存在的问题

双牌灌区工程兴建于国民经济困难时期，建设阶段国家投入少，设计标准低，施工质量差，工程不配套，渠道均为傍山型，渠系走线不合理，弯道多、填方台渠多。干渠上建筑物长度仅占总长度的 8%，其中 6 处应设渡槽 790 m 可缩短渠线 6 800 m、8 处应设隧洞 2 800 m 可缩短渠线 7 650 m 现为傍山渠道；共有 221 段填方台渠，总长 34 600 m，一般填筑高度为 5~8 m，最大填筑高度为 15 m；其余都是半挖半填型渠道，当地土质差，填方基面也未作处理，加上当时施工全部是人工填筑，夯压不实，渗漏严重。因配套维修资金不足，大部分渗漏渠段未衬砌，加上当时技术水平有限，衬砌质量不高，老化破损严重，渠堤常因渗漏出现崩垮、滑坡、管涌和决口等事故；干渠自运行至 1994 年已出现决堤 21 次，直接经济损失 600 万余元。干渠衬砌率为 40%，支渠衬砌率不到 20%，斗渠及以下各级渠道均未衬砌；干渠水利用系数为 0.67；灌溉水利用系数约为 0.38。影响了灌区工程的正常运行，供水纠纷和矛盾时有发生，农业灌溉无法得到保障，严重制约了该地区农业生产、农村经济发展和人民生活水平的提高，影响灌区生态环境的改善。

双牌灌区渠道工程在运行维修过程中，采取了一些防渗措施，常用土料、水泥土、三合土、石料、混凝土作为渠道防渗层，防渗效果较好。预制混凝土板衬砌接缝多，部分因填土夯压不实,出现架空现象,导致受力不均,易形成渗漏通道。现浇混凝土目前普遍采用了伸缩缝。在工程实践中发现,设计的分缝长度很难达到预期的目的,工程完工后仍会出现裂缝,甚至有的裂缝就在分缝的附近。而且设置伸缩缝造价较高,施工工艺较复杂,难以保证工程质量,特别是防水结构稍有不慎,就会因该处填充材料受损或老化而导致渗水,形成自然的漏水通道,进而造成渠道外坡渗透破坏、垮塌。

3 渠道混凝土防渗无缝施工

根据南方灌区的气候条件和渠道运行所处环境的温度变化对混凝土的伸缩影响,针对混凝土的面板施工进行合理分缝,采用无缝施工技术,其无缝混凝土防渗衬砌施工工艺如下:

3.1 合理确定渠道分缝间距

渠道分缝是为了防止由于不均匀沉降或温度变化引起渠道防渗体破坏,而沿渠线长度方向每隔一定距离在横向上专门设置的缝。现场多次试验确定分缝间距为 2.5 m 较为适宜。在双牌灌区渠道防渗面板混凝土施工中每块横向浇筑长度为 2.5 m。

3.2 注重混凝土的浇筑方法

混凝土浇筑采用分块间隔跳仓浇筑法。即对渠道混凝土浇筑进行分块、分缝后,首先在缝的搭接处铺设 40 cm 宽的土工膜,两边各搭接 20 cm。然后第一次进行间隔浇筑,待混凝土初凝后即强度达到设计强度的 70% 以上,即第一次浇筑完成后 48 h,再进行第二次浇筑。

3.3 采用合理的施工操作程序。

(1)基面处理

对土基渠道,清除表面杂物,按设计断面清基整坡,保持基面平整;对于岩基渠道,将松软风化的岩石表层用铁钎撬除并冲刷干净,使岩石表面无油污、灰浆和杂物,渠道坡脚应开挖成齿槽形。

(2)混凝土浇筑

梯形渠道混凝土浇筑一般是无模混凝土衬砌。渠道无缝混凝土衬砌采用分块间隔跳仓浇筑法。首先分块间隔跳仓浇筑渠道边坡,然后浇筑渠道底板。第一次间隔浇筑渠道边坡时,按分缝间距在每块缝的两侧立挡板(一般使用槽钢),并固定之;再根据渠坡的高度,制作一活动操作架,能进行人员上下活动,以利于混凝土的入仓、振捣和抹面。浇筑渠道边坡混凝土时,应自下而上、按水平方向上升浇筑,一个分缝块应连续浇筑完成。第二次浇筑渠道边坡混凝土时,待第一次渠道边坡混凝土完成 48 小时后,才能进行间隔内的渠道边坡混凝土浇筑。边坡混凝土浇筑完成后,再浇筑底板混凝土。

(3)振捣与抹面

渠坡混凝土浇筑时,熟料铺垫厚度应比设计大 10% ~20%,堆送的骨科应均匀分散于有浆处,先用刮板初步整平,再用小型平板振捣器自下而上纵向振捣一遍、横移振捣一遍,纵横移动振捣搭接宽度不小于 5 cm。振捣完成后,接着先用长木泥抹初抹,再用铁泥抹细抹,直至表面平整。

(4)注意事项

在施工方面,应保证混凝土骨料质量和控制水灰比,使用合适的微膨胀掺加剂,提高混凝土的抗收缩能力,混凝土浇筑后应及时洒水养护,以减小其硬化过程中的水分蒸发,从而减小收缩、温差和收缩应力,达到减少裂缝的目的。

实际工程结构中,混凝土面板出现裂缝是一个带普遍性的现象,也是长期令技术人员困扰的一个复杂的技术难题。裂缝在大多工程中虽然不可避免,但却可以控制。我们将无缝施工技术应用到双牌灌区渠道工程中,取得了很好的效果。

4 渠道混凝土防渗无缝施工技术应用情况

常规渠道混凝土防渗衬砌采用预留伸缩缝,给施工和管理带来许多不便。预留伸缩缝施工困难,并增加造价;施工中如果伸缩缝处理不好,也会沿伸缩缝产生渗漏通道,给渠道运行带来安全隐患。通过合理划分施工块、采用先进施工工艺等技术措施,取消伸缩缝,既能大量节省工程投资,又能减少渠道安全隐患。

双牌灌区于1998年冬在集义、茶花管理所的渠段进行分块间隔跳仓浇筑混凝土试验,取得成功。继而在全灌区全面推广,通过近几年灌区已有68 km干、支渠采用无模混凝土防渗衬砌,均采用混凝土防渗无缝施工技术。节省工程直接投资约40万元。

双牌灌区续建配套项目实施以来,对干渠47.9 km严重渗漏渠段进行防渗衬砌后,使干渠水利用系数提高0.1,每年可减少渗漏损失水量2 000万 m^3;干渠最大安全引水流量从18 m^3/s提高到24 m^3/s,每年可增放水量3 600万 m^3,灌区的抗旱能力大为提高。在永州近几年遭受的特大干旱期间,双牌灌区发挥了巨大作用。特别在2007年连遭春秋干旱,双牌灌区干渠运行流量连续4个多月都在23.8 m^3/s以上,灌区不仅没有遭灾,反而普遍高产丰收。同时,节约和增放的水量,使双牌灌区恢复和扩大了灌溉面积3 600 ha。由于灌溉服务能力和服务质量的提高,灌区每年可增产粮食1 500余万 kg,产生经济效益1 200余万元。

参考文献

[1] 1998渠道防渗工程技术. 水利部农村水利司. 中国灌溉排水技术开发培训中心. 中国水利水电出版社.
[2] 节水灌溉技术规范(SL207 - 98)北京:水利电力出版社.
[3] 李安国,建功,曲强. 渠道防渗工程技术[M]. 北京:中国水利水电出版社,1998: 93 - 113.
[4] 唐兴信主编. 农业节水技术[M]. 北京:水利电力出版社,1992.3.

冲久水库放水涵洞内壁混凝土防渗处理

方文时[1]　杨延成[1]　孙志恒[1]　黄通泉[2]

(1. 北京中水科海利工程技术有限公司；2. 中国水电三局勘测设计研究院)

摘　要： 雪卡水电站冲久水库放水涵洞内壁混凝土浇筑质量较差，为了弥补混凝土抗渗强度不满足要求的缺陷，设计提出在涵洞内壁混凝土表面喷涂聚脲进行防渗。本文介绍了该工程的施工情况，由于涵洞内部混凝土表面潮湿、结露，通过采取相应措施，改善了施工环境条件，使得施工顺利圆满地完成，涂层施工质量满足设计要求。

关键词： 放水涵洞；喷涂聚脲；潮湿面界面剂

1　工程概况

雪卡水电站由冲久水库和雪卡电站两个枢纽组成。冲久水库放水涵洞全长 519.42 m，由引渠段、涵洞段、闸门室和出口段组成，涵洞断面结构为两孔矩形钢筋混凝土结构，断面尺寸 2 孔 3 m×3 m，长度 210.29 m。设计水头 12.5 m，设计引用流量 50 m^3/s。

由于涵洞混凝土浇筑是在冬季施工，混凝土存在一定缺陷，为提高放水涵洞混凝土的抗渗能力，防止运行期涵洞内水渗入外部土体内，设计采用新型防渗材料——喷涂聚脲对涵洞内部混凝土表面进行处理，处理范围：涵 0 + 000.00 ～ 涵 0 + 087.50 段两孔涵洞段内壁混凝土及所有伸缩缝，涵洞内壁混凝土表面喷涂 2 mm 厚的聚脲，在垂直边角及伸缩缝部位喷涂厚度增加到 4 mm。

2　聚脲防渗涂层材料的特性

聚脲是近些年发展起来的一种新型高分子材料，其分子结构稳定，综合力学性能好，拉伸强度高，一般可达 20 MPa，伸长率大于 350%；具有良好的不透水性，2.0 MPa 压力下 48 h 不透水，且材料无任何变化；良好的低温柔性，在 -40℃ 下对折不产生裂纹；快速固化，反应速度极快，5 s 凝结，这可大大提高施工效率，缩短工期；耐腐蚀性强，由于不含催化剂，分子结构稳定，所以聚脲表现出优异的耐水、耐化学腐蚀及耐老化等性能，在水、酸、碱、油等介质中长期浸泡，性能不降低；具有较高的抗冲耐磨能力，其抗冲磨能力可达 C40 混凝土的 10 倍以上。

表1　聚脲弹性体防渗、抗冲磨材料特性

凝胶时间	拉伸强度	扯断伸长率	撕裂强度	硬度	耐磨性(阿克隆法)
秒	MPa	%	kN/m	邵 A	mg
10	大于20	大于350	82	40 ~ 60	≤50

3 聚脲施工方法

3.1 底面处理工艺

由于放水涵洞内壁混凝土表面此前涂刷过水泥基防渗材料,因此在喷涂聚脲涂层前,要清除混凝土表面的原涂层。

1)凿除脱空的水泥基防渗涂层或伸缩缝部位破损的混凝土;

2)打磨混凝土表面,清除原有涂层及表面污物;用高压水清洗打磨过的混凝土表面;

3)用水泥砂浆对伸缩缝及凿除部位进行修补,另外用聚合物水泥砂浆对较大的孔洞和蜂窝进行修补、找平;

4)对混凝土表面进行二次打磨,然后把混凝土表面清洗干净。

底面处理在喷涂工艺中是很重要的环节,底面处理的好坏直接影响到聚脲涂层与基底混凝土的黏结性能。

3.2 涂刷界面剂

底面冲洗干净待混凝土表面干燥后,可涂刷界面剂。由于聚脲为有机高分子材料,而混凝土为无机硅酸盐材料,因此通过涂刷界面剂使两种不同性质的材料能够牢固的黏结。涂刷界面剂时要均匀,不漏涂,而且要尽量薄。对于底面潮湿部位,可事先对该部位进行烘烤,使混凝土表面尽量干燥,然后再涂刷界面剂。

3.3 喷涂聚脲涂层

待涂刷的界面剂指干后,即可进行聚脲喷涂。由于涵洞洞内较为潮湿,界面剂表面会出现结露现象,因此需要擦干或烘干后,再进行喷涂。聚脲喷涂关键在于对设备的控制,喷涂过程中要观察 A、B 料出料时的动态压差,以保证双组分料出料均匀,而且喷涂聚脲涂层要求无流挂,无漏喷,满足厚度。喷涂后涂层养护期一般为 3 d。

4 施工期间遇到的问题

4.1 混凝土表面结露

在施工期间,正值遇到当地的雨季。由于雨量丰富,且昼夜温差大,造成放水涵洞(涵 0 +030.00以后部位)内部混凝土表面出现结露现象,而且洞内的空气湿度大大增加。施工环境条件的变化,对喷涂聚脲涂层是极为不利的。

4.2 聚脲涂层局部起包

由于涵洞内部湿度大,喷涂后经现场检查发现,聚脲涂层局部出现起包的现象,经分析,起包原因可归结为以下两种:

①由于混凝土有外水内渗的情况,造成涂层起包;

②由于涵洞内空气湿度大,且混凝土表面局部返潮造成涂层起包。

5 解决方法

鉴于施工现场环境条件的变化,为保证工程质量及施工的顺利进行,我们采取相应的措施,解决空气湿度大和混凝土表面返潮的问题。

5.1 加强通风

由于涵0＋030.00处以后部位离洞口较远,洞内没有通风孔,内部空气流动性差。我们使用工业排风扇对涵洞内进行强制通风,增加内部空气的流动性,以降低涵洞内部的湿度。

5.2 提高涵洞内的温度

涵洞内部气温较低,不利于水分的蒸发,因此在涵洞内部用多个加热器进行加温,并对局部部位进行重点烘烤,尽量去除混凝土表面的湿气,给喷涂创造较好的施工环境条件。

5.3 局部气候环境的改善

由于涵洞较长,单单依靠排风和加热来降低整个涵洞内的空气湿度,和提高洞内温度完全是不可能的。因此我们按伸缩缝每10 m对洞的两端进行封闭,使该施工区域成为一个小的空间环境,这可提高施工段的温度环境,有利于施工面的干燥及热气的内部循环,从而起到降低内部湿度的效果。

5.4 聚脲涂层缺陷的处理

1)割除起包部位,且周边均向外扩展2 cm,然后用打磨机打磨割除部位,露出混凝土面;

2)为使修复部位与原涂层有良好的黏结,用丙酮擦拭打磨后的基面及割除部位的周边;

3)对修补部位再喷涂聚脲,直至达到设计厚度要求。

6 质量检验

施工中对涂层的质量检验采用三级检验,避免出现返工的情况发生。底涂作为界面剂是聚脲涂层与混凝土黏结强度的保证,因此对底涂的涂刷是检查的重点。由于混凝土表面打磨后会出现许多小气孔,喷涂聚脲时,无法完全遮蔽这些气孔,因此在喷涂结束后,要对涂层进行检查,对涂层表面的气孔用手刮聚脲进行封堵,使涂层成为连续的整体,真正起到防渗的作用。

另外,为验证涂层与混凝土的黏结强度,在施工现场对涂层进行拉拔强度的检测。在施工区域内随机选取了55个检测点,检测部位包括底板、顶板、左右侧墙及处理的伸缩缝,从拉拔的黏结断面情况看,都是底部混凝土被拉断,说明涂层与混凝土黏结很好,涂层黏结强度满足设计要求。

7 结 语

由于聚脲有着优异的防渗功能,能有效阻止涵洞内水外渗,但在聚脲喷涂施工过程中应注意以下几个点:

1)混凝土表面要求干燥,不能有结露及返潮现象;

2)环境湿度较大时,要进行除湿,尽量降低环境湿度;

3)修补起包部位,要用活化剂对原聚脲涂层周边进行擦拭,以保证新旧涂层的黏结。

由于每个工程的施工环境条件都不相同,因此要根据现场情况给施工创造相对稳定、良好的施工环境,这样才能更好地保证施工质量。目前雪卡电站放水涵洞经过几次过水试验,均没有发现内水外渗的情况,达到了工程预期的目的,满足了放水涵管内防渗的运行要求。

大体积水工混凝土裂缝的防止

王国秉

（中国水利水电科学研究院结构材料研究所）

摘　要：文中从混凝土的力学和热学物理性能出发,分析了大体积水工混凝土裂缝发生的原因,在工程实践基础上,总结了提高混凝土抗裂能力的方法及防止裂缝的结构措施和施工措施。

关键词：大体积水工混凝土;裂缝成因;抗裂能力;防止措施

1　概　述

裂缝是水工混凝土建筑物最普遍、最常见的病害之一,不发生裂缝的混凝土建筑物是极少的。严重的裂缝不仅对建筑物的整体性和稳定性产生很大危害,而且会严重地影响建筑物的安全运行和寿命。因此,如何防止裂缝一直是混凝土工程技术中一个重大课题。

在混凝土建筑物,尤其是大体积混凝土水工结构中,在正常施工条件下,大坝混凝土因为结构应力引起的裂缝很少。无论在施工期或运用期中,经常出现的剧烈的温度和温度应力变化,往往使混凝土结构产生裂缝。工程实践和计算分析表明,大多数大体积混凝土水工结构的裂缝是由温度应力引起的。[1][2]

由于大体积水工混凝土裂缝绝大多数发生在施工期,为了使研究问题的简化,本文只限于研究施工期的裂缝问题和防止措施,可供从事水工混凝土设计、施工、科研人员参考。

2　水工混凝土温度裂缝原因分析

混凝土是多相复合脆性材料,当混凝土的体积变形(收缩)受约束时,就会产生拉伸应变与应力。当混凝土拉应力大于其抗拉强度,或混凝土拉伸变形大于其极限拉伸变形时,混凝土就会产生裂缝。

大体积混凝土的体积变形,主要来自混凝土的水化热温升,混凝土在硬化过程中使坝块温度升高,又在环境温度下逐渐下降,直至达到稳定(或准稳定)。混凝土从其水化时最高温度逐步降到稳定温度过程中,当混凝土体积变形受到约束时,就会产生温度应力。这些约束条件包括基岩或老混凝土的约束;由非线性温度场引起各单元体之间变形不一致的内部约束;以及在气温骤降情况下,表层混凝土的急剧收缩变形受内部热胀混凝土的约束等。当混凝土温度应力超出其抗拉强度,将导致裂缝,尤其在施工过程中更为突出,如果不加控制,就会使坝体发生裂缝,影响大坝的整体性。

大体积混凝土温度裂缝,按其性质通常可分为三类:

(1)基础贯穿裂缝。位于坝块基础部位,裂缝宽度较大并穿过几个浇筑层。这类裂缝一般发生于坝块浇筑后期的整体降温过程中,或长间歇的基础浇筑层受气温骤降及内部降温的联合作用,缝宽表现为上大下小,这是由于基础约束限制了坝块底部位移的缘故。

大坝的贯穿性裂缝要绝对避免,因为它严重地破坏了大坝的整体性,使结构应力、耐久性和安全系数降到临界值或其下,结构物的整体性、稳定性受到破坏。破坏大坝的整体性也就破坏了大坝设计的力学基础,因而是不允许的。通常对大坝产生严重经济损失的裂缝,也是这种贯穿性裂缝。

对严格温控的坝块,一般很少发生这类裂缝,一旦发生这类裂缝,需查清原因,认真处理,防止继续向上发展。

(2)深层裂缝。裂缝限于坝块表层,但其深度及长度较大,贯通了整个仓面及浇筑层。这类裂缝发生于大坝施工过程中,多为长间歇浇筑层顶面不断受气温骤降作用或长期暴露受气温年变化引起的内外温差与气温骤降联合作用,或浇筑层底部成台阶状造成的,现场中比较常见。这类裂缝对结构应力、耐久性有一定影响,一旦扩大发展,危害性更大。深层裂缝需根据其发生的部位应作妥善处理,以防止继续发展为基础贯穿裂缝。

(3)表面裂缝。它是大体积混凝土最常见的裂缝,分水平和竖向,其长度及深度一般较小,未贯通整个仓面和浇筑层,主要是坝块在浇筑过程中,层面间歇受气温骤降作用引起的。这类裂缝多发生在混凝土早龄期,具有明显的规律性,对结构应力、耐久性和安全运行有轻微影响。

对于表面裂缝,应特别注意基础约束区发生的表面裂缝。因为基础约束范围内的混凝土,处在大面积拉应力状态,所以在这种区域产生了表面裂缝,则极有可能发展为深层裂缝,甚至发展成贯穿性裂缝。若能设法避免基础约束区的表面裂缝,且温差控制适当,则基本上可避免混凝土坝出现贯穿性裂缝。

此外,劈头缝在现场中较为常见,也一并予以讨论。

(4)劈头缝。它是发生在坝体上游面的竖向裂缝,虽然从性质上不能单独列为一类,但由于它发生位置的特殊性,危害极大,应予特别重视,尤其对轻型坝型更需关注。劈头缝一般在早期只是发生在坝体上游面的表面裂缝,但由于长期暴露,受气温不断变化与气温骤降作用,尤其蓄水后受水温及渗压的作用,在缝内水力劈裂作用下,裂缝开度和深度迅速扩展,从而加大漏水量,溶蚀带出混凝土的有效物质,在一定的条件下发展成危害性很大的劈头缝,严重地影响大坝安全运行和寿命。

例如,美国1968—1972年建造的德沃歇克重力坝(坝高219 m),在施工过程中未产生严重裂缝,但在蓄水运行数年后,在9个坝段的上游面产生了劈头裂缝,其中35号坝段的劈头裂缝最为严重,裂缝深度达到50 m,开度2.5 mm,漏水量达到29 m³/min。严重地威胁大坝安全运行,为此,不得不付出很大代价进行处理。

我国1958—1962年建成的柘溪支墩大头坝(坝高104 m),运行后在头部迎水面也曾发生了严重的劈头裂缝。这类裂缝也大多是由施工期大坝上游侧产生的表面裂缝,未经认真处理,于水库蓄水后发展成危害性很大的劈头缝的。1982—1984年不得不采用支墩空腔回填混凝土,预应力锚固,灌浆等措施进行修复,修复费用十分浩大。

因此,从裂缝的发生、发展和可能造成的危害来看,应该避免发生劈头缝,要尽可能防止上游面发生的表面裂缝(包括温度裂缝和干缩裂缝)。

3 防止水工混凝土裂缝的措施

一般大体积水工混凝土的裂缝是由综合原因产生的,因此也必须采用综合防裂措施,才能最大限度地避免裂缝。防裂措施归纳起来有以下三个方面:(一)提高混凝土抗裂能力;(二)采取结构措施;(三)采取施工措施。

3.1 提高混凝土的抗裂能力

(1)提高混凝土的抗拉强度和极限拉伸值

在混凝土配合比相同条件下,标号高的水泥配制的混凝土可以比标号低的水泥配制混凝土有较高的强度。不同受力状态对混凝土抗拉强度有显著影响,试验结果表明,弯拉强度约为直拉强度1.5~1.6倍,水工建筑物,尤其是混凝土大坝,很少是处于纯受拉状态,而弯拉强度对大体积混凝土温度应力有较好的仿真性。混凝土养护条件和周围介质干湿程度对混凝土抗拉强度也有显著的影响。暴露在空气中养护的混凝土试件抗拉强度仅为水中养护的45%,可见施工过程中的混凝土的养护措施对抗裂能力的影响是何等重要。

提高混凝土极限拉伸值的方法主要采用提高混凝土的抗拉强度,增加水泥用量和应用表面粗糙、弹性模量低的骨料等措施。

混凝土的极限拉伸与其所用的粗骨料品种、性质和形状有关。例如乌江渡重力拱坝采用石灰岩人工骨料混凝土的极限拉伸值,比二滩拱坝正长岩人工骨料混凝土的极限拉伸值平均大5%左右,比三门峡、刘家峡、青铜峡等工程卵石混凝土的极限拉伸值约高13%,所以乌江渡混凝土工程裂缝较少。因此,在有条件的情况下,应优先选用像石灰岩之类抗裂能力强的岩石作为人工骨料。

(2)降低混凝土的弹性模量

混凝土在相同标号的情况下,弹性模量低有利于减少温度应力。影响混凝土弹性模量的因素,主要有混凝土本身抗压强度、骨料种类和试验方法等。

混凝土弹性模量随其强度的增大而提高,强度高的混凝土,其弹性模量也大。如我国《水工混凝土结构设计规范》(SL/T 191 – 96)中列出了混凝土强度等级与其弹性模量的关系(见表1)。

表1 混凝土强度等级与弹性模量 E_c (N/mm^2)

混凝土强度等级	弹性模量	混凝土强度等级	弹性模量
C10	1.75×10^4	C40	3.25×10^4
C15	2.20×10^4	C45	3.35×10^4
C20	2.55×10^4	C50	3.45×10^4
C25	2.80×10^4	C55	3.55×10^4
C30	3.00×10^4	C60	3.60×10^4
C35	3.15×10^4		

岩石品种对混凝土弹性模量影响较大,弹性模量高的岩石,用它做成的混凝土弹性模量

也高。例如白云岩混凝土的弹性模量比正长岩混凝土的弹性模量高出 $57\% \sim 60\%$。可见降低混凝土弹性模量,选择弹性模量低的骨料是重要的途径。

(3)提高混凝土徐变度

在载荷作用下,混凝土不仅产生弹性变形,而且产生随时间增长的非弹性变形,这种随时间增长的变形称徐变。

混凝土的徐变变形通常用徐变度表示,徐变度 C 是单位应力作用下的徐变变形值,亦即:

$$D = \frac{\varepsilon_c}{\sigma} \qquad (1)$$

式中:σ——不变的加荷应力;

ε_c——在应力作用下的徐变变形。

混凝土的徐变变形能降低温度应力和减少收缩裂缝,徐变度愈大降低温度应力也愈多。

影响混凝土徐变的因素很复杂,目前对压缩徐变的研究资料较多。一般地说,混凝土的徐变在相同标号情况下,主要与灰浆率、骨料品种、外加剂、试件尺寸等有关。

灰浆率大的混凝土徐变也大,所谓灰浆率是指单位体积混凝土中水泥浆体的含量。不同品种的骨料对混凝土徐变有较大影响,骨料按徐变增加次序的排列为:玄武岩、石英岩、砾石、大理石、花岗岩以及砂岩等。引气剂可以增大混凝土的徐变,在配合比相同情况下,掺入引气剂的混凝土,其徐变变形将增大。

为了加大混凝土拌和物流动度而采用的减水剂,则使徐变增大。例如掺入木钙和糖密,徐变变形增大 30% 左右。混凝土的徐变随试件尺寸的增大而减小。这是因为试件尺寸大,其骨料最大粒径容许加大,相应的骨料含量增多,灰浆率相对地减少,混凝土的徐变也减小。

(4)降低混凝土绝热温升

降低混凝土绝热温升是减少温度徐变应力的有效措施之一。大体积混凝土温升来自水泥水化热温升,而水泥水化热取决于水泥熟料的不同矿物组分的比例。

混凝土的绝热温升 与水泥水化热 Q 和水泥用量 C_c 的乘积成正比,与混凝土的比热 C 和单位体积容重 ρ 的乘积成反比。可用 $\theta = \frac{Q \cdot C_c}{c\,p}$ 表示。

当混凝土浇筑分层厚度不变时,在正常间歇条件下,水化热温升 T_r 与混凝土的最终绝热温升 θ 成正比,即

$$T_r = \xi\,\theta \qquad (2)$$

一般的常规混凝土,值如表2。

表2　ξ 值

浇注分层厚度 h/m	1.0	1.5	2.0	3.0	5.0	6.0
ξ	0.36	0.49	0.57	0.68	0.79	0.82

由公式(2)可见,为了降低水化热温升,则必须要选择浇筑层薄、水泥用量少、水化热低的混凝土。

267

国标 I 级粉煤灰是一种优质的活性掺和料,用它部分替代水泥可以降低水泥用量及水化热温升,试验表明,对于硅酸盐大坝水泥,每掺入 1% 水泥重量的粉煤灰,约可降低 1% 的水化热,可有效地避免温度裂缝的发生。当粉煤灰掺量:粉煤灰/(粉煤灰 + 水泥)≤30% 的情况下,基本上不会降低混凝土的抗拉强度和极限接伸值,而且混凝土后期强度增长较快,可以提高混凝土的耐久性。

碾压混凝土由于掺入大量粉煤灰,其单位水泥用量只有一般常态混凝土的 2/3 ~ 1/2 左右,大大地简化了温控措施。我国坝高 216.5 m 的龙滩重力坝,混凝土量约 660 万 m^3,其中采用大坝全断面、全高度的碾压混凝土,约占坝体总方量 64%,开创了国内外碾压混凝土筑坝技术的新水平。

(5)选用热膨胀系数低的混凝土

热膨胀系数(α)小的混凝土,可以减少其温度徐变应力。混凝土的热膨胀系数大致可以用水泥石和骨料的热膨胀系数的加权平均值来表示。影响混凝土膨胀系数的因素是原材料本身的热膨胀系数,一般地说,骨料的热膨胀系数在混凝土中起主导作用。混凝土热膨胀系数随着骨料热膨胀系数的减小而减小。试验表明,砂岩、石英岩的热膨胀系数比石灰岩、玄武岩、正长岩等的热膨胀系数大得多。在各类岩石中,石灰岩的 α 最小,α = (0.5 ~ 0.6) × 10^{-5}(1/℃),石英岩的 α = (1.0 ~ 1.2) × 10^{-5}(1/℃),在相同温差作用下,温度应力可相差一倍。显然,在进行混凝土设计时,应当尽量选择热膨胀系数小的骨料来配制混凝土,以有利于减少温度徐变应力。

(6)提高混凝土的自生体积膨胀变形能力

在有约束条件下,如果混凝土本身具有一定的自生体积膨胀变形,则可产生一定的预压应力,有利于减少温降时产生的温度徐变应力。混凝土自生体积变形与水泥品种及用量、掺用混合材的种类及掺量、岩石类型等有关。例如抚顺硅酸盐大坝 525# 水泥和矿渣大坝 525# 水泥,因为水泥中有较高的 MgO 含量(4.5%),它可产生(60 ~ 100) × 10^{-6} 的膨胀变形,选用该种水泥浇筑的大坝裂缝明显减少。20 世纪 70 年代修建白山拱坝时,实测基础温差 40℃,但没有发现基础贯穿性裂缝。究其原因,主要是该坝使用了抚顺大坝水泥,其 MgO 含量为4.3%,混凝土自身体积变形为膨胀,防止了大坝混凝土的开裂。近年来 MgO 延迟性微膨胀混凝土技术,取得了重大突破,它是利用氧化镁在水泥水化过程中的变形特性,使混凝土产生延迟性微膨胀体积变形,在特定约束条件下产生预压应力,补偿大体积混凝土产生降温收缩的拉应力,防止混凝土产生裂缝。试验表明,冬天浇筑的外掺 MgO 混凝土,180 d 时仍可产生 30 × 10^{-6} 的微膨胀变形。掺 MgO 混凝土的徐变比不掺的大 15% ~ 20%,并可提高抗拉强度约 10%。2005 年建成的贵州索风营碾压混凝土重力坝(坝高 115.8 m),在大坝基础强约束区浇筑外掺 MgO 微膨胀碾压混凝土,取得了有利于防止大坝开裂的膨胀型自生体积变形,MgO 膨胀剂对碾压混凝土的实测补偿应力为 0.2 ~ 0.47 MPa,从而控制了碾压混凝土的开裂。

(7)减少混凝土的收缩变形

混凝土的收缩变形与用水量、水泥品种和用量、水灰比、骨料品种和用量、气温、湿度、空气流动速度等有关。水泥用量多、水灰比大、骨灰比小的混凝土,在气温高、湿度小、风速大的环境中,其收缩变形大,反之则小。

在相同水灰比的情况下,收缩变形随骨灰比增大而减少。风速对混凝土的收缩影响很大,风速为 7 ~ 8 m/s 的水泥净浆收缩值比没有风速的大 7 倍以上。限制水泥中 C3A 的含量可以减少收缩变形,掺入一定数量的优质粉煤灰,并有良好的养护,也能减少收缩变形。

国外研究表明,大坝混凝土表层(20 cm 以内)龄期 90 d 的干缩应变约为 50 ~ 60,龄期 180 d 的干缩应变约为 60 ~ 70,说明大坝混凝土的表面保湿应予以充分重视。混凝土表面湿度在混凝土浇筑后 3 d 内散发极快,约占 45%,43 d 约扩散 70%。而早期混凝土强度很低,若养护不善,如遇环境相对湿度较低,又有一定风速,则混凝土表面失水较快,引起较大干缩变形,产生较大干缩应力,而从混凝土表面发生干缩裂缝。虽然裂缝很浅,但若再遇寒潮袭击,将因温度应力叠加,而使裂缝扩展。

防止混凝土干缩裂缝,除了在原材料选择干缩小的材料和尽可能加大骨灰比,减少用水量外,还必须进行良好的表面保护、洒水养护,以保持混凝土表面潮湿状态。特别对于硅粉混凝土、聚合物水泥砂浆(混凝土)、增强纤维混凝土更为重要。不进行良好养护的混凝土,不可能不发生表面干缩裂缝。

近年来推出混凝土减缩剂,这是一种水溶性聚合物外加剂,已在道路工程中试验。中国水科院也在进行该项目的试验研究,以便应用于大坝混凝土,提高其抗裂性。

3.2 防止混凝土的结构措施

(1)选择较好的结构体型

水工建筑物的设计应尽量减小结构的暴露面,减小恶劣环境影响产生的应力。在结构上尽量采用减小应力集中的布置,避免应力集中。例如,大头坝和宽缝重力坝在施工中暴露面较多,在不利的气候条件下,容易产生裂缝。在寒冷地区不宜修建薄拱坝和支墩坝。在基础块中间基础面上应避免设置排水廊道和其他孔洞等。

碾压混凝土筑坝技术具有成本低、混凝土发热量较小,便于通仓浇筑、简化温控和加速施工进度等优点。这些优点,对混凝土的防裂有利,且工程效益和社会效益显著,选择坝型时,应结合工程的具体要求,优先选用。

据统计,截止 2006 年底我国共建成碾压混凝土坝 92 座,在建 34 座,其中坝高 200 m 级的有 2 座,即:已建成的广西龙滩大坝和在建的贵州光照大坝,我国碾压混凝土筑坝技术处于世界领先水平,具有广阔的应用前景。

(2)合理分缝分块减少温度应力

工程实践证明,将大体积混凝土分成较小的块体,在施工中可以有效地减少裂缝。

我国颁发的《混凝土重力坝设计规范》(SL 319 - 2005)中规定,浇筑块越长,基础容许温差[ΔT]越小,温度控制要求越严。

选择合理的浇筑层厚度,主要目的是降低水化热温升,从而减小温度应力。薄层浇筑有利于层面散热,可以降低混凝土浇筑块的最高温升和内外温差。但采用薄层浇筑时,当浇筑温度低于气温,形成初始温差,热量会通过浇筑层面倒灌,使混凝土温度回升。因此从降温效果来看,应选择一种综合降温效果最大的浇筑层厚度。研究表明,当采用加冰和一般简易降温措施,初始温差不大时(低于 15℃),采用较薄的层厚是有利的。如果采取预冷骨料降温,形成了较大的初始温差,则应选择较厚的浇筑层。

（3）变静不定结构为静定结构

尽量在不影响或少影响施工进度的前提下，采用施工分缝或预留槽的措施，变静不定结构为自由变形的静定结构，以减小约束应力。

例如，空腹重力坝空腔顶拱设计的预留槽。但必须注意，空腔封顶前，封孔高程以下混凝土应降至坝体稳定温度，封顶高程以上新浇混凝土，应尽量降低其最高温度，最大限度地减少温度应力。

此外，在结构上尽量采用减小应力集中的布置；尽量减小结构的干缩变形，特别在早龄期；充分利用温度控制措施，减小温差而降低温度应力。

3.3 防止混凝土裂缝的施工措施

（1）降低混凝土浇筑温度

对于基础块混凝土来说，降低浇筑温度 T_p，就可以减少均匀温差（$T_p - T_f$），即减小温度应力。式中，T_f 为稳定温度。

对于一个具体工程的确定部位，稳定温度 T_f 是一个定值，因此采取降低浇筑温度的措施，对防止混凝土裂缝是有效的。加冰和预冷骨料的目的，就是为了降低混凝土的浇筑温度。采取加冰的措施，一般可以降低浇筑温度 5℃ 左右（加冰量约 50 kg/m³），约可减小温度应力 0.3 ~ 0.45 MPa。

在需要大幅度降低浇筑温度时，则可采取预冷骨料降温措施，可以把骨料预冷到 4℃。预冷骨料的方法很多，有水冷法、真空汽化法和液态氮法等。我国一些大型水电工程，如东江、三峡等，在夏天最高气温 32 ~ 34℃ 时，仍可控制浇筑温度不超过 15℃，广西龙滩大坝，实测碾压混凝土出机口温度 ≤12℃，取得了很好的效果。

降低浇筑温度除了可以降低基础温差而减小基础块应力，避免贯穿性裂缝以外，由于浇筑块本身的最高温升降低，在外界气温剧烈下降时，也可相对地减小内外温差，对防止表面裂缝也是有利的。

此外，利用低温季节浇筑基础混凝土也是防止裂缝最经济而有效的措施，应积极采用。

（2）减少混凝土水化热温升

应采取综合措施减少混凝土水化热温升，包括选用低发热量水泥、浇筑低流态混凝土、掺高效外加剂、加大骨料粒径，优选骨料级配、掺适宜的掺和料、控制浇筑层厚度和层间间歇期、通水冷却等措施。

水管冷却的目的主要有两个。一是减小水化热温升，从而降低混凝土的最高温度，减小基础温差和内外温差。其二是能按施工计划安排，适时地将温度降低至指定的温度，满足接缝灌浆的需要。冷却水管冷却过程一般分为两期，即一期冷却和二期冷却。一期冷却是在混凝土浇筑开始时即通水冷却一般持续 15 d（或更短），一期水管冷却降温幅度可达 6 ~ 8℃。二期冷却是在水泥水化热基本散发完后进行，主要目的是为了接缝灌浆，有时也兼顾浇筑块内外温差和防止表面裂缝的需要。

薄层浇筑有利于层面散热，削减水泥水化热温升。我国大坝工程，在基础约束区范围内一般采用浇筑块层厚 0.75 ~ 1.5 m。应保证正常的间歇时间，在浇筑层顶面积水、浇水或层面喷雾，以加速表面散热。

早期混凝土棱边和表面上均存在拉应力，若任其暴露则极易产生裂缝。所以在施工时若能减少混凝土的暴露面和暴露时间,控制浇筑间歇期,适时浇筑上层混凝土,则可改善浇筑块应力状态,裂缝可以得到防止。

(3)防止混凝土表面裂缝,加强表面保护

混凝土裂缝绝大多数是表面裂缝,在一定条件下表面裂缝可发展为深层裂缝,甚至继续发展为贯穿性裂缝,加强混凝土表面保护至关重要。气温骤降是引起混凝土表面裂缝最不利因素之一。低温季节内外温差过大或混凝土表面温度梯度过大,也是引起混凝土表面裂缝的原因之一。因此应特别注意气温骤降期间及低温季节混凝土表面保护。

预防混凝土表面裂缝主要应控制表层混凝土的温度梯度,防止气温骤降在混凝土表层引起急剧的温度下降。研究表明,对降温幅较小的寒潮(降温6℃以下),不掺粉煤灰的混凝土早期抗裂性较好。在较大寒潮下(降温8℃以上),不论掺与不掺粉煤灰,混凝土都无力抵抗,必须采取表面保护措施。

我国颁发的《混凝土重力坝设计规范》(SL 319 – 2005)中规定,当日平均气温在2~3 d内连续下降达到超过6℃~9℃时,对未满28 d龄期的混凝土暴露面应进行表面保护(温和地区,龄期5 d以前不易开裂),对基础强约束区,上游坝面等重要部位应进行严格表面保护,其他部位也应进行一般表面保护。

对表面保护的设计,实际上就是确定混凝土表面放热系数 β ,以及维持这种放热系数的持续时间。确定 β 值时,应分析浇筑块的应力,特别是表面应力和棱边上的应力。根据确定的值 β ,选择适当的表面保护材料及厚度。

混凝土保温材料很多,由于聚苯乙烯泡沫塑料、聚氨酯泡沫塑料及聚乙烯气垫薄膜等材料属于闭孔结构,吸水性低,因而保温效果优于其他材料,在我国许多大坝工程应用中取得了良好效果。

最近,中国水科院结构材料研究所研制成功一种新型的混凝土坝保温防渗复合板,它由保温板、复合防渗膜、防老化涂层组成。该复合板以挤压泡沫塑料板作保温材料,强度高(压缩强度349 KPa)、导热系数低(0.030 w/(m·k))、坚固耐用,保温功能好。组成复合板的抗渗膜,其抗渗压力大于2 MPa,抗拉强度17.15 MPa,伸长率达到720%,具有良好的防渗功能和适应变形的能力。该复合板可内贴法施工,也可外贴法施工,简化了施工步骤、缩短工期、降低工程造价,已在一些大型工程试用,取得了良好效果,大大拓宽了保温材料的应用领域[3]。

工程实践证明,对混凝土坝都应进行坝面、层面、侧面保温和保温养护。通过保温设计、选定保温材料,确定保温时间。对孔口、廊道等通风部位应及时封堵。寒冷地区优应重视冬季的表面保护。可以有效地防止混凝土表面裂缝的发生。

(4)优化混凝土配合比设计,保证混凝土施工质量

掺适量外加剂是优化混凝土配合比设计,改善混凝土性能、提高强度和耐久性,防止混凝土裂缝发生的一项重要措施。

新一代外加剂的发展和应用,对改善大坝混凝土性能带来了众多好处[4]。例如,二滩、三峡等大型水电工程大量应用萘系高效减水剂,减水率高达20%~30%,可节省水泥用量约20%。三峡工程花岗岩人工骨料混凝土采用ZB – 1A高效减水剂,并和DH9引气剂、Ⅰ级粉煤灰联掺后,用水量由110 kg/m³左右降至约85 kg/m³,节约了大量水泥,减少了水化热温

升、泌水和干缩,较显著地改善了大坝混凝土的性能,提高了混凝土的质量,有效地防止了大坝混凝土裂缝的发生。随着科学技术的进步,外加剂已成为混凝土中除水泥、粗细骨料、掺和料和水以外的第 5 种必备材料。新修订的《水工混凝土施工规范》(DL/T 5144 – 2001)强调,水工混凝土中必须掺加适量的外加剂。

此外,混凝土的抗裂能力不仅与其强度有关,还与其强度均匀性有密切关系,混凝土强度标准差 σ 大时,裂缝就多一些,因此应提高施工管理水平,保证混凝土施工质量,防止混凝土裂缝的发生。

4　结　语

要完全防止水工建筑物混凝土的裂缝是十分不易的,国内外水工界都在进行不懈的努力。大体积混凝土的裂缝问题,如果切实采用综合的防裂措施,是可以控制的。

本文通过对大体积水工混凝土裂缝成因的分析,在大量工程实践的基础上,总结了一些防止裂缝的有效措施,可能有助于水工混凝土裂缝的防止。应不断总结工程实践经验,进一步完善提高防止水工混凝土裂缝的设计方法、措施等,对我国今后的水利水电建设工程事业起到促进作用。

参考文献

[1]　丁宝瑛,王国秉,等.混凝土坝温度控制设计的优化[J].水利学报,1982(1):12 – 19.
[2]　水利水电科学研究院结构材料研究所.大体积混凝土[M].北京:水利电力出版社,1990.
[3]　朱伯芳,买淑芳,等.混凝土坝保温防渗复合板研究[A].第九届全国水工混凝土建筑物修补与加固技术交流会论文集[M].北京:海洋出版社,2007.
[4]　刘松柏.混凝土外加剂的使用[A].混凝土建筑物修补通讯[C].北京,2004(2):22 – 26.

东江水源工程6号隧洞裂缝成因分析及修复对策研究

王国秉　朱新民　孙志恒　胡　平　唐红波

（中国水利水电科学研究院结构材料研究所）

摘　要：本文通过对东江水源工程6号隧洞的工程地质、设计、施工、运行情况及地质雷达现场检测等方面综合分析,初步查明了该隧洞产生裂缝的原因,并提出了修复治理的对策措施,可供类似工程借鉴。

关键词：隧洞;裂缝成因;修复对策

1　工程概况

东江水源工程是保证深圳市千万居民饮水的"生命线"工程,它从惠州东江引水到深圳市境内,然后通过沿线的支线工程分水至各自的供水对象,线路总长136 km,采用全封闭式输水。主要输水建筑物包括输水隧洞、管道、压力箱涵、渡槽、倒虹吸等。其中隧洞总长74.3 km,包括无压隧洞12座,长66.8 km;有压隧洞5座,长7.5 km。隧洞长度占输水线路总长50%以上。

东江水源工程分二期建设,一期工程设计年引水3.5亿 m^3,二期工程建成后,年引水规模可达7.2亿 m^3。一期工程于1996年11月30日动工,2001年12月建成通水;二期工程正在建设中。

东江水源一期工程运行后,部分隧洞出现了不同程度的裂缝,其中以6号隧洞最为严重。6号隧洞为城门洞型无压隧洞,净宽4.1 m,直墙高3.2 m,顶拱半径2.05 m。C20W8混凝土衬砌,衬砌厚度40~50 cm,总长3.28 km。设计纵坡1/2 000,设计流量30 m^3/s。

2006年停水检修期间,曾对6号隧洞的裂缝进行了初步调查,发现超过5 m长的纵向裂缝83条。2007年7月又对裂缝进行了复查,共发现纵、环向裂缝356条,环向裂缝占裂缝总数的58%,纵向裂缝占裂缝总数的42%,纵向裂缝长为194.8 m(不包括2006年已处理裂缝),环向及近似环向裂缝总长1 662.9 m。这些裂缝开展范围长,渗水、钙质析出现象较严重,虽经两次维修,但效果不佳,严重影响了引水工程的安全运行,引起管理部门的高度重视。

2　裂缝特点

东江水源工程6号隧洞混凝土衬砌裂缝具有以下特点:

(1)绝大部分纵向裂缝位于隧洞近起拱处,左右侧墙均有分布,走向弯曲不规则,时有分岔、转折。

(2)大部分纵向裂缝为贯穿性裂缝,渗水或钙质析出现象严重。

（3）2005 年和 2006 年进行了环氧树脂临时处理后的裂缝又发现有钙质析出现象，局部已处理洞段出现了新的贯穿性裂缝，显示裂缝发展很快。

（4）多条纵向裂缝与环向裂缝、施工缝交叉，且常见裂缝的起、止点位于交叉处。

（5）出现多条长度超过 20 m 的纵向裂缝，并有继续发展趋势。

（6）局部洞段裂缝较密集，有大量环向裂缝和纵向裂缝存在，与地质条件有关。

3 地质雷达无损检测

为全面了解东江水源工程隧洞缺陷情况，中国水利水电科学研究院于 2007 年 11 月采用地质雷达法对 6 号隧洞进行了全面检测，为隧洞裂缝成因分析和修补加固提供科学依据。

本次检测工作采用瑞典 MALA 地球科学仪器公司生产的 RAMAC/GPR CUII 型地质雷达，选用 500 MHz 屏蔽天线检测隧洞衬砌质量和围岩情况；选用 1 000 MHz 屏蔽天线检测混凝土内钢筋。

根据现场实际情况和业主要求，6 号隧洞地质雷达无损检测共布置了 5 条纵向测线，其中拱顶 1 条，左、右拱腰和左、右边墙各 1 条。拱顶测线距底板 5.25 m，拱腰测线距底板 3.2 m，边墙测线距底板 1.2 m。

地质雷达检测表明，6 号隧洞的工程缺陷众多，5 条测线上严重危害和中等危害的缺陷共有 261 处，缺陷总长度为 1 190.2 m（其中不包括 30.08~62.8 m 内嵌钢拱架洞段的缺陷）。6 号隧洞 5 条测线上的缺陷情况汇总见表 1。

表 1　6 号隧洞拱顶、左右拱腰、左右边墙测线上的缺陷情况汇总

项目　　　　　　　　　部位	拱顶	左拱腰	右拱腰	左边墙	右边墙
缺陷段总数	58	60	72	35	36
缺陷段总长度/m	449.65	535.11	455.1	212.26	222.8
测线缺陷长度占隧洞总长度的比例/%	13.80%	16.43%	13.97%	6.52%	6.84%
各测线上缺陷占总缺陷的比例/%	23.98%	28.54%	24.27%	11.32%	11.88%
其中：严重危害缺陷数量	44	55	52	26	24
严重危害缺陷长度/m	413.05	517.01	394.7	185.61	186.5
中等危害缺陷数量	14	5	20	9	12
中等危害缺陷长度/m	36.6	18.1	60.4	26.65	36.3
严重危害缺陷段长度占该测线上缺陷总长度的比例/%	91.86%	96.62%	86.73%	87.44%	83.70%

30.08~62.8 m 内嵌钢拱架洞段的缺陷未列入本表

本次检测工作对缺陷危害程度描述的定义如下：

（1）严重危害：连续 4 m 以上隧洞衬砌与围岩的脱空，或围岩严重破碎，存在较大空洞。

（2）中等危害：连续 1~4 m 隧洞衬砌与围岩的脱空，或围岩较严重破碎、存在空洞。

（3）轻度危害：连续 1 m 以内隧洞衬砌与围岩的脱空，或围岩较破碎，存在空洞。

从表 1 可以看出 6 号隧洞的缺陷具有以下特点：

(1)严重危害缺陷多,在各条测线上,严重危害缺陷段长度均占缺陷总长度的 80%以上;

(2)缺陷主要分布在隧洞的拱顶和左右拱腰,以左拱腰最为严重;

(3)缺陷主要集中在 1 708.2 m 洞段内,隧洞拱顶和左右拱腰的缺陷占总缺陷的比例均在 20%以上。

通过地质雷达检测结果分析,可以认为 6 号隧洞存在以下主要问题:

(1)地质条件差,围岩破碎严重、裂隙发育,存在较多空洞,深部还有多处大空洞。

(2)隧洞施工质量较差,主要缺陷包括:混凝土衬砌厚度不够,钢筋混凝土中钢筋间距过大,系统钢拱架间距过大,顶拱回填灌浆质量差,局部洞段没有进行回填灌浆,顶拱混凝土与围岩之间存在较大范围的连续脱空。

(3)从 2006 年未进行固结灌浆处理的洞段的地质雷达检测图显示,该隧洞在衬砌施工后没有进行固结灌浆,衬砌中对超挖洞段(包括塌方洞段)没有进行回填混凝土处理,衬砌与围岩之间存在较大范围的连续脱空。

4 裂缝成因分析

为查明 6 号隧洞裂缝原因,现从工程地质、设计、施工、运行情况及地质雷达检测等方面进行综合分析,认为隧洞裂缝的主要原因有以下几点:

4.1 地质条件差,洞轴线选择不当

6 号隧洞全部通过石炭系下统大塘阶测水段下亚段的长石石英粉砂岩、泥质粉砂岩、岩石软弱,岩体破碎,风化层较深。隧洞大部分岩体呈碎石状松散结构和碎块镶嵌结构,围岩稳定性差。F7 断层为东倾的逆断层,产状 352°NE <20°,破碎带及影响宽度为 20 m 左右。6 号隧洞大部分洞段与 F7 断层走向平行,处于断层破碎带影响范围内,施工时曾发生大小塌方 42 段,这与洞轴线选择不当有关。水工隧洞线路选择是水工隧洞设计最重要的一环,布置上的缺欠是不易弥补的。可以认为:6 号隧洞工程地质条件差,加上洞轴线选择不当,是造成隧洞裂缝的主要原因之一。

4.2 衬砌受力状态与设计出入较大

6 号隧洞为无压输水隧洞,承受的载荷主要包括围岩压力、衬砌自重、地下水压力、隧洞内部静水压力、灌浆压力等。

6 号隧洞所处地域属于岩体初始地应力场以重力场为主的区域,该地区岩层平缓、未经受较强烈地震影响、具有全分化或强风化带等明显标志,岩体垂直地应力的大小近似等于洞室上覆盖的重力。但是,6 号隧洞有多段受断层和花岗岩侵入的影响,岩体破碎,这些洞段处于由重力场和构造应力场叠加而成的岩体初始地应力场。此时,水平地应力普遍大于垂直地应力,最大水平地应力与垂直地应力之比一般在 0.5~5.5 之间,因此,对 6 号隧洞大部分处于软弱、破碎围岩的洞段,需要计算垂直均布压力和水平均布压力。

6 号隧洞大部分洞段都承受较大的外水压力,最大外水压力 0.6 MPa,由于隧洞大部分处于软弱、破碎围岩的洞段,渗流体积力就有可能很大。此外,由于外水内渗,围岩将进一步产生变形,或使节理、裂隙、夹层、断层等软弱面产生松动、滑移或坍落,使作用在衬砌上的围

岩压力加大。

6号隧洞的裂缝绝大部分位于隧洞近起拱处,走向基本上与主拉应力方向垂直,裂缝宽度较大,且沿长度和深度方向有明显变化,由较宽一端向较细一端伸展,缝宽受温度变化的影响较小,从这些特点可以判定,6号隧洞的纵向裂缝属于荷载裂缝。

本工程设计中,在Ⅳ、Ⅴ类围岩洞段(除了Ⅴ类围岩洞口段),采用的全部是素混凝土衬砌,而且没有固结灌浆,这显然是采用了允许开裂设计,表明设计对衬砌受力状态考虑不足,与实际情况出入较大。

6号隧洞采用了城门洞型,城门洞型隧洞在起拱处是应力集中区,当衬砌内力超过混凝土强度设计值时,城门洞的起拱处出现大量荷载裂缝是必然的。

4.3 施工质量较差

6号隧洞混凝土衬砌施工中,主要采用人工入仓,城门洞顶拱由于入仓和振捣困难,混凝土浇筑质量较差,存在施工冷缝、施工期温度裂缝、蜂窝、麻面等缺陷。

在施工期质量检查中,出现过多次混凝土抽样检查不合格的现象。混凝土强度低,均匀性差是产生裂缝的内在原因。

本次地质雷达检测表明,有的洞段混凝土衬砌厚度不够,钢筋混凝土中钢筋间距过大,系统钢拱架间距不满足设计要求,顶拱回填灌浆质量差,局部洞段没有进行回填灌浆,顶拱混凝土与围岩之间存在较大范围的连续脱空,隧洞严重危害缺陷占缺陷总长度的80%以上,对混凝土衬砌受力状态十分不利。6号隧洞施工质量较差,也是造成隧洞裂缝主要原因之一。

4.4 运行期温度应力对荷载裂缝的形成影响较大

东江水源一期工程隧洞衬砌运行期的温度应力,主要受东江水温降控制,因为本工程取用的是东江表层水,水温变化较大,冬季最低只有1℃~2℃,而隧洞内温度主要受地温控制,通常保持在12℃左右,温降年变幅约10℃(实测资料表明,最大温降年变幅为11℃)。

在运行期,施工期的温度影响已经基本消失,隧洞及围岩在年内受准稳定温度场控制。衬砌内缘温度随洞内水温周而复始地作余弦变化,衬砌和围岩内任一点的温度也以同一周期作余弦变化,但随着距衬砌内缘的距离的增加,温度变幅逐渐减小,在时间上的相位差逐渐增大。

运行期衬砌内缘的温度变幅最大,因此产生的温度应力也最大;沿衬砌厚度方向,随着距衬砌内缘的距离的增加,温度应力逐步递减。

6号隧洞衬砌运行期温度应力模拟计算结果见表2。由表2可见,在温降年变幅为10℃的前提下,衬砌内缘的最大温度拉应力在花岗岩洞段达到1.26 MPa,在砂岩洞段接近1 MPa。由此可见,运行期的温度应力对荷载裂缝的形成作用较大。

表2 隧洞衬砌运行期温度应力模拟计算结果(洞内水温年变幅10℃)

距衬砌内缘的距离(cm)	最大拉应力(MPa)	
	围岩为花岗岩	围岩为砂岩
0	1.26	0.85
5	1.06	0.77
10	0.95	0.72

距衬砌内缘的距离(cm)	最大拉应力(MPa)	
	围岩为花岗岩	围岩为砂岩
15	0.88	0.66
20	0.80	0.60
25	0.75	0.57
30	0.70	0.53
35	0.65	0.48
40	0.60	0.44
45	0.54	0.41
50	0.50	0.39

5 修复对策研究

为避免 6 号隧洞裂缝继续快速发展,建议目前首先采取恢复整体性和加强耐久性的修补措施,以提高衬砌和围岩的联合承载能力,提高混凝土衬砌抗渗性,建议对策措施如下:

5.1 回填灌浆和固结灌浆

回填灌浆和固结灌浆是目前解决水工隧洞防渗的最有效措施之一,固结灌浆还能提高衬砌和围岩的联合承载能力,减少载荷裂缝。

鉴于 6 号隧洞围岩破碎,局部存在较大空洞,衬砌与围岩之间存在较大范围的连续脱空现象,因此,建议 2007 年修补时,应以回填水泥砂浆为主,回填时,应在同一洞段左、右边墙均匀回填;对完成回填并固化的洞段,可以进行第一次固结灌浆,应控制灌浆压力不宜超过 0.3 MPa,以免灌浆压力引起新的混凝土裂缝。建议 2008 年修补时,采用重复灌浆技术对所有围岩破碎的洞段再进行一次固结灌浆,灌浆压力宜控制在 0.6 MPa 以内,然后对混凝土衬砌的裂缝进行化学灌浆和封闭处理,以提高混凝土的耐久性。

对 6 号隧洞 30.08 ~ 62.8 m 内嵌钢拱架洞段和其他严重缺陷的 1708.2 m 洞段,需进行全断面的回填和固结灌浆处理。应注意结合地质条件合理选择灌浆深度和压力,最好经试验后确定,由于原设计没有进行固结灌浆,因此,必须进行全断面固结灌浆处理。灌浆时拟按先回填灌浆后固结灌浆的顺序进行。

5.2 裂缝化学灌浆和喷涂聚脲封闭处理

对缝宽超过 0.2 mm 的裂缝进行化学灌浆处理,灌浆材料应使用无毒环保、低黏度、亲水性好、可灌性好、黏结强度高、遇水膨胀并具有柔弹性,适应一定温度变形能力的灌浆材料。建议使用环保型聚氨酯复合浆材,灌浆采用高压灌浆施工工艺。化学灌浆尽可能安排在低温季节施工,在隧洞完成回填灌浆和固结灌浆后进行。

对缝宽小于 0.2 mm 的纵向裂缝和环向裂缝,建议进行表面涂刷单组分聚脲材料或表面喷涂双组分聚脲材料封闭处理。封闭处理应在裂缝化学灌浆之后进行。喷涂聚脲弹性体技术是国外近十几年来为适应环保需求而研制、开发的一种新型无溶剂、无污染的绿色施工技术。该材料具有优异的综合力学性能,其拉伸强度大于 16 MPa,扯断伸长率大于 400%,附着力(潮湿面)大于 2 MPa。抗渗性能好,在 2 MPa 压力下 24 h 不透水。由于该材料快速固化,1 min 即可达到步行强度,可进行后续施工。施工工艺简单,可在任意立面、曲面上喷涂成型,不流挂。该技术已在我国水利水电工程开始广泛使用,效果显著,可为本工程处理提供可靠的技术保障。

5.3 增加排水孔,降低外水压力

根据 6 号隧洞裂缝成因分析,较大的外水压力是造成隧洞裂缝的原因之一。为降低外水压力,建议采用加密布设排水孔的措施,以保证隧洞排水通畅。

建议在裂缝洞段,沿纵向每 10 m 洞长,在两侧墙上距洞底高 1 m 左右各布设 1 个排水孔。钻孔深度对于 Ⅳ、Ⅴ 类围岩以打到初砌和二衬之间为控制,对于 Ⅲ 类围岩段以打穿初衬达到围岩为准。钻孔孔径可选取 50 ~ 70 mm 左右。

5.4 裂缝安全监测

鉴于深圳市东江水源工程引水隧洞的重要性,应全线配置布局合理的监测网络,实现裂缝的实时监控。如果监测设计测点较少且布置分散,难以起到理清裂缝原因、监控隧洞运行性态的作用。在设计监测网络时,应兼顾温度变化、裂缝开度、结构位移、固结灌浆效果、外水压力等方面,同时还应注意以下几点:

(1)对裂缝较多、缝宽较大的区段,适当增加安装垂直跨缝表面测缝计,监测频次 2 次/月;必要时还可布设收敛测点。

(2)对于荷载裂缝原因明确且存在一定发展趋势的断面,通过增加测缝计及应变计的测量频次,进行较严密的监控,在条件许可时,可考虑实施自动化监测。

(3)及时对监测资料进行整理和必要的综合分析,以明确裂缝原因,监控发展趋势,确保引水隧洞的安全运行。

潮河总干渠6座机闸混凝土修补加固

周吉群[1]　钟海涛[1]　毋志钊[2]　赵志楠[2]
（1. 北京市京密引水管理处潮河管理所　2. 北京中水科海利工程技术有限公司）

摘　要：潮河总干渠至今运行已近50年，机闸闸门及闸墩混凝土碳化严重，局部混凝土保护层剥落，钢筋锈蚀，混凝土强度大大降低，严重影响机闸运行安全。本文通过采取对混凝土剥蚀面修补、碳纤维补强加固和混凝土表面防护等综合措施，对潮河总干渠6座机闸混凝土进行修补加固，延长了工程的使用寿命，保证了工程的正常运行。

关键词：干渠机闸；混凝土碳化；补强；防护

1　工程概况

混凝土建筑物随着运行年限的增长，都会出现老化现象，主要表现在混凝土的碳化和内部钢筋锈蚀。混凝土碳化是指混凝土硬化后其表面与空气中的 CO_2 作用，使混凝土中的水泥水化生成产物 $Ca(OH)_2$ 生成 $CaCO_3$，并使混凝土孔隙溶液 pH 值降低。而防止钢筋产生锈蚀的表面钝化膜只能在碱性的环境下才能稳定的存在，当混凝土孔隙溶液碱度降低时，这层钝化膜也随之瓦解，失去了对钢筋的屏障作用，在电化学反应的作用下，钢筋表面逐渐反应生成 $Fe(OH)_3$，导致钢筋锈蚀。一旦钢筋锈蚀，将导致体积膨胀，当膨胀应力超过混凝土的抗拉强度时，混凝土将产生顺筋向裂缝，严重时混凝土剥落，将危及混凝土结构的安全。

潮河总干渠位于北京市密云县河南寨镇境内，修建于1958年，至今运行已近50年。机闸闸门及闸墩混凝土碳化严重，局部混凝土保护层剥落，钢筋锈蚀，混凝土强度大大降低，严重影响机闸运行安全。一旦泄洪易出现倒闸毁堤现象，将危及河南寨镇28个行政村、23 000多人的生命财产安全，需要进行补强加固。此次工程包括提辖庄进水闸、提辖庄泄洪闸、西大支分水闸、宁村节制闸、河南寨节制闸和中庄泄洪闸六座机闸。

提辖庄进水闸：2孔闸，闸门尺寸 2.9 m × 3.3 m。上游两侧导墙剥蚀较严重，面积约200 m^2。墩头剥蚀约5 m^2。边墩、中墩及排架防碳化面积约150 m^2。闸门露筋部位修补后需要补强，闸门需防碳化处理。

提辖庄泄洪闸：4孔闸，闸门尺寸约 3.00 m × 3.26 m。闸门后隔梁混凝土保护层多处脱落，钢筋锈蚀，有断裂处，面板保护层有脱落露钢丝网现象。闸门露筋部位需要补强加固，然后进行防碳化处理。

西大支分水闸：2孔闸，闸门尺寸约 2.5 × 2.3 m。闸门后隔梁混凝土保护层多处脱落、钢筋锈蚀，面板保护层有脱落现象，右孔闸门有纵向裂缝。闸门露筋部位需修补后进行防碳化处理。该闸墩为浆砌石、墩头为混凝土结构。基本无剥蚀。墩及排架需要防护。

宁村节制闸：4孔闸，闸门尺寸约 2.97 m × 2.74 m。右二孔闸墩上部裂缝长50 cm；闸门露筋部位修补后需要补强，然后进行防碳化处理。排架混凝土有裂缝，缝宽4 mm，长1.5 m；

墩及排架混凝土需要进行防碳化处理。

河南寨节制闸:3孔闸,闸门尺寸约2.45 m×2.81 m。闸门后隔梁混凝土保护层多处脱落、钢筋锈蚀;止水破损、残缺;导轮锈死;边墩混凝土碳化破损严重。闸门露筋部位修补后需用碳纤维补强,然后进行防碳化处理。闸门钢板及钢导轨需防腐处理。

中庄泄洪闸:1孔闸,闸门尺寸约4.6 m×3.4 m。闸门后隔梁混凝土保护层多处脱落、钢筋锈蚀;导轮锈死;缺一个主导轮,闸门板多处有裂纹;闸墩混凝土碳化剥离。闸门露筋部位修补后需补强,然后进行防碳化处理。排架钢筋锈蚀混凝土胀裂。

2 补强加固内容及修补方案

经检测各机闸混凝土强度基本满足设计要求,其主要缺陷表现为:混凝土冻融剥蚀严重、混凝土裂缝、混凝土碳化较严重等。针对机闸不同的缺陷情况,补强的主要内容包括:混凝土剥蚀面的修补、碳纤维补强加固和混凝土的表面防护。

2.1 混凝土冻融剥蚀区的补强加固处理

凿除冻融剥蚀区脱空、松动的混凝土,涂刷界面剂,用抗冲磨聚合物水泥砂浆或聚合物混凝土进行置换。聚合物水泥砂浆是通过向水泥砂浆掺加聚合物乳胶改性而制成的一类有机无机复合材料。主要是由于聚合物的掺入引起了水泥砂浆微观及亚微观结构的改变,从而对水泥砂浆各方面的性能起到改善作用,并具有一定的弹性。聚合物水泥砂浆主要性能指标见表1。

表1 聚合物水泥砂浆性能指标

序号	项目	设计指标
1	抗压强度(MPa)	≥30(28 d)
2	抗折强度(MPa)	≥7(28 d)
3	与老混凝土的黏结强度(MPa)	≥2.0(28 d)
4	抗冻性(抗冻融循环次数)	≥F200

2.2 混凝土表面防碳化处理

目前处理混凝土碳化的方法较多,主要分两种情况。一种是针对混凝土表面没有出现裂缝及剥蚀破坏的情况,一般采用表面保护的措施,即在混凝土表面做涂料,阻断二氧化碳向其内部侵蚀扩散的途经,减缓混凝土的碳化速度,国内采用的材料有环氧树脂、氯磺化聚乙烯、水泥基类材料、高标号水泥砂浆、聚合物水泥浆等;另一种是混凝土表面已产生破坏的情况,包括出现顺筋开裂、混凝土崩落、钢筋锈蚀、混凝土局部剥蚀等,对这类破坏原则上应采用局部修补和全面封闭防护相结合的方法,即对于碳化深度超过混凝土保护层,钢筋已产生锈胀破坏的部位,要在彻底清除的基础上用黏结性好、密实度高的水泥砂浆(或混凝土)进行局部修补,恢复结构物的整体外形,再用黏结性强的防碳化柔性涂料对整个钢筋混凝土结构进行全面的封闭,以防止空气中 CO_2 的进一步侵蚀,达到整体防护的效果。

启闭机梁及排架表面由于长期受空气中 CO_2 的侵蚀,需对混凝土表面进行打磨,用高压水枪冲洗干净,并采用专用的 PCS 型防柔性碳化涂料对闸门及排架混凝土表面进行防护处理。

由于闸墩处于干湿交替条件,对闸墩表面进行防护处理的材料,既要满足防碳化要求,又要满足将来泄洪时的防冲刷要求,闸墩防护处理采用 SK 通用型水泥基渗透型防水涂料,厚度大于 1.5 mm,与混凝土的黏结强度大于 1.0 MPa。该材料可以全面提高混凝土的抗渗能力,防止防渗层混凝土的碳化,提高混凝土的耐久性。涂刷 3 遍,厚度为 1.0 ~ 1.5 mm。采用 SK 通用型水泥基渗透防水涂料对闸墩及护墙混凝土表面进行防护处理。涂刷 2 遍,厚度为 1.5 mm。

2.3 闸门局部补强加固

闸门局部补强加固采用碳纤维补强加固技术。碳纤维补强加固技术是利用高强度或高弹性模量的连续碳纤维,单向排列成束,用环氧树脂浸渍形成碳纤维增强复合材料片材,将片材用专用环氧树脂胶黏贴在结构外表面受拉或有裂缝部位,固化后与原结构形成一整体,碳纤维即可与原结构共同受力。由于碳纤维分担了部分荷载,降低了钢筋混凝土的结构的应力,从而使结构得到补强加固。这种技术已在诸如桓仁水库混凝土支墩、海河闸交通桥大梁、引黄入晋输水渡槽、北京京密引水渠白家疃山洪桥、雁栖闸混凝土闸墩等水利工程的修补中得到广泛应用,因此闸门采用碳纤维加固技术进行补强加固。碳纤维材料的性能指标见表 2:

表 2　碳纤维片的规格及性能指标

碳纤维种类	单位面积重量/g · (m²)⁻¹	设计厚度/mm	抗拉强度/MPa	拉伸模量/MPa
XEC – 300（高强度）	300	0.167	>3500	> 2.3 ×10⁵

3　结　语

潮河总干渠 6 座机闸混凝土修补加固工程单元工程名称分别为:基础处理、剥蚀面修补、碳纤维补强、混凝土表面防护,由专业队伍施工,各单元工程施工质量均满足设计要求。

工程实践表明,聚合物水泥砂浆、PCS 型防柔性碳化涂料、SK 通用型水泥基渗透型防水涂料及碳纤维补强加固技术是一种成熟的技术,适合对已建工程的修补和防护,在许多水利水电工程中得到广泛应用,取得了良好效果,可以在类似工程中推广使用。

京密引水渠东流水涵洞混凝土补强加固技术浅析

宋兴鹏

（北京市京密引水管理处）

摘　要：已运行40余年的京密引水渠东流水涵洞，其混凝土结构出现了裂缝、剥蚀、保护层脱落、钢筋锈蚀、伸缩缝漏水等典型的混凝土病害问题。通过对混凝土裂缝灌注 SK－E 改性环氧树脂浆，缝面黏贴双层碳纤维布处理混凝土裂缝，用聚合物水泥砂浆置换剥蚀脱空混凝土，并对洞身混凝土涂刷 PCS 防护层处理，经过运行检验，加固效果良好，加固技术可推广应用。

关键词：SK－E 改性环氧树脂浆材；双面碳纤维布；聚合物水泥砂浆；PCS 型抗冲磨防碳化涂料

1　工程概况

京密引水工程作为北京市最重要的一条跨流域地表水之间联合调度的工程，担负着由密云水库向北京市区输送水源的重要任务，工程于 1961 年和 1966 年分两期建成，始于密云水库白河主坝以南的调节池，于怀柔区城北入怀柔水库，下游经过团城湖，在海淀区罗道庄与永定河引水渠汇合，全长 112 km。东流水涵洞位于京密引水渠怀柔段，CH14＋358 m 处，涵洞设计流量为 25.5 m³/s，上游最高水位 58.31 m，进口高程 56.56 m，出口高程 56.18 m，洞身长 44 m，断面尺寸为 3～1.7 m×2.5 m，为整体浇注式混凝土结构。

2　混凝土病害情况与分析

2.1　主要病害

东流水涵洞经过 40 余年的运行，混凝土老化病害问题非常严重，2003 年检测发现，混凝土裂缝、剥蚀、碳化、钢筋锈蚀现象比较严重。顶板混凝土平均碳化深度达 20.6 mm，局部有表层缝、环向和横向贯穿缝出现。由于顶板混凝土剥蚀，导致骨料外露，钢筋锈蚀严重。检测结果见表 1。

表 1　东流水涵洞混凝土碳化深度及钢筋锈蚀现场检测结果

工程名称	混凝土抗压强度（MPa）	碳 化 深 度（mm）			碳化深否（＞20mm）	钢筋是否锈蚀
		最小值	最大值	平均值		
东流水涵洞	38.6	12.0	21.4	20.6	深	是

2.2 病害成因分析

(1)水工混凝土尺寸或体积较大的结构物中,裂缝的产生往往与温度应力过大有关。根据 2003 年检测,涵洞出现裂缝部位的混凝土抗压强度均能达到设计强度 C15,强度比较均匀,结构亦无过载,确定涵洞出现的大部分裂缝为温度应力裂缝。

(2)由于京密引水渠长期输水,混凝土出现裂缝后水会沿裂缝渗漏,进而导致钢筋锈蚀,混凝土中钢筋发生锈蚀后,其锈蚀产物(氢氧化铁)的体积将比原来增长 2 ~ 4 倍,从而对周围混凝土产生膨胀应力,当该膨胀应力大于混凝土抗拉强度时,混凝土就会产生钢筋锈蚀裂缝,久而久之,混凝土会出现脱空、脱落。

(3)混凝土在潮湿或浸泡状态下,由于温度正负交替变化或水压变化,使混凝土内部孔隙水形成冻结膨胀压、渗透压及水中盐类的结晶压等产生的疲劳应力,造成混凝土由表及里逐渐剥蚀。京密引水渠长期输水,涵洞洞身混凝土由于渗漏而处于湿润状态,温度变化和输水期和非输水期的水压力差使得混凝土反复冻融及溶蚀而破坏。

(4)由于涵洞已经建成 40 余年,混凝土自然老化,主要表现在混凝土的碳化和内部钢筋锈蚀。洞身混凝土表面与空气中的 CO_2 作用,使混凝土中的水泥水化生成产物 $Ca(OH)_2$ 生成 $CaCO_3$,并使混凝土孔隙溶液 pH 值降低。而防止钢筋产生锈蚀的表面钝化膜只能在碱性的环境下才能稳定存在,当混凝土孔隙溶液碱度降低时,这层钝化膜也随之瓦解,失去了对钢筋的屏障作用,在电化学反应的作用下,钢筋表面逐渐反应生成 $Fe(OH)_3$,导致钢筋锈蚀。

3 混凝土补强加固材料及技术

3.1 裂缝灌浆处理

东流水涵洞裂缝为局部表层缝及环向、横向贯穿缝,严重地破坏了涵洞洞身结构的整体性,改变了应力分布及传递途径,因此对混凝土裂缝采用化学灌浆的补强方法,灌浆材料采用性能优异的 SK - E 改性环氧树脂浆材,这种材料黏度低,可灌性好,可渗入 0.2 mm 混凝土裂缝和微细岩体内,与国内外的同类材料相比,其早期发热量低、毒性小、施工操作方便,其性能见表 2。

表 2   SK - E 改性环氧浆材性能

浆材	浆液黏度 (cp)	浆液比重 (g/cm³)	屈服抗压强度(MPa)	抗拉强度(MPa)		抗压弹模 (MPa)
				纯浆体	潮湿面黏结	
SK - E 改性环氧	14	1.06	42.8	8.25	>4.0	1.9×10^3

化学灌浆前先造孔,沿混凝土裂缝两侧打斜孔与缝面相交,孔距为 0.4 ~ 1 m,然后清孔、埋嘴,用风管清除粉尘,应用高压注浆机进行灌浆,灌浆压力要分级施加,以 0.1 MPa 为一级,若吸浆量小于 0.05l /min 时,升压一次,直至达到最高灌压。

3.2 冻融剥蚀混凝土补强加固

凿除洞身脱空、松动的混凝土,并将混凝土面凿毛,用高压水枪冲洗表面异物,对锈蚀的钢筋进行除锈,然后涂刷界面剂,力求薄而均匀,15 min 后抹聚合物砂浆置换原混凝土。

聚合物水泥砂浆是通过向水泥砂浆掺加聚合物乳胶改性而制成的一类有机无机复合材料。主要是由于聚合物的掺入引起了水泥砂浆微观及亚微观结构的改变,从而对水泥砂浆各方面的性能起到改善作用,并具有一定的弹性。聚合物水泥砂浆主要性能指标见表3。

表3　聚合物水泥砂浆性能指标

序号	项　目	设计指标
1	抗压强度 /MPa	≥30(28 d)
2	抗折强度 /MPa	≥8(28 d)
3	抗冻性/抗冻融循环次数	≥F200

3.3　混凝土表面防碳化处理

由于涵洞是过水建筑物,在涵洞表面进行防护处理的材料,既要满足防碳化要求,又要满足将来过水时的防冲刷要求。首先打磨混凝土表面,用高压水枪冲洗干净,涂刷专用的PCS型抗冲磨防碳化涂料对混凝土面进行防护处理,一般刷 2~3 遍,厚度为 1 mm,与混凝土的黏结强度大于1.0 MPa,可以全面提高混凝土的抗渗能力,防止混凝土的碳化,提高其耐久性。

3.4　洞顶混凝土碳纤维补强加固

碳纤维加固技术是利用高强度或高弹性模量的连续碳纤维,单向排列成束,用环氧树脂浸渍形成碳纤维增强复合材料片材,将片材用专用环氧树脂胶黏贴在结构外表面受拉或有裂缝部位,固化后与原结构形成一整体,碳纤维即可与原结构共同受力。由于碳纤维分担了部分荷载,降低了钢筋混凝土的结构的应力,从而使结构得到补强加固。碳纤维布的技术指标见表4.

表4　碳纤维布的规格及性能指标

碳纤维种类	单位面积重量(g/m²)	设计厚度(mm)	抗拉强度(MPa)	拉伸模量(MPa)
XEC – 300	300	0.167	>3 500	>2.3×10⁵

通过在涵洞顶板的下表面黏贴双层碳纤维,以提高顶板的抗压和抗弯能力,弥补钢筋锈蚀所带来的承载能力降低。

4　结　语

京密引水渠东流水涵洞通过裂缝灌浆、聚合物砂浆置换、PCS 防碳化处理、碳纤维补强等混凝土补强加固新技术的应用及运行实践的检验,该工程修补效果良好,采用的补强加固技术可以广泛地应用于混凝土病害的处理及加固。

老旧涵闸加固工程应用实例

毛少波 王学荣

（天津市水利勘测设计院）

摘 要：马场减河尾闸为涵洞式节制闸，建于 1983 年，由于盐碱侵蚀等原因，混凝土结构碳化，钢筋锈蚀严重，涵洞内出现多条纵向裂缝，危及建筑物安全，1999 年采用聚合物砂浆补强及防碳化处理、涵洞洞身内衬加固等措施对其进行加固处理，多年运用实践证明，加固效果良好。

关键词：聚合物砂浆；补强；防碳化处理；内衬加固

1 前 言

涵闸为穿堤建筑物中最常见的一种结构型式，其安全与否不仅影响自身功能的实现，还直接威胁着堤防的安全。因此，对年久失修的涵闸如何进行加固，是一个值得探讨的问题。笔者现将所亲历的马场减河尾闸加固情况简要论述，以供大家参考。

2 工程概况

马场减河尾闸位于天津市马场减河与独流减河交汇处，它既是天津南系来水通过马场减河输水入独流减河的重要节制建筑物，也是独流减河行洪时防止洪水倒灌的挡水建筑物。该涵闸建于 1983 年，设计流量 50 m³/s，校核流量 100 m³/s。该涵闸共分三段，其中两端闸室段各长 9.5 m，中间涵洞段长 14 m，三段共长 33 m，结构型式为 3 孔 3.5 ×3.5m 钢筋混凝土箱涵。

由于该闸原设计混凝土标号偏低（R150），且未提出混凝土抗冻及抗渗要求，另因施工质量较差，致使该建筑物长期在潮湿环境、盐碱侵蚀和冻融影响下，机架桥、翼墙下部、闸墩及两岸护坡混凝土碳化、钢筋锈蚀严重，多处产生裂缝及冰冻破坏；涵洞部分段顶板由于超载运行，出现了纵向裂缝，已对建筑物的正常运行构成严重的威胁。鉴于以上隐患的存在，1999 年有关部门决定对其进行加固处理。加固工程共包括两大部分：翼墙、闸墩、机架桥采用聚合物砂浆补强及防碳化处理，涵洞洞身内衬加固。该工程总投资为 154 万元。

3 工程加固情况

3.1 实测检查

为真正了解结构损伤的原因和程度，以便合理选择维修、加固措施，首先修筑围堰抽水排空进行检查，并对建筑物各部位进行了检测。其中包括混凝土强度、混凝土碳化深度、钢筋锈蚀程度、混凝土砂浆游离氯离子含量、钢筋保护层厚度等项目。

通过对重点部位检测发现:

1)机架桥板、柱,闸墩,翼墙上部及两岸护坡混凝土碳化严重,平均碳化深度 4 cm,超过平均保护层厚度,由于产生严重剥落,致使钢筋出现锈蚀;游离氯离子含量已超过钢筋失钝临界值,并进入锈蚀迅速发展期。

2)涵洞洞身两个边孔的顶板中部均出现了宽为 1 ~ 2 mm 且较长的纵向裂缝,经取芯至 30 cm 混凝土厚度后观察,仍有缝隙存在(顶板厚 50 cm)。挖出探坑检查,未发现顶板外部有明显裂缝,裂缝虽未贯穿,但已达相当深度。

3.2 加固处理措施

3.2.1 聚合物砂浆及防碳化处理

针对翼墙、闸墩、机架桥产生的问题,分别进行了两个方案的比选。方案一:拆除损坏部分,重新浇筑混凝土;方案二:采用聚合物砂浆补强及防碳化处理。经反复比较后,选择了方案二的措施进行加固。该方案不仅工程投资小,而且避免了拆除机架桥及闸门、启闭设备带来的施工难度。其施工方法为:凿除混凝土损坏部分,用高压水枪将表面冲洗干净,对钢筋进行除锈处理,验收合格后,再进入抹浆工序。抹浆前先涂抹一层界面剂,分三层抹压聚合物砂浆,每层厚度不超过 1 cm,层与层之间要有时间间隔,聚合物砂浆补强后再涂抹防碳化乳液作为保护层。

3.2.2 涵洞洞身加固

1)原因分析

根据涵洞顶板出现裂缝的位置及特征,首先对裂缝产生原因进行了认真分析:

裂缝发生的部位正是或处于涵洞顶板正弯矩最大处,且裂缝与结构断面垂直,是典型的结构受外力引起的裂缝。另外,从裂缝的分布密度来看也与涵洞顶部作用的荷载大小有关,因此该裂缝为结构受外力作用破坏后的应力缝。

对原设计配筋进行了校核计算。通过承载能力极限状态验算和正常使用极限状态验算,原设计配筋基本满足配筋要求。经调查分析,由于该处堤顶长期有车辆通行,有时甚至为大吨位载重车,超出了原设计荷载,是造成裂缝的原因之一。

原设计洞身混凝土标号偏低,为 R150,况且未提出抗冻及抗渗等结构耐久性要求。通过对原施工资料进行分析,发现有部分混凝土试件 28 d 强度未达到设计强度,只相当于 R100,不利于混凝土与钢筋共同工作,造成了裂缝集中且宽度加大。

2)洞身加固

针对洞身问题所在,进行了两个加固方案的比选。方案一:破堤后拆除顶板及部分侧墙,重新浇筑混凝土,该方案投资约为 100 余万元。方案二:不破堤且不进行顶板及侧墙拆除,而对原涵洞进行凿毛后加混凝土内衬,其投资约为 70 余万元。通过比较可以看出,方案二不仅投资小,而且施工难度小,操作灵活。为此,选择了方案二。

(1)顶板裂缝灌浆

为恢复涵闸洞身结构的整体性,根据顶板裂缝的宽度,灌浆采用黏结强度高的环氧树脂浆液,为增加其流动性,掺入一定比例的稀释剂(改性环氧浆液)。灌浆的主要工艺流程为:

钻孔—清缝—埋灌浆咀—嵌缝—查漏—灌浆—拔管封孔—效果检查

灌浆咀每隔 50 cm 左右设一个,灌浆压力采用 0.3 MPa。灌浆由一端到另一端,逐渐加压,保持压力稳定一直到灌浆结束。为使浆液在有压下固结,灌浆结束前,将孔口皮管反叠并用铁丝绑扎。

灌浆结束后,要对其质量进行检查,必要时进行取芯抽查。

(2)涵洞内衬加固:为解决箱涵洞身配筋不足及混凝土耐久性问题,采取涵洞洞身内四周加设钢筋混凝土薄衬。在此之前,为了避免因缩小过水断面尺寸,而影响涵闸的过流能力问题,首先按原设计工况、校核工况及相对应的水头差,进行了加固后断面的涵闸过流量验算,其计算结果对输水影响很小。

内衬具体做法:对涵洞内表层混凝土进行凿毛(约 3 cm),直至完全清除已碳化混凝土,加设钢筋混凝土薄衬 23 cm(从原断面算起加厚 20 cm)。考虑到薄衬有可能承担顶板主要荷载,故将混凝土标号适当提高,同时,强调了抗冻、抗渗的要求。对施工难度较低的底板、边墙采用普通混凝土浇筑,施工难度大的顶板采用高流动性的商品混凝土压力灌注。由于顶部模板需密封承压,除做好模板钢支撑外,并在原混凝土上打锚筋拉结。为处理好高流动混凝土干缩问题,在较长的浇筑段设混凝土缩缝(半缝),待混凝土收缩完结后,再进行灌浆处理。为排除仓面气体,还加设了排气管。

4 结 语

涵闸的破坏种类很多,本例只是其中的一种。对于遭受不同破坏的涵闸,要选择适宜的补强加固措施,应进行认真细致的分析、检查、调研和方案比较,以做到有的放矢,经济合理。该工程中所采用的补强加固措施,运用了较先进的聚合物砂浆补强和防碳化处理技术、改性环氧树脂灌浆处理裂缝技术,及高流动性混凝土压力灌注技术,经多年运行后,效果良好。不仅节约了投资,而且也为今后类似工程加固积累了一定经验。

龙茜供水工程隧洞混凝土
缺陷处理现场试验

钟俭雄[1] 瞿向东[2] 鲍志强[3]
(1. 深圳市水务技术服务有限公司;2. 北京市城市河湖管理处;
3. 北京中水科海利工程技术有限公司)

摘 要:本文针对龙茜供水工程输水隧洞出现的缺陷,提出了隧洞裂缝及伸缩缝等渗漏的处理方案,并在现场进行了试验及运行。实践证明隧洞裂缝及伸缩缝处理方案及选用的材料是可行的,能达到预期目的,可满足正常运行要求,为以后该工程全面的缺陷处理奠定了科学基础。

关键词:输水隧洞;裂缝;伸缩缝;SK 手刮聚脲

1 工程概况

深圳市龙茜供水工程是为了解决深圳市龙华、观澜、平湖三镇城市缺水问题而兴建的大型供水工程,设计供水规模为 33 万 t/d。工程线路全长 19.46 km,自东向西穿越深圳市北部丘陵地带,由龙口泵站取水后,经雁田水库库尾沿平盐铁路、广深铁路,过苗坑水厂后,沿环观南路至茜坑水库,沿途设有 9 个分水口。主要建筑物有压力管道、隧洞、顶管、顶涵、跨河库管桥、高位水池,以及控制阀、排气阀、放空阀、流量计等配套设施。

龙茜供水工程樟坑径隧洞长 1.0 km(桩号 E0 + 057.32 ~ E1 + 057.32),马蹄型断面,直径 3.8 m,C25W8 钢筋混凝土衬砌,为有压隧洞。2007 年停水检查发现,该输水隧洞存在混凝土裂缝、伸缩缝漏水及施工冷缝漏水等缺陷。2008 年 12 月停水检修期间,在距洞口 35 米范围内,选择了 1 条渗水裂缝(环向)、1 条结构缝(已破损)、2 条渗水施工缝进行了现场防渗处理试验。为下一步该工程全面的缺陷修补处理打基础。

2 裂缝处理方案及施工工艺

2.1 裂缝处理方案

裂缝位于距洞口 31 m 处(环向、渗水),处理长度为 10 m。对渗漏的裂缝,采用内部进行高压化学灌浆及表面涂刷 SK 手刮聚脲柔性材料封闭的综合处理方案,该方案其一可在裂缝内部的钢筋周围形成保护层,其二防止外水沿裂缝渗入,其三可对裂缝处的混凝土进行补强加固,恢复混凝土的整体性,其四可以在引水面形成一道可靠的防渗及防冲刷层。

2.2 化学灌浆施工工艺

高压化学灌浆施工工艺如下:

(1)灌浆孔造孔及清洗:沿混凝土裂缝两侧打斜孔与缝面相交,孔距为 30 ~ 40 cm。灌

288

浆孔钻好后,用高压气吹出造孔时产生的粉尘,然后再用高压水冲洗灌浆孔,冲出孔内的混凝土碎渣与粉尘等杂物。清孔验收标准以孔内无任何杂物为准。

(2)埋灌浆嘴:将已洗好的灌浆孔装上专用的灌浆嘴。

(3)配制化学灌浆材料:化学灌浆材料采用水溶性聚氨酯,该材料是一种在防水工程中普遍使用的灌浆材料,其固结体具有遇水膨胀的特性,具有较好的弹性止水,以及吸水后膨胀止水双重止水功能,尤其适用于变形缝的漏水处理。该灌浆材料可灌性好,强度高,当聚氨酯被灌入含水的混凝土裂缝中时,迅速与水反应,形成不溶于水和不透水的凝胶体及二氧化碳气体,这样边凝固边膨胀,体积膨胀几倍,形成二次渗透扩散现象(灌浆压力形成一次渗透扩散),从而达到堵水止漏、补强加固作用。化学灌浆材料的性能指标见表1。

表1 聚氨酯化学灌浆材料主要性能指标

试验项目	技术要求	实测值
黏度(25℃,mpaos)	40~70	45
凝胶时间(min) 浆液:水 = 100:3	≤20	7.7
黏结强度(MPa)(干燥)	≥2.0	2.6

(4)灌浆:为了保证灌浆质量,灌浆采用高压灌浆工艺,灌浆压力分级施加,以0.2 MPa为一级,直至达到最高灌压,最高压力根据现场工艺性试验确定。

灌浆结束标准是,当所灌孔附近的裂缝出浆且出浆浓度与进浆浓度相当时,结束灌浆。

化学灌浆结束后,表面打磨、清洗,涂刷界面剂,采用SK手刮聚脲柔性止水材料对表面进行封闭。

图1 裂缝修补之前漏水情况　　　　　　　图2 裂缝修补后情况

3 结构缝和施工缝处理方案及施工工艺

3.1 结构缝和施工缝处理方案

结构缝位于距洞口4.5 m处,处理长度12.9 m(整环、破损),施工缝位于距洞口16 m处,环向处理长度为9.6 m,纵向长度为4.8 m(渗水)。结构缝和施工缝采用表面开槽,内部化学灌浆,槽内逢表面采用 SK 手刮聚脲柔性材料止水,防止外水内渗;打插筋进行加固,聚合物砂浆回填保护 SK 手刮聚脲,在聚合物砂浆表面再涂刷 SK 手刮聚脲材料(防止内水外渗)封闭,防止内水外渗,综合处理方案见示意图 3。

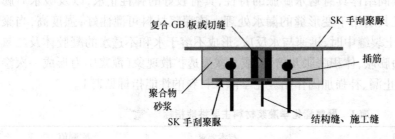

图 3 结构缝、施工缝综合处理方案

3.2 结构缝和施工缝处理施工工艺

施工工艺:开槽→高压化灌止水→SK 手刮聚脲止水→植钢筋→回填聚合物砂浆→切缝→刷底涂→SK 手刮聚脲封闭

SK 手刮聚脲柔性材料具有优异的力学性能,聚脲也混凝土之间的黏结强度很高,大于 2 MPa,特别适宜用于裂缝表面止水。施工方便、不需要专门施工设备等特点。本次结构缝和施工缝渗漏处理聚脲涂刷厚度大于 2 mm。SK 手刮聚脲柔性止水材料主要力学性能指标见表 2。

图 4 伸缩缝破损情况

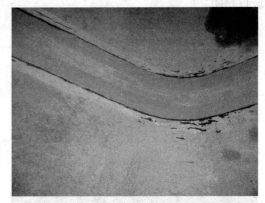

图 5 伸缩缝修补后表面涂刷 SK 手刮聚脲封闭情况

表 2   SK 手刮聚脲主要力学性能

检测项目	拉伸强度	扯断伸长率	撕裂强度	黏结强度(与混凝土)
指标	≥ 16 MPa	≥380%	≥22 kN/m	≥2 MPa

290

4 结 语

输水隧洞混凝土裂缝及伸缩缝漏水是常见的现象,通过对龙茜供水工程樟坑径隧洞裂缝、伸缩缝渗漏处理工程现场试验及运用,实践证明,选择的修补方案及材料是合适的,止水效果好,施工速度快,处理后的隧洞裂缝及伸缩缝等能达到预期目的,可以满足工程正常运行的要求,为以后该项目全面的缺陷处理奠定了科学基础。

成屏一级水库大坝裂缝成因
分析及处理方法

吴文峰　唐　毅　金国兴
（浙江省水利水电勘测设计院）

摘　要:面板堆石坝面板混凝土产生裂缝的原因是很多的,本文以成屏一级水库大坝混凝土裂缝处理为例,分析了面板坝混凝土裂缝的原因,因地制宜地提出了不同的处理方案,收到了较好的效果,保证了大坝的安全正常运行。

关键词:成屏一级水库;面板堆石坝;裂缝

1　工程概况

成屏一级水库位于浙江省丽水市遂昌县瓯江支流松荫溪上游,距遂昌县城 12 km,是松荫溪梯级开发的首级电站。坝址以上集水面积 185 km²,主流长 28 km,河道平均比降 14‰,库区多年平均降雨量 1 670 mm,多年平均流量 5.84 m³/s。水库正常蓄水位346.08 m,总库容 6 125 万 m³,为中型水库。

工程于 1978 年 12 月开工,1981 年停建,1985 年 10 月复工兴建。主坝工程自 1986 年11 月进点施工,至 1988 年 12 月下旬蓄水时,完成左、右趾墙混凝土浇筑高程 333 m 以上,一期面板浇筑高程 320 m。1989 年底左右趾墙、左右交通廊道、二期面板、量水堰等全部浇到顶。

1988 年 12 月水库开始蓄水,1991 年 10 月主体工程全部竣工。2006 年 8 月经安全鉴定,水库大坝被鉴定为三类坝,须进行加固处理。

成屏一级水库的工程任务是以防洪为主,结合发电和灌溉的综合利用的水利工程。

2　拦河坝概况

成屏一级水库拦河坝主坝为混凝土面板堆石坝,是我国引进国外碾压堆石施工技术建设的首批七座面板坝之一,至今运行已二十多年,其止水结构成为了我国面板坝建设的典范工程之一。

成屏一级水库拦河坝主坝为混凝土面板堆石坝,坝顶长 217.70 m,最大坝高 74.6 m,坝顶宽中间为 5.5 m,两边为 5 m,坝顶高程 350.78 m。上游坝坡为 200#S8 钢筋混凝土面板,面板厚度为 0.3~0.5 m,面板下表面坡度为 1:1.3,下游坝坡为块石护坡,坡度为1:1.3。

本次除险加固后拦河坝主坝坝顶长 217.7 m,最大坝高 78.32 m,坝顶宽 6 m,坝顶高程354.5 m。

拦河坝标准剖面图详见图 1。

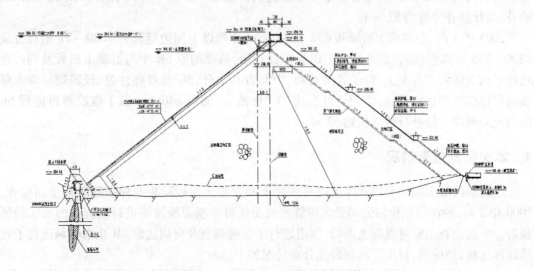

图 1　成屏一级水库大坝标准剖面图

3　大坝历次维修及处理情况

　　成屏一级水库拦河坝自1991年竣工运行至今,工程运行正常,各建筑物和设备总体未出现大的质量问题。在运行期间,水库管理部门针对拦河坝存在的问题进行了一些维修。

　　1997年12月25日至1998年1月18日进行了现场检查。本次检查中共查得上游面板裂缝85条,最大缝宽0.4 mm,深度均在1 cm以内;面板外露蜂窝3处,剥脱块2处;趾墙廊道拱顶及其侧墙裂缝共12条,渗水点若干;下游护坡马道裂缝几处。

　　针对上述各种症状,管理部门都及时做了维护修补,如对上游面板左岸5#块末端靠周边缝侧高程320 m处一块120 cm×80 cm(长×宽)范围的整块混凝土面板剥脱块于1998年1月至2月间进行了处理,先凿开破损的原混凝土面板中,插入了足够强度的横、竖向钢筋网,并使之与周围混凝土面板锚结在一起,面板分缝向铺设了沥青油毡,靠周边缝侧铺设浸过沥青的松木板,然后将配置好的混凝土浇筑捣实,并进行良好的养护。右岸20#块面板末端靠周边缝侧高程为321 m处一块300 cm×100 cm(长×宽)范围的整块混凝土面板剥脱块也于1998年10月进行了同样的处理。对310 m以上高程周边缝中原SR止水材料流失的及保护橡皮破损的均进行了SR材料的添加及橡皮的重新安装;对左、右岸靠岸坡侧的几条面板垂直分缝拉开较明显的进行了SR止水材料的加装工作;对趾墙与岸坡交接处的各种裂缝也进行了检查修补,大大减少了上游面板的渗漏通道。

　　2003年5月,对面板坝的两岸面板受拉分缝(1~2#、21~22#等)及防浪墙分缝采用SR止水材料进行了止水修补工作;对头墙廊道河床位置原施工导流阀门进行了维护及封堵;对各安全监测设施及坝区交通道路进行了维护及完善。

　　2004年5月,大坝面板1~2、2~3、21~22分缝、L墙1~2、21~22分缝及溢洪道左边墙与副坝右端防浪墙施工缝采用了SR止水材料进行了填补,并加盖了PVC遮盖板防止SR

止水材料的流失及损坏,对部分止水要求不高的防浪墙下游侧等部位采用了水泥砂浆回填修补,总计修补分缝约 87 m 长。

2005 年 4 月,左右岸上游面板 332~348.1 m 高程以上周边缝及右岸 20~21 垂直分缝(330~333 m 高程范围)清理修复工作从 4 日开始,清除的原 SR 中与混凝土面板及周边缝槽接触的表面大多有泥土、石子等附着物,中间含有水分,SR 材料弹性差、较脆硬。本次修复的周边缝顶部止水设施,将周边缝凿出"V"形槽后,加入 φ40 mm 氯丁橡胶棒再进行 SR 的填充和封堵。修补分缝总长约 62 m。

4 本次裂缝检查情况

本次除险加固期间利用水库放空对主坝上游混凝土面板趾板及伸缩缝进行全面检查。2009 年 2 月,浙江华东检测公司受水库管理处委托对主坝面板缺陷进行检查并形成了检测报告。本次检查主要对混凝土面板、廊道进行了裂缝调查及对周边缝 SR 止水材料进行了现场取样送检,经检测,得出拦河坝裂缝分布情况如下:

1)坝面裂缝调查分析:根据现场裂缝调查,成屏一级水库面板 1~23 号共有裂缝 85 条,其中水平向裂缝 49 条,垂直向裂缝 4 条,斜向裂缝 32 条;裂缝总长度 483.5 m,裂缝宽度范围为 0.24~0.88 mm,裂缝深度范围为 151~329 mm。

上游坝面混凝土裂缝调查分布图详见图 2。

2)廊道裂缝调查分析:根据现场裂缝调查,廊道 -3~28 共有裂缝 34 条,其中环向裂缝 19 条,轴向裂缝 9 条,斜向裂缝 6 条,裂缝总缝长 119.62 m;各伸缩缝部位止水基本老化失效,其中部分廊道间伸缩缝部位都有严重渗水析钙现象。

3)对周边缝水下部位、水位变化区、水上部位三个 SR 塑性止水材料样品分别进行的性能检测,表明其防渗性能依旧,能够满足面板坝接缝的防渗要求,本体材料抗渗达到 1.5 MPa 指标;SR 塑性止水材料仍保持了一定的柔韧性;原采用的 PVC 塑料保护片老化硬化现象严重,有开裂、扭曲、不密封现象,使水和泥沙能轻易进入周边缝的 SR 塑性止水材料表面,丧失了保护盖片对 SR 材料的保护作用;压固的膨胀螺栓、角钢锈蚀严重。

5 裂缝成因分析

5.1 面板裂缝成因分析

根据观测资料显示,水库自运行以来主坝各测点沉降量一直在增长,累计总沉降量最大值为 820 mm,约为坝高的 1.1%。与其他类似工程比较,大坝相对累计表面沉降量偏大,这与坝体填筑材料岩性偏软和施工期坝体压实度不高有关。主坝上游面板混凝土为分区浇筑,一期面板浇筑高程 320 m。

由于以上原因,导致大坝面板左右两侧岸坡段周边缝附近裂缝集中,裂缝大体沿周边缝方向斜向分布,在高程 320 m 附近面板周边缝及垂直缝出现错台,表面 PVC 止水盖片已失效。由于面板分期浇筑,河床段面板 320 m 高程附近也存在数条集中分布的水平向裂缝集中分布。

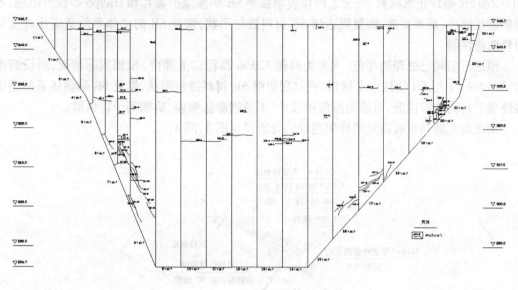

图 2　成屏一级水库面板裂缝分布图

5.2　廊道裂缝成因分析

由于河床段趾墙周边缝原表面止水 PVC 塑料保护片老化硬化现象严重,有开裂、扭曲、不密封现象,使水和泥砂能轻易进入周边缝的 SR 塑性止水材料表面,丧失了保护盖片对 SR 材料的保护作用。表面止水失效导致廊道各伸缩缝部位止水基本失效,伸缩缝部位普遍存在渗水析钙现象。廊道内分布的环向裂缝也较多。

6　面板裂缝处理方法

6.1　处理原则

成屏一级水库拦河坝作为我国较早的几座混凝土面板堆石坝之一,至今运行已二十多年,其止水结构成为了我国面板坝建设的典范工程之一。但由于当时的技术、施工、止水材料等各方面条件的限制和水库运行年限的增加,上游面板和廊道内先后出现了一些缺陷,虽然在运行过程中水库管理部门也及时针对出现的问题进行了修补处理但仍存在众多裂缝影响了大坝的安全运行。

本次面板缺陷处理方案设计主要遵循以下原则:

1)针对检测成果,对面板、廊道、周边缝等部位出现的缺陷分别采取不同的措施进行处理,以满足现行的规范要求。

2)水库运行管理单位在运行过程中对大坝上游面板(主要是高程 320.0 m 高程以上部位)曾进行过一些维修处理,本次处理根据现场检查情况,对原已处理部位酌情进行处理。

6.2　处理方案

(1)面板周边缝、岸坡段趾墙伸缩缝缺陷处理

本次处理将周边缝、岸坡段趾墙伸缩缝等存在缺陷的部位表面止水采用新型的纳米

SR-2型SR塑性止水材料、三元乙丙橡胶增强型SR防渗保护盖片和HK966弹性封边剂、不锈钢膨胀螺栓、扁铁更换,恢复周边缝SR材料鼓包形状,恢复SR防渗体系的适应接缝变形封缝防渗性能。

原运行期间已处理的部位(主要为高程320 m高程以上部位)根据实际情况,增设新型的纳米SR-2型SR塑性止水材料,恢复周边缝SR材料鼓包形状,恢复SR防渗体系的适应接缝变形封缝防渗性能,对原防渗保护盖片、不锈钢膨胀螺栓、扁铁等予以保留。

面板周边缝和岸坡段趾墙伸缩缝缺陷处理详见图3、图4。

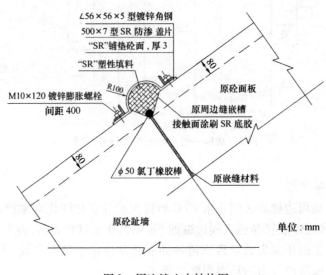

图3　周边缝止水结构图

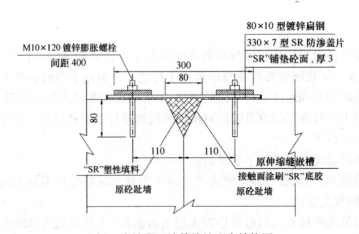

图4　岸坡段趾墙伸缩缝止水结构图

(2)面板张性垂直缝缺陷处理

根据现场检查情况,上游面板张性垂直缝未设表面止水。根据《混凝土面板堆石坝设计

296

规范》(SL 228-98)的要求,高坝张性垂直缝宜采用底、顶部两道止水。本工程拦河坝主坝最大坝高 78.32 m,为高坝,根据现行规范要求,上游面板张性垂直缝宜设顶部止水。

同时,根据检测报告,上游面板 19#~20#伸缩缝(桩号坝 0+188.54)和 20#~21#伸缩缝(桩号坝 0+194.54)底部均出现错台现象,错台高差 1~1.5 cm,对附近的 PVC 止水产生较大不利影响,止水作用受到影响。

本次处理在面板张性垂直缝部位凿槽,对错台部位附近面板混凝土还应先进行打磨处理,使混凝土面板力求平整。然后增设三元乙丙橡胶增强型 SR 防渗保护盖片和 HK966 弹性封边剂封闭防渗,与周边缝联成一体。

面板张性垂直缝缺陷处理详见图 5。

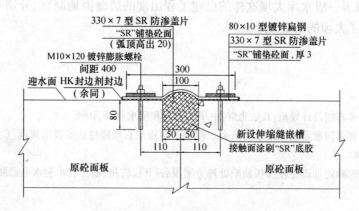

图 5　面板张性垂直缝止水结构图

（3）面板裂缝缺陷处理

（1）对于发电死水位(高程 323.68 m)以下的混凝土面板上大于 0.5 mm 宽裂缝,先用 LW/HW 水溶性聚氨酯进行化学灌浆处理,表面黏贴 SBS 增强型 SR 防渗盖片和 HK966 弹性封边剂封闭防渗,在其表面形成整体柔性的 SR 防渗体系。

（2）对于发电死水位(高程 323.68 m)以上的混凝土面板上大于 0.5 mm 宽裂缝,先用 LW/HW 水溶性聚氨酯进行化学灌浆处理,再采用 KT1 水泥基渗透结晶涂料或赛柏斯等无机处理方式进行表面处理。

（3）对于混凝土面板上小于 0.5 mm 宽裂缝,直接采用 KT1 水泥基渗透结晶涂料或赛柏斯等无机处理方式进行表面处理。

（4）对于上游坝面 7#、20#面板底部比较密集裂缝。首先对该部位上游面板进行打磨处理,在基面涂刷 SR 配套底胶,然后采用黏贴 SBS 增强型 SR 防渗盖片,盖片周边及拼接处采用 HK966 弹性封边剂封闭,扁钢及螺栓对盖片适当锚固。

（4）廊道渗水伸缩缝处理

对于廊道渗水伸缩缝,先采用 LW 水溶性聚氨酯灌浆材料灌浆,再在缝口采取 HK-8505 弹性聚氨酯和 903 乳液砂浆表面封闭的处理工艺。

（5）廊道渗水裂缝及渗水点处理

对于廊道内渗水裂缝,采用 KT1 水泥基结晶渗透型涂料或赛柏斯等材料进行涂刷处理;

对于廊道内渗水渗水点,先采用 LW 水溶性聚氨酯灌浆材料灌浆,再在缝口采取 KT1 水泥基结晶渗透型涂料或赛柏斯等材料进行涂刷处理。

7 结 语

成屏一级水库作为国内早期的面板堆石坝之一,建设时面板混凝土及接缝止水等结构的设计和施工还处于摸索阶段,大坝建成至今已二十多年,虽然存在一些安全隐患,但总体运行正常。

面板堆石坝面板混凝土产生裂缝的原因很多,堆石体的料源及填筑质量、止水材料的施工质量和使用年限、面板混凝土分期浇筑时的质量控制等都是产生裂缝的重要原因。

针对类似成屏一级水库大坝这样的已建工程出现的裂缝因地制宜、分别处理,收到了较好的效果,保证了大坝的安全正常运行。

参考文献

[1] 混凝土面板堆石坝设计规范[C],北京:中华人民共和国水利部,1998.
[2] 中华人民共和国国家发展和改革委员会. 混凝土面板堆石坝接缝止水技术规范[C],北京:中国电力出版社,2008.
[3] 成屏一级水库除险加固工程面板缺陷处理方案报告[R],杭州:浙江省水利水电勘测设计院,2009.

混凝土防渗墙在钟祥市石门水库
除险加固工程中的应用

叶俊荣　李　涛

（长江水利委员会长江勘测规划设计研究有限责任公司）

摘　要：钟祥市石门水库除险加固工程中，采用了混凝土防渗墙技术。介绍防渗墙的施工工艺和施工过程，加固后混凝土防渗墙的防渗效果显著。

关键词：除险加固；混凝土防渗墙；施工技术；质量控制

我国于 20 世纪 50 至 80 年代兴建了大量土石坝，主要为均质坝、心墙坝和斜墙坝等。由于历史原因，相当一部分土石坝是在边勘测、边设计、边施工的条件下建成。由于当时的施工方法落后、施工质量较差、碾压密实度不满足要求等原因，造成坝体或防渗体出现裂缝，或无反滤层、防渗体厚度不够、坝基清基不彻底或处理不完善，使得不少大坝在刚建成或建成不久就要实施加固处理。对于填筑密实度不够和清基不彻底的大坝，工程加固措施很难改变坝体及防渗体的密实度，也不便重新清基，只能通过其他加固措施使得大坝达到安全标准。

在大坝坝体防渗加固处理措施中，混凝土防渗墙是目前应用非常广泛的施工方法。混凝土防渗墙主要采用钻凿、锯槽、抓斗等工法，在坝体或地基中建造槽孔，用泥浆护壁，然后采用直升导管向槽孔内浇筑混凝土，形成连续的混凝土防渗墙。防渗墙施工可以适应不同材料的坝体和复杂的坝基，墙的两端和底部可嵌入基岩一定深度，彻底截断上、下游的渗流通道。

1　工程概况

石门水库是湖北省最早兴建的第一座大型水库，属汹汉湖水系，坝址位于天门河干流上游寨子河段的刘家石门口上，坝址以上控制流域面积为 305 km²。水库正常蓄水位 91 m，设计洪水位 94.27 m，校核洪水位 96.36 m，水库总库容 1.591 亿 m³。石门水库是一座以防洪、灌溉为主、兼顾发电、养殖等综合效益的大（2）型水库。

石门水库枢纽工程由大坝、高输水管、低输水管、溢洪道及下游泄洪渠、溢洪道两侧副坝、电站、下游引水灌溉渠道等建筑物组成。大坝为均质土坝，坝顶高程 98 m，坝顶宽 4.7 m，最大坝高 37 m，坝轴线长为 412 m；工程于 1954 年动工兴建，1957 年基本建成并开始发挥效益。

2　工程存在的问题及加固方案

2.1　工程存在的问题

石门水库枢纽工程至今已运行将近 50 年，2003 年 9 月水利部大坝安全管理中心对该大坝安全鉴定成果进行了核查,同意三类坝鉴定结论意见。根据大坝安全鉴定和渗流稳定分析结果,结合地质勘探情况,大坝存在着以下问题:①大坝存在渗流稳定安全隐患。两岸坝段浸润线较高,浸润线在下游坝坡逸出,设计和校核工况水位时,最大逸出比降大于允许比降,不满足规范要求,存在渗透破坏的可能性。大坝下游坝坡稳定不满足规范要求。②坝体渗漏,下游坡面散浸问题严重。③右坝段基岩透水性较大,右坝肩存在绕坝渗流问题。右坝肩部位泥盆系中统云台观组石英岩地表弱风化岩体透水性较大,一般均超过 10 Lu。地质钻孔压水试验中有三个压水试段的透水率大于 10Lu,均位于右坝肩附近。④大坝变形异常,实测变形较大。⑤坝顶防浪墙倾斜、裂缝严重,坝坡截水沟破损严重。

2.2 工程加固方案

为有效地控制石门水库大坝坝基渗漏,降低坝体浸润线,保持坝坡稳定,使大坝能安全度汛和正常运行,根据渗透控制原理、实际工程运用情况及类似工程经验,通过设计方案的比选,选用混凝土防渗墙结合墙下帷幕灌浆进行坝身、坝基防渗处理。

防渗墙平台开挖至高程 95.9 m,防渗墙设计厚度为 0.6 m,墙体最大深度为 37 m,底部入岩 1.0 m,防渗墙总量 11 000 m^2,墙体材料为混凝土,采用抓斗开挖槽体分序施工。

主要设计及技术指标:抗压强度 R28≥7.5 MPa,弹性模量 E < 1.5 × 10^4 MPa,渗透系数 K > 1 × 10^{-7} cm/s,允许渗透比降 [J] > 80。

3 防渗墙施工

3.1 防渗墙施工程序

大坝防渗墙工程起点桩号 0 + 000 m,终点桩号 0 + 414 m,全场 414 m。防渗墙工程于 2007 年 1 月 11 日正式开工,施工高峰期投入施工人员 60 人,施工机械有 BH - 12 抓斗 1 台,SD - 400 冲击钻机 4 台,混凝土搅拌机 2 台,混凝土输送泵 2 台,自卸汽车 2 辆,于 2007 年 5 月 1 日完成工程建设任务,历时 110 天。

混凝土防渗墙施工顺序:导墙浇筑和施工平台建造→泥浆系统及制备→冲抓成槽→嵌入基岩→终孔验收→清孔→导管下设及预埋灌浆钢管→清孔验收→混凝土墙体浇筑。

3.2 防渗墙导墙施工

建造槽孔前,应建造孔口导向槽口板,即防渗墙导墙。导墙采用"L"型断面,深度1.5 m,导墙是防渗墙施工地面导向基准,其平面位置由防渗墙位置决定。导墙间中线与防渗墙轴线必须重合,误差在允许范围内,这是导墙施工的一个重点;其次导墙垂直度是施工的另一个控制点;其余施工控制有:导墙要高于地面 10 cm,导墙间净距要大于防渗墙 10 cm 左右,导墙拆模后,导墙内沟内侧每隔 1~2 m 要求有一个对撑,防止导墙变形、位移。

3.3 防渗墙成槽

混凝土防渗墙采用"冲抓结合法"成槽,主要成槽机械为 CZ - 8D 型冲击钻和 BH - 12 型液压抓斗,在槽口板龄期达到 7 d 以上,可开始开挖槽孔作业。施工中采用跳槽式开挖,将防渗墙分成相间隔的一、二期槽孔,先开挖一期槽孔再施工二期槽孔,单元槽段长度 6 m。各单孔中心线位置在设计防渗墙中心线上、下游方向的误差不大于 3 cm,孔斜率不大于

0.4%。为了掌握底层岩性及确定防渗墙底线高程,沿防渗墙轴线每隔20 m布设一个先导孔,先导孔深入基岩下不小于5 m,在两岸坡度较陡、地形变化较大的部位,先导孔间距适当加密。一、二期接头部位的质量对防渗墙整体防渗性能影响很大,必须确保一、二期槽段混凝土结合良好,不渗水。结合部位必须用钢丝刷清理干净,不能粘有泥皮,孔底淤积等。

3.4 固壁泥浆

槽孔终孔验收合格后进行清孔换浆,二期槽孔清孔换浆结束前用钢丝刷刷洗两端的泥皮。所用黏土粘粒含量不小于50%,含砂率小于5%,膨润土达到国标一级以上。

施工过程中,要对泥浆性能经常测定和调节,使其满足工程施工需要。清孔前后各测一次泥浆性能,混凝土浇筑前再测一次。泥浆在使用一个循环后,要对泥浆进行分离,净化等再生处理,尽可能提高泥浆重复使用的频率。再生泥浆不能单独使用,应同新鲜泥浆掺和在一起使用。

3.5 混凝土防渗墙浇筑

混凝土防渗墙浇筑采用两台0.5 m^3 强制式搅拌机拌制混凝土,配料计量以电子自动计量,混凝土拌和后用HDJ60型混凝土泵通过泵管输送到槽口集料斗;采用16 t吊车提升导管,进行泥浆下直升导管法浇筑混凝土。

4 防渗墙质量检查

混凝土防渗墙墙体质量监测包括施工过程终的机口取样和钻芯取样室内试验等。

共做混凝土抗压试验63组,最大值16.3 MPa,最小值7.5 MPa,平均值9.3 MPa;抗渗试验26组,渗透系数在0.421x10^{-8} cm/s到小0.136x10^{-8} cm/s之间;弹模试验7组,最大值14 817 MPa,均满足设计要求。

5 结 语

石门水库采用混凝土防渗墙加固处理措施对水库大坝进行除险加固施工,施工质量完全满足设计要求,体现了该方法防渗可靠、施工方便等优点。防渗墙施工完成后,随即经受了2007年7月16日的超50年一遇暴雨洪水的考验,大坝安然无恙,下游坝坡的各处散浸点也不再出现,说明防渗墙已起到显著的作用。本次加固在坝体中设置混凝土防渗墙,结合坝基帷幕灌浆,从根本上解决了坝体坝基渗透系数过大,浸润线过高的问题。同时,加固后坝体浸润线降低,使得下游坝坡满足规范要求。

混凝土防渗墙在土石坝防渗加固应用中具有抗渗性强、适应多种复杂的地址条件、施工方便快捷等特点,具有广阔的发展前景。

参考文献

[1] 白永年等. 土石坝加固. 北京:水利电力出版社. 1992.
[2] 刘志明、谭界雄,高大水. 我国土石坝加固技术的现状与进展. 水利水电工程安全评价与加固:长江出版社. 2004(35~40).

SB－R修补砂浆结合无模板围裹加固技术在桥桩修补中的应用

张　恒　刘兴元　张守杰

（黑龙江省水利科学研究院）

摘　要： 无模板围裹加固技术结合SB－R型混凝土（砂浆）修补材料的方式对寒冷地区受冻融、盐冻、水磨等因素破坏的桥桩进行修补处理，结果表明此种修补方式节省了工程投资，减少了施工工期，降低了环境因素和自然条件对工程的影响；修复后的桥桩性能指标达到了工程应用的要求，并且外观效果良好。

关键词： 无模板；围裹；冻融

前言

寒冷地区水工混凝土在环境因素（如冻融、冻胀、温度和湿度变化、水流冲磨等）、化学介质（如水质侵蚀、溶蚀、氯离子侵蚀、碳化、钢筋锈蚀、碱骨料反应等）和交变荷载（周期性荷载作用等）作用下，其性能会逐渐发生变化，抗力随时间而衰减，直到不能满足安全运行要求。我们采用了一些新材料、新工艺、新技术对这些带病运行的建筑物进行了维修加固，提高其安全度，这样既节省了工程投资又保证了水利工程正常的生产生活需要。

1　工程修补新材料

改性聚合物砂浆为聚丙烯酸酯乳液砂浆的一种改性产品，属于PCC类。SB－R乳液聚合物混凝土（砂浆），是黑龙江省水利科学研究院科技攻关课题研究成功的工程修补材料，曾获得1998年黑龙江省科技进步三等奖。改性聚合物砂浆（PCC）作为混凝土修补材料可以解决普通水泥砂浆解决不好的一些问题；如：与旧混凝土界面黏结性问题、高强及抗渗、抗冻耐久性等问题。该材料结合喷锚工艺施工，与普通混凝土施工工艺比较，具有工序少、工效高、工期短、综合造价低、性能优良等特点。结合无模板工艺可解决薄壁、桥桩的修补难题。本工作采用SB－R乳液聚合物混凝土（砂浆），对80余根受冻融剥蚀破坏的混凝土桥桩实施了补强修复处理，取得很好的效果。

修补材料SB－R乳液，系聚丙烯酸酯乳液聚合物，由苯乙烯、丙烯酸、丙烯酸丁酯、等单体聚合而成，理论最低成膜温度为$-0.5℃$。产品性能指标见表1：

表1　SB－R乳液产品性能指标

名　称	性能指标	名　称	性能指标
黏度/Pa·S	0.12～0.16	pH值	8～9

名　称	性能指标	名　称	性能指标
氯离子含量(%)	0.2	聚灰比	0.06 ~ 0.1
聚合物砂浆强度(MPa)	30 ~ 50	聚合物砂浆抗折强度(MPa)	6.0 ~ 9.0
聚合物砂浆抗拉强度(MPa)	2.5 ~ 4.0(8 字模)	聚合物砂浆黏结强度(MPa)	3.0
聚合物混凝土抗冻性能试验	快冻法、冻融次数大于 300 次		

2　修复方式及工艺过程

2.1　修复方式

采用围裹法无模板施工工艺,填筑聚合物细石混凝土或贴衬聚合物砂浆;对圆柱形桥墩修复补强采用此种工艺可以免去环形模板,最小 限度地增加桥墩的直径,减少水流的冲击面积,减少由于收缩等原因引起的裂纹。

1)补强加固修复处理

对于混凝土剥蚀严重缺陷深度超过 3 cm 的部位,采用补强加固的方式。通过围裹双层钢丝网,浇注聚合物混凝土的方式实现。

2)表面防护修复处理

对于混凝土剥蚀深度小于 3 cm 的部位,采取灌浆封缝、界面补强、表面防护的方式处理。

2.2　工艺过程

(1)补强加固

围堰工程及排水 → 凿毛处理 → 置锚筋 → 钢筋除锈 → 界面处理 →

置挂钢筋网、钢丝网 → 浇筑聚合物混凝土 → 喷涂聚合物砂浆 → 拆除围堰

(2)表面防护

围堰工程及排水 → 凿毛处理 → 置锚钉 → 界面处理 → 喷涂聚合物砂浆 →

置挂钢丝网 → 表面罩聚合物砂浆 → 拆除围堰

3　修补处理过程中的要点

(1)围堰工程排水:采取扩大工作面积、深挖坑、三层阻水的方式保证桥桩周围工作面内没有明显的渗漏,在施工过程中和修补材料硬化结束前渗水不能干扰工序和材料的质量。

(2)表面处理:此项关系到补强工程质量的重要环节,我们将根据老化混凝土表面处理注意事项及混凝土修补技术对现场施工进行控制,以保证此工序达到标准。界面处理是修补过程中最关键的工序,其处理好坏,直接影响修补工作的成败。无论采用何种性能优良的修补材料,都不能省去对老混凝土基面的清理,因为任何坚固的修补材料,都会由于结合面薄弱而发生脱落,导致修补工作失败。对老混凝土基面的清理工作,包括去掉表面松动混凝土或骨料,用高压水冲洗干净或用吸尘设备吸去表面的浮渣和粉尘使基面洁净无油污。对裂缝及渗漏应先进行嵌缝及防渗堵漏处理;涂刷界面处理剂要均匀饱满,不能遗漏。

（3）钢筋处理：由于建筑物的破损严重致使部分钢筋锈蚀严重，锈蚀钢筋采用除锈剂对其进行处理，务必做到清洗、除锈彻底。

（4）埋筋、置挂钢筋网：根据现场考察结果对混凝土破坏严重的部位进行全面的补强、防护措施，采用埋筋、挂网等工艺，浇筑聚合物混凝土补强加固，大大提升建筑物的运行安全性。

（5）养护处理：修补材料固化时间短，强度增长快，除了在环境气温骤降情况下需要采取保温措施外，一般完成修补后在固化期通常不需要任何的养护措施。当外界温度超过30℃，界面温度超过40℃时，可适当考虑使用一些降温保湿措施来缓解温度的影响。我们根据施工的时间及环境条件，将对混凝土的养护、配合比设计进行处理，以保障通水的正常进行。

4 工程图片

图1 桥桩的修补过程

5 结 语

（1）虽然环境因素和自然条件对修补材料产生了一定的影响，但 SB - R 型修补混凝土（砂浆）的 28 d 抗压强度均超过了 30 MPa，抗折强度达到了 7 MPa，黏结强度达到了2.5 MPa，完全满足修补技术要求。

（2）采用无模板围裹工艺对桥桩进行补强加固处理，既节约了工程投资又减少了施工工期；修补后的桥桩外形对水流的阻挡面积很小，并且美观实用。

参考文献

［1］ 鲁一晖,孙志恒.水工混凝土建筑物病害评估与修补文集[C].北京:中国水利水电出版社.2001.
［2］ 吴燕华,李兴贵.水工混凝土建筑物表面维修新型材料.水利水电科技进展:2005,(25).95 - 97
［3］ 邢林生等.我国水电站大坝安全状况及修补处理综述[J].大坝与安全.2001,(1).
［4］ 刘兴元,张守杰,张忠林.喷射丙乳砂浆在鹤岗五号水库修补中的应用.东北水利水电.2002.
［5］ 张恒,张守杰,刘兴元.寒区水工混凝土修补新材料与新工艺的推广应用.黑龙江水利科技.2008,2.

无机高抗冲磨混凝土修补材料性能与应用

李　焰　程润喜　陈军琪

（葛洲坝集团试验检测有限公司）

摘　要： 介绍一种具有免养护特性，适用于各类混凝土结构修补，特别适合于水流冲刷面等耐久性要求较高的，含有"降低水分流失、挥发"、"预防并减少收缩"、"阻裂抗裂"、"提高黏结强度、抗冲磨强度"等多种组分的无机型混凝土修补新材料 HTC－3。该材料在室内进行了各项试验，在景洪、溪洛渡电站进行了现场试验，在丹江口加高工程进行了成功的应用，效果显著。

关键词： 无机；高抗冲磨；修补材料；缺陷；水工混凝土

1　概述

由于人们对混凝土工程质量的控制不当和水工建筑物所处环境的复杂性，使得影响水工混凝土缺陷的因素错综复杂且多变，加之人类认识自然、改造自然的能力受到社会经济和科学技术发展水平的制约，水工混凝土产生缺陷的规律很难被人们全面、细致的了解清楚。但归结起来，影响混凝土质量而产生缺陷的原因大致可分为三类，即设计、施工和运行管理（包括自然环境，如基础约束、气温变化、气候骤变、水质污染、酸碱腐蚀、泥沙冲磨、相邻混凝土块体制约等）。常见的缺陷的种类有裂缝、混凝土内局部架空和欠密实（包括蜂窝麻面、孔洞、露筋）、低强混凝土、渗漏溶蚀与化学侵蚀、止排水质量事故、混凝土表面不平整与空蚀磨损及混凝土碳化等。

这些缺陷的存在，轻则影响建筑物的美观，降低其耐久性，重则危及建筑物的安全运行，甚至垮坝失事，给人类带来灾难。所以，一旦出现了缺陷则要尽快修补。无数工程实践证明，修补工作成败的关键在于材料、工艺和时机。因此，沿用性能稳定且被实践检验效果良好的、能满足工程运行要求的常规缺陷修补材料，和研制开发经济、有效、施工简易的新水工混凝土缺陷修补新材料，均有着同样的实际意义。本文介绍一种无机高抗冲磨混凝土修补新材料 HTC－3，不乏可谓是一种具有自我特性的缺陷修补新材料。

2　无机高抗冲磨混凝土修补材料性能

该产品性状呈灰色粉状物，密度 3.0 g/cm³ 左右。产品特性为无机水泥基粉体，不燃、不爆，对人和环境无毒害；施工方便、操作时间可调、粘附性好；低收缩、高抗裂；弹性模量和线胀系数与混凝土接近，不会从基材上脱开；黏结强度高、抗冲磨强度高。其原材料检测项目、方法及主要技术指标如表1。

表1 无机高抗冲磨混凝土修补材料性能

指标	数值	试验方法
保水率	≥90%	《干拌砂浆生产与应用技术规程》SJG-204
凝结时间	240~900 min 可根据需要调节	《水工混凝土试验规程》DL/T 5150-2001
开裂指数(mm)	≤150	《水泥砂浆抗裂性能试验方法》JC/T905-2005
抗压强度	≥40 MPa(3 d)	《水工混凝土试验规程》DL/T 5150-2001
	≥60 MPa(28 d)	
抗折强度	≥6 MPa(3 d)	
	≥10 MPa(28 d)	
新老混凝土光面黏结强度	轴拉强度≥3.0 MPa(28 d)	(1) 老混凝土为二级配 C40,尺寸:100*100*200;黏结面为锯断的光面
	弯拉强度≥5.0 MPa(28 d)	(2) 修补材料部分尺寸:100*100*200 (3)《水工混凝土试验规程》DL/T 5150-2001
抗冲磨强度	≥1.0 h/(g/cm²)(28 d)	《环氧树脂砂浆技术规程》DL/T 5193-2004;使用旋转式水工混凝土水砂磨耗机,冲磨速度40 m/s

砂石骨料质量控制及施工质量控制按 DL/T5144-2001 进行。对修补浇筑的砂浆、混凝土,检测其流动性以及抗压强度、抗折强度、新老混凝土黏结强度、抗冲磨强度等。

3 产品室内试验成果

3.1 拌和物性能

修补材料拌和物性能试验成果见表2。抗裂性能试验成果见表3。材料力学性能强度试验结果见表4。

表2 拌和物性能试验成果

拌和物性能				
水料比	稠度(mm)	凝结时间(min)		容重(kg/m³)
		初凝	终凝	
0.13	92.5	727	871	2090

表3 抗裂性能试验成果

序号	项目	试验成果		
		试件1	试件2	平均值
1	开裂指数(mm)	105	220	160

表4 材料力学性能强度试验结果

龄期(d)	3	7	28
抗折强度(MPa)	8.0	9.3	15.1
抗压强度(MPa)	48.6	58.3	79.7

注:水料比为0.13。

3.2 修补材料常规混凝土抗冲磨试验结果

本修补材料做黏结强度试验(即黏结轴拉和黏结弯拉试验)时,需有一半为老混凝土。老混凝土为一级配(碎石)C45强度等级的混凝土,试验成果见表5。

表5 修补材料常规混凝土抗冲磨试验结果

序号	试验项目	试验成果	
1	C45强度等级混凝土7d抗压强度	42.2 MPa	
2	C45强度等级混凝土28d抗压强度	51.6 MPa	
3	C45强度等级混凝土28d抗冲磨	1.342 h/(g/cm²)	0.745 h/(g/cm²)
4	修补材料28d抗冲磨	0.950 h/(g/cm²)	1.053h/(g/cm²)

注:抗冲磨试验依据为《环氧树脂砂浆技术规程》DL/T 5193－2004,使用旋转式水工混凝土水砂磨耗机,冲磨速度40 m/s。

3.3 新、老混凝土黏结强度试验

新老混凝土黏结强度试验成果见表6。

表6 黏结轴拉、弯拉强度试验结果
单位:MPa

龄期	试件1	试件2	试件3	平均	备注
标养14d	3.10 (修补材料断)	3.67 (修补材料断)	2.84 (黏结处开)	3.20	黏结轴拉强度试验
标养30d	3.84 (老混凝土断)	3.69 (修补材料断)	4.10 (老混凝土断)	3.88	
标养14d	6.04 (黏结处开)	6.30 (黏结处开)	5.44 (黏结处开)	5.93	黏结弯拉强度试验
标养29d	6.10 (黏结处开)	6.36 (老混凝土断)	7.10 (黏结处开)	6.52	

3.4 适用范围

适用于各类混凝土建筑结构的维修、加固,特别适于水流冲刷面等耐久性要求高和具有侵蚀性环境的混凝土建筑结构的维修、加固。

3.5 使用方法

本产品施工方法较环氧类砂浆简单,与普通水泥砂浆、混凝土的浇筑方法基本一致。

（1）将破坏的混凝土表面凿除一层，露出新鲜的混凝土面。

（2）将混凝土表面或裂缝冲洗干净。

（3）根据修补部位的深度不同配制不同的修补材料如下：

①60 mm 以内（深或宽）的部位采用本修补材料∶水 = 1∶0.14 配制成净浆或本修补材料∶砂∶水 = 2∶1∶0.28 配制成砂浆，配制时可适当调整用水量保证稠度满足施工需要；

②60 mm 以上的部位采用 HTC - 3∶碎石（20 mm）∶水 = 1034∶1101∶150 配制成混凝土，配制混凝土时可适当调整用水量保证坍落度满足施工需要。

（4）薄层施工直接涂抹，或采用震动棒振捣浇筑。

4　工程应用比较试验

4.1　云南某水电站

2009 年 1～3 月将本修补材料与环氧砂浆在云南某水电站表孔及消力池损坏部位，进行了与老混凝土现场黏结强度对比试验及室内验证试验。试验部位均选在溢流面斜坡段，见图 1 和图 2。前者试验方法为先凿除了一层老混凝土，露出新鲜的混凝土面，用水将表面污染物冲洗干净，再将拌和好的砂浆立即修补到该部位上。

图 1　无机修补材料（HTC - 3）砂浆试验部位图　　　　图 2　环氧砂浆修补图

试验结束 18d 钻取完好芯样 3 根，从芯样看，HTC - 3 修补砂浆与老混凝土黏结情况良好。试验成果见表 7。

表 7　HTC - 3 修补砂浆与老混凝土黏结强度试验成果表

芯样编号	1#	2#	3#
实测值/kN	4.72	4.28	没有黏结头暂没试验
黏结强度/MPa	1.47	1.33	
断裂位置及描述	层间结合面断带有一半老混凝土 1/2	层间结合面断带有少量老混凝土 1/3	
黏结强度平均值/MPa	1.40		
备注	验时，HTC - 3 修补砂浆的龄期为 18 d。		

从试验结果可以看出,在现场用无机修补材料模拟砂浆赶水浇筑的条件下,龄期只有18 d的无机修补材料砂浆与老混凝土的黏结强度平均值已达到达到1.40 MPa,黏结面断裂情况也显示黏结质量良好。

环氧砂浆试验方法为先凿除了一层老混凝土,露出新鲜的混凝土面,修补前用水冲洗干净修补面后除去明水,修补环氧砂浆配合比采用表12所列参数。修补后28 d钻取芯样准备作黏结面的抗拉强度,但在钻取三根芯样的过程中环氧砂浆与老混凝土黏结处发生断裂,根本无法取得芯样并进行下一步的黏结强度试验。

现场试验的同时,进行室内对比试验,试验成果见表8至表13。其中修补材料砂浆抗压强度采用70.7 mm×70.7 mm×70.7 mm立方体试件,黏结强度采用规格22.2 mm 8字型试件(其中一半与另一半龄期相差7 d,黏结面为光面),采用云南普洱水泥厂P·O42.5等级水泥和心滩料场天然砂(骨料为干燥状态)。

表8　HTC-3本体检测成果表

检测项目	凝结时间/min	抗压强度/MPa				抗折强度/MPa			
	初凝时间	1 d	3 d	7 d	28 d	1 d	3 d	7 d	28 d
检测成果	570	13.6	35.1	45.3	64.6	3.9	5.8	8.0	11.5
备注	试件尺寸:40 mm×40 mm×160 mm								

表9　HTC-3修补砂浆室内配合比参数

材料名称	HTC-3	天然砂	水
质量比例/%	1	0.5	0.14

表10　HTC-3修补砂浆室内试验成果表

检测项目	抗压强度/MPa		黏结强度/MPa
龄期	1 d	28 d	7 d
实测值	15.4	56.3	2.90
备注	为了与环氧砂浆黏结强度对比,本应为28 d龄期缩短至7 d试验,断裂面黏结带有部分其他砂浆。		

表11　环氧检测成果表

检测项目	凝结时间/min	抗压强度/MPa		抗折强度/MPa	
	凝固时间	3 d	7 d	3 d	7 d
检测成果	170	40.2	64.5	15.2	20.9
厂家指标	≤90	/	≥60	/	≥15
备注	凝固时间是根据要求调长;试件尺寸40 mm×40 mm×160 mm				

表 12 环氧砂浆室内配合比参数

材料名称	亲水环氧	云南普洱水泥厂 P·O42.5 等级水泥	心滩料场天然砂 （骨料为干燥状态）
质量比例/%	20	15	65
/	（A:B = 6:1）		

表 13 环氧砂浆室内试验成果表

检测项目	黏结强度/MPa
龄期	7 d
实测值	2.67
厂家指标	≥2.5
备注	断裂面黏结带有部分其他砂浆

4.2 四川某水电站

四川某水电站导流洞、泄洪洞全长 1 639 m,底板钢筋混凝厚度 1.5 m。该工程于 2008 年建成,至今已运行 1 年多。由于运行期间高水头水流冲刷及水中重推移质(砖头、石块等) 的撞击,底板的钢筋混凝土普遍存在着磨损现象,据 2008 年汛后实测,磨损深度 5～20 cm, 磨损最大面积 50 m×5 m,最大深度 20 cm。磨损严重部位的表面积约 3 200 m²,占底板面积 32 780 m² 的 10%。且多处出现了不同程度的钢筋外露外翻。为使其恢复正常,满足安全运 行要求,拟采用 HTC 系列混凝土修补材料和新老混凝土界面密合剂两种材料对底板范围的 混凝土进行抗冲耐磨修复试验。

4.3 湖北某大坝加高工程

湖北某大坝加高工程中的上游面、闸墩等部位的嵌缝,均使用了 HTC 系列修补材料。 如图 3。

图 3 湖北某加工工程上游面嵌缝图

5 结　语

　　混凝土施工过程中出现的蜂窝、麻面、气泡、狗洞和水工混凝土过流面的冲刷、气蚀面以及混凝土裂缝灌浆时的表面嵌缝等,常采用预缩砂浆或聚合物砂浆(如环氧砂浆)进行修补。零星分布的修补部位并不能做到完全的养护,加上预缩砂浆黏结强度及抗冲磨强度低、环氧砂浆线胀系数与混凝土差异较大等固有特性,致使修补部位的质量并不如意。

　　HTC-3 无机型高抗冲磨混凝土修补材料由于含有"降低水份流失、挥发"的组分、"预防并减少收缩"的组分、"阻裂抗裂"组分、"提高黏结强度和抗冲磨强度"的组分,其本体强度、黏结性能、抗冲磨强度均得到了大幅提升,混凝土抗冲磨强度提高 40% 左右。实现了免养护、施工便捷,对施工环境要求低。上述多种因素的综合作用,使修补部分的质量优良。

聚脲涂层和环氧涂层对海工混凝土
抗冻性的影响

李志高　马红亮　吕　平　黄微波

（青岛理工大学功能材料研究所）

摘　要：我国沿海地区混凝土结构腐蚀严重,其中冻融破坏是导致混凝土耐久性下降一个很重要的因素。本文采用快冻法并结合涂层在海湾大桥上的应用,研究聚脲涂层和环氧涂层对混凝土抗冻性的影响。研究发现,环氧涂层混凝土在 50 次冻融循环后就出现裂缝,250 次冻融循环后环氧涂层大面积脱落,动弹模量下降 60% 达到破坏,而聚脲涂层混凝土300 次冻融循环后表面仍完好无损,动弹模量只下降 8% 。

关键词：聚脲涂层;环氧涂层;冻融循环;海工混凝土

1　前　言

　　我国正处于经济高速发展时期,大量的海工构筑物如跨海大桥、海洋钻井平台已经或即将兴建,这些构筑物处于恶劣的海洋环境下,其长期安全的正常使用成为工程界关注的重点。混凝土保护涂层作为一种有效提高混凝土耐久性的措施日益受到人们的关注[1]。目前大桥上最常用的环氧(Epoxy,简称 EP)涂料体系为环氧封闭底漆、厚浆型环氧云铁中间漆/环氧沥青中间漆、氯化橡胶面漆/丙烯酸聚氨酯面漆。喷涂聚脲弹性体(Spray Polyurea Elas-tomer,简称 SPUA)是近年来,国内兴起一种新型绿色多功能防护材料[1]。SUPA 材料具有优异的性能,主要表现在:(1)快速固化,可在任意曲面、斜面、垂直面及顶面连续喷涂成型,不产生流挂现象,5 s 凝胶,1 min 便可达到步行强度;(2)一次成型的厚度不受限制,克服了多层施工的弊端;(3)原形再现性好,无接缝,美观实用;(4)防腐性能优异。SPUA 材料致密、连续、无接缝,有效地阻止了外界腐蚀介质的侵入。由于其优异的柔韧性和高强度,完全能够抵御昼夜、四季环境温度变化给被保护物体造成的热胀冷缩,不会产生开裂和脱落现象;施工效率高,采用成套喷涂、浇注设备,输出量大,施工方便,可连续操作,单机日喷涂达1 500 m² 以上。目前结合京沪高速铁路聚脲防护工程开展了前期机械化施工技术,能提高施工速度 5 ~ 10 倍[2]。

2　试验方法

2.1　原料及试样制备

　　实验用的混凝土试块取自青岛海湾大桥桥墩部位的 C50 高性能混凝土,尺寸为100 mm × 100 mm × 400 mm。混凝土保护涂层采用聚脲体系和环氧体系,聚脲体系包括快速修补腻子、聚氨酯底漆和聚脲涂层,聚脲体系是由青岛理工大学功能材料研究所制备;环氧体系采用环氧封闭底漆、厚浆型环氧云铁中间层和丙烯酸聚氨酯面漆。

由于混凝土试件表面需覆盖涂层,为了确保涂料与试样之间的粘合力,用纱布蘸丙酮对样品待处理面进行清洗,洗去油渍和污物。然后采用快速修补腻子填补混凝土表面的孔洞及缺陷抹平,直至试块表面无孔且平整。涂刷 EP 的试件干燥后用底漆进行表面处理,再涂刷两遍中间层和两遍面漆,共 400 μum 厚,两次涂刷之间至少 2 h;喷涂 SPUA 涂层的试件直接喷涂到设计厚度 1.5 mm。上述工作完成后,在温度为 22℃±2℃ 和相对湿度为 50%±5% 的空气中放置,使其干燥 7 d 后备用。

2.2 冻融循环实验

混凝土的冻融循环试验按照 GBJ82－85《普通混凝土长期性能和耐久性能试验方法》中抗冻性能试验的"快冻法"进行。溶液浓度对混凝土的除冰盐剥落性能影响较大,浓度过高和过低混凝土剥落都会减小,即存在一个临界质量分数。文献[3] 报道质量分数为 3.5% NaCl 溶液对混凝土腐蚀最为严重,本试验采用质量分数为 3.5% 的 NaCl 溶液,与海水中盐的浓度一致。

3 实验结果及分析

表 1 为混凝土保护涂层随冻融循环次数增加的表面情况。从表 1 中可以看出,EP 涂层在 25 次时,表面就发生起皱现象,50 次是就开始出现微裂纹,到 250 次时 EP 涂层已经大面积脱落,而 SPUA 混凝土到 300 次表面还完好无损。

表 1 混凝土保护涂层在冻融过程中的表面情况

冻融循环次数(次)	涂层表面现象	
	EP 涂层混凝土	SPUA 涂层混凝土
25	表面起皱	表面完好无损
50	表面出现微裂纹	表面完好无损
100	裂缝逐渐扩大	表面完好无损
150	涂层大面积起皮	表面完好无损
250	涂层大面积脱落	表面完好无损
300	－	表面完好无损

图 1 是聚脲涂层和环氧涂层冻融前后的表面情况。

图 2 和图 3 为不同涂层混凝土和混凝土基材冻融循环后的质量损失规律和动弹模量变化情况。从图 2 中可以看出,经过 150 次冻融循环后,混凝土基材质量明显下降,质量损失率超过 5% 达到破坏,说明混凝土在 NaCl 溶液中遭受冻融循环质量损失非常严重。EP 涂层混凝土在 100 次冻融循环后质量开始增加,可能是溶液通过表面涂层的裂缝渗透到混凝土内部,到 150 次冻融循环后质量开始下降,可能是冻融破坏使混凝土表面脱落,混凝土脱落的质量大于溶液渗透到混凝土内部的质量,从而导致 EP 涂层混凝土质量下降。SPUA 涂层混凝土经过 300 次冻融循环后,其质量没有明显的变化。

从图 3 可以看出,混凝土基材动弹模量下降很快,150 次冻融循环后下降到 60% 以下。EP 涂层混凝土从 100 次冻融循环后,动弹模量开始下降,到 150 次冻融循环时,动弹模量下

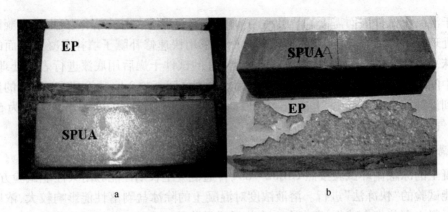

图1 SPUA涂层和EP涂层混凝土冻融循环前后的表面情况

a为冻融循环前的表面情况   b为250次冻融循环后的表面情况

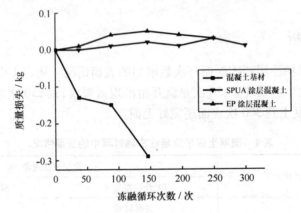

图2 试件质量变化规律

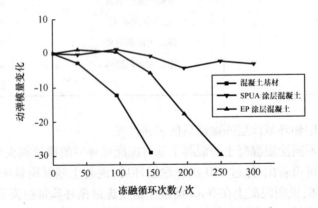

图3 试件动弹模量的变化规律

降了16%,可能是由于溶液通过涂层的裂缝渗透到混凝土内部,经冻融循环后体积膨胀,而EP涂层较脆,导致涂层开裂,从而使更多的溶液渗透到混凝土内部,加速混凝土的破坏,这也是EP涂层混凝土质量增加的原因。到250次循环后,混凝土表面的涂层完全脱落,丧失了保护能力,以至于EP涂层混凝土的动弹模量急剧下降,下降到60%以下达到破坏。而

314

SPUA 涂层混凝土经过 300 次冻融循环后,其动弹模量只降低了 8%,显然 SPUA 涂层能显著改善混凝土的抗冻融性能,这是其他常规耐久性防护涂层所不具备的。

4 SPUA 在北方某海湾大桥上的应用

我国每年因腐蚀造成直接经济损失为 6 000 亿元,与钢筋混凝土腐蚀有关约占 40%,沿海地区钢筋混凝土腐蚀超过 100 亿元/年,因此,对海工混凝土进行防护具有重要的意义。

混凝土表面防护涂层技术近年来在各国得到普遍使用,在国内,汕头海湾大桥、杭州湾跨海大桥、厦门海沧大桥、江阴大桥、南通大桥、青藏线等都采用了涂料防腐涂装,混凝土保护涂层作为一种能有效提高混凝土耐久性的方法逐渐受到人们的关注。北方某海湾大桥也采用环氧封闭底漆、环氧树脂漆和丙烯酸聚氨酯面漆体系来防护。但是对于腐蚀最严重的桥梁浪溅区部位,该部位受到干湿循环、冻融破坏、波砂磨耗、腐蚀介质侵蚀等共同作用,传统涂料根本无法承受这么强的腐蚀环境。为此,我们使用喷涂聚脲弹性体技术来防护大桥。

图 4 是海湾大桥采用 EP 涂层和 SPUA 涂层防护施工后的照片。从图 4 – a 中可以看到,EP 涂层在施工后三个月就出现裂纹,表面涂层脱落。从图 4 – c 中可以看到,EP 涂层施工后一年表面长满了海蛎子,用锤子将 EP 表面的海蛎子凿掉,EP 涂层也跟着脱落;从图4 – d中可以看到, SPUA 涂层完好无损。说明 SPUA 涂层与混凝土基材具有良好的附着性和抗冲击性能。

图 4 北方某海湾大桥采用涂层防护一年后的表面情况

a EP 涂层施工后三个月 b SPUA 涂层施工后三个月 c EP 涂层后一年 d SPUA 涂层施工后一年

5 结 语

(1)EP 涂层混凝土在 50 次冻融循环开始出现裂缝,250 次冻融循环后涂层完全剥落,动弹模量下降到 60% 以下,失去防护效果。SPUA 涂层混凝土表现出很高的抗冻融能力,经历 300 个冻融循环后表面完好无损,动弹模量略有下降。

(2)从混凝土保护涂层在海湾大桥中的应用可以看出,在腐蚀最严重的浪溅区采用 EP 涂层,由于干湿交替、冻融循环等多种腐蚀因素共同作用下,EP 涂层容易开裂、脱落。而 SPUA 涂层表现出良好的耐海洋腐蚀性能。

参考文献

[1] 黄微波.喷涂聚脲弹性体技术.北京:化学工业出版社,2005.07
[2] 黄微波,吕平.提高混凝土耐久性的新方法—喷涂聚脲弹性体.青岛海湾大桥防腐蚀技术研讨会,2007:285—289.
[3] 吕平,杨华东,王卫英.喷涂聚脲弹性体改善混凝土抗冻性研究[J].低温建筑技术.2005 年(6):8—10.

陆水水利枢纽升船机牛腿裂缝成因分析及处理方案

张俊文　曾曲星

（长江水利委员会陆水试验枢纽管理局）

摘　要：陆水枢纽主坝运行30多年后，升船机支承排架所布置的一号闸墩牛腿出现裂缝，形成隐患。通过裂缝成因分析，确定采用黏贴钢板方案进行加固处理，效果较好，可供类似工程缺陷处理具有借鉴。

关键词：裂缝；升船机；成因分析；黏贴钢板

1　概　述

陆水水利枢纽主坝又名三峡试验坝，是我国第一次采用混凝土预制安装筑坝的宽缝重力坝。主坝溢流坝段布置有6个闸墩，升船机的支承排架布置在溢流坝段的一号和三号闸墩上。

升船机是由一台桥式起重机、承船箱、支承排架和信号指挥台组成。桥式起重机是吊运船只的主要运载工具，行走于支承排架上面，跨度24.6 m，自重70 t，额定提升力50 t。

承船箱是桥式起重机的专用吊具，为梁系焊接钢结构，平面有效尺寸16.1×3.78 m，重14 t。

支承排架是钢材和混凝土构件组成的混合结构，高度15.22 m，两端设有悬臂结构，长度8.11 m，总长50.52 m。

排架纵向大梁为钢结构吊车梁，全系焊接工字钢，支承排架的竖直支柱为钢筋双肢栓。上、下游斜向排架为钢结构与竖向成27°交角，其上部与吊车梁相联，其下部固定于坝面混凝土支墩上，顶宽1.8 m，底宽2.65 m，肢杆为I33型钢，排架共用钢材59t，其中吊车梁上下游斜向排架重约51 t，行车轨道约8 t。

1998年之后，一号闸墩支撑排架的牛腿左右两侧面均出现裂缝，裂缝产生原因不明，平面布置及裂缝详细情况见图1及图2(a)(b)。

2　牛腿裂缝成因的有限元分析

2.1　计算网格

建立计算模型时只考虑了一号闸墩。尾墩整体有限元网格见图3。坐标轴定义：顺流向为X，从左岸到右岸为Y轴正向，竖直向上为Z轴正向。

2.2　计算参数

（1）环境量

由参考文献[1]资料给出闸墩采用200#混凝土，极限抗拉强度1.6 MPa，允许抗拉强度为0.4 MPa。根据规范取混凝土设计抗压强度为10 MPa，泊松比0.167，弹性模量为

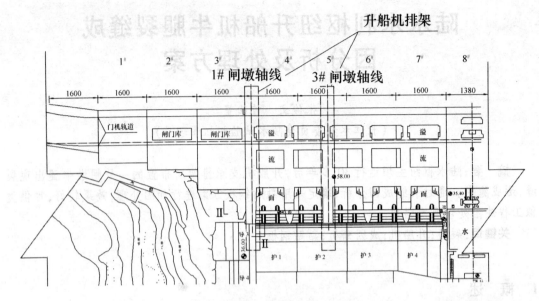

图1 升船机排架平面布置图

(a) 左侧裂缝   (b) 右侧裂缝

图2 水化热试验结果

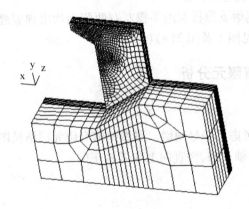

图3 整体有限元网格

2.0×10^4 MPa,温度线性膨胀系数为 1×10^{-5}。

(2)外界作用力

分析牛腿裂缝成因时,主要计算荷载(常规)为闸墩混凝土自重,上下游水压力,闸墩工作闸门作用在牛腿上的推力以及排架作用在闸墩顶部的力。各种荷载的取值分别如下:

1. 混凝土自重

混凝土的密度为 $2\,400$ kg/m³,重力加速度取 9.8 m/s²。

2. 上下游水压力

对闸墩与水接触的混凝土外表面,施加相应高程的水压力荷载。上游正常蓄水位为▽53.0 m,下游相应水位为▽28.5 m。

3. 闸门对牛腿的推力

闸门支座设计推力荷载为550 t/牛腿。

4. 排架支座对闸墩顶部混凝土上的作用力

由于升船机工作时沿顺河流向不断移动,且起吊船只大小不同,故该荷载为不定荷载。荷载的大小取可能的最大值,即起重机的自重70 t,起吊船只最大重量取50 t,承船箱重量14 t之和。当起重机中心线处于下游侧极限位置附近时,上游侧排架的支座受拉,拉力换算为14 t,另外叠加下游斜向排架所用的钢材25.5 t及行车轨道约2 t,共计175.5 t,平均分布在两个闸墩上,每边荷载为87.75 t。由裂缝产生位置可知该处可以随温度变化自由收缩,故年气温变化引起的温度荷载基本无影响,也不予考虑。

2.3 研究思路

1. 假定尾墩附近混凝土尚未开裂,对完整有限元模型采用以上常规荷载进行分析计算,结果显示:开裂区混凝土应力非常小,主拉应力在0.2MPa以内,尾墩基本不会开裂;

2. 由众多实际工程运行经验可知,一般闸墩混凝土产生裂缝原因非常复杂。由于常规荷载不能使混凝土开裂,参考相关文献,认为温度骤降以及混凝土强度削弱极有可能是该裂缝的主要成因或初始诱因。鉴于陆水主坝所处纬度及气候条件与三峡相近,气温骤降频繁,因此需要计算气温骤降引起的表面温度荷载;

3. 参考三峡资料:气温骤降最多发生在3、4月份,9年内,2~3d降温幅度在8℃以上的发生次数34次,降温幅度在10℃以上者10次。由此可见分析气温骤降对该工程尾墩开裂成因研究意义重大;

4. 考虑在混凝土有初始裂缝的条件下,再考虑常规荷载对裂缝的影响。

计算条件:只考虑气温骤降荷载。初步计算采用典型3d降幅为10℃的气温骤降类型,发生时间为3月份。

2.4 计算成果及分析

2.4.1 采用线弹性模型的计算成果及分析

由参考文献[1],混凝土弹模取25.5 GPa,线胀系数为 0.85×10^{-5}/℃,计算成果显示,除去尾墩转角处应力集中部位外,表面混凝土顺河向正应力、竖直向正应力以及第一主应力最大值均在1.47 MPa左右,远远大于混凝土设计时的允许拉应力0.4 MPa,略低于混凝土的极限抗拉强度为1.6 MPa。

考虑到该流域年平均气温15.5℃,夏季炎热(最高曾达40℃),冬季严寒,表面混凝土强度历经三十年后强度将会有较大的下降,因此混凝土在该种气温骤降条件下开裂是极为可能的。

2.4.2 采用非线性模型的计算成果及分析

假定混凝土在最大降幅为10℃时开裂,采用强度折减系数来分析混凝土开裂最低强度。初步设置混凝土极限抗拉强度(记为Sf)为1.2 MPa,计算结果显示,混凝土开裂区非常大。即使混凝土没有开裂,由于拉应力超过了极限抗拉强度的0.7倍,表面混凝土反复受冻多年,必然产生许多的内部裂隙,强度及弹模均有较大的下降。

再将混凝土极限抗拉强度设置为1.35 MPa进行计算,分析结果确定初始裂缝的位置在双面开裂的单元处,裂缝深度为0.19 m左右。

将混凝土极限抗拉强度设置为1.38 MPa进行计算,混凝土不开裂。

综合分析以上成果可以得出结论,混凝土应在1.35 MPa至1.38 MPa时最初开裂或产生较大的内部微裂隙。若混凝土的初始开裂时的气温骤降幅度不同,混凝土的开裂强度也会有所不同,但开裂机理是可以确定的.

2.4.3 计算结果讨论

结合以上计算成果,在混凝土有初始裂缝的条件下,考虑常规荷载对裂缝的影响。当不考虑两种气温骤降和常规荷载组合作用时,混凝土开裂区及开裂度均无变化。

同时考虑气温骤降和常规荷载,计算结果显示混凝土的开裂区范围虽然没有较大变化,但是破坏度加深。当然升船机起吊50 t船只时不一定刚巧发生10℃及以上的气温骤降,但后期的大型船只起吊会让本已损伤的表面混凝土开裂凸现化。

2.5 牛腿裂缝扩展稳定性分析

对于已经产生的裂缝,由于缝端存在应力集中,有限元法计算的应力会远远大于混凝土的允许应力,且对网格有较强的依赖性,故不能用常规的方法来评判裂缝端部是否会继续扩展,而必须采用应力强度因子来评价。

由于计算裂缝端部场需要很细的网格,因此,采取子模型的技术进行计算。先用较粗网格计算出整体的应力场和位移场。再对裂缝附近建立子模型,采用1cm左右的网格进行计算。粗网格及裂缝端部子模型有限元网格见图4。为了方便建模,图中模型紫色部分表示加固时黏结的钢板和黏结剂单元。

根据断裂力学的计算成果,当气温骤降幅度大于或等于10℃时,缝端应力强度因子将超过混凝土的断裂韧度,牛腿裂缝将会继续扩展,因此必须采取加固措施进行处理;

3 裂缝处理方案

经过三维有限元分析计算和陆水主坝闸墩裂缝处理的相关经验,拟采用黏贴钢板方法进行升船机牛腿加固处理。

钢板采用A3钢,设计抗拉、抗压强度值为210 MPa,弹性模量取为210 GPa,容重为78 KN/m³,热膨胀系数为1.2×10⁻⁵。黏结剂弹性模量为4.27 GPa,泊松比为0.2,极限抗剪强度18 MPa,设计允许抗剪强度10 MPa。

钢板布置为:裂缝上游侧黏贴长度为2 m,下游侧黏贴长度为1.8 m;裂缝分布高程

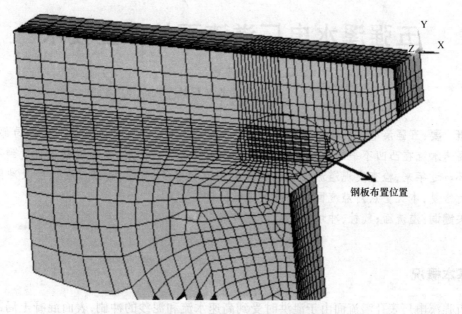

钢板布置位置

图 4   闸墩有限元分析子模型法的粗网格

52. 56 ~ 54. 36 m 之间,每侧均匀布置 6 排。采取钢板加固后当气温骤降幅度为 10℃时,缝端应力强度因子最大只有 0. 44 MPa. m$^{1/2}$,小于混凝土的断裂韧度 0. 58 MPa. m$^{1/2}$。当气温降幅大于12℃时,混凝土裂缝有可能继续扩展,但是由于受钢板的约束,裂缝扩展到一定深度就会停止。可见,钢板加固的效果很明显,且各种气温骤降条件下,钢板和黏结剂的应力均在允许范围内,故采取该种钢板布置方案对裂缝进行加固是可行的。

4 结 语

    通过 2008 年陆水维修养护工程对升船机牛腿裂缝的处理,经过近一年的观察,没有发现裂缝扩展,加固效果较好。

参考文献

[1] 陆水蒲圻水利枢纽工程技术总结(第二册)(内部资料),1972
[2] 张超然等. 三峡水利枢纽混凝土工程温度控制研究[M]中国水利水电出版社,2001
[3] 范天佑. 断裂理论基础[M]北京:科学出版社,2003
[4] 何彤云.倪保璐,欧健. 环境温差是边闸墩裂缝的重要原因〔J〕 湖南水利 1997,No.4
[5] 于骁中.岩石和混凝土断裂力学 长沙:中南工业大学出版社,1991
[6] 陆水水库主坝闸墩裂缝应急处理工程技术总结(内部资料)
[7] 江见鲸,陆新征,叶列平. 混凝土结构有限元分析 北京:清华大学出版社,2005
[8] 张起和. 陆水枢纽主坝闸墩裂缝粘钢板加固处理.人民长江,2004

五强溪水电厂溢流面的修复技术

马冲林

（五强溪水电厂）

概　要：五强溪电厂表孔溢流面由于高水头泄洪、冲刷导致表面混凝土产生局部磨损，同时高速水流在凸凹不平的混凝土表面过流时，因巨大气蚀作用，表面混凝土也受到不同程度损坏。近年来，检查发现溢流面上裂缝等病害逐渐增多，为此，对溢流面缺陷及冲毁的地方进行修复，本文重点对溢流面修复技术进行探讨。

关键词：溢流面；气蚀；冲坑；修复；丙乳砂浆

1　基本概况

五强溪电厂表孔溢流面由于泄洪时受到高速水流和泥沙的冲刷，表面混凝土局部产生磨损，同时高速水流在凸凹不平的混凝土表面过流时，产生巨大气蚀作用，表面混凝土受到不同程度损坏。2008 年 12 月 16 日对表孔溢流面的堰顶段、中间顺坡段、反弧段以及侧墙进行检查时，发现较多问题。主要存在的问题如下：

（1）多个表孔堰顶段麻面较多；

（2）侧墙尤其是底板与侧墙交接处多处露筋，局部遭受冲刷；

（3）中间顺坡段靠上游段的结构缝处多处被淘刷成坑；

（4）多个表孔面上露筋现象较多。

本次检查发现 2#、4#、5#、6#、8#表孔气蚀较严重。

根据溢流面混凝土外观现状，将表孔溢流面混凝土破坏情况分为 4 种类型：

1）露钢筋区（冲坑）：表面混凝土严重剥蚀，粗骨料完全裸露，钢筋外露、锈蚀，混凝土剥蚀深度在 50 ~ 300 mm 范围内；

2）露大石区：表面混凝土严重剥蚀，粗骨料完全裸露，表面混凝土酥松，混凝土剥蚀深度在 20 ~ 50 mm 范围内；

3）露小石区：砂浆剥落，表面不平整，骨料暴露，剥蚀深度在 20 mm 以内；

4）表面完整区：表面混凝土完整，基本无剥蚀现象。

下面简要介绍几个典型破坏面情况：

1）2#表孔露筋较严重，露筋长为 1.9 m，深度为 5 cm；如图 1 所示；此外还有许多麻面、冲坑等。

2）4#表孔结构缝多处遭受冲刷并淘刷成坑，此外还有多处麻面；如图 2 所示：

3）6#表孔发现一长 3.3 m，宽 1.3 m，深为 0.25 m 的冲坑，情况十分严重。

4）其他如 5#、7#、8#等表孔在堰顶段多处发现有麻面现象。

1# ~ 9#表孔冲刷修补工程量：见表 1。

图1　2#表孔露筋、麻面及冲坑情况

图2　4#表孔结构缝的冲坑情况

表1　1#~9#表孔冲刷修补工程量

序号	位置	冲毁情况		单位	工程量	备注
1	2#表孔	冲坑露筋	1.9 m×0.3 m×0.1 m	m³	0.57	露出 Φ25 钢筋
2	2#表孔	麻面	0.5m×3.4m	m²	1.7	
3	2#表孔	麻面	1.5 m×0.3 mm²		0.45	
4	2#表孔	冲坑	0.6 m×0.3 m×0.08 m³		0.02	
5	2#表孔	冲坑	1.0 m×0.5 m×0.1 mm³		0.05	
6	2#表孔	冲坑	0.5 m×0.2 m×0.06 m³		0.01	

序号	位置	冲毁情况		单位	工程量	备注
7	2#表孔	小冲坑、麻面零星修补		m³	1.2	
8	4#表孔	冲坑露筋	2.3 m×0.2 m×0.2 m	m³	0.1	
9	4#表孔	麻面	2.8 m×1.6 m	m²	4.48	
10	4#表孔	麻面	1.7 m×1.1 m	m²	2.89	
11	4#表孔	麻面	5.5 m×1.1 m	m²	6.05	
12	4#表孔	侧墙露筋0.3 m×0.3 m		m²	0.09	
13	4#表孔	冲坑0.9 m×1.0 m×0.12 m		m³	0.11	
14	4#表孔	小冲坑、麻面零星修补		m³	2.1	
15	5#表孔	侧墙露筋	1.3 m×2.6 m×0.2 m	m³	0.68	
16	5#表孔	侧墙露筋	0.3 m×0.4 m×0.1 m	m³	0.01	
17	5#表孔	冲坑	0.3 m×0.5 m×0.12 m	m³	0.02	
19	6#表孔	冲坑露筋	3.3 m×1.3 m×0.25 m	m³	1.1	淘刷较严重
20	6#表孔	冲坑	1.5 m×0.6 m×0.1 m	m³	0.09	
21	6#表孔	冲坑	1.4 m×1.3 m×0.1 m	m³	0.18	
22	6#表孔	钢盖板冲毁	0.6 m×0.6 m	m²	0.36	
23	6#表孔	小冲坑、麻面零星修补		m³	1.5	
24	7#表孔	麻面	2.2 m×1.1 m	m²	2.42	
25	7#表孔	麻面	1.8 m×0.5 m	m²	0.9	
26	8#表孔	麻面	1.5 m×1.2 m	m²	1.8	
27	其他表孔	麻面零星修补		m²	28	

2 施工方法

2.1 修补材料

表孔溢流面等过水面受水力冲刷磨损严重,要求溢流面修补材料抗冲耐磨性能好、能适应混凝土因温度变化而产生的变形、有较强的黏结性能。经过电厂多年积累的施工经验认为,采用丙乳砂浆修复能满足现场技术要求。

丙乳砂浆具有强度高、黏结力强、收缩小、抗冲耐磨性能好等特点,特别适合于过水面表面混凝土损坏、裂缝、伸缩缝等缺陷修补处理。

2.2 施工工艺

(1)露钢筋区(冲坑):

1)切边。沿表面损坏的混凝土周边切割混凝土(加宽 3 cm 切边),深度不少于 10 cm,切边边线必须封闭,向内斜切 45°;

324

2) 凿除表面严重剥蚀的混凝土。用电锤凿除表面边沿混凝土和松动混凝土深度不低于 12 cm, 表面打毛, 露出粗骨料, 并用高压水枪冲干净, 晾干;

3) 钻插筋孔。方形损坏处可按孔距 20~30 cm 梅花型布孔, 条形损坏处可沿长边方向布插筋孔, 孔深 35 cm, 孔径 φ25 mm. 用高压水枪冲洗干净, 并用真空吸管将孔内砂粒吸干净, 晾干;

4) 锚固插筋。溢流面混凝土设计等级为 C50, 可用丙乳砂浆作为锚固剂, 在插筋孔内导入丙乳砂浆(掺合细纱), 并插入 φ16 长 75 cm 的钢筋, 锚筋锚入深度 35 cm(25 d), 外露 20 cm, 留弯钩 20 cm;

5) 钢筋网就位(冲坑修补)。待锚固剂硬化 12 hr 后, 按照　双向钢筋网进行制安, 混凝土保护层设计为 4~5 cm. 钢筋与插筋之间用电焊联接;

6) 修补基面涂刷一层丙乳基液(厚度不超过 1 mm), 待基液用手触摸时不粘手能拔丝时(约 30 min), 再填补丙乳砂浆;

7) 丙乳砂浆的制备和浇筑。根据丙乳砂浆搅拌时间、运输时间和浇筑周期等现场条件, 调整试验丙乳砂浆稠度和流动性, 确定工艺配方。将已配制好的丙乳砂浆吊放于表孔溢流面修补位置。边缘处加强振捣, 以保证新老混凝土密切结合。浇筑的丙乳砂浆流平后的表面高度应与未破损周边混凝土面保持一致, 保证修补后整体过流面平整光滑;

8) 侧墙立面浇注。在侧墙上打锚筋孔, 插筋一部分为螺栓(螺栓外露 25 cm), 螺纹长不小于 5 cm, 既可作锚筋用, 又可作固定钢模板用, 用导管将丙乳砂浆送到浇筑仓内, 待模板四角预留的孔洞中溢出混凝土后, 把预留洞封堵;

9) 拆模。在丙乳砂浆浇筑 3~5 d 后进行拆膜, 拆膜后对混凝土进行检查, 将露出混凝土表面的螺栓进行割除;

10) 养护。丙乳砂浆收面之后要注意养护, 砂浆固化前不要触动其表面, 要注意防雨淋、防水浸泡。丙乳砂浆涂层固化后, 其强度未达到使用要求时, 避免涂层受到重压和外力的冲击, 丙乳砂浆需养护 7 d 以上。

(2)露大石区、露小石区:

沿损坏部位凿除表面剥蚀的混凝土, 凿除深度不少于 5 cm, 高压水枪把碴屑冲洗干净, 表面晾干; 修补基面涂刷一层丙乳基液(厚度不超过 1 mm), 待基液用手触摸时不粘手能拔丝时(约 30 min), 再填补丙乳砂浆。丙乳砂浆修补后, 沿曲面找平, 在丙乳砂浆修补面上再刷涂耐磨涂料, 要求刷涂均匀, 表面光滑, 养护 7 d 以上。

3　材料性能及要求

丙乳硅粉钢纤维混凝土配合比为(每 1 m³ 重量比, 单位为 kg):
水泥:砂:粗骨料:硅粉:钢纤维:丙乳 = 500:640:1 000:100:60:175
材料要求:
水泥:采用石门特种水泥厂生产的 Po42.5 普通硅酸盐水泥;
砂:采用岳阳天然河砂, 细度模数为 2.5;
粗骨料:采用当地天然石料, 粒径为 0.5~2 cm;
钢纤维:施工采用铣削性钢纤维, 上海 Harix 金属制品有限公司生产;

硅粉剂:施工采用 NSF 硅粉剂,由南京水利科学研究院研制。

丙乳:施工用杭州国电产的丙乳(电光牌)。

4 结 语

五强溪水电厂溢流面通过修复后,2009 年汛后进行检查,未发生冲毁现象,效果较为理想。早在 2004 年,五强溪电厂消力池以及溢流面等易冲刷地方曾多次采用丙乳沙浆修复过,取得较好效果,其五强溪水电厂溢流面的修复技术,可供类似工程借鉴。修复主要关键点是破损地方切槽的方法以及施工材料和方法。

水下封堵门技术在水口水电站 2 号泄水底孔事故检修门修复工程中的应用

单宇矗　陈洋

（青岛太平洋海洋工程有限公司）

摘　要:水口水电站 2 号泄水底孔事故检修门槽破坏严重,业主及专家几经论证多方考察最后决定采用水下安装浮体封堵门技术对水口水电站 2 号泄水底孔事故检修门槽进行修复。该方法直接在水下利用浮式闸门封堵底孔进水口,形成旱地施工条件,之后在检修门槽洞内修复并获成功。为大坝类似结构水下除险消缺找到了技术可行、安全可靠、经济有效的新方法、新工艺。

关键词:水口水电站;水下封堵门;水下修补;深水潜水

1　工程概况

　　水口水电站位于福建省闽清县境内的闽江干流上,上游距离南平市 94 km,下游距离闽清县城 14 km,距福州市 84 km。水口大坝由混凝土重力坝、坝后式厂房、过船和过木建筑物组成。混凝土重力坝最大坝高 101 m,全长 783 m,坝顶高程 74 m。分 42 个坝段。其中 8 ~ 21 号为电站进水口坝段,23 ~ 35 号为溢洪道坝段,22 和 36 号为泄水底孔坝段,37 和 38 号分别为船闸和升船机。电站溢洪道布置在河床右岸,溢洪道两侧各设一个泄水底孔。2 号泄水底孔位于河床混凝土主坝第 36 号坝段内,为长方形出口,坝段宽 13 m。2 号泄水底孔设有 5 m×9.6 m 事故检修闸门和 5 m×8 m 工作弧门各一道,进口底坎高程 20 m。

2　检修门槽破坏情况综述

　　水口水电站共有 2 孔泄水底孔,分别设在电站 22 号和 36 号坝段,紧邻溢洪道两端,承担本枢纽的泄洪和水库放空任务。福建水口发电有限公司于 2003 年 12 月对电站水工建筑物进行了水下检查,检查发现 2 号坝段泄水底孔事故检修门槽左侧下游面内侧衬和闸门主轨之间严重开裂,开裂处出现较大范围混凝土淘空破坏。在 2005 年的检查中发现破坏进一步发展,事故检修门左侧顶部下约 1 m 处发现喷射水流,形成约 5 m 挑流。业主于当年 12 月对 2 号坝段泄水底孔进行水下修复,采用水下拼装焊接钢衬并水下浇筑混凝土的修复工艺。2006 年 3 月事故检修门槽再次破坏。经专家分析,泄水底孔目前的冲蚀破坏已经处于由量变到质变的临界阶段,必须进行彻底修复处理,确保大坝安全。

3　施工方案的选择

　　目前常采用的门槽修复处理方案有旱地施工和水下施工两种,这两种施工方案各有利弊。

(1)水下施工方案

优点是：①可直接用于水下施工环境，采用水下焊接，水下浇筑，带水作业，不影响发电;②不需大型施工机械设备与设施，移动方便、迅速，工期短;③只要有合格的潜水人员和水下施工设备及材料，可以在可潜水深的任何位置实施作业,机动,适应性强;④水下作业经济性好。

缺点是：①要求有专业的水下施工队伍;②作业水深大，接近空气潜水极限水深，工作效率极低;③对水下设备、材料要求高;④水下焊接质量难保证，存在盲焊、淬硬、氢裂等问题。

(2)放空水库旱地施工方案

考虑到2号泄水底孔需要预防携砂高速水流带来的磨蚀破坏和冲蚀破坏，如果要保证修复部位能够防冲耐磨，经久耐用，必须采用旱地施工。水口水电站是华东地区最大的常规水电站,总装机容量140万千瓦,同时也是闽江流域特别重大的调节水库,除发电外,还担负着下游各省、区的防洪、防凌、灌溉、供水等调节任务,水库运行由国家统一调度,库水位一年中只能在一些特定的时段内可降低一定范围内运行。如果采用放空水库或者采取建造围堰的方法创造旱地施工条件,会有很大的经济和社会效益损失,因而不可能通过放空水库或建造围堰创造旱地施工条件。

(3)水下封堵门施工方案

水下封堵门施工方案直接在水下利用浮式闸门封堵进水口底孔，形成底孔内部旱地施工条件,于封堵门后,直接在洞内干地修复施工的方法。此方案充分结合了上述两种方案的优点,同时巧妙地避免了各自方案的不足。即1)用水下封堵门作业代替了土石围堰,工作量大大减少,工程工期短,造价低。无须动用大型土石方机械设备,只须在车间制造钢结构平板门运到现场,利用现有门机起吊,由潜水员水下指挥安装即可;2)封堵后缺陷处理在干地进行,工作效率高,质量有保证。既避免了水下焊接质量难以保证的问题,又无须水下特殊材料和专业人员;3)封堵和拆除简便,不留后患,可重复使用,经济可靠;4)该方案有类似工程成功应用的经验,可靠性强。

福建水口发电有限公司经过对水下和旱地修复施工方案进行了大量调研和分析论证后,最终决定采用浮体闸门水下封堵施工方案。工作原理如图1。

4 施工中的关键技术及难点

本工程由中国水电顾问集团西北勘测设计研究院设计,青岛太平洋海洋工程有限公司实施,封堵门由　　制造。水口水电站2号泄水底孔坝前浮体门封堵工程施工存在以下几个技术难点:

(一)封堵门水封接触坝面水下平整度测量及处理

进水喇叭口四周坝面就是浮体闸门的支承面,在十几米高的坝面上可能会存在着起伏不平、模板错台、坑洼、钢筋头外伸等缺陷。因此,在制作水封前必须测量底孔坝前喇叭口外的混凝土性状,将突出和严重缺失的坝面混凝土修整平顺,为下一步浮体闸门的安装和水封设计提供可靠的数据。

(2)坝前淤积物大深度水下清理

泄水底孔位于坝前较深位置,泄水孔底坎前容易堆积大量石块、树干等淤积物,如果不清除这些坝前淤积物,则会影响封堵门的下放。这些混凝土块、石块位于50多米水深处,需

328

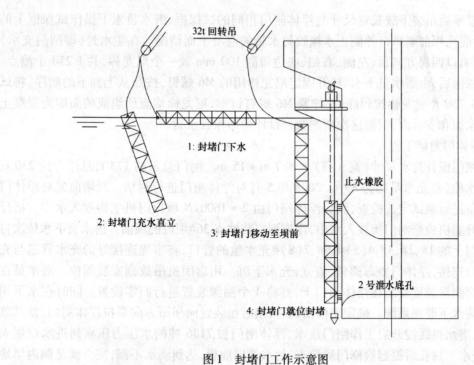

1: 封堵门下水

2: 封堵门充水直立

3: 封堵门移动至坝前

4: 封堵门就位封堵

32t 回转吊

止水橡胶

2 号泄水底孔

图 1　封堵门工作示意图

要潜水员人工清除,本次工程共清理坝前淤积物约 30 m³。

要解决浮体门整体拼装、起吊、拖航、铅直扶正、下沉就位、精确定位、最后封堵等一系列技术难题

浮体闸门尺寸为 8.7 m * 15 m * 2 m,闸门总重约 173 t,总浮力约 230 t,设多个充水舱,总充水量约为 89 t。庞大的门体在吊放下水及水中直立扶正过程中必须考虑到对浮体闸门进行充水的顺序和速度。潜水员必须在水面准确找到相应管口,按设计要求依次打开浮体闸门上充水舱的各管口。将事先连接好的充水管道与充水舱的相应管口连接,依次进行充水,直到浮体闸门直立并下沉,上端停留在水面 0.5 m 左右。一个宽 9 m,高 15 m 的庞然大物要在水下 54 m 深处就位,准确的封堵在孔口,这就对水下就位的精度要求非常高,因为一旦就位不准,造成孔隙或错位,造成漏水,后果将非常严重,因此定位精度要求精确到厘米。

(4)大深度潜水、多工种、多场面、交叉协同作业

要在如此深度下完成水下录像、放线、测量、水封面范围内混凝土面清理、凸坎打磨、坑洼填补、钢筋头切割、定位钢筋桩打孔安装、底坎处淤沙清除,以及试探框和浮体门定位和拆除等大量水下作业,这是潜水工作前所未遇的施工条件。

5　施工作业主要部分组成

(1)坝面测量及处理工程

潜水员沿坝面从上到下,从左到右成"之"字形行走,切割坝面上钢筋、工字钢、打磨突出的混凝土,水下浇筑混凝土,保证试探门和闸门能够顺利下降和安装,并使坝面起伏程度降低,减少随形橡胶止水加工难度。

坝面整平后吊装下放长宽尺寸与浮体闸门相同的试探框,潜水员水下操作试探框上的探针,测量底孔坝前喇叭口外侧止水橡胶封水带的混凝土面情况。在主水封(即闸门支承)位置,沿喇叭口四周方向顶、左侧、右侧、底边每隔100 mm放一个尼龙棒,共1 250个测点。固定好试探框后,由潜水员下水,松开固定尼龙棒用的M6螺钉,按照从上到下的顺序,将试探框上的1 250个尼龙棒按到底,并拧紧M6螺钉钉牢,尼龙棒端点所组成的面即为混凝土坝面的封水面和支承面,根据这次所测数据设计随形橡胶水封。

(2)浮体门封堵工程

浮体闸门设计封水尺寸(宽*高) = 8.7 m*15 m。闸门总重约173 t,总浮力约230 t,设多个充水舱,总充水量约为89 t。2008年5月对浮体闸门进行封堵。封堵前先对浮体门和相关设备进行调试定位检查,然后浮体闸门由2*1600kN坝顶门机主钩放入水中。把浮体闸门从升船机检修闸门槽放入水中,浮拖到安装地点36#坝段的坝前。潜水员下水依次打开浮体闸门上的1#、2#、3#、4(5)#、6#、7(8)#充水舱的管口,将事先连接好的充水管道与充水舱的管口连接,浮体门姿态调整,直立,充水下沉。用启闭机吊放到安装部位。潜水员在水下将4套测深装置安装在浮体闸门上,并将4个测深装置进行归零设置。同时在水下相应位置安装水下监视系统。确定定位精确后,用后拉装置向坝面方向牵拉浮体闸门,使其就位。最后,潜水员缓慢开启工作闸门放水,浮体闸门被7186吨的水压力压靠到进水口坝面上,封堵止水。封孔后提起检修门后检查,封水效果理想,达到滴水不漏,完全满足洞内旱地修复施工条件。

(3)浮体门拆除工程

水口电站2号泄水底孔洞内经过3个月的干地施工,又经相关专家现场验收后,达到修复设计要求。封堵门于2009年5月成功拆除。拆除前洞内清理现场、人员撤离,由潜水员下水检查闸门周围的淤泥情况,由于闸门在水下封堵了泥沙淤泥影响了闸门的提升,先进行清淤。潜水员解开相关控制装置。门内缓慢开始充水,平压。导向绳脱槽,拆除后拉钢丝绳。潜水员下水依次打开相关阀门,充气,使浮体门缓慢上浮。移动启闭机上的导向滑轮,使浮体闸门橡胶水封离开坝面,提升浮体闸门缓缓升至水面。

至此,本次水下封堵门工程的测量、封堵、拆除三个主要工作均得到一次成功,水下施工作业由青岛太平洋海洋工程有限公司实施;水上施工作业及闸门的制作安装由闽江工程局承担,全部设计工作由中国水电顾问集团西北勘测设计研究院承担。

6 结 语

水口水电站水下封堵2号泄水底孔进水口创造旱地施工条件,不受水库运行条件限制,不需弃水施工,节约工期,节约水利资源,节约电力资源,降低工程造价,为其他类似的大坝深水孔洞创造干地修复条件提供了经验。目前,水下封堵门技术已成功地应用于众多水库大坝和水工结构物的病害治理中,尤其在无法或难于修筑围堰的情况下,该项技术的优势更为明显。水下封堵水口水电站2号泄水底孔修复工程体现了现代水下施工技术成熟。随着科学技术的不断发展,在未来的水工建筑物除险加固工程中,水下封堵门施工技术将会越来越重要,具有广阔的工程实用价值和商业前景。

水工混凝土结构的防裂及裂缝处理技术

岳跃真　杨伟才

（中国水利水电科学研究院结构材料研究所）

摘　要：水工混凝土结构在施工期及运行过程中很容易产生裂缝，裂缝的原因与结构的型式、设计、材料、施工等各方面因素密切有关。裂缝的存在对结构的承载力及耐久性有不同程度的影响。本文介绍水工混凝土裂缝的产生机理、防裂的技术措施及出现裂缝后的处理技术，对指导水工混凝土结构的防裂和裂缝修补具有一定的意义。

关键词：混凝土结构；裂缝；防裂技术；裂缝修补

1　水工混凝土结构的防裂

混凝土是脆性材料，抗拉强度只有抗压强度的 1/10 左右，拉伸变形的能力相对较小，短期加载时极限拉伸应变为 0.8×10^{-4} 左右，长期加载时极限拉伸应变为 $(1.2 \sim 2) \times 10^{-4}$，而水工混凝土又多是大体积混凝土和少筋混凝土，因此，水工混凝土结构极易产生裂缝。

混凝土的裂缝会破坏结构的整体性，降低结构的承载力及耐久性。贯穿性裂缝和深层裂缝对结构的承载力影响大，应预防发生。浅层裂缝影响混凝土的耐久性，使混凝土容易发生冻胀破坏、容易造成钢筋的锈蚀，要尽量防止浅层或表面裂缝的发生。

水工混凝土结构的裂缝主要有荷载裂缝和非荷载裂缝，非荷载裂缝包括温度变形裂缝、干缩裂缝、碱骨料反应产生的裂缝、钢筋锈蚀产生的裂缝、基础不均匀变形及新鲜混凝土的塑性沉降和塑性收缩裂缝等。

水工混凝土的非荷载裂缝在工程中尤为常见，下面分析其裂缝机理及预防措施：

1.1　温度裂缝

水工混凝土结构的温度变化产生的温度应力有自生应力及约束应力两类。混凝土浇筑后，由温度变化引起的温度拉应力可分为施工期温度应力及运行期温度应力，施工期温度应力由混凝土水化升温后的冷却及外界温度变化引起的，运行期温度应力是混凝土完全冷却后由外界温度的变化所引起的拉应力。

对浇筑在岩石基础上的混凝土浇筑块，施工期温度约束应力及混凝土不产生贯穿性裂缝的条件为[1]：

$$\frac{K_p}{1-\mu}\left[\alpha A_1(T_p - T_f) + \alpha A_2 K_r T_r + A_1 \varepsilon_0 \eta\right] \leq \frac{\varepsilon_p}{K} \qquad (1)$$

$$A_1 = 0.690 - 0.195\frac{E_C}{E_R} + 0.025\left(\frac{E_C}{E}\right)^2 \qquad (2)$$

$$A_2 = 0.472 - 0.1567\frac{E_C}{E_R} + 0.0203\left(\frac{E_C}{E_R}\right)^2 + 0.00372L - 0.0000963L^3 \qquad (3)$$

影响混凝土约束应力的因素有混凝土的浇筑温度、水化热温升、稳定温度、混凝土的弹性模量及其与基岩弹模的比值、混凝土线膨胀系数、泊松比、松弛系数、自生体积变形、约束系数及混凝土浇注块的长度等。

混凝土的浇筑温度越高，混凝土的约束应力越大，因此，应尽量降低混凝土的建筑温度。可采取的措施包括预冷骨料、拌和时加冰、地笼取料、液氮冷却等降低混凝土的出机口温度；加强运输过程中的保温，防止热量倒灌；高温季节加强仓面的喷雾，形成小环境，减小太阳的辐射；加快施工的速度，减小温度回升；尽量在低温季节或非低温季节尽量在夜间施工。

混凝土的水化热温升 T, 取决于混凝土的绝热温升和混凝土施工过程中的散热，水化热温升越高，混凝土的温度应力就越大，水化热温升越低，温度应力就越小。降低混凝土的绝热温升主要通过优化混凝土的配合比，掺粉煤灰、掺优质减水剂等，减少水泥用量，采用低热水泥等措施，增加施工过程的散热就需要优化浇筑的层厚、层间间歇期，采取水管冷却的方式降温和浇筑后流水降温等。

混凝土的线膨胀系数对混凝土的温度应力影响很大，应采用线膨胀系数小的骨料，如灰岩骨料，混凝土的线膨胀系数只有 $0.5 \sim 0.6 * 10 - 5$，各种骨料的线胀系数及相应的混凝土的线膨胀系数如表2所示。[1]

表2   不同骨料混凝土的线膨胀系数 α

骨料种类	石英岩	砂岩	玄武岩	花岗岩	石灰岩
α（10 − 5/℃）	1.22	1.01	0.86	0.85	0.61

混凝土的自生体积变形为膨胀时，可减小温度拉应力，反之则增大混凝土拉应力。因此，应采用合适的水泥、通过配合比优化，减小混凝土的自生体积收缩变形，最好使自生体积变形为微膨胀，可起到补偿温度收缩拉应力的作用。目前广泛采用的混凝土掺 MgO 技术及低热微膨胀混凝土技术就是利用自生体积的膨胀变形补偿温度收缩应力，取得了较好的效果。

混凝土浇注块的长度越长，浇注块的温度应力就越大，因此，应合理分块分缝，使混凝土的应力在可控的范围内。

混凝土的极限拉伸或抗拉强度越高，则混凝土的抗裂能力就越强。混凝土的抗拉强度与极限拉伸取决于混凝土的配合比，通过配合比的优化，尽量提高混凝土的抗拉强度或极限拉伸。

当混凝土存在非线性分布时，由于自约束而产生温度应力。自生温度应力的大小取决于内外温差的大小及分布，温差越大，温度分布越不均匀，则温度应力越大。控制温差的措施有两个方面，一是加强表面保温，降低混凝土的等效表面散热系数；另一方降低混凝土内部的温度，可采用水管冷却的方式降低混凝土内部的温度，从而减小混凝土的内外温差，防止表面裂缝的发生。

1.2   干缩裂缝

混凝土在失水干燥的过程中产生不均匀的湿度场及不均匀的收缩变形，不均匀的收缩变形就会拉应力，可能导致混凝土开裂。混凝土的干缩变形与混凝土的材料组成、配合比、构件的尺寸密切相关。因混凝土的湿度扩散系数比导温热系数小1 000倍，亦即水分扩散的速度要比温度传播慢 1 000 倍。因此,对大体积混凝土不存在内部干缩问题,干缩仅发生在表层以内很浅的深度,干缩裂缝一般较浅,属于表面裂缝。

降低混凝土的干缩,防止干缩裂缝的措施如下:

(1)降低单方混凝土中的用水量

混凝土配合比中,单方用水量增加时,混凝土中剩余水分增大,使毛细管孔隙增加,其结果必然造成干缩增大,因此,降低干缩就有必要降低单方混凝土中的用水量。

(2)采用有利于降低混凝土干缩的骨料和水泥

混凝土的干缩是水泥石的收缩产生的,混凝土中的骨料起到了约束变形的作用,这种作用受骨料的岩质和界面状态的影响。一般情况下,使用石灰石碎石骨料的混凝土,比其他骨料混凝土收缩小。抗收缩性能:石灰岩 > 安山岩 > 砂岩,砂岩的干湿变形大,不能很好地抑制干燥收缩变形。

不同品种的水泥配制的混凝土干缩不同,一般数来,矿渣水泥混凝土的干燥收缩大于普通混凝土。另外,掺粉煤灰可减小混凝土的干燥收缩变形。

掺加减缩剂

减缩剂是一种新型外加剂,其作用是降低混凝土中的毛细管张力,从而抑制混凝土的干燥收缩。对薄壁或小体积混凝土,掺减缩剂可有效减少混凝土的裂缝。

1.3 碱骨料反应产生的裂缝

混凝土的碱骨料反应可分为碱-硅酸反应、碱-碳酸盐反应和碱-硅酸盐反应 3 类。碱-硅酸反应(Alkali-Silica Reaction)是发生最多的一种碱骨料反应,其反应的机理是骨料中的活性二氧化硅与混凝土中的碱起反应并引起体积膨胀的过程。

碱骨料反应引起工程破坏最早为美国的布可坝(BUCK),该工程建成投入运行十余年后,大坝混凝土出现膨胀和裂缝。

混凝土的碱骨料反应发生应具备的三个条件是:活性骨料;水泥碱含量高;供化学反应的自由水较充分。因此,防止混凝土碱-骨料反应的措施为:

(1)工程兴建前,在选择砂石料时要查明有无活性骨料,首先进行岩相分析,如岩相分析认为有活性骨料存在,可通过化学法及砂浆法进一步鉴定论证。

(2)必须选用有活性的骨料时,应采用低碱水泥,一般将水泥中的含碱量控制在 0.6% 以下。

(3)使用矿渣硅酸盐大坝水泥或掺矿渣在 35% 以上的矿渣硅酸盐水泥。

(4)在混凝土中掺用优质混合材料,如粉煤灰、矿渣等。

(5)加强混凝土的施工质量控制,提高混凝土的密实性。

1.4 钢筋锈蚀产生的裂缝

对钢筋混凝土结构,钢筋锈蚀产生的体积膨胀会使周围混凝土产生膨胀应力,当膨胀应力大于混凝土抗拉强度时,就会造成裂缝。钢筋锈蚀产生的裂缝一般都是顺钢筋方向发展的裂缝。

混凝土碳化与钢筋锈蚀的主要原因是混凝土不密实,混凝土的密实程度与混凝土所用的原材料以及配合比有关,但与施工质量关系更密切。减小混凝土碳化防止钢筋锈蚀产生裂缝的主要措施如下：

(1)注意混凝土配合比的选择,严格控制水灰比,掺用外加剂；

(2)改善混凝土的施工质量,提高混凝土的密实性,提高抗渗性；

(3)不掺用含氯化钠、氯化钙等氯化物的材料；

(4)要求有一定的保护层厚度；

(5)防止钢筋混凝土中形成微电池；

(6)必要时在混凝土表面喷涂或涂刷涂层进行表面保护。

2 温控防裂特殊问题的探讨

2.1 寒冷地区混凝土碾压混凝土重力坝的防裂

我国北方寒冷地区夏季炎热、冬季寒冷,多年平均气温在10℃以下,气温年内变幅大,每年4～10月为施工期。寒冷地区碾压混凝土坝的温控防裂的主要特点如下：

(1)控制混凝土的浇筑温度和基础温差,防止大坝产生贯穿性裂缝

碾压混凝土一般通仓浇筑,规范规定的强约束区基础温差为:14.5～12℃(坝底宽L=30～70 m),12.0～10.0℃(L>70 m)。寒冷地区碾压混凝土坝的稳定温度较底,一般为6～10℃,因此,基础约束区混凝土的最高温度一般控制在18～24℃。对夏季浇筑的混凝土,要满足这样的温控标准是比较困难的,施工中必须严格控制混凝土的浇筑温度,施工仓面喷雾降温,减小太阳辐射的影响,必要时覆盖保温被防止热量倒灌。

(2)控制内外温差和上下层温差,防止表面裂缝及越冬面附近的水平裂缝

北方寒冷地区年内温度变幅大,导致混凝土表面的内外温差很大,极易产生表面裂缝。在上下层方向上,由于年内浇筑温度的不同,特别是冬季停工期间的温度降低,造成在垂直方向存在较大的上下层温差。对于相同的上下层温差,浇筑块的长度越大,温度应力越大。文献[2]的研究表明,对水平方向的温度拉应力,当浇注块的长度L=20 m时,上下层温差引起的温度拉应力小于0.5 MPa,而当L>80 m时,上下层温差引起的温度拉应力超过2.0 MPa。上下层温差除产生水平向的温度拉应力外,在大坝上下游面还产生垂直方向的拉应力常规混凝土坝分缝分块浇筑,浇注块尺寸较小,上下层温差的影响较小,而碾压混凝土坝采取通仓浇筑,坝块尺寸较大,因此,应对寒冷地区碾压混凝土坝的上下层温差给予足够重视。

日本的高100 m的玉川坝和我国辽宁省的观音阁碾压混凝土坝均位于寒冷地区,采用金包银的断面结构型式,在施工过程中,均在越东面附近出现了较严重的水平裂缝,裂缝裂穿上游的常态混凝土。越冬面裂缝的原因:①冬季停浇混凝土造成上下层温差较大;②内外温差大;③通仓浇筑,坝块尺寸大;④越冬层面间的抗拉强度低于混凝土本体强度。

防止越冬层面水平施工缝张开及防止表面裂缝的措施主要是采取表面保温,在大坝上下游面及水平越冬面均覆盖保温材料,上下面可采用苯板或性能更好、施工更方便的材料,水平越冬面可在铺设保温材料的基础上,铺土加强保温。保温材料的厚度应根据温控仿真的结果确定,并应确定合适的覆盖时机及揭开时间。对特别寒冷的地区,应采用永久的保温方式。另外,降低上下层温差的措施还有冬季停工前对已浇混凝土温度较高的部位进行二

期冷却,对越冬面上新浇筑的混凝土通热水,提高层面温度,从而减小上下层温差。新疆某碾压混凝土工程通过细致的温控防裂研究,采取了上述温控措施,取得了良好的防裂效果。

(3)控制大坝上游面附近的温度梯度,防止劈头裂缝

大坝的劈头裂缝对大坝的安全运行危害很大,我国的桓仁大坝、蔓莴大坝和柘溪大头坝都出现过劈头裂缝。美国德沃夏克(1968－1972)混凝土重力坝高218 m,通仓浇筑,尽管施工中采取了严格的温控措施,实际浇筑温度只有7℃左右,但裂缝非常严重,其中23#坝段不但裂至岩基,而且向坝内深入75 m,后来采用打排水孔及上游封堵等处理措施。对碾压混凝土重力坝,日本的玉川坝(H＝100 m)在坝的上下游面产生了程度不同的垂直向劈头裂缝。

常规的混凝土重力坝采用分缝分块浇筑,在浇筑至一定的高程后即进行二期冷却至灌浆温度,这样,在蓄水前及蓄水后,靠近上游面的温度梯度较小,产生的温度拉应力也较小。而碾压混凝土坝采取通仓浇筑,一般不埋设冷却水管或埋设冷却水管仅进行一期冷却,以消减水化热温升。这样坝内温度就比较高,当外界温度很低时就会产生较大的温差,从而产生顺坝轴向的拉应力,当横缝间距较大、基础约束较强时,就可能产生劈头裂缝。

防止碾压混凝土坝劈头裂缝的关键是:1)控制大坝上游面附近的温度梯度,可采用冷却水管进行二期冷却使坝体温度缓慢变化;2)缩短横缝间距;3)加强表面保温,减小内外温差。

(4)选择合理的横缝间距,防止顺水流方向的贯穿性或深层裂缝

我国早期的碾压混凝土坝主要建在气候温和、年内温差较小的南方,坝高较小,碾压混凝土坝在一个枯水期内完成浇筑,因此,有些坝如水口等采取全坝全断面碾压的方式施工,不分横缝。在碾压混凝土主坝技术推广的初期,人们认为碾压混凝土水化热温升较低,施工中可简化温控措施,横缝可不设或采用比常规混凝土重力坝大的多的横缝间距。横缝间距除却决于坝体的布置、坝基的情况,主要却决于温控防裂的要求。无论是常规的混凝土重力坝还是碾压混凝土重力坝,外界温度的影响是一样的,如前面所述,当不采用冷却水管控制上游面附近的温度梯度时,碾压混凝土坝的内外温差更大,因此,为防止大坝产生劈头缝或贯穿性的竖向裂缝,碾压混凝土坝的横缝间距应与常态混凝土重力坝的横缝间距基本一致。我国汾河二库碾压混凝土坝的横缝间距大于50 m,结果在蓄水后出现严重的横切坝块的裂缝。

2.2 水工混凝土薄壁结构的防裂

在水利工程存在大量的墩墙等薄壁结构,比如水闸底板与闸墩、渡槽底板与隔墙或边墙、泵站底板与流道墙体、倒虹吸底板与边墙、涵洞底板与隔墙等等。工程实践中,在底板与墩墙混凝土产生了大量的裂缝。混凝土浇筑后,由于水泥水化热的作用混凝土的温度不断上升,造成内部温度高于表面温度,形成内外温差。内外温差产生的温度拉应力超过混凝土即时抗拉强度时裂缝就会产生。由于墩墙是薄壁结构,裂缝一旦形成,极易形成贯穿性裂缝。

对墩墙薄壁结构,防裂的措施除优化混凝土配合比降低混凝土的绝热温升、优化结构布置、设置基础过渡层外,主要是采取措施降低混凝土结构的内外温差和减小老混凝土或基础的约束,减小内外温差的措施就是表面保温、内部降温,减小约束的措施是缩短墩墙与底板浇筑的间歇期,设置后浇带、底板与一定高度的墩墙同时浇筑及在新浇混凝土中布置冷却水管进行降温。表面保温既可减小内外温差,也可以防止寒潮和昼夜温差对混凝土表面的袭

335

击。但过度的表面保温会增加后期温降幅度,加大温降阶段的防裂压力。冷却水管可以通过冷却水把早期的水化热带走,防止内部温升过高,减小内外温差和温降幅度,冷却水管不但可以减小早期内外温差,而且还可以减小后期温降幅度,防止过大收缩变形。表面保温材料的选择、冷却水管的布置及冷却方案(冷却水温、冷却时间、冷却速率等)应根据温度应力计算确定。

2.3 混凝土坝加高的防裂

混凝土重力坝或碾压混凝土重力坝加高将带来如下问题:

(1)坝踵应力恶化

老坝温度已处于准稳定状态,大坝加高的新浇混凝土由于水泥水化热的作用温度升高,在其降温收缩的过程中在老坝的上游面产生拉应力。另外,大坝加高时一般不会放空水库,而是保持一定的运行水位,该水位的水压力将全部由老坝承担,新混凝土只分担由加高施工期限制水到最高水位的增量部分,因此加高重力坝的老坝承担更多的水压力而使坝踵应力恶化。

(2)新老混凝土结合问题

大坝加高新老混凝土结合面是薄弱环节,强度低于整体浇筑的混凝土,在新老混凝土温差的作用下及外界温度周期性变化的作用下,会引起结合面的开裂[3]。

(3)下游坝面裂缝问题

新浇混凝土降温收缩时将受到老混凝土的约束,从而产生温度拉应力。温度拉应力的大小取却决于新老混凝土间的温差,而温差与新混凝土浇筑的季节、施工中的温控密切相关。新浇混凝土同时遭受外界温度变化引起的内外温差的作用,在这两种温差作用下,下游面新浇混凝土极易发生开裂。

解决老混凝土坝加高存在的上述问题,有如下方法:

1)控制新浇混凝土的温升,减小新老混凝土间的温差。可通过控制混凝土的浇筑温度、埋设冷却水管进行冷却等措施。水管冷却不仅可减小新老混凝土的温差,而且对新浇混凝土及时冷却,使得新浇混凝土的降温仅对老坝的局部产生影响,对改善老坝上游面特别是坝踵的拉应力有较大的好处。如无水管冷却,加高加厚坝体的温度将缓慢降温至准稳定温度场,在降温过程中则会对大坝上游面及在下游面本身产生较大的拉应力。

2)新老混凝土的结合面可通过凿毛、插筋、铺砂浆等措施解决[4]。

3)对减小坝踵及上游面应力的恶化及防止新浇混凝土的裂缝,还可以通过在新浇混凝土内设宽槽,将新浇混凝土沿坝坡方向分成若干块,减少收缩长度,从而减少由于新混凝土的收缩引起坝踵应力恶化。等新混凝土温度下降到准稳定温度后,于低温季节将宽槽回填,这样以后新混凝土会因气温回升整体膨胀,使坝踵产生部分压应力,且部分消除低温季节坝坡方向的大拉应力[5]。

4)对寒冷地区的老混凝土坝加高,还应注意加强表面保温,减小内外温差。

3 裂缝修补技术

水工混凝土出现裂缝后,结构的承载力与耐久性将降低。为恢复结构的安全性与耐久

性性,需对出现裂缝的水工混凝土结构进行处理。根据裂缝对安全与耐久影响的不同,裂缝处理分为如下几种:

(1)水工混凝土结构裂缝的补强加固技术

如裂缝造成水工建筑物的承载力下降,结构的安全不满足要求,则需对结构进行补强加固。补强加固常用的技术有预应力法、黏贴钢板法及黏贴碳纤维法。

黏贴碳纤维法补强加固是应用最广泛的方法,它是采用层压方式将浸透了树脂胶的碳纤维布黏贴在混凝土或钢筋混凝土结构表面,并使其与混凝土或钢筋混凝土结构结合为一整体,从而达到加强混凝土或钢筋混凝土结构的目的。碳纤维复合材料补强技术的基本原理是,将抗拉强度极高的碳纤维用特殊环氧树脂胶预浸成为复合增强片材(单向连续纤维片);用专门环氧树脂胶黏结剂沿受拉方向或垂直于裂缝方向黏贴在需要补强的结构表面形成一个新的复合体,从而使增强复合片与原有结构共同受力,增大结构的抗拉或抗剪能力,提高其抗拉强度和抗裂性能。碳纤维片的抗拉强度比同截面钢材高 10~15 倍,因而可获得优异的补强效果。

专用环氧树脂胶粘为配套产品,日本产碳纤维材料的性能指标见表1。

表1 碳纤维布的规格及性能指标

碳纤维种类	单位面积重量 (g/m²)	设计厚度 (mm)	抗拉强度 (MPa)	拉伸模量 (MPa)
XEC-300 (高强度)	300	0.167	>3 500	$>2.3 \times 10^5$

碳纤维补强加固曾用于岗南水库泄洪道闸墩、北京秦屯泄洪闸闸墩及启闭机大梁、峰山口泄水闸闸墩、怀柔水库溢洪道闸墩、天津海河闸公路桥、桓仁水库混凝土支墩、大花水电站输水隧洞、富春江水电站厂房大梁及闸墩混凝土裂缝、新疆喀腊塑克混凝土裂缝、铁岭发电厂输水桥等工程的补强加固处理中,取得了显著效果。

(2)化学灌浆处理裂缝技术

化学灌浆是修补裂缝最常用的技术,化学灌浆材料包括环氧灌浆材料、水溶性聚氨酯灌浆材料、甲凝、丙烯酰氨及丙烯酸盐等,在水工混凝土裂缝处理中,水溶性聚氨酯灌浆材料和改性环氧树脂浆液被广泛使用。当裂缝需补强恢复结构的整体性时,化学灌浆材料采用改性环氧树脂浆材。该材料黏度低,可灌性好,可渗入缝宽 0.2 mm 的混凝土裂缝和岩体微细裂隙内,与国内外的同类材料相比,其早期发热量低、无毒性、施工操作方便,是较理想的混凝土补强加固材料。该材料具体性能指标如表2。

表2SK-E 改性环氧浆材性能

浆材	浆液黏度 (cp)	浆液比重 (g/cm³)	抗渗性	屈服抗压 强度(MPa)	抗拉强度(MPa)	
					纯浆体	潮湿面黏结
SK-E 改性环氧	14	1.06	>S10	大于50.0	5.0	>3.0

对于漏水或渗水裂缝,采用水溶性聚氨脂化学灌浆材料,该材料是一种在防水工程中普

遍使用的灌浆材料,其固结体具有遇水膨胀的特性,具有较好的弹性止水,以及吸水后膨胀止水双重止水功能,尤其适用于变形缝的漏水处理。该灌浆材料可灌性好,强度高,无毒性,当聚氨酯被灌入含水的混凝土裂缝中时,迅速与水反应,形成不溶于水和不透水的凝胶体及二氧化碳气体,这样边凝固边膨胀,体积膨胀几倍,形成二次渗透扩散现象(灌浆压力形成一次渗透扩散),从而达到堵水止漏、补强加固作用。化学灌浆材料的性能指标见表3。

表3　聚氨酯化学灌浆材料主要性能指标

试验项目	技术要求	实测值
黏度(25℃,mpaos)	40~70	45
凝胶时间(min)　浆液:水=100:3	≤20	7.7
黏结强度(MPa)(干燥)	≥2.0	2.6

化学灌浆有低压灌浆及高压灌浆两类,低压灌浆一般指灌浆压力在0.3~0.5 MPa状态下的灌浆工艺。低压灌浆压力偏低,对细微裂缝或堵塞的裂缝,灌入的浆液量偏低,总体灌浆效果不好。

高压化学灌浆技术就是利用高压灌浆机产生的持续高压(灌浆压力最高可达23 MPa),将化学灌浆液灌注到混凝土内部的微细裂缝中,将裂缝完全充满浆液,达到防渗止水、补强加固的目的。

高压灌浆的技术特点:

1)灌浆压力较高(灌浆设备显示压力0~23 MPa)且稳定可靠,可以使化学浆液完全灌入混凝土结构深层微小裂缝内部,灌浆效果良好。灌浆压力一般控制在8~10 MPa,相应作用于灌浆孔的压力不超过3 MPa,缝内的压力不超过1 MPa;

2)高压灌浆机具设备配套,灌浆压力可调、自动恒压,灌浆嘴自带单向逆止阀,灌浆结束时单向逆止阀能够有效防止灌入的浆液倒溢外流,使裂缝灌浆质量得到了有效的保证;

3)灌浆施工工艺简单易行,施工不受季节、天气限制,施工效率高

常规的灌浆工艺是沿裂缝开槽、清洗、清孔、封闭、灌浆,若封闭不好,则容易形成一条裂缝变两条裂缝的问题。高压灌浆的工艺流程如下:施工准备→查缝定位→布孔、钻孔→清孔→安装灌浆塞、连接灌浆泵→灌浆→清理施工现场→验收。

(3)裂缝表面采用单组分聚脲材料进行封闭

为了防止活动缝漏水,可以采用单组分聚脲对裂缝表面进行封闭。

单组分聚脲由含多异氰酸酯—NCO的高分子预聚体与经封端的多元胺(包括氨基聚醚)混合,并加入其他功能性助剂所构成。单组分聚脲具有抗拉强度高、抗冲磨能力强,与混凝土面黏结强度高、柔性好、抗紫外线性能和抗太阳暴晒性能强(在阳光照射下,单组分聚脲本身有20年以上的使用寿命),并且单组分聚脲具有－40℃的低温柔性,能适应高寒地区的低温环境(－35~－40℃),尤其是能抵抗低温时混凝土开裂引起的形变而不渗漏。其主要物理力学性能见表4:

表4　单组分聚脲物理力学性能检测结果

检测项目	固含量	拉拉强度	扯断伸长率	撕裂强度
检测结果	100%	15 MPa	400%	22 kN/m

该技术已在龙羊峡水电站溢洪道、李家峡水电站左中孔泄洪道、小湾水电站上游坝面、小浪底水电站2#泄洪洞等工程的裂缝处理中得到应用。

（4）水下修补裂缝技术

在水利水电工程中,有些裂缝如大坝上游面的裂缝不得不在水下修补,水下修补裂缝需潜水员在水下操作,修补时应用水下电视监控并录像。水下混凝土裂缝修补有水下灌浆、水下嵌缝、水下铺贴(表面封闭技术)等。

当采用水下嵌缝加表面止水封闭方案时,处理方案如下:

缝内清理,缝内水下灌弹性环氧树脂封闭,缝两侧混凝土表面涂刷水下黏结涂料、锚贴三元乙丙复合GB柔性止水板并固定。

施工工序为:工作平台制作→水下摄像核查→缝面清理→内灌水下弹性环氧树脂封闭→缝两侧表面打磨清理→缝表面锚贴三元乙丙复合GB柔性止水板→黏结剂封边。

三元乙丙胶板具有强度高、耐老化、变形大等特点。三元乙丙胶板厚度为5 mm;复合的GB柔性止水板具有与混凝土及橡胶材料黏结好、耐老化、变形大等特点,厚度为3 mm。三元乙丙复合GB柔性止水板的断裂伸长率在常温和 −30℃均大于800(%)。水下黏结剂应铺展性好、与混凝土黏结牢固、施工方便,其技术指标为:密度1.2～1.3g/m³,凝结时间(23℃)大于60 min,水下与混凝土黏结强度大于1.5 MPa。

4　结　语

本文详细介绍了水工混凝土结构常见的裂缝,分析了混凝土开裂的机理及提出了防裂的措施。对寒冷地区碾压混凝土坝、水工混凝土薄壁结构及大坝加高中特殊的防裂问题进行了较深入的探讨,提出了防裂的措施和方法。最后,介绍了水工混凝土结构裂缝修补加固的先进技术和方法。本文的内容对水工混凝土结构的防裂及裂缝的修补加固具有一定的参考意义。

参考文献

［1］水利水电科学研究结构材料研究所,水工大体积混凝土,水利电力出版社,1990.
［2］朱伯芳,许平,通仓浇筑常态混凝土和碾压混凝土重力坝的劈头裂缝和底孔超冷问题[J],水利水电技术,1998,(10).
［3］邵立斌,齐凤坤,浅谈重力坝加高的温度应力问题,中国新技术新产品 − 工程技术,2009. No. 9.
［4］岳跃真等,松月碾压混凝土大坝加高的关键技术研究,中国水利水电科学研究院,2005.
［5］岳跃真,英那河水库混凝土坝加高关键技术研究,中国水利水电科学研究院,2000.

喷涂聚脲在引黄灌区渡槽工程中的应用

王锦龙[1] 马德富[1] 孙志恒[2] 杨 萌[1] 刘 甦[1]

(1. 山东省水利科学研究院； 2. 北京中水科海利工程技术有限公司)

摘 要：引黄灌区渠道建筑物常出现裂缝、渗漏、冻融破坏、高速泥沙水流冲蚀及渡槽伸缩缝漏水等病害。经济合理地治理病害老化工程，尽早恢复和发挥已建工程效益，并示范推广，是当前亟待研究解决的生产课题。本文介绍了采用喷涂聚脲弹性体对渡槽混凝土表面防护和伸缩缝漏水修复新技术，通过工程实践，效果显著。

关键词：引黄灌区渡槽；喷涂聚脲；表面防护

1 引言

济南市邢家渡引黄灌区始建于 1973 年，1977 年引水灌溉，设计流量 50 m³/s，年均引水 2.3 亿 m³，多年来为灌区内农业增产、农民增收和农村经济的发展做出了巨大贡献。大寺河渡槽位于济阳县张仙寨村西约 500 m 处，距邢家渡总干渠张仙寨分水闸 800m 处。渡槽底板为 150 号钢筋混凝土结构，厚度为 60 cm，宽 18 m，渡槽全长 50.58 m，高 5.7 m。大寺河渡槽是邢家渡引黄干渠重要建筑物之一，该渡槽存在槽身裂缝、冻融破坏、高速泥沙水流冲蚀及渡槽伸缩缝漏水等病害。

喷涂聚脲弹性体(Spray Polyurea Elastomer，以下简称 SPUA)技术是国外近十年来，继高固体分涂料、水性涂料、光固化涂料、粉末涂料等低(无)污染涂装技术之后，为适应环保需求而研制开发的一种新型无溶剂、无污染的绿色施工技术。固化后的聚脲弹性体耐磨性、延伸率、黏结性、抗拉强度等具有显著的优越性，并且具有施工简便、受环境因素影响小的特点，适合邢家渡引黄灌区大寺河渡槽工程病害修复治理。

2 渡槽工程病害修复

渡槽病害修复采用治表与治本相结合、维修和保护相结合的原则。通过检测对其进行全面病害诊断，制定修补方案，选择适宜的修补材料，组织专业化队伍施工。

2.1 病害诊断

对渡槽病害进行检测发现：由于混凝土干缩、温度变形及交通桥上大型机动车荷载等因素，导致渡槽槽身混凝土出现裂缝；由于施工原因，渡槽槽身平整度较差，最大高差约 12 mm，高速泥沙水流通过渡槽时易产生冲刷磨蚀破坏；渡槽槽身钢筋混凝土结构中，混凝土内钢筋基本未锈蚀，裂缝和水位变化区局部钢筋锈蚀；伸缩缝止水失效等。

2.2 修补方案

检测发现渡槽槽身老化病害严重，为了保证建筑物的安全运行，渡槽槽身急需进行加固处理。设计采用渡槽内壁喷砂清理，伸缩缝止水改造，丙乳砂浆找平后喷涂聚脲弹性体进行

340

防护的加固方案。

2.3 修补材料及工艺

喷涂聚脲和手刮聚脲弹性体材料是一种新型防护材料,具有优异的防渗、抗冲磨及防腐等多种功能,聚脲弹性体材料的特性如下:

(1)无毒性,100%固含量,不含有机挥发物,符合环保要求。

(2)良好的不透水性,2 MPa 压力下 24 h 不透水,材料无任何变化。

(3)低温柔性好,在 -30℃ 下对折不产生裂纹,其拉伸强度、撕裂强度和剪切强度在低温下均有一定程度的提高,而伸长率则稍有下降,抗冻性好等。

(4)由于不含催化剂,分子结构稳定,所以聚脲表现出优异的耐水、耐化学腐蚀及耐老化等性能,在水、酸、碱、油等介质中长期浸泡,性能不降低。

(5)具有很强的抗冲耐磨特性,其抗冲磨能力是 C60 混凝土的 10 倍以上。

本次喷涂聚脲弹性体材料选用美国的进口双组分聚脲、封边及伸缩缝处理采用北京中水科海利工程技术有限公司研制的 SK 手刮聚脲和 GB 柔性止水条。喷涂聚脲设备采用美国卡士马(Gusmer)公司生产的主机和喷枪。

1)材料性能

聚脲弹性体材料的主要技术性能检测结果见表 1。

表 1　喷涂聚脲弹性体材料的的主要技术性能检测结果

检测项目	固含量	凝胶时间	拉伸强度	扯断伸长率	撕裂强度
检测结果	100%	15～30 秒	大于 20 MPa	大于 380%	大于 50 kN/m
检测项目	硬度,邵 D	附着力(潮湿面)	耐磨性(阿克隆法)	颜色	密度
检测结果	40～50	大于 2 MPa	小于 20 mg	灰	1.02 g/cm³

双组分聚脲的封边采用 SK 手刮聚脲,材料性能测试结果见表 2。

表 2　SK 手刮聚脲物理力学性能检测结果

检测项目	固含量	黏结强度	拉伸强度	扯断伸长率	撕裂强度
检测结果	100%	大于 2.5 MPa	大于 16 MPa	大于 400%	大于 22 kN/m

2)伸缩缝止水改造

沿渡槽原伸缩缝剔除嵌缝材料及已经剥离的三元乙丙板,伸缩缝两侧用聚合物水泥砂浆修补找平,中间嵌填 GB 柔性止水条,在聚合物水泥砂浆表面涂刷 SK - BE14 潮湿面界面剂,再涂刷 SK 手刮聚脲(厚度大于 3 mm),其间刮涂第一遍聚脲后增加一层胎基布,伸缩缝处理方案见图 1。

大寺河渡槽共处理伸缩缝 4 条,共 138 m。

3)喷涂聚脲弹性体

喷涂聚脲是指喷涂双组分聚脲,聚脲的喷涂时间应在界面剂施工后 12～24 hr 内进行,视现场温度及湿度而定,如果间隔超过 24 hr,在喷涂聚脲前一天应重新施工一道界面剂,然

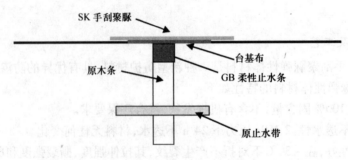

图1　渡槽伸缩缝处理方案

后再喷涂聚脲弹性体材料。在喷涂之前,应用干燥的高压空气吹掉表面的浮尘。喷涂遍数为2~3遍,厚度不小于2 mm。喷涂后要及时清洗喷涂机具。喷涂时应随时观察压力、温度等参数。A、R两组分的动态压力差应小于200 psi,雾化要均匀。如高于此指标,即属异常情况,应立即停止喷涂,检查喷涂设备及辅助设备是否运行正常,故障排除后,方可重新进行喷涂。

大寺河渡槽槽壁喷涂聚脲面积约600 m²。

3　结　语

喷涂聚脲弹性体技术具有施工速度快、优越的抗冲磨、防渗、抗腐蚀和耐老化的特性。工程实践证明,在高速、高含沙水流下,采用喷涂聚脲弹性体技术作为渡槽混凝土护面修复是可行的,渡槽经维修加固后,防渗效果显著,值得推广。

混凝土养护材料在渠道衬砌
工程中应用试验研究

王飞 刘珊文 于方明 张广贞 张爱民 朱传磊 赵鑫
（山东省水利科学研究院）

摘 要: 结合渠道衬砌工程中所选用的渗透结晶型混凝土养护材料的应用实践,对混凝土传统的湿润养护法与新型混凝土养护剂材料两种方法作对比,养护剂养护法较传统的湿润养护法,操作方便简洁,省工省料,且不会影响混凝土的强度,更有利于工程质量控制。

关键词: 混凝土养护材料;渠道衬砌;试验研究

混凝土的传统养护方法是采用湿润养护法,但渠道衬砌工程施工作业面大,作业空间广阔,进度要求快,各工序间需交叉作业,湿润养护法显得不方便,而且夏季炎热异常,工地上临时供水紧张,如果采用湿润养护法,很难达到规范要求;用水量大,需要大量的草袋和人力,影响到其他工种的作业,易产生质量问题。寻求混凝土养护材料具有重要意思,为了研究养护材料对混凝土性能的影响,本文就渗透结晶型养护材料对渠道衬砌工程的性能影响进行试验研究。

1 试验内容

1.1 野外试验:

比较喷混凝土养护材料与传统养护法的渠道衬砌混凝土表面表面微裂纹及抗压强度。

1.2 室内试验:

混凝土设计指标:C30、W8、F200;混凝土养护材料对混凝土的抗渗性、抗冻性、抗碳化性、抗 Cl^- 渗透(电量法)、表面吸水率等的影响试验研究。

2 试验方法

2.1 野外试验

野外试验研究于山东省胶东地区引黄调水工程莱州段 121 标机械化衬砌工程实施。2008 年 7 月份在现场机械化衬砌结束后,立即喷洒混凝土养护材料与直接铺覆毡布,回弹法检测 14 d 龄期、28 d 龄期的抗压强度。

2.2 室内试验

2.2.1 试验用原材料及配合比

试验用的水泥为山东水泥集团产山水牌 P·O42.5R;砂为山东泰安产中粗砂,含泥量 0.4%,细度模数 2.74;石子为山东济南产 10~20 mm 石子;外加剂为山东省水利科学研究院生产的 SKY – 1 高效引气减水剂;混凝土养护材料为北京产 DPS 永凝液(属渗透结晶型)。

混凝土设计指标:C30、W8、F200。水泥:砂:石子:外加剂:水 = 330:754:1 131:4.3:165(单位 kg/m³)实测坍落度 55 mm,含气量 5.5%。

2.2.2 试件制做

混凝土抗渗性、抗冻性、抗碳化性、Cl⁻ 扩散系数(电量法)试验方法依据《水工混凝土试验规程》(SL352 – 2006),成型 150 mm 立方体抗压试件试件 2 组、标准圆台型抗渗试件 2 组、100 mm × 100 mm × 400 mm 抗冻试件 2 组、150 mm 立方体抗碳化性试件 8 组、100 mm 立方体吸水率试件 2 组,24h 拆模后一半涂刷混凝土养护材料两遍,将所有试件置标养室养护 28 d,进行试验;Cl⁻ 扩散系数(电量法)成型 1 m × 1 m × 50 mm 的混凝土板,24 h 后一半涂刷混凝土养护材料两遍,另一半未涂刷混凝土养护材料,覆盖毡布洒水养护 14 d 取芯样(直径 95 mm)各一组,放入标养室养护 14d。

3 试验结果

3.1 野外试验

观测喷洒混凝土养护材料对现场混凝土衬砌板的微细裂纹(表面洒水可见)有明显的影响,改善了混凝土衬砌板的抗微裂纹的性能。抗压强度检测结果见表 1。

表 1　抗压强度检测结果

养护型式测试部位	上半区		下半区	
	未喷洒直接覆盖毡布	喷洒 3 d 后覆盖毡布	未喷洒直接覆盖毡布	喷洒 3 d 后覆盖毡布
测区混凝土 14 d 强度推定值(MPa)	27.7	28.3	27.6	28.4
测区混凝土 28 d 强度推定值(MPa)	30.5	32.7	31.8	32.8

3.2 室内试验

室内试验研究成果汇总见表 2。

表 2　室内试验研究成果汇总

		喷混凝土养护材料	未喷混凝土养护材料
28 d 抗压强度(MPa)		39.0	38.4
吸水率(%)		3.56	3.72
抗渗性能(水压 0.9MPa,渗透深度 mm)		33.3	37.7
动弹模量下降(%)	50 次	96.57	95.18
	100 次	93.75	94.10
	150 次	92.13	91.96
	200 次	90.14	88.78

		喷混凝土养护材料	未喷混凝土养护材料
抗碳化深度(cm)	3 d	0.5	0.9
	7 d	0.7	1.4
	14 d	0.9	1.5
	28 d	1.1	2.0
抗 Cl⁻渗透(电量法)　(C)		428.7	814.7

4 结 语

(1)混凝土养护材料可以明显改善现场混凝土衬砌板微裂纹的产生。对现场混凝土衬砌板的强度影响不大。

(2)室内对比试验可见,混凝土养护材料对混凝土抗碳化性能、抗 Cl⁻渗透性提高较明显。混对混凝土吸水率、抗渗性、抗冻融性能有所提高。

化学灌浆技术在混凝土工程中的应用

杨 萌 马德富 王锦龙 刘 甦 赵 鑫

（山东省水利科学研究院）

摘 要：本文结合李庄闸混凝土裂缝化学灌浆典型工程,简要论述了水工建筑物混凝土裂缝防渗加固程序,几种常用的化学灌浆材料、施工工艺和效果,可供混凝土结构裂缝防渗加固修复设计与施工人员参考。

关键词：水工建筑物；混凝土裂缝；化学灌浆；防渗加固

1 前 言

混凝土是一种非均质的多孔复合材料,也是一种典型的脆性材料,它的抗拉强度低且缺乏韧性,当外界张力超过它的抗拉应力时,就会产生开裂。混凝土结构物一旦出现裂缝,就破坏了建筑物的整体性,如不及时处理,就会危害建筑物的安全运行。

对混凝土结构物危害较大的是那些贯穿性裂缝和深层裂缝,通常采用化学灌浆法来防渗加固,化学灌浆法是以在处理对象中直接进行原位化学反应为基础,将一定的材料配置成的浆液,用压送设备将其灌入混凝土裂缝内部使其扩散、胶凝或固化,以固结被灌体胶结裂隙,并在硬化后具有一定的黏结强度,能较好地恢复混凝土结构的整体性,起到固结、防渗、改善应力传递以提高承载和抗变形能力等作用。

2 工程概况

刘家道口枢纽工程为大(1)型水利工程,是沂沭泗河洪水东调南下续建工程的关键性控制工程。李庄闸是枢纽工程的主要组成部分,共 27 孔,单孔净宽 12 m,闸室总净宽 324 m。主体水下工程由闸室、上游铺盖、下游消力池、海漫、防冲槽及两岸上下游翼墙组成。工程施工完工后,先后发现部分消力池、闸底板混凝土表面裂缝。

根据李庄闸工程的地基情况、裂缝位置、裂缝形式、发生时间和环境温度等诸方面分析,产生裂缝的主要原因是混凝土内部水化热温升引起的内外温差和外部环境降温引起的混凝土收缩与岩石基础约束有关。大积混凝土内部水化热温升引起内外温差及寒潮降温过程,都会引起混凝土收缩产生温度应力,由于闸底板混凝土受岩石基础约束,加之闸室底板分缝尺寸大,基底边界约束大,从而易导致消力池、闸底板混凝土因承受超限拉应力而出现裂缝。分析认为闸底板、消力池出现的裂缝属贯穿性的裂缝,采用弹性材料,按深层裂缝处理。

3 施工方案

闸底板、消力池混凝土裂缝灌浆采用化学灌浆法,此方法运用灌浆机具搭配灌浆嘴,将防渗加固材料注入混凝土裂缝,达到防渗加固的效果。灌浆材料采用水溶性聚氨酯,是运用止漏材料在渗水裂缝中遇水反应膨胀所形成的泡棉体阻隔水源。化学灌浆所用设备材料及

施工工艺如下:

3.1 机械机具

贯穿裂缝灌注止漏法所用机械设备包括:灌浆机、冲击钻、灌浆嘴、空压机、钻孔清洗泵、磨光机、钢筋位置测定仪等。

3.2 灌浆材料

本次建筑物裂缝化学灌浆所用材料包括:水溶性聚氨酯灌浆材料、环氧胶泥、快硬水泥、裂缝清洗剂等。

3.3 裂缝调查

首先对需要处理的裂缝进行调查检测统计,检测内容包括:裂缝数量、位置、宽度、长度、深度等项目;检测方法:裂缝数量(位置)采用目测或放大镜、裂缝长度采用直尺测量、裂缝宽度采用 0.01 mm 读数显微镜测量、裂缝深度采用超声波平测结合混凝土表面裂缝渗水情况确定。

3.4 施工工艺

化学灌浆施工主要分为布孔、钻孔及冲洗、封缝止浆、压气(水)找补、灌浆和检查等几个工序。

针对裂缝调查情况,确定裂缝属性,结合《混凝土坝养护修理规程》(SL230—98)及施工经验,采取以下化学灌浆施工工艺:

3.4.1 裂缝灌浆施工场地清理。

清理内容为裂缝两侧各 5 cm 的范围内清理干净,无浮尘、油污、青苔等,其余场地无明水。

3.4.2 钻孔

钻孔前,须在裂缝两侧采用钢筋位置测定仪对裂缝两侧钢筋进行定位,以避免对钢筋的破坏。从裂缝最边处开始,于裂缝两侧 5～10 cm 处倾斜钻孔至混凝土内部与裂缝斜交,顺序为一边到另一边。钻孔布置在裂缝两侧,交叉布置,孔径为 13 mm,斜孔孔深 40～50 cm,两孔间距约为 50 cm,由于混凝土裂缝属不规则状,所以需特别注意钻孔时须与裂缝面斜交。在渗水集中的裂缝漏水处钻骑缝孔,每条裂缝钻骑缝孔 2～5 个。

3.4.3 洗孔

钻孔带出的混凝土粉末采用高压气(0.5 MPa 左右)、水进行清理至孔口冒清水为止。

3.4.4 灌浆嘴安装

孔内清洗干净后安装灌浆嘴,安装顺序自裂缝一边至另一边。安装完成后检查混凝土裂缝处渗水情况。

3.4.5 混凝土裂缝清洗

采用灌浆机自裂缝一边向另一边往灌浆嘴内灌注裂缝清洗剂,灌注压力控制在 0.2～0.4 MPa,待持续灌注清洗剂压力恒定且停机后压力为 0 时灌注下一个灌浆嘴,直至清洗完

347

整条裂缝。

3.4.6　裂缝表面封闭

首先使用磨光机对裂缝表面两侧进行清理,并拭去裂缝表面渗水后,在裂缝表面涂抹环氧胶泥封缝材料。对裂缝渗水情况较多时,应在裂缝上预留排气、排水孔,并在环氧胶泥上留下排气、排水孔。在环氧胶泥外侧涂刷快硬水泥,以提高封缝效果。冬季封缝胶泥完全固化时间约为 15 小时。

3.4.7　裂缝化学灌浆

自下而上,从一侧到另一侧开始灌注水溶性聚氨酯灌浆材料,灌浆压力控制在 0.3 ~ 0.5 MPa,待环氧胶泥上留排水孔或骑缝孔渗出灌浆材料后,根据《混凝土坝养护修理规程》(SL230—98)灌浆量小于 0.02L/5 min 时停灌,直至灌注完成整条裂缝。

3.4.8　清理工作

冬季聚氨酯灌浆材料完全固化时间约为 2 ~ 3 天。待水溶性聚氨酯安全固化后,拆除灌浆嘴并清理缝面。

4　效果检查

本次李庄闸混凝土裂缝共计裂缝 87 条,化学灌浆总长度 405.56 m。共计化学灌浆量 306.848 L,钻孔灌浆嘴 786 个,钻孔进尺 353.7 m,检查孔进尺 43.5 m。

4.1　肉眼检查

分别凿开小底板 2 - 1、大底板 9 - 2 及小底板 13 - 1 三条裂缝的止浆层,看到混凝土化学浆脉明显,浆液与混凝土面接触致密,浆液充填密实。

4.2　压水试验

对每条裂缝进行压水试验,统计 87 条裂缝吸水率从 0.001 L/min—0.009 L/min 不等,全部符合规范要求。

4.3　取芯检测

对小底板 14 - 1、大底板 26 - 1 及消力池 14 - 1 三条裂缝钻检查孔取芯检查,发现浆液在混凝土芯体中充填饱满,说明灌浆效果良好。

4.4　超声波测试

抽取大底板 23 - 2 裂缝进行超声波跨缝测试,灌浆前声波速度平均为 3 410 m/s,灌浆后波速平均为 4 220 m/s,超声波声速平均提高率为 23.76%,化学灌浆效果显著。

四、其　他

贝叶斯(Bayes)更新概率在结构维修中应用的讨论

冯兴中

(水电顾问集团西北勘测设计研究院)

摘　要：叙述了贝叶斯更新概率、贝叶斯定理的概念,进行了公式计算与概率树方法的比较,通过贝叶斯更新概率在结构维修中应用的讨论,使相关概念之间的关系更明晰、简洁;有利于在缺乏工程现场直接试验资料时开展工程结构维修的设计工作,是少投入多产出的好方法。

关键词：更新概率;结构维修;讨论

随着人们生活水平的提高和环保意识的加强,人们对建筑的老龄化和长期使用后结构功能的逐渐减弱等引起的结构安全问题给予了更多的关注,由于昂贵的拆建费和对环境的不良影响,对在役建筑的维修加固和现代化改造受到越来越多人的青睐。美国劳工部对21世纪热门行业预测认为,建筑维修改造业是最受欢迎的九大行业之一[1]。5·12汶川特大地震,使位于震中地区的土木工程不同程度地受到了损坏,对可修复建筑的维修改造任务艰巨。在对建筑维修改造时,一般要评价结构和构件的失效概率或可靠度,而确定建筑结构的材料强度的概率分布参数是评价的关键环节,在维修项目直接试验很少时,贝叶斯概率更新法在这一方面能够发挥很好的作用。贝叶斯概率更新法在洪水预报、市场开拓决策分析等方面均有较好的应用,但应用在建筑的维修加固方面的事例还不多,期望本文的讨论有利于在缺乏工程现场直接试验资料时开展工程结构维修的设计工作。

1　在实践中一般常涉及到的三种估算概率的方法及贝叶斯定理

1.1　三种估算概率的方法

1)客观概率：根据历史数据,由事件的相关频率估算概率,这种方法需在固定的现场,有非常大的统计量,要求有分布函数的理论依据。客观概率在整个时间序列里关系必须是稳定的,概率是准确的。很显然,在大多数情况下是缺乏数据的,这样一种频率论的概率解释超出了结构维修设计对现场的要求。

2)先验概率：按关系变化比例调节客观概率,或在完全没有客观概率时,先了解母体特性,然后综合一组专家的意见,也可个人作出评价,对有关概率分布做出主观判断,亦称为主观概率。

3)贝叶斯更新概率(后验概率)：是由贝叶斯定理对频率论概率解释的一个补充,是将概率定义为人们对一个命题信任程度的概念,是概率统计中的应用所观察到的现象对有关概率分布的主观判断(即先验概率)进行修正的方法。贝叶斯定理可以用作根据新的信息导出或者更新现有的置信度的规则。通过贝叶斯定理来更新概率,要求从不同假设的初始信任度出发,采集新的信息(例如通过做试验等方法)以调整原有的看法。

由于贝叶斯更新概率是根据相关问题的合理性,基于逻辑分析推论出概率,所以也有人称之为介于主观概率和客观概率之间的客观认知概率。

1.2 贝叶斯定理

贝叶斯定理可以表述为:在样本空间 有 $A_1,A_2,\cdots,A_n$ 构成相互独立且完备的事件组;另一个事件 B 也定义在 Ω 样本空间,事件 B 必须与事件 A_2 的一个或多个事件有交集。如果事件 B 已经发生,一个特殊事件 A_2 发生的概率是:

$$P(A_i \mid B) = \frac{P(B/A_i)P(A_i)}{\sum\limits_{i=1}^{n}P(B/A_i)P(A_i)}$$

贝叶斯定理的分子中条件概率 $P(B/A_i)$ 与 $P(A_i)$ 之积是事件 Ai 和事件 B 同时发生的联合概率;分母是联合概率中新信息 B 的全概率 $P(B)$。

$P(A_i)$ 是在事件 B 出现前的概率,称为先验概率。$P(A_i/B)$ 是在经过获得新信息,即事件 B 已经发生后事件 A 发生的概率,称为后验概率,后验概率依赖于得到的新信息。所以贝叶斯定理又称为后验概率公式,是结合先验概率、条件概率(新信息)和全概率,导出后验概率的过程。可将公式用文字表述为:

$$更新概率 = \frac{新信息的条件概率}{新信息的全概率} \times 先验概率$$

有时也将全概率 $P(B) = \sum P(B/Ai)P(A_i)$ 称作为标准化常量,将比例 $P(B/A)/P(B)$ 称作标准相似度(standardised likelihood),这样,贝叶斯定理可表述为:

后验概率 = 标准相似度 × 先验概率

2 贝叶斯概率更新在结构维修中应用的讨论

2.1 问题的提出

在对建筑维修改造时,一般要评价结构和构件的失效概率或可靠度,为此,确定建筑结构材料强度的概率分布参数是评价的关键环节。如某建筑的一根钢梁有一些锈蚀,工程师评估后认为梁的剪切强度可以取以下 5 个值中的一个[2]:$R_v,0.9R_v,0.8R_v,0.7R_v$ 和 $0.6R_v$,按以往对钢梁锈蚀评估的经验,工程师估计这 5 个值对应的概率分别是 0,0.15,0.30,0.40 和 0.15。显然,仅靠这一组数据是不能评价构件可靠度的。

2.2 分析

(1)假设随机变量 A 代表构件的强度,且强度是假设的 n 个离散值 $\{a_1,a_2,\cdots\cdots,a_n\}$,每一个 a_i 值的概率被估计为 $P(A=a^i)=P_i$,工程师评估提出的 5 个强度值及对应的概率是根据过去的经验作出的假设性判断,满足 $P(A=a_i)=P_i$ 的要求,是先验概率。

(2)按照贝叶斯定理,要有与先验概率的事件 A 有交集的 B 事件出现,希望根据这一新增加的信息来更新先验概率。受现场试验条件的制约,只进行了一次(或几次)现场试验,假设得出一个梁的剪切强度值是 $0.8R_v$,这就是 B 事件。试验结果是可信的,虽然次数太少,不足以通过现场试验得出材料强度的概率分布参数,但已经满足贝叶斯定理的要求了。为

352

了计算方便,工程师评估提出的强度值要调整为至少有一个与试验结果一样,也即试验结果必须是假设的 n 个离散值 $\{a'_1, a'_2, \cdots, a'_n\}$ 中的一个,如 A、B 事件里都有 $0.8R_v$ 出现。

(3)为了解决问题,找到了同类钢梁的厂家试验资料作为条件概率矩阵如表 1,表中的每一格是条件概率 $P(B = a'_j | A = a_i)$,反映了试验(新信息 B)本身的不确定性,换言之,条件概率给出了试验的置信度。"实际梁的强度"下面每一列可以理解为已经知道的厂家试验资料提供的同类实际钢梁自身的样本空间的概率,每一列的概率值之和必须为 1,而每一行的概率值没这个要求。因为试验值是 $0.8R_v$,所以在计算后验概率时,条件概率取条件概率矩阵的阴影行,如对试验值 $0.8R_v$ 所在行里的 0.7 可以理解为:由于试验值为 $0.8R_v$,可采用的梁强度为 $a_3 = 0.8R_v$ 的概率是 0.7。

表 1　条件概率矩阵

试验值 B (a'_j)	实际梁的强度 A(MPa)				
	$a_1 = R_v$	$a_2 = 0.9R_v$	$a_3 = 0.8R_v$	$a_4 = 0.7R_v$	$a_5 = 0.6R_v$
$0.6R_v$	0	0	0.05	0.15	0.7
$0.7R_v$	0	0.05	0.20	0.75	0.25
$0.8R_v$	0.1	0.25	0.70	0.1	0.05
$0.9R_v$	0.3	0.65	0.05	0	0
R_v	0.6	0.05	0	0	0
列合计	1.0	1.0	1.0	1.0	1.0
p_i	0	0.15	0.3	0.4	0.15

2.3　计算

按照上表的符号,再假设后验概率(更新概率)为 P'_i,于是将贝叶斯定理重写公式如下:

$$P(A = a_i | B = a'_j) = \frac{P(B = a'_j | A = a^i)P(A = a_i)}{\sum_{i=1}^{n} P(B = a'_j | A = a_i)P(A = a_i)}$$

即:

$$p'_i = \frac{P(B = a'_j | A = a_j)p_i}{\sum_{i=1}^{n} P(B = a'j | A = a_i)p_i}$$

(1)每一个更新的概率都有相同的分母,即考虑新信息"试验值 B"的全概率,按公式计算如下:

$$\sum_{i=1}^{n} P(B = 0.8R_v | A = a_i)p_i = (0.10)(0) + (0.25)(0.15) + (0.70)(0.30) + (0.10)$$
$(0.40) + (0.05)(0.15) = 0.295$

除按公式计算外,还可按概率树型图计算全概率(见图 1)。

如下面的概率树型图,第一列,工程师的判断是先验概率;第二列,条件概率矩阵阴影行的条件概率;第三列,是联合概率,各联合概率之和即全概率。

由于"试验值 B"是新信息,在全概率中只包括新信息部分的联合概率,不考虑其他非试

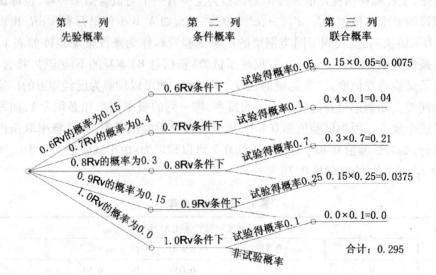

第 一 列   第 二 列   第 三 列

第 一 列　　　　　第 二 列　　　　　第 三 列
先验概率　　　　　条件概率　　　　　联合概率

图 1　计算全概率的概率树型图

验概率部分,这也是与用概率树求各状态结点期望值方法的最大区别之所在。

2)更新的概率计算如下:

$$p'_{0.6R_v} = P(A = 0.6R_v \mid B = 0.8R_V) = \frac{P(B = 0.8R_v \mid A = 0.6R_v)P(0.6R_V)}{0.295} = \frac{(0.05)(0.15)}{0.295} = 0.025$$

$$p'_{0.7R_v} = P(A = 0.7R_v \mid B = 0.8R_V) = \frac{P(B = 0.8R_v \mid A = 0.7R_v)P(0.7R_V)}{0.295} = \frac{(0.10)(0.40)}{0.295} = 0.136$$

$$p'_{0.8R_v} = P(A = 0.8R_v \mid B = 0.8R_V) = \frac{P(B = 0.8R_v \mid A = 0.8R_v)P(0.8R_V)}{0.295} = \frac{(0.70)(0.30)}{0.295} = 0.712$$

$$p'_{0.9R_v} = P(A = 0.9R_v \mid B = 0.8R_V) = \frac{P(B = 0.8R_v \mid A = 0.9R_v)P(0.9R_V)}{0.295} = \frac{(0.25)(0.15)}{0.295} = 0.127$$

$$p'_{R_v} = = P(A = R_v \mid B = 0.8R_V) = \frac{P(B = 0.8R_v \mid A = R_v)P(R_V)}{0.295} = \frac{(0.10)(0)}{0.295} = 0.0$$

(3)为了便于比较,将先验、后验概率列于表2:

表2　先验概率 p_i 和后验概率 p'_i 的比较表

强度	$0.6R_V$	$0.7R_V$	$0.8R_V$	$0.9R_V$	R_V	行合计
先验概率 先验概率 p_i	0.15	0.40	0.30	0.15	0	1
后验概率 p'_i	0.025	0.136	0.712	0.127	0	1

更新了的概率综合考虑了工程师的经验(先验概率)、现场试验成果(新信息)以及历史试验资料(条件概率),提高了可接受、信任的程度,可以用来进行构件的可靠度评价分析了。

3　结　语

进行先验概率与后验概率的比较可以看出,更新了的概率使可接受、信任的程度提高

354

了;在贝叶斯定理应用中,计算全概率是关键,公式计算与概率树方法的比较,使相关概念之间的关系更明晰、简洁;在建筑的维修加固等土木工程中应用贝叶斯定理有利于使工程师的经验、现场试验成果以及历史试验资料都充分发挥作用,有利于积累资料的同时丰富经验,是小投入多产出的好方法。

参考文献

[1] 姚继涛. 建筑物可靠性鉴定和加固——基本原理和方法:科学出版社,2003.
[2] [美]Andrzej S. Nowak Reliability of Structure :重庆大学出版社,2005.

复合注浆法在桩基缺陷加固中的应用

余俊高[1]　余金煌[2]

(1. 安徽省水利水电勘测设计院 2. 安徽省水利科学研究院)

摘　要：介绍复合注浆法的概念，结合工程实例阐述了该法加固桩基缺陷的施工工艺、施工参数、浆液材料以及加固后的效果检验方法，验证了这种方法的经济可行性和特点。

关键词：复合注浆法；桩基加固

1　前　言

随着 2003 年淮河流域灾后治理工程的进行，桩基础在其中得到了广泛的应用。但由于受勘察布孔的局限性和施工方法不当等影响，许多工程桩基出现质量问题需要进行加固。单一的注浆技术已满足不了水利工程工期短等的需要，我们尝试采用复合注浆法解决这一难题。

2　复合注浆法的简介

复合注浆法是将高压旋喷注浆法和静压注浆法进行时序结合发挥两种方法各自优势的一种新型注浆技术。操作中是先采用高压旋喷注浆成桩柱体，再采用静压注浆增强旋喷效果，扩散加固浆液，防止固结收缩，消除注浆盲区。将复合注浆法应用在桩基础加固中，能充分发挥静压注浆法和高压旋喷注浆法的优点，克服其缺点，适用各种桩基、加固效果好，保证了加固的安全性。

3　工艺技术要点

3.1　施工工艺

复合注浆法加固缺陷桩基的施工工艺如下：

(1)注浆钻孔施工：采用钻机在桩中进行钻孔抽芯至缺陷位置以下 1 m 左右，钻孔孔径一般开孔为 110 mm 或 101 mm，钻孔垂直度保证 <1%。

(2)设置孔口注浆装置：注浆钻孔施工完成以后，在注浆孔口设置注浆装置。孔口注浆装置采用预埋设的方法固定在桩顶注浆孔口，采用水泥浆或水泥水玻璃浆液将孔口装置与钻孔之间的间隙固定密封。孔口注浆装置应满足静压注浆和高压旋喷注浆管可以从其中下钻的要求。

(3)采用高压旋喷法喷射清水冲洗扩孔：孔口注浆装置埋设 1~2 d 后，先采用高压旋喷法喷射清水对缺陷位置进行冲洗，需按设计规定的工艺参数进行从下而上的喷射，将注浆管分段下入孔底，每段注浆钻杆需连接紧密并采用麻丝密封。旋喷清水一般采用单管旋喷1~3遍。

（4）采用高压旋喷注浆法注浆：洗孔和扩孔后，采用高压旋喷注浆方式进行旋喷注浆。将注浆管分段下入孔底后，从下而上进行旋喷注浆，旋喷注浆一般采用单管旋喷注浆方式。

（5）采用静压注浆法注浆：高压旋喷注浆结束后，利用孔口注浆装置封住孔口进行静压注浆。静压注浆开始时采用较稀的浆液和较低的注浆压力，随后逐渐增加浆液浓度及加大注浆压力，直至设计注浆量和注浆压力为止。一般静压注浆在浆液终凝前需进行2~3次灌注。静压注浆可以采用单液也可采用双液注浆。

（6）封孔：静压注浆结束后，需对孔口进行封闭处理，防止浆液流出；浆液有流失，需补灌浆液到注浆孔内浆液饱满为止。

3.2 复合注浆法的浆液材料

（1）主剂：采用水泥浆为主剂，采用525#普通硅酸盐水泥。

（2）外加剂：常用外加剂为速凝剂、早强剂等。速凝剂常采用水玻璃，水玻璃掺入量一般为水泥用量的2%~4%。早强剂为氯化钙和三乙醇胺，用量一般为水泥用量的2%~4%。

3.3 施工参数

（1）旋喷注浆压力：采用单管高压旋喷法时：浆液或清水喷射压力为20~30 MPa；采用二重管高压旋喷法时：空气压力为0.7 MPa，浆液压力为20~30 MPa；采用三重管高压旋喷法时：水压力为20~30 MPa，空气压力为0.7 MPa，浆液压力为2~5 MPa。采用单管高压旋喷或三重管高压旋喷，注浆压力常用25~30 MPa。

（2）喷射提升速度：10~15 cm/min；喷射旋转速度：20~40 r/min。

（3）静压注浆压力：0.3~5.0 MPa；注浆压力应根据工程的不同土质条件等进行注浆压力设计。

（4）浆液水灰比：旋喷注浆时采用1:1~1.2:1；静压注浆时采用0.5:1~1.2:1。

3.4 加固效果的检测

复合注浆法加固缺陷桩基后的效果主要采用高应变法、静载试验法、抽芯法和低应变法检测。通过检测经过加固后缺陷桩的主要缺陷是否已经充分注入水泥来判断加固效果。具体采用何种方法由设计等方面根据现场条件等确定。

4 工程实例

淮河流域某蓄洪区防汛交通桥其基础设计采用钻孔灌注桩桩柱式结构桥墩（每个桥墩均为二柱二桩），桩端持力层设计为粉质黏土和重粉质壤土，桩径为1.6 m，桩身混凝土设计强度为C25。在低应变检测过程中发现27#桩从波形上分析，在桩顶（桩长约24.6 m）下7~7.8 m处有蜂窝等明显缺陷并得到抽芯验证。当时由于工期急等原因决定采用复合灌浆法对这根缺陷桩进行加固，加固后用低应变方法进行复查，以检验加固效果。

采用高压旋喷和静压灌浆相结合的综合注浆法加固其桩身缺陷。施工工艺如下：

（1）进行抽芯校核及灌浆孔施工：采用101 mm双管钻具进行3孔（兼作灌浆孔）抽芯校核，以确定桩身混凝土质量情况，5个加固孔呈对称布置，尽量均匀布孔，加固孔深控制至少达到在桩顶以下8.8 m，确保浆液能冲充入所有缺陷桩段。

（2）先采用高压旋喷法冲扩孔并加固：通过抽芯钻孔下旋喷钻杆钻至孔底，以超过缺陷位置 1 m,开始用高压清水自下而上旋喷。然后下到底部自下而上喷水泥浆,复喷一次。

施工参数为:喷射压力大于 28 MPa;提升速度:喷水 10 cm/min,喷浆 10 cm/min(复喷 15 cm/min);回转速度为 20 ~ 40 r/min;旋喷水泥浆液水灰比为 1∶1;采用水泥浆(水泥用 525#)复喷一遍,水泥用量为 565 kg/m 左右。

(3)旋喷后再进行静压灌浆加固桩身:高压旋喷结束后,将孔口封住,利用旋喷钻孔对桩身进行静压灌浆。浆液以 525# 水泥为主剂。施工参数为:灌浆压力为 1 ~ 5 MPa,灌浆浆液水灰比为 0.7 ~ 1。经静压灌浆后,对桩身与灌浆钻孔连通的蜂窝有灌浆加固效果。而且经多次静压灌浆,可以防止旋喷灌浆浆液收缩。

施工结束后,对该桩采用低应变法检测其桩身完整性,原缺陷位置完整性得到明显的加固。

5 结论及体会

(1)复合注浆法充分发挥了静压注浆法和高压旋喷注浆法这两种注浆加固方法各自的优点,克服各自的缺点,是一种新型的桩基缺陷加固技术。采用这种方法处理桩身蜂窝和桩身混凝土离析等桩身质量问题安全可靠、经济有效。

(2)该技术的特点如下:适用各种桩基的缺陷加固;能定向定位定深度,能形成连续的圆柱状的旋喷桩体,旋喷桩体顶部无收缩,与桩混凝土结合紧密;能直接承受上部荷载,承载力较高;钻孔施工口径较小,对桩身完整部分影响小,可调节浆液的凝固时间,浆液扩散范围大。

(3)复合注浆工艺合理,经济可靠,耐久性好,施工简便,施工时基本无噪音,材料对环境无污染。其社会效益和经济效益显著,值得在大力推广应用。

参考文献

[1] 韩金田,刘洪波. 复合注浆法在地基基础加固中的应用研究. 北京:岩土工程. 2001,(9).

[2] 彭振斌. 注浆工程设计计算与施工. 武汉:中国地质大学出版社. 1997.

[3] 中国建筑科学研究院. 建筑地基处理技术规范(JGJ79 - 2002). 北京:中国建筑工业出版社. 2002.

影响水工混凝土钢筋保护层测试与评定准确性的因素

严太勇

（安徽省水利水电设计院工程质量检测所）

摘　要：近年来，混凝土结构工程的验收诊断和安全性评价中，钢筋保护层厚度的参数受到了越来越多的重视。水工建筑物竣工工程质量检测中钢筋保护层厚度经常被列为检测项目。本文就仪器、现场操作、采用规范等方面分析可能影响水工钢筋保护层厚度检测与评定准确性的因素。

关键词：钢筋保护层；检测与评定；准确性

1　前　言

水工混凝土由于经常位于水下受水流冲刷、腐蚀作用，且大部分暴露于外，其钢筋易锈蚀。水工混凝土老化多数为混凝土碳化，钢筋锈蚀导致混凝土握裹力和钢筋有效截面积减小，钢筋锈蚀后，其锈蚀物体积膨胀 2～4 倍，其周围混凝土产生应力，导致钢筋保护层外混凝土开裂、剥落，混凝土结构承载力和稳定性降低。

近年来，混凝土结构工程的验收和安全性评价中，钢筋保护层厚度的参数受到了越来越多的重视。水工建筑物竣工工程质量检测中钢筋保护层厚度经常被列为检测项目。钢筋保护层厚度的测试、评定过程并不复杂，但如果忽视某些因素可能会影响检测与评定的准确性。

2　影响保护层测试与评定的因素

2.1　仪器因素

目前非破损检测钢筋保护层厚度的仪器有两种：一种是利用电磁波波动原理的雷达检测仪器；另一种是利用电磁感应原理的钢筋检测仪器。前一种设备较贵，精度较高，一般用户难以接受，大规模推广困难。水工混凝土由于经常位于水下受水流冲刷、腐蚀作用，且大部分暴露于外，其体积相对工民建混凝土构件大，水工混凝土钢筋保护层厚度设计值也较大，因此仪器测试深度要求足够大，否则钢筋定位及保护层厚度的测试误差会影响评定结果。瑞士产 PROFOMETER5s 钢筋扫描仪采用电磁脉冲法，保护层厚度测试范围为5～180 mm，测试精度：±2 mm，采用电池供电的仪器，检测前应检查电源是否充足并应进行校准。

2.2　现场操作因素

（1）混凝土表面比较粗糙，如果直接测试，结果是不准确的，测试前必须将测试表面清理干净，或者用砂轮磨掉粗糙的表面后再进行测试，以保证测试值准确。

（2）当设置不同的钢筋直径数值来测量同一根钢筋时，其测量结果是有差异的。当输入钢筋直径值大于实际钢筋直径值时，仪表显示厚度值大于保护层厚度实际值；当输入钢筋直径值小于实际钢筋直径值时,仪表显示厚度值小于保护层厚度实际值。这就要求在检测钢筋保护层厚度之前,一定要根据图纸准确无误地输入钢筋实际直径设置值,只有设置的钢筋直径与钢筋实际直径相符,仪器的显示值误差才能控制在有效范围内,测出混凝土构件钢筋保护层厚度的准确值。

(3)PROFOMETER5 探头为一长方体,两端中部刻有中线。该仪器在显示读数时略滞后,当仪器鸣叫显示读数时,钢筋显示位置在探头中线偏移动方向后一点(当钢筋保护层越大和移动速度越快,该现象越明显)。如果想准确定出钢筋位置,可以左右方向以相同速度各测一次,两个定位中部即为钢筋正确位置。测试时先定出构造筋的位置,探头在两根构造筋中间移动,接近受力钢筋时速度可以放慢至 20 mm/s 以下。仪器在标准件上复核,若速度过快能引起 3 ~ 4 mm 的偏差。

(4)测试时先定出构造筋的位置,探头在两根构造筋中间平行于被测筋移动,可以避免构造筋的影响,此外可以较好地避开绑扎丝的影响,保证测试数据真实有效。钢筋保护层厚度是指受力筋保护层厚度,因此测试时不能测构造筋,造成数据不合理。

(5)测点应均匀合理布置,不能局限于某一区域,这样测试数据才能真实有效代表整个构件钢筋保护层的实际状况。

2.3 现行规范的选取

《混凝土结构工程施工质量验收规范》(GB 50204 2002)因主要针对工民建,所以对于钢筋保护层厚度的允许偏差只考虑了梁类构件:+10 mm, -7 mm,板类构件:+8 mm, -5 mm 这两种构件。水工混凝土的体积相对于工民建混凝土构件大,其钢筋保护层厚度设计值也较大。因此出现偏差的量值、几率均会有所增大。作者认为水工混凝土采用《混凝土结构工程施工质量验收规范》(GB 50204 2002)来评定钢筋保护层并不合理。目前水利行业尚未制定关于钢筋保护层的检测评定标准;现主要采用《水利水电基本建设工程单元工程质量等级评定标准第一部分:土建工程》DL/T5113.1-2005 来评定钢筋保护层,该规范规定允许偏差为1/4 净保护层厚,合格标准为70%,它充分考虑了钢筋保护层厚度设计值的影响,因而适合水工混凝土钢筋保护层的评定,但该规范未规定钢筋保护层厚度是否为受力筋保护层厚度,容易造成理解上的不统一。

3 结 语

水工建筑物竣工工程质量检测钢筋保护层厚度测试与评定过程中应充分注意仪器的选用、现场操作中细节、采用合适的规范等问题,这样检测与评定的准确性才可以得到保证。建议水利行业抓紧制定相关的规程、规范,以便施工、监管、检测有相适应的指导准则。

参考文献

[1] 张秀梅,孙志恒,等. 北京十三陵抽水蓄能电站尾水隧洞无损检测及混凝土裂缝处理. 混凝土建筑物修补通讯:2007(1).2-8.
[2] 《混凝土结构工程施工质量验收规范》(GB 50204 2002).
[3] 《水利水电基本建设工程单元工程质量等级评定标准第1部分:土建工程》DL/T5113.1-2005.

试验设计方法在坝工建设中的应用与发展

刘致彬

（中国水利水电科学研究院结构材料研究所）

1 概　述

　　众所周知,坝工问题的影响因素很多,往往使分析变得相当复杂而难以下手。由于模型试验技术的发展,许多设计中感到棘手的问题可借助于模型试验得到了解决。虽然试验是近似的,但它给出了工程上的解决方法。如图 1 所示,某高 120 m 的重力坝溢流坝段,在研究某深层抗滑稳定问题时,作为由坝体、岩体、断层、软弱夹泥层等组成的所谓复合结构来分析,问题就十分复杂,许多因素彼此错综地互相影响着,使我们一时难以弄清楚各个影响因素之间内在的联系。因此,不得不采用试验设计的方法,以寻求解决问题的新途径。

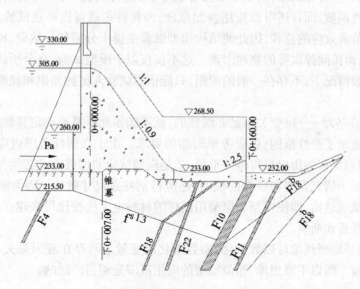

图 1　某重力坝地质断面(单位:m)

　　模型定量分析技术,可以用来预测各类结构的应力状态和变形,它提供了一种迅速而经济的方法来评定一项新的设计。近年来,根据渐增荷载作用下应力场、位移场的变化过程,还可以用来审查结构在使用过程中可能出现的破坏。因而在严格的意义上提供了试验设计的可能性。

　　设计者为了验证他所设计结构的完整性,也常常需要有一个模型来提供静力学和运动学两方面的验证,在加载过程中可以直接观察它的工作情况,或者根据试验资料修改原设计,从而使设计的结构达到最佳程度。相反,由于初步设计和不断修改的最终设计方案还不一定就是所有方案的最佳者,而采用试验设计的方法却有可能获得最佳设计的界限。

试验设计方法的主要优点是它能向设计人员直接提供资料和易于作出说明。可以预料,这种方法在坝工设计中将会得到越来越广泛的应用。

2 结构的相似模型

由于许多工程的复杂性,经常需要通过模型试验来得到问题的答案。当然,人们希望试验结果尽可能得到广泛应用。为此,经常需要用结构的相似模型,即适当设计和进行试验,使试验结果能够用来描述实际结构物的性状。在某些情况下,相似模型是精确预测原型结构性状最简单的方法,如材料性质是线弹性时更是如此。由于成功地发展了模型试验技术,所以只要进行一系列模型试验,对原型结构的现在和未来的性状进行预测就成为可能。同时可事先检验各种可能的设计修改方案的效果。一般情况下,模型比原型要小,所以省钱,也更容易在室内进行试验。而且只要需要,还可对模型进行破坏性试验,而这种试验在原型上一般是不能进行的。

由于线弹性材料的性质是由弹性模量 E 和泊松比 V 两个常数来表征的,如果应力不超过比例极限,则许多常见的结构,由于变形非常小,在这种情况下,结构的应力、应变和位移都是荷载的线性函数,而且还可以应用叠加原理,即每种荷载可以单独试验,而组合荷载效应则是各单独荷载效应的总和,因此使结构模型试验变得十分简便。然而,模型试验必须抓住本质的东西,而排除掉次要的物理因素。这不仅仅限于模型试验,在分析认识一些现象时也常如此。一般情况下,不存在一般的规则,只能依靠试验人员的知识和经验去判断主次影响因素。

如果材料的应力——应变关系是非线性的,就不能如此容易地确定其性质。同时,当材料承受的荷载超出了弹性范围,还应考虑附加的要求。由于在塑性范围内应变不再是应力的单值函数,因而加载的历史显得格外重要,于是模型试验的加载方式必须与相应的原型加载方式相同。对于研究开裂和断裂的模型,还应特别注意尺寸效应。因为断裂的发生可能依赖于材料的微观结构,即使模型和原型用同样的材料也无法按比尺来建立模型,所以不可能精确地预测开裂和断裂。

总之,只要是原型现象可以数量化,而数量化的变量之间存在着因果关系,就有可能进行相似模型试验。所以不难想像,相似模型的应用范围是相当广泛的。

3 几种常用的试验设计方法

3.1 上下界限法

一般认为,当结构或结构的一部分超过某一特定状态就不能满足设计规定的某一功能要求时,则此特定状态即为该功能的极限状态。特定状态可以是应力、位移或裂缝等。

根据在问题中特别关心的影响因素,总可以选取 2 个邻近的界限。令其影响因素向好的方向变化所能达到的最大程度称为上限;反之,则为下限。这样,就可以把所研究的问题框定在上下界限里。这种界限提供了一个合理的比较基础,用以对拟定中的设计方案进行比较,并且它还能提供如何进一步调整修改设计所能获得的好处。以图 1 所示重力坝为例,为了研究断层 F18 对坝基稳定的影响,先固定其他条件不变,选取 F18 完全处理(相当于不存在)及完全脱空(相当于临空面)2 种极端情况,图 2 中画阴影线部分表面了 F18 对坝体承载能力影响的上下限。试验表明,即使 F18 完全处理也不能从根本上改善坝基的抗滑稳定性。因为在下游岩体的被动抗力充分发挥作用以前,夹层、$f^{1.3}$ 面上的抗滑能力不足以抵抗上部岩体的滑动。于是,设计师就不必花费精力去研究 F18 的处理措施。

为了减少基坑开挖,设计师设想跨过深覆盖砂卵石河床先修建一座拱桥,然后再在"桥"上修建 54.8 m 的拱坝,拱坝与拱桥联合受力是相当复杂的。当时拱坝与拱桥之间拟采用由钢筋、沥青油毛毡做成的转动铰连接方式,以减小弯矩作用。试验选取了"固接"和完全脱开 2 种方案,显然,"铰接"的方式介于二者之间。试验结果表明"固接"方式是最佳方案而被采纳。

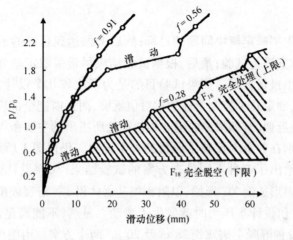

图 2   荷载与滑动位移关系

3.2   孤立变量法

在坝工设计中,常常遇到许多影响因素,一时难以清楚各个因素对问题影响的大小。为此,通过改变特定的参数选择,即所谓孤立变量,进行模型实验,借以观察该参数对问题的影响规律。如图 1 所示重力坝,为了研究缓倾角软弱夹层 $f^{1.3}$ 对坝基抗滑稳定性的影响,固定其他因素不变,仅仅改变 $f^{1.3}$ 面上的抗剪强度参数 f 值,试验结果如图 2 所示,发现坝体的承载能力随 f 值的增加而提高。例如,当 f = 0.28 时,水压力 P 不到设计值 P_0 的一半就发生了滑动;当 f = 0.50 时,P = 1.8P_0 才发生滑动;当 f = 0.91 时,P > 2.4P_0 也未发现有滑动的迹象。同断层 F18 的影响比较可以看出,软弱夹层 $f^{1.3}$ 是影响坝基稳定的主要因素。因此,欲改善坝基的抗滑稳定性,应首先着眼于控制性滑裂面抗剪强度的提高。

图 3 为拱端断层在不同位置时对拱冠弯矩影响的试验结果。不难看出,断层与拱端截面的夹角 α 相对于距离而言,是影响拱内力的主要因素。因此,在不影响坝肩抗滑稳定的条件下,布置拱坝时应尽可能使夹角 α 大一些。

预应力技术方面,包括新型预应力混凝土闸墩及新型锚固方式等试验研究,将所施加的

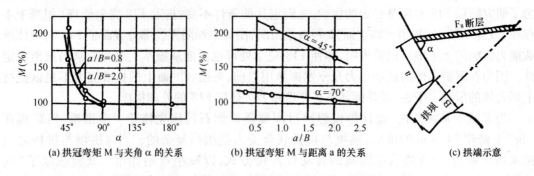

(a) 拱冠弯矩 M 与夹角 α 的关系　　(b) 拱冠弯矩 M 与距离 a 的关系　　(c) 拱端示意

图3　拱端断层不同位置对拱冠弯矩的影响

预应力,简化为外荷载处理均达到了预期的试验目的,试验成果均被工程采用。

3.3　相互比较法

问题提出后,首先要确定解决问题的目标;然后考虑达到目标的不同途径与措施,将几个可能入选的试验方案进行试验;最后,根据试验结果尽量采取定量分析的方法,对各方案进行权衡比较,以选出最优方案。如果试验目的是为了比较几个设计方案的优缺点,那么,只需在多因素模型上确定几个控制指标的相对值就够,而无需把全部应力场、位移场都求出来。虽然这种方法是近似的,如果试验遵守相似理论所指出的主要条件,则试验结果完全可能在性质上,甚至个别在数量上反映了原型的真实现象。仍以图1所示重力坝的深层抗滑稳定问题为例,图4给出了三种不同处理方案的试验结果[2],原设计方案为加厚消力庋底板,延长并加高闸墩以形成倒"T"形梁,以阻止坝基岩体沿 $f^{s1.3}$ 滑裂面滑出。试验表明,当水压力大约增加到1.2倍设计水压力时就发生了滑动。显然,不能满足设计的要求。为了比较起见,在 $f^{s1.3}$ 面上设置混凝土硐塞长28 m及20 m² 两个方案。由图可见,有无硐塞和不同硐塞长度对坝体承载能力的影响。在同样荷载条件下,20 m硐塞可使帷幕处的滑动位移减少64%(当 $P = P_0$ 时)到900%(当 $P = 2.0P_0$ 时);若在同样允许位移条件下,硐塞方案则可使坝体的承载能力大大提高。例如,允许位移为2 mm时,硐塞方案较原设计方案坝体的承功能力提高2倍以上。的确,混凝土硐塞发挥了抗剪核心的作用。

模型试验优于原型观测的是,它可以保持某些条件不变,而专门研究某些因素的影响。拱坝坝身开设大孔口泄洪方案,研究孔口对拱坝应力状态和变形情况的影响,也是应用这种方法的一个实例。做好模型后,先不开设孔口进行试验,记录下它的应力和变形;然后,按照设计要求在坝身相应位置,对称地先开设1个或2个孔口进行试验,同时记录下它的应力和变形,接着再开设3个或4个孔口……最后,将这些结果同无孔口的情况进行比较发现,拱坝上部开设孔口后,对拱坝应力状态的影响是局部的,一般仅限于孔口附近。如果在孔口边缘设置加劲梁进行试验,发现它常可以使拱坝恢复它的完整强度。

3.4　逐步修正法

逐步修正法是经过多次修改试验方案,使结果逐渐趋近于设计要求的范围。由于模型容易加工制作和修改,对设计的改变或另一设计方案能很快地进行审定。设计人员只需从

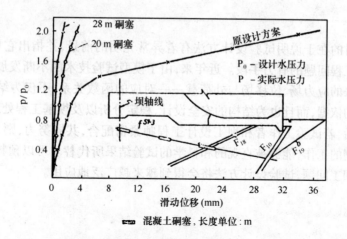

图4 帷幕处的滑动位移与荷载的关系

模型上的应力分布和应力集中部位,就可以对结构的几何形状和尺寸作出比较。这种方法应用十分普遍,例如,波音飞机的降落架就是用铝粉增强环氧树脂模型试验来鉴定的[3]。在坝工设计中,设计师经常利用模型试验来校核复杂工程结构设计的可靠性和选择较优设计方案。例如,设计人员为了设计某电站坝内式厂房坝段,由于引水管、厂房、尾水管及变压器洞的存在,使坝体应力分析十分困难。取一个整体坝段进行试验。结果表明,上游贴角对减小坝踵拉应力数值和范围是行之有效的。同时还表明,由于坝内厂房形状不尽合理,使周边的应力分布不均匀,拐角处压应力集中达 3.5 MPa,厂房顶部上游侧还有拉应力区存在。

图5 为坝基内缓倾角软弱夹层混凝土碉塞方案的试验结果[4]。只要注意施工质量,碉塞会像"键"一样发挥刚性抗剪核心的作用,传递巨大的水压力给夹层下面的岩体,对减小滑动位移和提高坝体的承功能力都是很有效的。但是,当荷载达到一定数值后,在碉塞附近却引起了应力集中现象。从第一个碉塞上游侧开始沿倾斜方向(大约与夹层面呈 40°~50°)基岩被拉裂。而且,重复性试验都发生了相同的破坏方式。由于应力的传递与扩散,其他几个混凝土塞均未出现上述破坏现象。相反,靠下游的碉塞却引起了显著的压应力集中。工程处理措施作为可控性变量对系统来说特别有用,因为它的改变,能够把系统修改达到目的结果。进一步研究混凝土碉塞的位置和宽度,可以使碉塞方案成为满足设计要求的最佳设计。

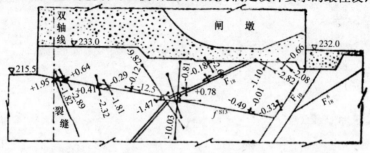

图5 坝基内缓倾角软弱夹层混凝土碉塞方案的试验结果

4 结　语

　　本文主要目的在于说明试验设计方法有着异常光明的前景,并指出它目前在坝工设计中是解决实际工程问题的有力手段。近年来,由于模型试验技术的不断发展,在渐增荷载作用下所建立起来的应力场、位移场与外荷载一一对应的函数关系,不仅为结构设计、方案选择提供了科学的依据,而且也为结构的安全设计、稳定分析以及坝基工程处理措施提供了比较的基础。今后,若试验工作者和坝工设计工程师紧密配合,共同努力,则当前许多依赖于设计技巧与猜测的工作,能够被直观的和科学的试验结果所代替。可以预料,对于直接设计有困难的一类坝工问题,试验设计方法将会得到越来越广泛地应用。

参考文献

[1]　刘致彬.确定坝体承载能力的试验方法.水利学报,1984(2)。

[2]　刘致彬.安康重力坝坝基抗滑稳定性的试验研究.水利水电科学研究院科学研究论文集(第19集):水利电力版社,1984。

[3]　Riegner, E. I. , Scotese, A. E. Aluminum – reinforced epoxy models. Experi – mental Mechanics, Vol. 11, No. 1, 1971.

[4]　刘致彬.重力坝深层抗滑稳定性的模拟和综合评价.水利学报.1986(5)。

严寒地区某水利枢纽施工质量管理实践

潘旭勇

（新疆额尔齐斯河流域开发工程建设管理局）

摘　要：某水利枢纽地处新疆北部，气候条件恶劣，"冷、热、风、干"现象明显，针对工程特点，建管局在质量方面提出了"第一是质量、第二是质量、第三是质量"的方针，并成立了项目管理部，建立了完善的质量管理体系，通过各种质量管理措施，使工程质量得到了有效保障。

关键词：质量管理；严寒地区；碾压混凝土

1　工程概况

某水利枢纽地处新疆北部，工程等别为Ⅰ等工程，工程规模为大（1）型，由碾压混凝土重力坝、泄水建筑物、发电引水系统、电站厂房、副坝等组成。大坝为一级建筑物，是目前我国在严寒地区修建的百米级碾压混凝土重力坝中的最高的一座。主坝最大坝高121.5 m，坝顶宽度14 m，全长1 570 m，副坝最大坝高14.5 m。正常蓄水位739 m，总库容24.19亿 m³。

工程建设伊始，建设单位就全面推行项目法人负责制、招投标制、工程建设监理制。制定了工程施工质量控制指标：（1）单元工程质量合格率100%，优良品率大于85%，主要单元工程、重要隐蔽工程及关键部位的单元工程质量优良率大于90%；（2）分部工程质量合格率100%，优良率大于70%，主要分部工程质量优良，外观质量得分率大于85%；（3）单位工程质量合格率100%，优良率大于70%，主要单位工程质量优良。

2　施工质量管理体系

建管局在水利枢纽建设中始终贯彻"百年大计，质量第一"的方针，严格执行国家基本建设程序，推行质量终身责任制，建立了"项目法人负责、设计技术保障、施工单位保证、监理单位控制、政府质量监督部门监督"的质量管理体系。

2.1　项目法人负责

落实项目法人负责是做好工程建设管理的根本。建管局作为项目法人组织工程建设，局长对工程质量负全责，枢纽工程项目管理部受建管局委托行使水利枢纽建设的相关管理工作，并建立健全相应的质量管理机构，层层签订质量责任书。局属机关处室根据本项目的管理特点，制定了相关的质量管理制度，以规范建管局工作人员的质量管理行为。日常质量管理工作由局工程质量技术处负责。重大技术、质量问题由局领导和专家委员会协调决策，建立了完善的法人负责机制。建管局在喀腊塑克工地设立了中心实验室，委托水电四局代表建管局对工程质量进行抽检。

2.2 设计技术保障

设计技术保障是做好工程建设管理的前提。本工程由新疆设计院负责设计,根据工程的建设情况,派出主要设计人员常住工地,及时为工程建设提供设计服务。

工程开工前,设计单位及时向参加水利枢纽建设的相关单位做好设计交底工作。在工程现场的地质人员,及时进行地质编录并对地勘成果进行复核,对重大的地质变化及时提出处理意见以及应采取的工程措施。为确保工程设计质量,设计单位每年同建管局签订本年度的设计质量责任书。具体工作中,设计广泛参与工程管理,指导施工,及时发现和纠正设计中出现的问题。这一系列措施,起到了保障工程质量、加快工程进度的积极作用。

2.3 施工单位组织保证

施工单位的组织保证是做好工程建设管理的基础。建管局依照国家有关招投标法规的规定,通过招标选择质量信誉好的施工单位参加工程建设。各施工单位在工地成立施工项目经理部,配备了项目经理,建立了质量保证体系,实行项目经理质量负责制和工程质量一票否决制,并配备了专职质量负责人和质量管理、检测人员。主体工程的施工单位在工地均设立了工地试验室,试验室均有授权委托书,配备的试验仪器设备和试验人员均能满足工作需要,试验仪器和设备按规定进行了校验,满足了质量检测试验需要,在工程建设中发挥着独立质量检查作用。其他没有设立工地实验室的辅助施工企业,则委托有资格的质量检测单位对其工程质量进行检测,建立了质量保证体系。

2.4 监理单位控制

监理质量控制是做好工程建设管理的关键。在组织实施监理的过程中,为进一步满足工程建设的需要,加强内部管理,完善组织机构,建管局依照国家有关招投标法规的规定,通过招标选择中国水利水电建设工程咨询贵阳有限公司作为碾压混凝土坝设计监理,宜昌市葛洲坝监理公司为碾压混凝土重力坝及人工骨料筛分系统施工监理,中水东北勘测设计研究有限责任公司为发电系统施工监理。

各监理单位承接监理工作后,及时成立了监理部,并且根据实际工作需要设置了相应的组织机构,实行总监负总责、各项目监理和专业监理分别负责的质量管理体制。各监理部能够按照合同、监理大纲的要求,投入满足监理工作需要的监理人员,并且能够根据实际工作需要和建管局的要求进行调整。

宜昌葛洲坝监理部、中水东北勘测设计研究有限责任公司监理部根据工程特点,制定了各专业的监理实施细则,从现场旁站、测量控制、施工过程控制、施工验收阶段等各环节,建立健全了完善的质量控制体系。监理工程师通过现场检查和试验检测实施质量控制,按工序进行过程监理和交接验收,隐蔽工程及重要部位实行旁站监理,并按照《水利工程建设项目施工监理规范》(SL288-2003)中的规定采取跟踪检测和平行检测的方式进行工程质量检验,对施工质量进行有效控制。

2.5 政府质量监督

2007年8月,水利部水利工程建设质量与安全监督总站与新疆水利水电工程质量监督中心站联合设立项目站,对工程建设行使政府质量监督职能。项目站常年派驻2名质量监督人员,按照国家有关法律、法规、规范、设计文件、合同等要求对工程建设质量实施监督,同时总站每年不定期组织有关专家对工程进行巡查。项目站通过检查工程质量保证体系的落实情况,抽查施工质量等方式对工程质量管理进行全面监督管理,行使施工质量否决权,质量等级核定权。

3 施工质量管理措施

3.1 严格招标管理,择优选择施工单位

工程招投标严格按照《中华人民共和国招标投标法》等法律法规进行,通过邀请招标择优选择质量信誉好、承担过大型水利水电工程的施工企业参加工程建设。由于严格招投标制度,选取了技术过硬、质量信誉好、能打硬仗的队伍,因此为保证工程质量奠定了良好的基础。

3.2 制定质量管理规章制度

为规范建设各方的质量责任和义务,确保工程质量,依据国家、水利部有关法规、规程、规范及工程合同文件、设计文件,结合本工程实际,制定了《某水利枢纽质量管理规定》、《某水利枢纽质量检测管理规定》(试行)、《某水利枢纽建设奖惩办法》(试行)、《某水利枢纽碾压混凝土重力坝工法》、《某水利枢纽档案管理实施细则》、《声像档案管理办法》等管理制度,对工程质量控制起到了良好的作用。

3.3 质量安全责任分解

将质量安全责任和目标进行分解,项目管理部每年度与各参建单位签订质量安全责任书,同时在内部管理上也与各项目管理负责人层层签订了质量安全责任书。

3.4 严格施工程序,强化施工管理

为了确保工程质量,各监理部在健全组织机构的基础上建立了工程质量责任制、现场监理跟班制、质量例会制和质量奖罚制。施工单位按照合同规定做好工艺控制和工序质量自检工作,工序质量经三检合格后报现场监理工程师检查、认证。未经监理工程师签认同意,不得进入下道工序施工。

现场监理人员跟班监督施工单位是否按设计文件、规程、规范和经批准的图纸、方法、工艺与措施组织施工;对施工过程中的实际资源配备、工作情况、质量问题、环境条件和安全措施等进行核查,并填写值班记录,监理人员对记录的完整性和真实性负责。

3.5 加强安全监测,提供质量信息

安全监测范围包括碾压混凝土重力坝、发电系统、外部变形观测等内容。通过埋设多点位移计、应力应变计、压应力计、测缝计、温度计等各类仪器,随时监控碾压混凝土重力坝、发电系统等各种信息的变化。通过收集分析埋设仪器的观测数据,及时指导施工,确保了工程质量。

3.6 加强碾压混凝土重力坝温控及仿真、反馈分析,指导施工,确保质量

工程所处地理位置气候条件恶劣,工程所在地多年平均气温 2.7℃,极端最高气温 40.1℃,极端最低气温 -49.8℃,多年平均降水量 183.9 mm、蒸发量 1 915.1 mm,多年平均风速 1.8 m/s,每年还有风速超过 20～25 m/s 的大风记录,"冷"、"热"、"风"、"干"现象明

显,为做好该工程碾压混凝土重力坝温控工作,建管局成立了由业主、设计、科研单位各方组成的温控工作小组,通过大量的现场工作取得温控工作第一手资料,并密切关注施工过程中温控出现的问题,对出现的问题及时会商、查清问题原因,并综合各方专家意见,提出合理的解决方案。根据现场所测气温、混凝土浇筑温度、温升等参数做温控反演计算,并将计算结果及时反馈到建管局,以指导碾压混凝土施工。通过在施工过程中对混凝土材料及大坝温度控制措施不断的完善,比较有效地解决了"冷"、"热"、"风"、"干"等不利因素的影响。

3.7 聘请专家解决技术难题,指导施工

建管局多次邀请区内外水利专家,检查工程现场,解决技术难题,对工程质量管理等其他问题进行指导。项目部聘请专家作为工程项目总工常驻工地进行现场指导,为工程建设整体水平的提高,提供了可靠的技术保证。

3.8 总结质量管理经验,实行质量奖罚制度

建管局对质量高度重视,坚持"第一是质量,第二是质量,第三还是质量"的方针。每年都根据工程建设进展情况不定期多次组织召开专题质量管理工作会议,总结质量管理的经验和不足,并对施工现场不定期地组织质量大检查,对有质量问题的施工单位,责其改正,并进行处罚,对质量好的单位,进行表扬奖励,有效地提高了施工企业重视工程质量的意识。

3.9 质量检测

质量检测是确保工程质量的重要措施和手段,该工程建设质量的检测主要分三个层次:施工单位自检、监理单位抽检、建管局中心试验室抽检。施工单位自检是工程建设过程中质量控制的重要环节,其检测资料是工程质量评定和工程验收的依据。监理单位采取跟踪检测和平行检测的方式对工程质量进行抽检。监理的抽检对施工质量进行了有效控制。建管局为加强质量管理与质量控制,专门成立中心试验室按照施工单位自检频率的10%对工程进行独立抽检,并形成定期月报制,及时有效地反映了工程质量现状。

4 施工质量管理效果

通过各种施工质量管理措施,使工程质量得到了有效地控制,已完主体工程项目在施工过程未发生过一次质量事故。截止目前,工程施工中已检测57 401次(组)数据,合格率99.8%,其中施工单位检测44 550次(组),监理单位抽检10 262次(组),中心试验室抽检2 722次(组)。工程已评定1 349个单元工程,合格率100%,优良率90.7%。2008年9月17日至9月19日,通过了由新疆水利厅主持的大坝蓄水阶段验收。